数据之城：

被BIM改变的中国建筑

BIMBOX 组编

主 编 孙 彬 刘 雄 贺艳杰 黄少刚

参 编 王初翀 陆 杨 孙 昱 何 兵
叶 鉴 王鹏翊 赵 欣 李 刚
吕 振 王君峰 任 睿 文泓森
段晨光 区展聪 戴 路 胡 林
李文建 陈 竹 黄 欢 黄 滔

机械工业出版社
CHINA MACHINE PRESS

本书由建筑业自媒体“BIMBOX”组织编写。

本书共7章，分别为思考：关于BIM的是是非非；视野：那些实践的人如是说；故事：一个时代的亲历者们；商业：软件公司和他们的主张；深水：BIM的信息和编码；连接：从宏观政策到新技术；总结：几份报告看行业变迁。

本书作者都是BIM行业多年的实践者，至今以“BIMBOX”的身份已撰写BIM行业的深度文章300余篇，既包括知识科普，也包括技术观点，在建筑行业里拥有较高的影响力。本书为BIMBOX多篇文章的精炼、重编，语言精练，独辟蹊径，时而沉浸讲解，时而冷静分析，传递行业一线实践者的技术心得，总结BIM实施方法论，能够把高深的技术讲得妙趣横生。本书可供建筑行业的管理人员和技术人员参考使用，使读者在轻松的氛围下完成一次认知升级。

图书在版编目（CIP）数据

数据之城：被BIM改变的中国建筑/孙彬等主编．—北京：机械工业出版社，2021.8（2023.1重印）

ISBN 978-7-111-69668-1

Ⅰ.①数… Ⅱ.①孙… Ⅲ.①建筑设计－计算机辅助设计－应用软件－研究
Ⅳ.①TU201.4

中国版本图书馆CIP数据核字（2021）第244983号

机械工业出版社（北京市百万庄大街22号　邮政编码100037）
策划编辑：张　晶　责任编辑：张　晶　张大勇
责任校对：刘时光　责任印制：常天培
北京机工印刷厂有限公司印刷
2023年1月第1版第2次印刷
184mm×235mm·27.25印张·575千字
标准书号：ISBN 978-7-111-69668-1
定价：109.00元

电话服务　　　　　　　　　　网络服务
客服电话：010-88361066　机　工　官　网：www.cmpbook.com
　　　　　010-88379833　机　工　官　博：weibo.com/cmp1952
　　　　　010-68326294　金　　书　　网：www.golden-book.com
封底无防伪标均为盗版　　机工教育服务网：www.cmpedu.com

BIMBOX，是由一群年轻BIM设计师和实践者聚集到一起组建的建筑行业媒体，在微信公众平台、知乎、今日头条、喜马拉雅等知识频道开设BIM技术科普专栏，用视频和文章的形式传播BIM理念，普及BIM知识，传递行业先进观点，坚持“有态度、有深度”的创作理念，用简单易懂的语言为大众提供服务，致力于做优秀的BIM知识服务团队。

目前，BIMBOX已经在知乎、Bilibili（B站）、今日头条、微信公众平台积累30万行业精准用户，同时运营着超过50个行业交流社群。文章阅读量累计超过400万次，转发量60余万次，B站视频总播放量超过100万次。

BIMBOX坚持为广大BIM学习者提供质量高、价格低的学习课程，开设了BIM通识类、Revit类、Bentley类、渲染表达类、数据分析类、二次开发类、图文报告类等课程40余套，积累了超过1万名知识用户。

序1　理想主义的花朵

讲起来和BIMBOX团队的认识经历有点无趣,类似于一个连网友都算不上的商业见面。这导致往后的几年我一直在想：BIMBOX到底是一个什么样的组织？我怎么就和这个组织有了靠近、互动的机会？很长时间内，我没有答案，连带着老孙让我给BIMBOX的第二本书写序，我也经历了“是真的吗？为什么没下文了？怎么还催我了？原来是真的”这样的心路历程。

其实，从第一次老孙说让我写，他就很纯粹、很简单地想让我写，他在面对感兴趣的人和事的时候就是这个纯粹、简单的态度。反倒是我自己，有不自信、有犹豫、有彷徨、有等待……这个心路历程让我开始写这些文字，不负BIMBOX所托。

既然是从BIM开始的，那我们就聊一下BIM。一个概念能够牵引一个行业的前进，事实上BIM已经在建筑行业内起到了至关重要的作用，而你拿到这本书的时候，肯定已经对BIM耳熟能详了。

最近在教小孩子二年级的数学题，大意是蜗牛每天白天向上爬几米，晚上向下掉几米，几天能爬出那口井。和生活不同，数学题里，井的高度是一个可衡量的数值，而现实中每一个业务上的深井可能是个体难以逾越的高度。BIM及其相关工作走到今天，和那只蜗牛特别相似，在一口口经验主义和习惯主义堆积起来的深井里，艰难地向上攀爬；区别是有的井里的蜗牛爬得高一些，有的井里的蜗牛爬得矮一些，而有的井里的蜗牛找到了一个缝隙横向爬出去了。所以在这里我想换个维度，和大家一起站在十年二十年之后来看待BIM，这就很理想主义。

Windows的很大价值在于为大家提供了界面化的操作体验，极大地降低了个体使用计算机的难度。如果没有颠覆式的操作体验（三维投影）或使用场景（手机操作系统），Windows的地位几乎是无法撼动的。可以想象，可视化带来的便利让我们在未来会大量面对建筑模型及其依附信息进行直观的协同和沟通。而BIM的价值就是为建筑行业提供了一个可视化协同和沟通的基础。

另一个方面，近两年感受越来越深刻的是AI对我们的影响，这种能够适配并牵引我们习惯的能力太强大。AI的前提是从数据到信息再到知识最后形成智能，也就意味着需要大量标准化、结构化的数据作为支撑。BIM作为建筑物的结构化表达，具备完备的构件、构件和结构的关系等基础信息，可以说是建筑行业数据结构化的最好载体，为未来建筑行业的人工智能能力建设提供了一个方面的支撑。

序1
理想主义的花朵

而现实是我们要达到理想主义的彼岸需要很长的时间，所以BIM也需要长期主义，这本质上也是对环境不确定性的自我坚持。BIM相关工作发展到目前阶段，已经从单纯的技术狂热过渡到了集体冷静；大家都在围绕如何利用BIM发挥业务价值、如何在合适的投入产出比衡量下发挥价值这两个问题来考虑如何推广BIM。而这个过程，无疑是长期且不确定的，所以，BIM是长期主义的胜利，牵引长期主义的，应该是理想主义的方向。

时至今日，大家对BIM是未来方向已经没有争议了，有争议的是这个未来究竟要多久。而未来多久取决于我们对未来的期盼，以及从现在到未来的难度，我们分开来看这个问题。

为什么我们对BIM有期盼？本质上还是对当下的不满。回归到行业本身，规模增长、利润下降、竞争加剧成了新的常态。BIM绝对不是解决这些问题的根本解，就如同CAD不是航空工业、汽车工业的根本解一样。但是BIM能够成为行业的根本解，包括协同效率提升、精细管理落地、资源优化配置、生产效率提升等，带来更加直观、更加系统的基础。有了这个基础，才可能促动行业的发展。

对行业的未来来说，BIM大概率会成为一个包含逻辑，具备自运算能力，能够协同大量人员、设备、材料的可视化管理协作系统。在数据应用、标准化提升、生产效率提升等方面，制造业对建筑业有非常大的启示和示范作用，但是建筑业不一定会像制造业一样趋向于大规模生产和标准化生产，反而可能是大规模定制，差异化生产。毕竟居住的基本需求已经被满足，而且居住是长期产品，是受自然环境极大制约的产品，这些都让建筑成为个性化的存在。

在当下，我们看到各方都在努力地推动BIM成为主流，涉及标准层面（国标出台）、政策层面（推广、收费、评奖政策出台）、业务层面（审图、备案要求）。这些推动力的出发点大多都非常好，客观上也极大地促进了BIM及相关业务的发展。从长期来看，我们还需要客观地审视从当下的环境到未来的理想场景，难题究竟在哪里。

在设计阶段，采用三维化表达就要求设计师必须针对每一个模型进行参数化建模，也就意味着要用到数学公式和模型。这极大地增加了绘图及标注的工作量，当然同时也增加了方案信息的精度。在施工阶段，深化设计阶段的BIM应用本质上是对设计质量的弥补和对可施工性的考量；真正的施工环节围绕BIM的应用，最主要的方向还是基于模型部位和施工工作任务及附属资源的有效结合，进而以模型为管理对象提升技术方案合理性及现场施工的效率和质量。这对施工现场的生产组织带来了工作量的急剧增加和工作方式的巨大改变。在运维阶段，围绕BIM模型的交付及管理会对建筑物的运维带来极大的价值。现状是对建筑物的运维在国内还没有形成一个完整的产业，对整体BIM的应用推动力度有限。

借鉴CAD的经历，BIM从诞生到现在只经历了10年左右，当然还是初生阶段。需求端的逐渐兴起、应用端的规范丰富、使用者的能力提升、业务价值的客观衡量应该会是BIM发展的长期阶段的四项重要工作。而这些工作，无一不是需要长期坚持的工作。

讲对 BIM 的理解，本意还是觉得 BIMBOX 不容易。我从来没有想到，居然能够有一个组织可以围绕“建筑信息模型”这么枯燥的专业领域输出如此多的内容。毕竟，这是一个受众小、认知差异大的领域。可是这几年下来，我从每周看一次到每周看两次他们的推送，看着 BIMBOX 对话各类人群，总结思考、抽提观点，关注围绕 BIM 的各种争议，客观冷静地去还原事实，深入了解一线 BIM 从业人员的故事讲述他们的经历和心态、接触以 BIM 为基础的各大厂商去一探究竟以拓展大家的视野，更有甚者，他们还围绕 BIM 的基础原理介绍编码体系，围绕技术的发展了解人工智能和 BIM 的联系等。这当然很难，需要不偏不倚、广泛涉猎、密集输出。我想截止到当前，BIMBOX 从 BIM 这个点出发，面向行业可能的未来已经走出了一条科技和人文兼备的路，为行业带来了一股清流。

这样听起来，感觉 BIMBOX 是一个特别庞大的组织才能支撑起来这些内容。我也一度以为，我看到的四位只是浮在水面上的选手，还有潜伏的团队。后来，随着深入了解，确信他们就那四个人，一半做内容，一半做运营，偶尔碰到了大事就四个人一起上。我也是在一次次的接触中，逐渐对他们有了一些了解，看到了老孙的思考、开开的亲和、熊仔的仔细、大宝的用心，逐渐地有一个感觉，好像就应该是他们，也只有他们才能把 BIMBOX 做好，换了别人不行，加上别人则不好说。

那么，对我们而言，什么是 BIMBOX？潜伏在 BIMBOX 的微信群里，我经常看到大家热烈、直接的讨论；在 BIMBOX 每一篇文章的留言里，我屡屡看到对小编的专业态度和内容深度的赞美；在为数不多的几次 BIMBOX 线下聚会中，我总能感受到他们对于传播的认真和严肃。这个组织，就像是一个诞生于荒芜的理想主义的花朵，真诚、炽热地散发能量，在贫瘠、干涸、固化的行业环境中，为我们带来了一点光芒。用言行告诉我们，他们会真实地坚持下去，不随波逐流，不轻易妥协。最高的理想主义，应该就是面对困难依然选择和坚持。

在好多次的嬉笑怒骂中，我都直视老孙的眼睛说话，我发现我一个内向的人居然能在他营造的真诚的环境中畅所欲言。希望这本书，也能够给大家一个真诚的环境，去体会他们和你们自己的理想。

BIMBOX 的老朋友

吕 振

序2　成为故事中的人

2013年刚回国时我参加过国内一个影响力很大的BIM会议。在一个圆桌讨论会上，主持人问了来自不同国家和地区的几位嘉宾一个问题："BIM是工具还是专业?"当时所有嘉宾一致认为BIM是工具。其中一位国内嘉宾还提到了企业的BIM中心，认为BIM中心是一个过渡性的组织，主要目的是推广BIM技能，当所有人都把BIM作为工具后，BIM中心就会逐渐消失。

7年过去了，如果我们在2020年这个时间节点看一下国内BIM大赛的报奖资料（我觉得参赛资料会反映大家对BIM的意识形态），里面除了各个业务领域的"BIM"，还包含AR、VR、MR、无人机、机器人、人工智能、5G、物联网、智慧工地、GIS、智慧园区等一系列名词。"BIM"似乎变成了一个无所不能且非常庞大的物种。当BIM和这么多业务、这么多信息技术结合在一起的时候，我们再反思一下，项目实施的一线层面中，除了将BIM作为业务工具的业务人员，项目或企业层面应该由谁将这么多的业务和相关信息技术串联在一起，是传统业务的人员？还是建筑企业会出现越来越多的信息技术岗位？信息技术对于建筑企业，除了对传统业务的提质增效，还有哪些意义？

同样7年过去了，在经历了大量且漫长的培训和实践后，我们离"所有人都把BIM作为工具"似乎还有非常长的路要走，企业BIM应用"薪火相传"的愿景似乎很难实现：一线"实施BIM"的人员永远是非常年轻的一批人。而有些企业的BIM中心逐渐消逝，消逝不是因为企业达到了BIM普及的状态，而是第一批BIM中心的人员在达到天花板后，选择回归传统或者往专职信息技术的方向发展；有些企业的BIM中心开始独立运营，变成企业内部"BIM咨询单位"，一批人开始成为"专职BIM"人员；有的企业BIM中心开始往"智慧建造"转型，并支撑企业"数字化转型"。什么是"智慧建造"，建筑企业的"数字化转型"包含什么，这是我当时在高级工程师答辩时遇到的专家提问。在我回答完这个提问后，一个老专家若有所思地说：其实BIM就是一个建模技术。

这里并不是想要探讨以上问题的答案，而是想说BIM的发展历程："BIM"是一个很奇妙的名词，每个人在不同时间节点、不同位置对它的认知都会不一样。"BIM"这个名词的出现和发展，一直在随着时间的推移动态地变化着。

我第一次接触BIM是2009年去美国留学的时候，那时距离Autodesk发布《BIM白皮书》只有7年的时间。那个时候BIM似乎是一个很单纯的存在，软件商描述的BIM更加像是一系列产品迭代和工具升级的代名词。2009 年学习 BIM 时还没有那么多的理论体系：USACE 提出 COBie 才 2 年，AIA 提出 LOD 理念才 1 年，PSU 的 PXP 刚刚开始在学校传阅，3G 网络刚刚普及但价格昂贵，iPad 在 1 年后才出现，英国在 2 年后才提出 BIM Level 2，很多现在常用的 BIM 产品都没有出现。所以 2009 年，我对 BIM 的第一感受便是我要学好 Revit，因为以后大家都会用 Revit 做设计而不是 CAD 了（没有冒犯其他厂家的意思，10 多年前很多人都有“Revit = BIM”的误解）。这个感受其实就是前面专家说的“BIM 就是一个建模技术”，这个模型包含了图纸想要表达的内容。

2013 年我回国了，那时美国刚刚发布了 BIM 国标第二版，英国发布了 PAS 1192-2，BIM 在建设全生命周期的应用开始有了完整的理论和标准体系支撑。同样在那一年，4G 网络开始推广，软件商不约而同喊出“云”的口号，民用 3D 打印开始普及，NVIDIA Tegra 4、骁龙 800、苹果 A7 等处理器的升级将移动端的性能推到一个前所未有的高度，而谷歌眼镜的发布带动了可穿戴设备的研发热潮。这些不是“BIM 技术”的技术，都深深影响了之后 BIM 的发展和走向。

2020 年再看 BIM，与之相伴的名词又换了一批，但很多人在最初接触 BIM 时，会有“用‘Revit’替代 CAD”的单纯想法（“Revit”是比喻），行业在发展了十多年后似乎还远远不能达到这个状态。这是一件很有趣的事情。

今年我在公众号 JoyBiM 上写了一篇文章《BIM 18 周岁》，只是想单纯地把 BIM 出现和发展历程客观地记录下来，用历史表达 BIM 的发展其实是建筑行业信息技术的一个缩影，而信息技术的发展是一个漫长的技术沉淀过程，交叉领域众多，充满不确定性。我不知道 BIM 未来会变成什么样子，就像在最初接触 BIM 时，用着诺基亚 N95 和 2G 网络的我完全不敢想象 BIM 以后能够在移动端和网页端浏览。但历史是未来的一面镜子，透过历史，我们或许能看到未来。

所以我想用《BIM 18 周岁》来记录这段历史。比较幸运的是，在写文章时，外网一直有相对系统而客观的文献记录着从 Building Description Systems 到 CAD 再到 BIM 的发展过程。甚至在 2002 年 Autodesk 刚发布《BIM 白皮书》时，各个厂商对 BIM 的正式和非正式论述都能找到。所以我才能完全不靠个人主观意识而是靠文献引用把文章写完，尽可能还原文献中记录的 BIM 发展历程。

在一次和 BIMBOX 成员的聊天中，了解到 BIMBOX 持续创作的主要支撑也是想通过一系列的文章来客观地记录国内 BIM 发展中的人和事。这本书的出版是 BIMBOX 近两年的一次阶段性总结。两年里的很多点点滴滴在未来的某一个时间节点再回过头看，会觉得很有趣。幸运的是，BIMBOX 一直在记录着，把这些点点滴滴变成了文字，这些文字都是未来回顾历史的文献。希望BIMBOX能一直记录下去。

有些文章像一杯红酒，不同时间品尝的感受也不一样；有些故事就像是一个人，最初没有读懂他，但几年过去后你会发现自己已成故事中的人。

优比咨询北京公司
“JoyBiM”主创
赵欣

序3　拥抱变化、追梦BIM：这是一条充满力量的价值之路

在BIM发展的十多年里，也许变化正是其永恒的讨论主题。我也时常思考：究竟怎样在BIM纷繁复杂的发展中穿越迷雾，找到属于自己的人生指北针？作为一位BIMer，究竟怎样才能熠熠发光，不断创造价值，得到幸福？

2020年11月9日，BIM之父伊斯曼博士逝世，令人悲痛、令人感慨。伊斯曼博士将BIM带到了中国，从2008年开始BIM就在中国茁壮成长，我们再也回不去那个CAD时代了。

这十多年间，BIM技术一直在发生巨大的变化，我们要做的并不是吐槽BIM建模工作量大、BIM实践难、BIM如何如何等问题，而是需要不断拥抱变化，透过问题、现象看本质，透过本质望趋势，透过趋势回归价值。

知识经验主义往往阻挡着我们走向本质、趋势和价值。当年与BIM实践大师王君峰老师聊到Dynamo太高级无法应用时，王老师也未曾料想到Dynamo如今能发展如此迅速。一直在知识经验主义中纠结于BIM是三维还是二维、BIM究竟能否替代CAD、BIM是进步还是倒退的很多小伙伴（我也曾经纠结过），已经越来越明晰地看到BIM逐渐发挥作用，体现价值的时代已经来临。

当年在某BIM群中，一位BIM运维小兄弟谈到BIM对运维无用时，我的一位博士师兄就说BIM运维是有价值的，尤其是在机场项目中，踏实做BIM运维还是能“吃得很饱”的。这时候，知识经验主义就阻挡了那位小兄弟，他只看到了问题和现象，而我那位师兄明显看到了更深层次的东西。虽然我那位博士师兄是BIM技术与IT技术结合的高才生，但就拥抱变化来说，他自己也要不断学习否定自己。

一直处在BIM建模层面认知的小伙伴与早期BIM培训以及个人学历学识有着很大的关系。但这一状况随着BIM的发展正发生着巨大的变化。BIM技术与新技术互动频繁，BIM技术与信息技术开始深层次交融起来，BIM技术与其他学科也开始形成交叉联动应用，甚至基于BIM模型形成的各种新理念开始挑战传统的组织管理模式。

如果你是一位BIMBOX的忠实粉丝，你就会发现BIMBOX的课程是如何受到如此众多的BIM从业者的欢迎的，哪怕是BIM建模技术本身的课程，也得到了广泛的赞誉。因为BIMBOX在不断拥抱变化，逐渐深挖BIM及行业数字化的价值，这从BIMBOX的很多优秀推文就可以看出。BIMBOX的推文一直遵循着“现象→本质→趋势→价值回归”的逻辑。这也是BIMBOX这几年深受BIMer喜爱的重要原因。

序3

拥抱变化、追梦BIM：这是一条充满力量的价值之路

从BIM技术本身到基于BIM技术开展业务，BIM理念以及市场也发生了巨大变化，我们需要看到巨大变化背后的本质、趋势及价值。

看到世界发展之势、国家布局之势、行业发展之势，坚持第一性原理，回归本质、挖掘价值是非常重要的思考方法论，如第四次工业革命→数字经济→数字化→……→BIM技术。

以某家公司为例。2015年，其“深入人心”的主营业务达到瓶颈，下滑15%，直到2017年收入增速也不过13%，失去了发展动力与方向。之后通过不断学习亚马逊、特斯拉、Adobe的商业底层逻辑，不断反思、不断迭代，以“云+端”的模式重塑其身，以三全（全要素、全过程、全参与方）、三化（数字化、在线化、网络化）、三新（新设计、新建造、新运维）解构并重构行业价值链，以数字建筑理念为基础，通过BIM技术与信息技术的深度融合，将物联网、人工智能、云计算、大数据、5G技术等融入产品中，逐渐形成建筑业产业互联网，其营收迅速回升并在2020年得到了高瓴资本的青睐。没错，这家公司就是广联达。如果仔细研究，就会发现广联达的商业模式和底层逻辑较2017年前发生了巨大的变化，不再局限于BIM技术本身，而是基于BIM技术打造建筑业数字化转型，拥抱变化，从造价软件公司跃迁为我国建筑业数字化平台服务商。BIM技术也许仅仅是建筑业数字化转型的冰山一角，整个建筑业数字化转型其实有更加广阔的价值发展空间。

当然，即便广联达这样的大象级公司也不可能覆盖所有领域，在BIM发展迅猛的十几年期间，同样有专注细分领域和利基市场的优秀小公司，如专注于BIM技术+AI的小库，专注于BIM技术价值落地的咨询服务公司柏慕联创，专注于BIM协同的毕埃慕，专注于BIM技术+结构设计的盈建科与广厦，专注于BIM造价的晨曦，专注于BIM培训和教育的益埃毕，专注于二次开发的鸿业和橄榄山，专注于BIM技术+机器人技术的大界，专注于数字孪生的51world等。当然，还有其他非常优秀的小公司，这里不一一列举。

不仅仅是关注BIM技术本身，很多公司已经基于BIM理念去布局战略、开展规划、落地业务。BIM技术与新型专业技术（如装配式）、信息技术（如人工智能、云计算、大数据）、物联网技术、机械自动化技术（机器人、高端装备）的深度融合时代已经到来，这是一个数字建筑时代，是一个充满了机遇与挑战的时代，每一个领域的优秀人才和优秀企业都有公平角逐的舞台和机会。

值得庆幸的是，BIMBOX将这个数字建筑时代中有价值的观点、文章汇集起来出版。我想，这本书是对人生最好的投资，是追求幸福的一抹阳光，是回归价值的坦然宁静之路。

回归价值，就是坚持长期主义，感谢BIMBOX为行业所做的重要贡献。我们携手并进，在长期主义之路上，与伟大格局观者同行，做时间的朋友，追梦BIM，相信未来，这必定是一条充满力量的价值之路。

刘思海

目 录

序1 理想主义的花朵

序2 成为故事中的人

序3 拥抱变化、追梦 BIM：这是一条充满力量的价值之路

第1章 思考：关于 BIM 的是是非非 / 1

变革之难：一个聪明人是怎么把事情搞砸的 / 2
行业大泡沫：BIM 碎成土壤，人才遍地开花 / 2
自下而上：换个视角看待建筑业新技术 / 7
BIM、市场与系统 / 13
BIM 演化论 / 25
BIM 的"死亡地图" / 30
无限游戏与思圆行方 / 39
BIM 的"中年危机"背后 / 44

第2章 视野：那些实践的人如是说 / 49

大型国企的 BIM 观 / 50
圆桌会：聊聊 BIM 与造价 / 54
软件公司的走访调研 / 61
关于国内外 BIM 的六个议题 / 65
那些胸怀未来的开拓者 / 77
数字峰会见闻录 / 85
BIM 施工推广三板斧 / 92

建筑行业的人学编程，该从哪里入手？/ 101
在德国，我用 BIM 雕刻法兰克福的天际线 / 106
不创造价值的 BIM，甲方凭什么买单？/ 117
交流会：苦苦追寻的 BIM 人，出路在哪里？/ 127

第 3 章 故事：一个时代的亲历者们 / 137

信息麦田里的数据农民 / 138
小米加步枪：向软件宣战的 BIM 工程师们 / 148
赌未来：白手起家的 BIM 创业者 / 159
从建筑师到副总裁：成长的底层逻辑 / 166
进击的 BIM 主任：一个学渣的逆袭之路 / 174
善于思考 BIM 思维的 BIMBOY / 181
两个人的十年往事 / 189

第 4 章 商业：软件公司及其主张 / 203

小库科技：建筑业终于被 AI 撬起一角 / 204
低调凶猛的 Bentley / 216
一次国外软件“封装”的本土化尝试 / 220
城市级别的基础设施，面对的都是大问题 / 226
MagiCAD：机电深化设计中的算法探索 / 240
微瓴：腾讯收购 BIM 云平台 / 248
游戏公司 Unity 进军轻量化平台 / 254
以见 AR 软件的施工现场落地尝试 / 260
对谈晨曦：从算量到云平台，国产软件的 Revit 生态圈 / 266
Revit 以外的世界：从 ArchiCAD 说起 / 273

第 5 章 深水：BIM 的信息和编码 / 281

空间基因：建筑信息编码简史（一）/ 282
空间基因：建筑信息编码简史（二）/ 289

空间基因：建筑信息编码简史（三）/ 295
空间基因：建筑信息编码简史（四）/ 301
信息编码：BIM 应用的真正深水区 / 308
BIM 全生命周期：一条尚未填平的路 / 317
实践：BIM 信息批量搞到 Revit 里 / 325

第 6 章　连接：从宏观政策到新技术 / 335

政策怎样读，才能读出门道来？/ 336
夸大还是现实？谈谈建筑业人工智能 / 345
火神山医院“中国速度”背后的门道 / 351
阿里巴巴的智慧城市棋局 / 361
当我们谈“X + 区块链”的时候，到底搞懂区块链了吗？/ 368

第 7 章　总结：几份报告看行业变迁 / 379

中国 BIM 草根报告 2020 / 380
BIM 行业数据分析报告 / 393
建筑新科技发展主观报告 / 400
下个十年的数字建筑江湖 / 406

后记：生于泥土，直视太阳 / 417

第1章

思考：关于BIM的是是非非

BIM是不是一个行业？尽管很多人说，BIM只是一个工具，但十几年在中国发展下来，有太多人投身到这个技术的研究、推广、应用、开发和培训中，当有那么一群人基于同一件事情谋生，我们就认为它是一个行业。

但是这几年，关于这个行业的争论一直没有停止，有人说它是未来的趋势，有人说它浪费时间。

本章讲一讲面对这些争论，我们自己的思考。

变革之难：一个聪明人是怎么把事情搞砸的

关于 BIM 的发展，有人说它是未来的趋势，有人说它动了很多人的蛋糕。无论大家怎么众说纷纭，一个事实摆在所有人的面前：BIM 并没有像人们预想的那样，带着天生的优势一举改变建筑业的格局。

对于新技术的变革，总会有人表示质疑，也会有人高举坚持创新的大旗。有人说“BIM 根本不适应中国的国情”，也有人说“BIM 本来就还需要几年的时间才能达成”。

看过本节二维码视频中的一段故事后，我们回到现实中来。再看如今，有多少人在讨论“怎么才能实现 BIM 的普及?”“怎么才能提高装配率?”，完全把“使用新技术”作为了奋斗的目标，而不讨论企业真正的目的：提高效率，提升利润。

企业与个人，要做的是顺应国家的整体方针，去做一些符合自身利益的实事儿，而不是本末倒置，为了新技术而使用新技术。

易中天先生把王安石变法失败的原因总结为十六个字：**国家主义、政府万能、理想至上、道德唯一**。

或许，这也能引起我们的一些反思吧。

行业大泡沫：BIM 碎成土壤，人才遍地开花

在过去的走访和思考中，我们逐渐形成了这样一个看法：BIM，也许正向着“去 BIM 化”的

方向发展，未来的人才发展也绝不仅仅是“设计 + BIM”这么简单。

本节专门来讲讲这个话题。

1. 从泡沫说起

“中国 BIM 这条路走对了吗?”“传统设计院还能走多久?”“BIM 是不是凉了?”这样的话题，经常被人们讨论。

如果能做到撇开所谓“行业发展”这样的大话，钻到每个人争论的背后，就会看到，**其实大家探讨的都是关乎个人的问题**：通过 BIM，到底可不可以付出比别人更少一些，却可以多一些收益?

我们可以把这种期待或批评称为**“非理性繁荣之争”**。

下面先讲两件关于非理性繁荣的事儿，我们再回来说自己的观点。

事件一：疯狂的君子兰

剑叶石蒜，产地南非，在中国有个好听的名字：君子兰。

1984 年，君子兰被命名为长春市市花。市政府号召市民，每家都要养上几盆。此后，君子兰的价格水涨船高，从一开始的 100 多元一盆，不到一年就飙到几万元一盆。

1985 年，长春一名养花大户以 14 万元的价格创造了当年的交易记录。那时候中国普通工人的收入也就是每月几十元。

5000 人坐飞机去外地搞展览、全国各地的人涌向长春，日访问量达到 40 万人。

可是，好景不长，1985 年 6 月，《人民日报》发文**《“君子兰”为什么风靡长春?》**，批评君子兰交易为“虚业”，长春市紧跟着出台高压政策，君子兰泡沫飞速破灭。

随之破灭的还有人们的发财梦，高价君子兰消失，很多人倾家荡产。

事件二：疯狂的铁路

美国在南北战争之后，兴起了一股建设铁路的高潮。

这和现在中国修高铁不一样，当时投资铁路的都是私人公司，可没什么“利国利民”的想法，**目的就是俩字：赚钱。**

美国资本家在欧洲发行了大量的股票债券，圈来了很多资本进行投机。硅谷著名大学的投资人斯坦福，就是在那时候成为“铁路大王”。从 1880～1889 年，美国人只用了 10 年，就修了 10 万公里的铁路。

同样也是好景不长，到了 1892 年，由于市场太过饱和，美国铁路泡沫开始破裂，股价一泻千里。一时间哀鸿遍野，四分之一的铁路公司破产，大部分投机者血本无归。

这两件事都是载入史册的典型泡沫事件。泡沫的坏处大家都知道，有个问题值得我们进一步思考：

泡沫破了，留下了什么?

人们在讲述的时候，都会以泡沫破裂、很多人血本无归为故事的结尾。

但真实的世界并没有结尾，上面两个故事的后续是这样的：

君子兰事件过后，市场回归理性，家家发大财是没戏了。但一年多的“虚假繁荣”造就了长春市巨大的花卉市场，以及配套的工具、运输、肥料等一系列就业岗位。

直到现在，花卉市场仍然是长春重要的经济来源，光是君子兰这一种花，从业人数就超过5万人，年产值30亿元。

破掉的美国铁路泡沫则给后人留下了更深的影响。之后几十年，美国的很多经济基础因为便宜的铁路又繁荣了起来，甚至很多新行业由此诞生。如风靡一时的邮购模式，这在欧洲可实现不了，因为美国的运输便宜。

再如人们发明了冰柜车，让农民的牛肉和蔬菜以低廉的价格快速销往全美，这又带来了美国农业的大爆发。

前人疯狂栽树，后人悄悄乘凉。不过，前人可不是有意设计了什么“后续市场发展”，他们只是看到，栽树能赚钱。

2. 繁荣的破灭

如果你问，BIM到底是不是非理性繁荣，是不是泡沫要破?

正面回答：是的，至少对于一部分城市来说，BIM经历了非理性繁荣，并且正走向破裂。

但这样的回答要建立在三个前提下：

第一，“非理性繁荣”是指行业里大部分人可以付出很少的努力，赚到比别人更多的钱。如花几个月时间掌握了翻模，就能接项目搞培训，大把钞票入账。那样美好的时代，正在迅速消亡。

第二，所谓“泡沫破裂”，并非所有人财富蒸发、行业消亡，而是人们回归理性、回归业务本身，付出合理的劳动，挣合理的钱。

第三，中国的市场纵深跨度极大，经常出现“一线城市毒药，三线城市蜜糖”的情况。很多技术在北京、上海、广州、深圳已经被嗤之以鼻，但在小城市正炙手可热。

对于BIM泡沫的破裂，值得继续探讨的，是前面两个故事里提到的后续：泡沫破裂后，旧时代的遍地繁花凋谢，意外留下了肥沃的土壤。

3. 模型的土壤，信息的花

“BIM翻模赚大钱”这个非理性繁荣过后，造就了三个结果：

1）少数赚到钱的公司。

2）遍地的建模人员。

3）一批提供底层技术支持的平台和工具。

中国就这样意外地造就了一层独特的土壤，供下一个时代的技术生根发芽。这颗刚刚破土的嫩芽，**叫作建筑业信息化。**我们从三个方面嗅到了这样的风向。

软件商们的行动

以广联达为代表的企业，开始淡化BIM基本功能的宣传，比如施工模拟、管线深化，转而强化智慧建造工地、数字孪生建筑等理念。

广联达提出目标是让业务回归业务本身，让BIM躲到后台去，需要什么数据，就用网页或者手机提取数据，至于建模和数据输入，则是由躲在后台的少数人负责。

很多三维协作平台公司，也在人工智能、智慧管理方面发力，推出了为施工管理特别定制的AI产品。

有句话这么说：**别看企业家说什么，要看他把资本投向哪里。**厂商的这些行动在一定程度也代表了行业的风向标：BIM不再是需要每个人去建模的东西，**而是少数人提供服务，多数人直接使用数据。**

国家在宏观政策方面的坚决态度

2016年，住建部发布《2016—2020年建筑业信息化发展纲要》(以下简称《发展纲要》)，要求建筑业企业积极探索互联网+，深入研究BIM、物联网等技术的创新应用，重点提出了大数据、云计算、物联网、3D打印和智能化五项专项信息技术应用点。

《发展纲要》想要表达的意思是："信息化不仅需要建立数据的关系，更需要建立这些数据背后的人之间的关系。必须正视管理体系创新与业态升级。"

写进国家五年计划的可没有小事，信息化瞄准的不是人们争论的"BIM是不是个工具"，而是要改变产业的结构，甚至是生产关系。

你可以表示不懂，但有个基本概念你肯定知道：**跟着宏观政策做事，不吃亏。**

来自互联网巨头的强劲势能

当你享受着智能手机带来的社交、搜索、购物、出行等一系列便捷，数字化生活已经成了空气一般自然的事。再抬头看建筑业低效的工作方式，吼着开会、纸上办公，你就会看到门里和门外巨大的水位落差。

哪里缺水，水就会涌向哪里。

这样巨大的市场空缺，巨头怎么可能不入场。

2017年上半年，阿里巴巴发布《智慧建筑白皮书》，同年8月，阿里巴巴集团与澳门特区政府达成战略合作协议，集中推动澳门云计算、智慧交通、智慧政府方面的发展。

2018年，腾讯、阿里巴巴、科大讯飞等企业的招聘启事里赫然出现"GIS""BIM"等技术人才需求。

2019年到2020年，腾讯、阿里巴巴、华为、百度纷纷拿下智慧城市项目，人们看到一个信号：或许建筑业还没来得及“+互联网”，就已经被互联网公司给“+”了。

从这三点，我们看到下一个十年什么才是“玩儿真的”。建筑业信息化不能只是一个口号，而是要在最基础的层面上做到一件事：**把数据放到建筑模型里去。**

第一轮“翻模式BIM”泡沫破灭后留下的三个东西：活下来的企业、遍地的人才、廉价的平台工具，正是建筑业信息化所必需的土壤。

即便是翻模这样被很多人不看好的工作，只要做得好，一样长期有需求，那么多现有建筑将来需要智能化运维和改造，是没法重新正向建模的。

是的，我们今天真正要说的，并不是什么行业大事，而是最接地气的问题：**个人的未来在哪里？**

4. 人才大爆炸

在人们的争论里，矛盾很大的一个是：设计师、工程师到底要不要“+BIM”。这种争论是建立在一个共识上：建筑业就是那几种发展路线，做设计、做施工或是做甲方。

技术只是工具，大家争的，是这个工具能不能让这几个岗位的人更赚钱。但我们认为，未来的建筑业，不止这几个方向。

君子兰事件之前，长春没有大的花卉市场，也没有相关的周边产业；铁路泡沫之前，也没有邮购行业、冷冻农产品行业；在塞班手机系统如日中天的时候，也没有今天的微信、微博、饿了么。

这些新的行业，新的公司，新的岗位，是在旧时代留下的土壤里长出来的，但在旧时代土壤覆盖时，却少有人能意识到废墟之后的勃勃生机。建筑业信息化，会创造出新的公司、新的人才需求。这样的未来，已经在发生。

未来，会诞生无数你从没听说的岗位，人的去路是越来越宽的。并不是说传统的岗位不好、不重要，而是说**除了传统岗位的持续发展，未来的新选择也会很多。**

对于个体来说，最重要的就是离开舒适区，学一些“看起来现在用不上”的东西，做一些别人不太愿意做的事，甚至一些旧规则中无理可循的探索和试验。

互联网先驱田溯宁当年在“得到app”转型时给出这样的建议：

未来的公司和个人，无论做什么，归根到底是要做“运营商”。

什么叫运营商？比如中国移动，只要到它那儿买个卡，拿起来就可以打电话，而电信科技背后所有复杂的运营他们来解决，这就叫运营商。

将来，是一个知识和学科无比细分又彼此交叉的时代，无论在哪个小领域，能够把复杂的事情交给自己来运营，然后给用户、同事、老板提供一个通用而且简单的服务，这就是企业和个人的大未来。

无论在旧土壤还是在新时代，茁壮萌发的绿苗都需要种子肥厚的养分，胸有丘壑，方能见道。

自下而上：换个视角看待建筑业新技术

请问：你了解家里的抽水马桶吗？仔细想一想，尝试给自己解释一下，当你按下冲水按钮的时候，到底发生了什么事？

其实，这里面的原理可一点儿都不简单，要涉及流体力学、机械学、工程学等知识，如果你仔细深究，会发现自己对它一无所知。

也许你会说："这也没什么，不知道就不知道，我只要知道冲水的按钮在哪就够了"。

我也是这么想的。直到有一天，客户接待我住了很高级的酒店，走进卫生间，我看到了电动马桶，手边的控制器上有密密麻麻十几个按钮，偏偏就是没有冲水按键。当我尴尬地走出卫生间的时候，我想：万一有那么一天，所有比我年轻的人，都默认使用这种找不到冲水按钮的马桶，我会不会成为一个很落后的人？

实际上，这样的事情每天都在发生。

曾经，人们认为手机只要有电话、短信、记事的功能就足够了，然而不到十年的光景，我们已经在教给我们的父母如何使用微信支付和手机淘宝，与此同时，比我们更年轻的人在教我们怎样玩抖音和 B 站。

有一天，同事把一个文件传送给我，我们突然聊起来：当你把一个文件拖进微信的 2 秒钟之后，我就在我的手机上看到了它。这 2 秒钟的时间里，到底发生了什么事情？如果我们对一个行为的基本原理都一无所知，怎么可能去主动优化它？我们已经把一切交给科技公司，无论结果是好是坏，都只能被动接受，束手无策。

那么，你的工程项目呢？每天，在设计师的计算机里，在施工现场，都产生着大量的行为和数据，我们能接受对这些事一无所知吗？

当我们理解世界的时候，数据只是最底层的东西，再往上，还有信息、知识和智慧。

数据，就像是支付宝账单，忠实反映着曾经发生过的事件，它的本质是我们对世界的观察和罗列。

数据本身对我们产生不了什么价值，我们想要通过数据知道更多东西，就得对它进行整理和提炼。

比如点开支付宝的年度账单，通过支付宝这个工具对数据的加工，我们可以一目了然地看到自己的消费金额、消费比例等，这些就是比数据高一个层次的**信息**。

了解了自己的消费结构之后，我萌生了一个想法：今年要省下 1 万元的私房钱。要达成这个目的，支付宝这个工具所提供的**信息**就不够了。

我需要掌握一些技巧，比如把年付的租金改成月付，用剩余的钱去买理财产品。这些技巧，是我利用不同的**工具**，在不同的渠道获取**信息**，并且把它们内化到我的脑袋里，这就是从信息到**知识**的过程。

通过知识，我省下来 1 万元的私房钱，下面我需要做一个决策：这个钱该藏在哪里？

这个决策需要动用很多的知识，比如家里面家具的结构、家人的习惯等。我们需要在众多的知识中，选择最关键的那几个，让我们尽快做出最优的决策，这个过程，就是**智慧**。

智慧是用来做决策的，人人都希望拥有智慧。但是在今天，拥有智慧已经是一件越来越难的事。你可以在书店花几十元买一本《腾讯传》，但世界上只有一个腾讯。因为他人的智慧，只能成为你的一个知识。

以前的人们想拥有智慧，读四书五经就够了，而今天，我们每个人都可以通过互联网获取“成吨”的知识，当你拥有全世界的图书馆的时候，你反倒等于什么都没有。

我们拥有的知识不是太少，而是太多了。花了很大的篇幅谈数据到智慧，就是为了引出这个非常重要的概念：**知识过滤器**。

当人们说起建筑业的新科技的时候，谈到的往往是提高效率的工具，可以称之为**加速器**；却忽略了科技的另一个作用——让正确的知识服务于决策的**过滤器**功能。

下面列举几个建筑业常见的新技术，看看加速器与过滤器的区别。

1. 无人机倾斜摄影

简单来说，这个技术就是让无人机绕着场地飞一圈，提前设定好路线，自动拍照，回来后把照片上传到相应的工具上，自动完成从照片到 3D 模型的创建。

它的本质无疑是**加速器**。

值得注意的是，通过照片到 3D 的自动建模软件，可以看到现在建筑科技软件市场的一个趋势：越来越多的在线工具用低价甚至免费来吸引用户，再利用大量用户的流量来盈利。

这种工具正在侵蚀传统单机软件的市场。

2. 云计算

你可以把云计算理解为自来水：为了喝上干净的水，我们家里有没有必要建一个自来水厂？当然不需要。只需要每月交一些钱，把水龙头打开就可以随用随取。

同样，对于大量的存储和计算，也不需要每人配上一台几万元的计算机，只需要购买现成的云服务，本地一台普通的计算机，就可以在浏览器上完成工作，存储和计算都交给云服务商来解决。

在民用领域，你最熟悉的云服务可能就是百度网盘了。但在工程项目领域，我们需要集中处理的数据量大，对于数据安全的要求也比较高，一般的云服务是无法满足的。

此外，对于工程项目的数据和信息，单纯的存储没有意义，一定要在云技术的基础上，进一步开发数据整合、计算、过滤的工具，才能实现工程项目数据的价值。

从这个层面上来说，在民用领域云计算属于加速器，而在建筑行业则正相反，它是一个**过滤器**。

3. 虚拟现实、增强现实、混合现实

很多人到现在也还是没弄清楚这几个“现实”到底是什么意思，我们用下图概略地说明一下这三者的区别：

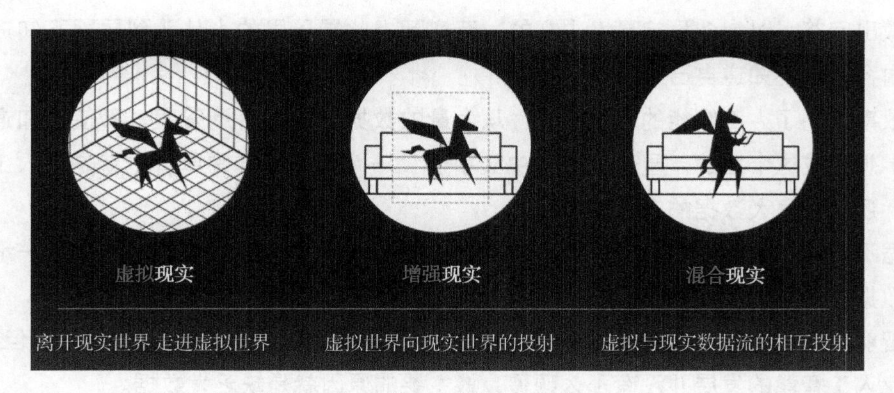

虚拟现实产品中，世界的环境和物体全是用计算机虚拟出来的，通过建模精度和硬件设备的提升（比如用更贵的 VR 眼镜），让进入这个世界的人感觉更真实。

增强现实，是通过手机、平板电脑等设备，把虚拟物体投射到现实的环境中去，让真实的世界里出现一个本来不存在的东西。它要解决的不是真实感的问题，而是图像识别和运动跟踪。

混合现实，是把虚拟的物品和现实的环境进行再计算，让它们难分彼此，还可以把经过计算的数据和信息投射到现实空间里。

在建筑行业里，可以给这三者做一个大致的分类。

虚拟现实技术，是把还没建造出来的环境虚拟给客户看，让他们更快拍板确定方案，它是一个**决策加速器。**

增强现实技术可以把还没建造出来的物体放到已有的现实中，适合人们进行方案的比选和沟通，它是一个**沟通加速器。**

混合现实技术，由于能对现实空间进行计算，并把虚拟的数据和信息投射到"观看现实"的眼镜里，让现场人员不必使用图纸和表格，所见即所得，结合云计算技术，它能够成为**知识的过滤器。**

4. 人工智能

提起人工智能，很多人脑子里冒出的画面就是一个半人半机械的东西坐在那里思考"人生"。

很遗憾，现实世界里的人工智能不是这个样子——它只是大量的数据加上一些很特别的算法。

与人们的直觉不同，人工智能的算法根本不是模拟人类强调因果性的思考方式，而是拥抱不确定性、关注相关性的算法。

关于人工智能，有一个很有名的"中文屋子"比喻：

一个人坐在一间屋子里，手里有一本非常厚的参考手册。有人通过门缝递进来一张纸条，上面写着一个中文问题。屋子里的人根本不认识中文，他需要做的只是翻开手册，找到那句看起来和纸条上的文字一样的话，然后把对应的中文答案照着样子抄下来，再递出门去。外面的人看到里面的人做出回答，以为他肯定是懂中文的，而实际上，屋子里的人从头到尾既不知道自己看到的是什么内容，也不知道自己回答了什么。

这个故事说明了人工智能的思维方式：**从大量的数据中直接得到答案，即使不知道背后的原因。**当然，想达成这个目的，屋子里的"中文手册"一定要非常非常厚，也就是说人工智能光有算法不够，还必须有大数据的支撑才行。

大数据不仅要"大"，而且不同维度的数据之间还必须有关联性，否则就只是一堆无法结构化的垃圾数据。

人工智能对于任何行业来说都是一个颠覆性的大未来，对于建筑业也是如此。但总体而言，目前建筑业人工智能的发展并没有那么颠覆，最主要的原因就是缺乏大数据。

以目前可见的发展来看未来，它既可以在设计端提升人们的工作效率，充当加速器，也可以通过大量数据的积累，并利用这些数据的相关性，为企业重大决策做出参考，成为一个大过滤器。

5. BIM技术

越来越多具体的工具以BIM为基础诞生，不同的企业对BIM的使用也越来越走向好坏两个极端，BIM已经不是一个可以被明确界定的工具，而是一大类工具的统称。

站在工具这个层面，可以大致把BIM工具分为两种类型：

1）以设计为导向的BIM工具，主要作用是生产数据和信息，它们是制造知识的**加速器**。

2）以管理为导向的BIM平台，主要作用是组织数据和信息，它们是筛选知识的**过滤器**。

但如果跳出工具这个层面看待BIM技术，还会看到它的另一个作用。

对于建筑业来说，工程人员和IT人员是无法在各自的界面下直接协作的。工程人员看不懂代码，IT人员看不懂图纸，他们之间的交互之桥，就是BIM。

他们可以在人人看得懂的3D界面下，用彼此能够理解的方式（非编程的方式）来收集数据和信息，这种跨行业的交互本身才是最重要的。

前面讲到的几项新技术，在其他行业都已经很成熟了，而在建筑业，这些新技术需要以数据、信息作为载体，彼此结成一张大网。BIM技术，就是这张网上最重要的绳结。

玻璃本来是在自然界存在的，那它为何直到1000多年前才进入人类社会，催生了天文学、生物学，甚至是互联网？原来，在人类所有的发明里，对玻璃来说最重要的，是熔炉的发明。只有人类能掌控1000多摄氏度的高温，才能把玻璃从自然生成变成手工制造。BIM，就是建筑业信息和数据炼造成知识的熔炉。

在建筑业，人们有两种基本需求：

第一种是希望向上发展的年轻人，他们需要的是提高自己掌控数据、生产信息的能力，并把它们及时变现，这类人更需要加速器。

第二种是作为领导，想成为英明的决策者，他们需要把知识整合到一起，形成智慧，这一类人对于具体的数据和信息并没有很强的需求，他们需要的是过滤器。

可惜的是，在传授知识和销售产品的时候，很多人会把这两种需求弄混淆。比如：

用底层的效率需求去说服领导，花几十万减少200处碰撞，员工早下班1小时，他会买单吗？

反过来，用顶层的需求去说服技术员，花几百万实现公司的信息化，未来十年提升 20% 的企业竞争力，他会在意吗？

不同人员对工具的期待和需求不同，加上新技术的不断涌入，就构成了一个复杂的系统。

人们很多时候在强调自上而下“顶层系统设计”的力量，却往往忽视另一条自下而上的“暗线”。

前面讲了很多的技术，最突出的例子就是倾斜摄影自动建模：无人机、定位技术、高清相机、电池，没有一项技术是某个特定组织的顶层设计而来的，而是不同公司、抱着不同目的进行独立的商业行为，最终聚合到一起，才把倾斜摄影建模的成本从几十万元降低到 1 万元。

另外需要关注的一个词就是系统。一个系统除了技术本身，还有很多其他因素。

马特·里德利在《自下而上》一书中说道：为你遮风挡雨的伞，是人类设计的结果；但促成本地商店卖给你伞的系统，或是伞这个词本身，又或者要求你把伞侧向一边、让别人通过的礼仪规矩，属于什么范畴？

这些都是技术以外的系统要素。

当忽略技术本身和人员、欲望、文化等要素自下而上的性质，在顶层设计一个系统的时候，其结果往往和一开始预想的完全不同。

行业在技术和系统这两股力量推动下随机变化，最终结果比预期好还是差，取决于这三点：

（1）系统是否对新技术和思维方式足够宽松。

当我们说“自下而上”的时候，可不是说不需要顶层设计、任下面无序发展。我们在这里说的恰恰是：顶层需要设计一个相对宽松的系统框架，让它进行内部的演变，因为系统的复杂性本身是设计不出来的，只能让它“长”出来。

（2）一线人员能否让加速器工具产生额外的价值。

如果一个工具的唯一作用就是提高一线人员的效率，那它给组织带来的价值就不大。基层人员在享受加速器工具带来的效率提升的同时，也必须考虑自己的工作能否为他人提供有意义的数据，能否为企业积累有用的信息。

（3）决策层能否让信息和知识向上汇集。

基层自发的技术探索往往是混乱的，人们的行为产生的信息也往往是发散的。决策层能不能选择或者搭建合适的平台，把对整个系统有价值的信息聚拢到一起，控制它们向上流动，再通过过滤器筛选成有用的知识，这决定了有多少系统能量被耗散掉，有多少能保留下来。

建筑行业的话语权和决定权在于甲方和政策导向，如果甲方从头贯彻，更多的时间用在前期的投入和优化，国家机器把政策坐实，不是开空头支票，下面的企业和利益方才会醒悟。

BIM、市场与系统

关于BIM，总会有人问我们这样的问题：

◆怎么看待目前BIM的市场？

◆BIM骗子们是怎么骗人的？

◆BIM十几年了，如果够先进，怎么还没取代传统设计？

◆BIM十几年了，如果是骗局，怎么还没黄？

我们所幸能听到更多人的故事和观点。把这些故事和观点拼凑到一起，整片森林大概的样子浮现在眼前，我们把看到的东西叫作“建筑信息化行业生态”。

我们希望把这个“生态”是怎么来的，现状是什么样，未来可能会怎么演化，讲述给你，无论你是新技术的反对者、迷茫的从业者、希望抓住机遇的创业者，还是一名普通的看客，都希望能带给你一些有态度、有深度的洞察与思考。

我们先用轻松点的方式，从“争议是怎么来的”这个话题开始吧。

1. 关于行业现状的漫画故事

虽然总是吵吵闹闹

但大家也算是慢慢习惯了

直到有一天……

蘑菇女士还讲道，BIM可以让图纸和三维联动，帮助设计师发现问题，总之是好处多多啦

听起来挺酷炫呢
客户会喜欢吗？
这个你放心啦

蘑菇女士找到了海鸥大叔，为他解释BIM成果怎样方便指导施工，便于项目方案汇报
BIMBOX
原创漫画

蘑菇女士又找到了甲方仓鼠先生，告诉他BIM技术怎样助力运维管理，帮助业主节省成本
BIMBOX
原创漫画

在蘑菇女士的推荐撮合下，兔子小姐和海鸥大叔开始尝试用BIM技术来生产图纸，仓鼠先生也出面大力鼓励，眼看成了皆大欢喜的局面

不过，兔子小姐慢慢发现了这种技术的一些问题
比如，原来画图会出现的那些错误，现在是能提早发现了，但解决这些错误花费的时间比原来更多了。
怎么还需要弄这个啊

她跑去问蘑菇小姐，有没有更好用的工具能真正提高效率，蘑菇小姐挠挠头说：
哎呀，目前这个技术刚刚起步，还在研发中，这些问题暂时还得靠手动来解决啦~
BIMBOX
原创漫画

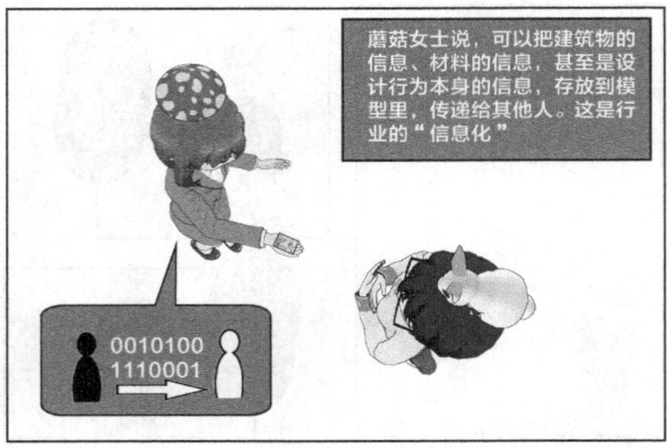

看到这儿，剧情和登场人物你一定很熟悉。很多设计师都面临着这样的烦恼：

◆干的活儿变多了，挣的钱却没有增加。

◆学了多年的本事主要是为了设计出图，而 BIM 在出图这件事上到底能帮多大忙?

◆至于行业的信息化，那和我有什么关系?

◆说到底，用 BIM 来出图，到底有什么价值?

先别着急下结论，我们的故事还没完。

Episode 2
不明身份的买家
BIMBOX
原创漫画

喂！兔子你出来！
BIMBOX
原创漫画

怎么啦？

昨天你给我的模型，随便一检查就几百处碰撞，墙的信息也是错的！
BIMBOX
原创漫画

哎呀，我每天要出那么多图，哪有空给你整精细的模型啊
再说合同里本来就只有图纸，模型免费给你就不错了呀。话说以前CAD出图一堆错误不也凑合用嘛~
BIMBOX
原创漫画

我也觉得又建模又填信息很麻烦呀，要不然还用老办法出图给你算了

我是无所谓了，这不是老板跟我要模型嘛！反正我只要图纸正确能好好干活，要不咱去找老板说说

不——
——行
老板的
凝视

先说你！雇你来做设计，本来就是要没错误的，有新工具了，继续出错你还有理了？
呃……
BIMBOX 原创漫画

啊……
还有你，模型用完指导施工，你也得把后续信息补充到模型里，我管理还需要用呢！
BIMBOX 原创漫画

那费用方面……
那时间方面……
本职工作！便于管理！你们不愿意做就换人！

本来想找仓鼠先生商量简化一些流程，结果不仅兔子小姐的工作量没减，海鸥大叔还多了不少活儿，两个人的争执越来越多，都希望对方把信息记录的工作多承担一些
BIMBOX 原创漫画

这时候，轮到小花先生登场了
你好，我是职业第三方BIMer

我能帮你做模型，调碰撞，出动画，你安心做设计就好了

信息记录成本管控什么的，可以交给我来办

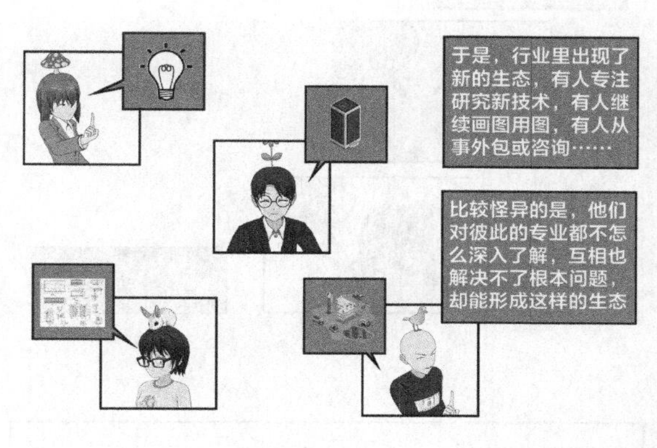
于是，行业里出现了新的生态，有人专注研究新技术，有人继续画图用图，有人从事外包或咨询……
比较怪异的是，他们对彼此的专业都不怎么深入了解，互相也解决不了根本问题，却能形成这样的生态

看着小花先生和蘑菇女士经常在一起热烈讨论数字化技术和行业未来，兔子小姐和海鸥大叔总觉得哪里怪怪的……
BIMBOX
原创漫画

大家讨论的……
……还是设计出图这件事吗?
BIMBOX
原创漫画

另一方面，熊熊老大在仓鼠先生的办公室里，给出了吓人的价格……
100万
啥？！
BIMBOX
原创漫画

熊熊老大没有交代自己来自什么公司，总之他们正在收购建筑数据
收购目的不明，价格非常诱人，不过条件有两个
1.数据记录的信息必须真实
2.数据量必须足够大
BIMBOX
原创漫画

仓鼠先生马上下发文件，要求大家努力创建数据，作为所有人的重要考核机制
BIMBOX
原创漫画

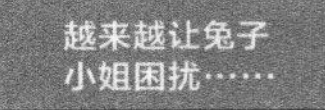

好了，漫画就到这儿，下面我们来说说自己的观察结果。接下来要谈的三个观点，或许是你在这场争论中没听过的。

2. 抓不住“坏人”的系统

下面先来讲一个很重要的思维方式——系统思维。

截止到目前，我们在漫画里展现了六张面孔。

首先是设计交图的设计师兔子小姐，照图干活的施工方海鸥大叔，和收房给钱的甲方仓鼠先生（当然，为了简化关系把事儿说清，我们在这里略去了造价、监理等角色）。

传统建筑业虽然存在很多问题，但也在很长一段时间里达成了平衡。

可近些年在很多地方，这种平衡被打破了，有两位玩家相继入场，**宣扬 BIM 理念和研发软件的蘑菇女士，还有从事第三方咨询工作的小花先生。**

建筑行业的总资金池并没有因为 BIM 的进入而增加，所以很显然，新入局的玩家，一定从老玩家手上分了一杯羹。

原有系统的平衡打破之后，一个新的系统又在逐渐形成。

一个系统的特征包括：

第一，系统由不同的元素组成，每个元素各自目的不同，互相的关系也不同，但都能在系统里找到生存的空间。

第二，一个完整的系统会有一个整体的发展目标。

第三，也是最重要的，系统中几乎每个人的小目标，都和系统的大目标不一致。一个公司的整体目标可能是占领市场，而公司里每个人的目标，可能是升迁、多放假或者是涨工资。

漫画里，以前三人的系统，整体目标是把房子建出来；加入了新角色的新系统，整体目标是不仅要把房子盖出来，还要把建筑业信息化搞起来。但无论老系统还是新系统，其中的每个角色的利益诉求都不一样，这些诉求混杂在一起，才决定整个系统往哪走。

要解决系统问题，就不能用线性思维。

所谓线性思维，就是找简单明了的因果关系，找到原因，直接单点解决。

1967 年，罗马尼亚政府就干了这么一件蠢事。当时罗马尼亚的人口出生率很低，政府就想，影响出生率的直接原因不就是避孕和堕胎嘛，然后就真的出台了直截了当的政策：禁止售卖避孕药品、禁止堕胎手术。

结果催生了大量的地下非法堕胎，孕妇死亡率大幅上升。还有很多人生下孩子就抛弃了，孤儿院里挤满了儿童。

这是因为当时人民的利益诉求与政府的大目标不一致，人们因为贫困而不愿意生孩子，一刀切政策是无效的。女性宁可冒生命危险、抛弃骨肉，也不愿意响应政府的政策。

中国足协也干过线性思维的事：他们认为中国足球踢不好是因为青年队员得不到锻炼的机会，于是规定中超联赛每个球队至少要有两个 20 岁以下的球员上场。

可是“培养青年球员”这个大目标和每个球队“获取胜利”的小目标也是不一致的，于是每个球队都在开场时派两名青年球员上场，然后迅速换下来。

要知道一场比赛只能换三个人，球队宁可牺牲两个换人名额，也要保住胜利，才不会给你培养青年。

所以，政策强推 BIM，见效很慢；另一方面，很多人喊着“打倒 BIM”，见效也很慢。这些都是线性思维下的解决方案。线性思维的人认为系统有问题，一定是有坏人，把坏人赶跑，问题就解决了。实际上，系统是允许“坏人”存在的。

漫画里蘑菇女士对兔子小姐最初的承诺——“简单高效的出图”，可以说从来没有实现过，站在兔子小姐的视角，宣扬 BIM 的人，真的就是一帮骗子。

而在宣扬 BIM 的人眼里，传统行业的人顽固不化，导致建筑业这么落后，他们才是该被淘汰的“坏人”。

可是系统对“谁是坏人”这件事是无感的。系统既没有感情，也不讲道理，它从不因损害部分人的利益而淘汰另一些人，它只是机械地向前演化——或是成长，或是瓦解。

我们说到新系统的时候，还有一个角色没有说，漫画中最后出现的神秘买家熊熊老大是谁？

3. 商品变了——少数人知道的新买卖

在一个微信群里，我们看到一位老朋友说：现在搞 BIM 的有资格和能力画施工图的人有多少？在漫画里，兔子小姐和海鸥大叔看着其他人热火朝天地讨论行业信息化，也发出了这样的疑问：**大家讨论的还是出图和施工这件事吗？**

下面先来回答漫画里熊熊老大到底是谁。在真实的行业里，我们看到了两个隐藏的“玩家”也加入了游戏。

第一个是需要数据的公司。

单条数据在你我手里分文不值，但很多数据收集到一起，就可以创造价值。

我们每天接触的几乎所有网站和 APP，都在靠数据获利。

如果你知道这一点，再去看这些公司发布会，就会觉得特别有意思。他们既想让投资人看到自己的数据量很大、很值钱，在用户面前又很腼腆，尽量不谈这些数据是以什么成本收集来的。

第二个是政府。

很多人不知道，除了“To B”和“To C”，还有很多公司的业务是“To G”的。

响应政府的号召，帮助政府实现管理目的，然后从政府拿资金、拿课题费、拿项目。注意这里说的可不是灰色交易，是公开招标的数字化管理需求。数字化城市的先行者是英国，计划的名字叫 Digital Built Britain（数字建造不列颠），在中国的深圳、雄安新区，也都出台了 CIM 相关政策和招标办法。政府不需要靠数据营利，但需要花钱买数据来进行治理。

漫画里收购数据的熊熊老大，代表的就是这两个角色。

我们看到了几家这样的公司。有的是生于行业外，趟平了靠数据盈利的路，现在想进入建筑业，用建筑数据服务金融等业务；有的是生于建筑业，拥抱大数据，靠算法推动产品迭代，再把产品卖给用户；当然也有专门打造平台，收集数据，直接为政府提供“To G”服务的公司。

无论哪家公司，和我们沟通的时候，谈论的焦点都是 BIM。**这并不是因为，在数据和建筑之间搭建桥梁，BIM 是最好的选择。而是因为，BIM 是唯一的选择。**

同时，这几件事都刚刚起步，很难。

难在哪里？平台可以投资建，工具可以花钱开发，可海量的数据从哪里来？

直接花钱买吗？不一定，人们使用淘宝，消费记录数据是免费给了阿里巴巴的，**这是用功能换数据。**

但如果人们不愿意免费给，那就真得花钱了。比如现在人工智能在中国的一些城市，采集人脸识别数据，100元一个人；图片标记数据，0.6元一个。

无论怎么说，这么个情况正在悄然成型：**市场需要设计师和施工方交付的，不再是一份图纸、一个盖好的建筑，甚至压根不是一个模型。数据，是这个市场的新需求。**

而新的需求还没形成新的交易模式。

靠功能换数据？软件功能还不够好，甚至很多功能都落不了地。直接花钱买？用BIM生产数据的人可没比用CAD生产图纸的人挣到更多的钱。

还没成熟的市场，就有信息不对称，信息不对称的地方就一定会出现骗子。谁能骗谁，取决于对数据这件新商品价值认知的不对等。

那未来可能怎么样？工具发展得更好用？有人直接花钱买数据？出现脱离于建造的数据收集者？或者数字建造这件事以失败告终？没人能知道。

回到第一个观点，新的数据市场也是一个系统，系统里每个人的目的都不是“数字建造”，而是获利。

我们只知道，市场在悄然发生变化，现在建筑业里，至少有几十万养家糊口的人，正坐在十年前根本不存在的职位上。

而如果你把视角依然停留在“图纸”这个交付物上，会有很多东西看不到。

漫画中一直困扰兔子小姐的问题是：BIM到底能不能提高出图效率？能不能产生实际价值？这取决于系统里有人出于自身利益考虑，来做这件事。

4. 到底什么是“价值”？

广告行业有个“戛纳广告节”，相当于广告界的奥斯卡。每年都会有很多公司去争夺这个荣誉，这个奖评选的可不是最能帮广告主宣传的广告，而是那些最有创意的广告。

泰国人在广告创意方面很出名，第三届亚太广告节上，泰国人一口气拿了三金二银七铜，亚洲第一。

很多人就有点看不惯了：你们做广告的，本职工作不是为广告主服务吗？广告的价值，不应该体现在品牌宣传效果上吗？可是广告业这么发达的泰国，却没有几个广为人知的本土品牌。反倒是好多人看完了泰国广告，觉得创意很棒，可就是记不住它宣传的是什么品牌。

广告创意这么没价值，怎么还去搞什么广告节？更重要的是，为什么还会有企业出钱养活这些人？

尤德考斯基在《不充分均衡》这本书里，对于大学打了个比喻：现在有人建了一个魔法塔，进入这个塔对你没有什么直接的好处，一旦进去你必须待满四年，还得交一笔钱才能进。但这个魔法塔能识别人，只有智商超过100，并且具有一定意志品质的人才能进去。

你会进入这个塔吗？

你肯定觉得，我傻啊，肯定不进。

别着急，想想雇主会怎么看待这个魔法塔：他会守在塔门口，优先雇佣从塔里出来的人。因为这些人证明了自己的智商和品质。也许没进入塔的人也有更好的智商和品质，但他们没法证明。

进入魔法塔，实际上是给别人发出一个明确的信号：我愿意浪费四年时间，来证明我拥有足够的智商和品质。

有这个信号的人越多，对没有的人就越不利。人们宁可做一些不利于自己的事，也要发出信号。前提是，无论是信号的发送方还是接收方，都相信这个魔法塔的测试是准确的。

这个比喻同样适用于广告业——有钱的雇主明知道很亏，也要花钱去雇那些在广告节上获奖的公司，它们在向市场发送一个信号：我有实力聘请这样的广告公司。这个信号本身就是价值。

北京有一家建筑公司，每年在软件上投入的资金有上千万元，基本上从来没靠设计回本。

你可能会说：这公司不是活活被骗了吗？

但这家公司能拿到很多项目，国家呼吁什么，他们就大力做什么，这是在发送一个信号：我们和国家最前沿的方针政策是一致的，哪怕要承担经济损失。

有的东西在一些人的视角里看没有价值，换一群人就有价值，区别在于，谁把控着信号的收发渠道。再说明白一点，有的公司就是能靠花钱用BIM，拿到更多的项目。重要的不是用BIM能不能为员工提高效率，而是这个信号本身。

5. 总结：我能做什么？

我们用一篇漫画描述了行业的基本现状，又用一篇文字讲述了三个观点：用系统思维看待行业、商品从图纸变化成数据的端倪，以及更广义的价值定义。

漫画只是极其简单的抽象，真实的世界，比漫画可复杂多了。

在真实世界里，还有着对BIM很满意的设计师、努力开发好工具的商人、从工程转行创业的青年、对数字化完全不感兴趣的工程师、愤怒的失业者、迷茫的翻模员等。这些人不同的诉求，组成了更加复杂的系统。

我们不是说，只要是个系统，就一定是正确的、一定能长存。我们说的是这个系统的**客观存在性**，任何系统都有生命周期，这个周期也许比一个人的职业生涯还要长。

而我们的建议是：在客观存在的系统里，找到适合自己的生态位。

如果你对BIM感兴趣，又恰好身在一个欢迎BIM的公司，就努力把它学好用好，用它目前有限的功能尽可能实现自己的想法。

如果你相信建筑业数字化是未来，可以去尝试兼修一下信息和数据的知识，为将来做一些准备，并随时关注系统的演化。

如果你鄙视现有的工具，向前一步有Python，退后一步有CAD。

如果你很讨厌BIM，公司在强推，你又得不到相应的收入，那就和领导提出要求，实在不行，也有大量对BIM无感的公司可以去。

如果你遇到了BIM骗子，就努力成为信息不对称的有利一方，想清楚哪些承诺不可能兑现，认清骗子的花招，永久远离他们；当别人问起你的时候，有理有据地给出建议。

我们唯独不建议的，是浪费精力去质疑整个世界的合理性，去讨论世界"应该是"什么样的。

世界有自己的运转方式，它既不是为了取悦你，也不是为了跟你作对。世界上也从来没有"合理"的系统，因为"理"在每个人的利益面前都不值一提。

你的任何观点，都压抑不了系统里其他人养家糊口的生存欲望。

既然行业的未来只能靠演化，没人能设计，你能做的只有观察、思考，在每一个对的时刻，选择自己的位置，别拿余生去赌，也别浪费时间去骂。

正如约翰凯恩斯在《货币改革论》里说的：**对当前事物来说，"长远"是个误导性的指导。从长远来看，我们都死了。**

BIM演化论

1. 演化思维

短视频这东西现在大家都知道它很流行，甚至有人认为，互联网信息传播经历了文本时代、音频时代、视频时代，再到短视频时代，是一直向着高效的方向不停"进化"的，短视频就是目前互联网信息传播的最高级形态。

工程行业的"进化论"也有这么一派说法，从手绘时代，到CAD时代，再到BIM时代，最终是以BIM为底层支撑的数字建筑时代。

真的是这样吗？

我们想谈的重点是四个字：演化思维。

现在有很多学者痛心疾首的一件事，就是当年把达尔文的"Evolution"给翻译成"进化论"了，现在有很多人在各种场合用"演化论"来代替它。

“进化”这两个字给人们最大的误导，就是让人们以为万物有个从低级到高级的方向，它带来一种静态思维：只要练就一身绝世武功，成为天下第一，就再没有需要改进的地方了。

而“演化”这个说法，意思就完全不一样了。

演化是没有目的、没有方向的，当然也就没有终极形态，并且没有那么一个最佳解决方案，一举解决所有的问题。无论是生物演化还是技术演化，都是不停地解决当下的麻烦，然后新的解决方案又带来新的麻烦，每一步演化都是不停地打补丁。

拿生物来说，现在大家普遍认为人类是最高级的物种，那今天这么高级的人类是怎么来的？简单来说，就是将错就错，不停打补丁。

考古学家找到这么个证据：大约在 240 万年前，人类祖先体内有一个叫 MYH16 的基因发生了随机突变。这次突变让咀嚼肌肉生长放缓，人类的咀嚼能力从此停滞不前了。

虽然咀嚼能力不行了，但这一变化让我们有机会发育出更大的脑袋，变得更聪明之后，人们就可以合作打猎、生火烧烤，这就解决了咀嚼能力不行带来的生存压力。

可是大脑袋带来了新的麻烦，就是女性难产率特别高。这时候又有一批人发生了早产的基因突变。一只小鹿生下来就会跑，人类小孩在 6 岁之前都没有自主生活的能力。趁脑袋还没长大，早点生出来，就是新的解决方法。

可新的麻烦又来了：**小孩生存能力太低，怎么办？**只好接着打补丁。人类女性又演化出远超其他生物的母爱。这才能心甘情愿地照顾刚出生的小孩。

可是母爱泛滥，所有产后女性都要长达几年不能捕猎采集，还得打补丁，**这个补丁就是婚姻。**必须有一个男人承诺照顾她，还得证明自己有实力，女方才会考虑和他生育后代。

婚姻出现之后麻烦就更多了，各种礼仪和法律层出不穷。现在要是一只大猩猩能看懂人类在干啥，肯定跑来问一个年轻小伙：你为啥这么拼命工作买房呀？小伙只能想到是丈母娘让他买房，却不知道这一切都是从 240 万年前那个 MYH16 基因变异开始的。

生物演化就是这么一个过程，我们如今复杂的身体结构，其实是“一件补丁摞补丁的旧衣服”。每一步演化都不是最优解，都是一边解决旧麻烦，一边带来新麻烦。

技术和市场的演化也是这样。

一开始我们用 BIM 就是三维设计，解决二维设计不容易发现空间表达错误的问题，带来的新问题是学习成本和时间成本上升。

怎么办？打补丁，把学习成本和时间成本外包给其他人，于是出现了大批的培训机构和咨询公司。可是外包又带来了经济成本的问题，怎么办？接着打补丁，很多企业纷纷成立 BIM 中心，有专人负责这件事。

可又出现了新的问题：这么多机构和企业 BIM 中心，光是提前发现错误，撑不起这么一个群体的技术价值，于是 BIM 又向管理领域发展，有了成本、进度、质量管控，甚至延展到后期运维。

这么一大堆模型和数据要进入到管控和运维阶段，数据的流转又出现了麻烦，那就得接着打补丁，弄编码、上云平台。

BIM并不是一开始就做好了顶层设计，相反，今天的BIM和10年前的BIM，已经在演化中不停修修补补，变成了完全不一样的东西，并且它还在演化之中，只是我们还没给它起一个新名字。

如果你认为BIM就是一个终极方案，应该解决所有问题，那就是“进化论式”的静态思维；而反过来，我们也不应该只看到它带来的麻烦，而不去考虑这个麻烦是为了解决上一个麻烦才出现的。

所以，如果用演化思维去看BIM的发展，结论就是：它一路走到今天，解决了很多麻烦，还会面临很多麻烦。

2. 技术演化的环境

《全球科技通史》里面讲了一段中国的瓷器发展史，很有趣。中国的英文名China就是瓷器的意思，可见在这个科技分支我们有多牛。

牛到什么程度？中国是在西晋前后发明的瓷器，比西方领先了大约1500年。

为什么发明瓷器这么难？因为想发明瓷器，需要具备的先决条件特别多。

首先，烧制瓷器需要高岭土，它不是普通的黏土，需要有采矿技术才能挖出来。

其次，烧制瓷器需要很高的温度，至少要1100摄氏度，需要大量的木材持续燃烧很长时间。

最后，瓷器是不防水的，需要表面上釉才行，这个上釉的技术也很难，要让陶坯在烧制以前，先浸泡在混有草木灰的石灰浆中才行，所以还依赖于石灰浆的发明。

除了技术的原因，还有很多文化的原因，比如中国古代工匠多、瓷器的用途广、审美价值大等。

这个故事告诉我们，任何一个技术在演化的过程中都不是独立存在的，它一定依赖于其他的先决条件作为土壤。BIM走到今天，不只是一个单纯的技术，计算机图形学的发展、信息化的发展、人们对工程质量提高的需求，都是土壤。

不过，故事还没讲完，还有后半段。西方造不出来瓷器，他们造出来另外一个廉价的替代品，就是玻璃。

在古代，玻璃的价值可是远远比不上瓷器的，它导热太快，做容器容易烫手，上面没办法画出漂亮的釉彩。可是，西方人凑合用玻璃来当容器，长期积累了生产玻璃的经验，到了12世纪，突然能造出透明度很高的玻璃，后来赶上科学思想在西方萌芽，玻璃这个东西突然就产生了极强的价值：显微镜的出现，人们发现了细胞和细菌，带来了医学革命；望远镜的出现又改写了天文学的历史。

而中国早在西周就造出了玻璃，因为瓷器的全面碾压，早早就放弃了玻璃制造的研究，这让

我们错失了现代科学的发展机会。

故事讲到这你再看，同样一个技术，换一个时代、换一个环境，会产生完全不同的价值。

BIM 一开始进入中国，主要是为生产服务的，但 10 年发展下来，它的效率出现了瓶颈。**很多人抱怨，国内和国外的工期要求完全不一样，没时间去做那么精细的三维设计。这就是一个事实。**

就像是故事里沉寂很久的玻璃工艺，BIM 在效率这条路上越走越难的时候，遇到了另一个环境，就是行业的数字化转型需求，乃至国家的数字战略。

建筑业的数据，且不谈创造的过程，光是把这些数据放到统一的地方，BIM 都是几乎唯一的选择，何况这个行业能创造数据的技术也和 BIM 有着千丝万缕的关系。

BIM 一开始并不是为了数字化转型而诞生的，它只是演化到今天，遇到了数字化这个更大的技术环境，成了解决方案。这个解决方案不是完美的，却是不得不选的。

回到前面谈到的演化思维，BIM 解决了数字化的麻烦，而数字化这个新麻烦，又是为了解决企业转型、国家数字战略等麻烦的。

3. 宏观方向与个体选择

当谈 BIM 应用的时候，要考虑它所在的土壤和环境。为生产服务的 BIM，和为数字化服务的 BIM，这是两件事，两种发展阶段，需要的也是两拨人。

为当下服务的技术，可以自下而上野蛮生长；而为未来服务的技术就不一样了。

前文讲到，人类祖先 MYH16 的基因发生突变，导致咀嚼能力停滞不前，它带来的好处是给大脑发育留出了空间，我们事后看这个趋势是没错的，但别忘了，说这件事的时候时间跨度是上百万年。

回到当时的一个具体人类祖先身上，上百万年之后人类过得好不好，可跟他一点关系都没有，他遇到的最大问题就是吃东西很费劲，每天都要饿肚子，他一定非常羡慕大猩猩强壮的咀嚼肌。

人类在演化的过程中，前进的每一小步都是为了应对匮乏，无论是从树上走下来、走出非洲草原、发明农耕和工业，都是匮乏塑造了人类的辉煌。但回到具体的历史场景中你会看到，匮乏不是导师，而是魔鬼。它不停地收割生命，只留下少数人活下来繁衍后代。

实话实说，BIM 从业者的生活状态有高有低，但大部分是过得不好的。**他们会面临各种问题，比如学习成本高、软件不好用、升迁通道窄、福利待遇低。也有不少人走不下去，转身离开。**

尽管演化是个体促成的，但没有任何个体有义务对演化负责。在技术层面来说，一件长期的事该由企业来负责。

企业没办法要求员工为十年之后的某个大趋势牺牲自我，但企业的领导可以判断，也应该去判断十年的演化趋势。

如果一家企业判断数字化是未来的趋势，那就不能让自己的员工把学习成本高、软件不好用、升迁通道窄、福利待遇低这几条都给占满了。待遇低一点，是不是可以考虑买点更好的软件？软件不好用，是不是给一些研发方面的奖励？

这不是一个形而上的道德问题，而是企业愿景能不能达成的现实问题。

我们曾采访过一家国内数字化做得很好的设计院，一位领导和我们说：**信息中心就是一张嘴，嘴的任务就是吃，吃饱了身体其他器官才有劲儿去捕猎采集，不应该让嘴去承担手和脚的任务。**

这家设计院搞 BIM 的人就过得比较好，信息中心为生产部门服务，给他们做各种开发和辅助，而生产部门有了信息中心的支持，用起 BIM 也不那么糟心。

员工的价值，说到底是企业赋予的，只不过看企业在数字化这件事上，是想要当下的生产价值、两年后的品牌价值、还是十年后的未来价值。

4. 生存

每个人的位置不一样，看待一件事的角度也不一样。再进一步说，即便是同一个领域的人，对未来的判断不同，结果也完全不同。

下面是一些视频领域创业的名单：土豆网、56 网、PPS、优酷网、暴风影音、A 站、B 站、爱奇艺、腾讯视频、快手、秒拍、搜狐视频、乐视网、PPTV、六间房、酷 6 网、快播网、百度视频、微视、美拍、芒果 TV、抖音。

你会发现，同样一个领域，哪怕大家都认准了方向去做事，有的现在成了独角兽，有的却已经黯然离场。

所以，我们给从业者的建议是，尽量不要在网上和陌生人论战，争论行业的未来。在演化的随机性面前，无论别人告诉你行业很糟糕，还是告诉你未来一片大好，都没有人能准确预测未来；即便有人预测到了，那个未来也不一定在谁的手里。

而我们每个人在演化的浪潮里，都只要做好一件事：**生存下去，尽量生存得好一点。**

要生存，就要解决麻烦，要想生存得更好，就要去解决更大的麻烦。设计质量的麻烦，施工现场的麻烦，人际关系的麻烦，都是一个人发挥价值的战场。

不要期待一个技术能帮你解决所有问题，你自己才应该做那个解决问题的人。

BIM 的“死亡地图”

很多企业，无论已经做了几年 BIM，还是刚刚开始。都会面临这样的尴尬：

从近期看，BIM 发现问题，解决碰撞，方便算量，这些已经普遍达成了共识；从远期看，BIM 能够带来数字化、信息化的管理，这个愿景也是美好的。

但现实中 BIM 只拿来做管线深化和碰撞检测；而远期的全生命周期信息化，又一时半会儿实现不了。个人、企业和团队就这么不上不下地卡在这儿了。

下面要通过一个故事和三个实际案例，来介绍一个我们发明的词：半吊子 BIM。

先说故事：John Snow 和他的“死亡地图”。如果哪天有人问你，BIM 可视化是做什么用的，你不妨把这位可视化鼻祖的故事讲述给他。

1. John Snow 的地图

19 世纪，英国伦敦，每隔三四年，就会有一个无形的杀手悄然而至，横扫整个城市，在几天之内杀死数以万计的市民，有的家庭早上还在欢声笑语，晚上已是满屋横尸。**这个恐怖的连环杀手，就是十大传染病之一：霍乱。**

当时的伦敦坐拥 250 万人口，公共卫生系统却非常简陋，污水排放系统老旧不堪，人们居所的地下就是化粪池，整个城市臭气熏天。当时从政府到医学界都普遍相信，污浊的空气正是瘟疫滋生的原因。于是政府大力干预卫生治理，让人们把化粪池里的排泄物倒进河里，消灭臭气，也就消灭了瘟疫。

拯救伦敦的英雄：John Snow

1854 年，伦敦 SOHO 区一名女婴染上霍乱迅速死去，两三天后，整个城市又爆发了惨烈的疫情，以这名女婴所在的家庭为中心，霍乱迅速传遍整个 SOHO 区，人们眼睁睁看着熟识的亲友变成冰冷的尸体，却束手无策。

这时候，SOHO 区来了一名医生，他是拯救万民的英雄。**他的名字就叫 John Snow。**

John Snow 不相信霍乱是依靠空气传染的。他这次来到 SOHO 疫情区的目的，正是要冒着生命危险，向英国政府证明自己的理论：**霍乱的传染源是水，政府应该把治理的重点放到水源，而不是空气上。**

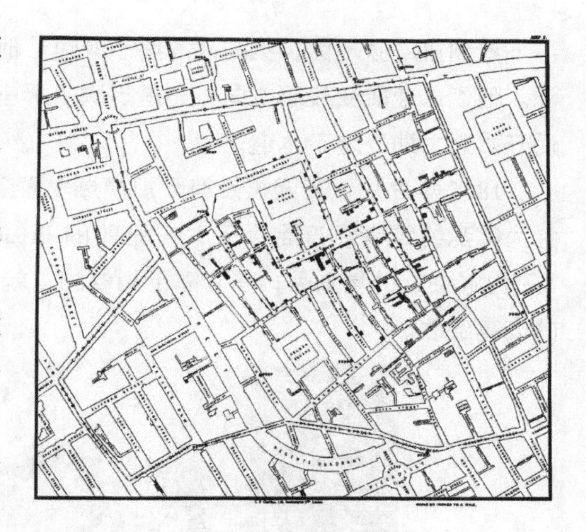

这一次霍乱的“罪魁祸首”，那名只有五个月大的女婴，死亡地点的不远处，就是一个公用水泵，几乎所有SOHO区的居民都会来这里打水。Snow就是要通过这个死亡水泵，来证明他的理论。

他手里的武器，说得高大上一点，叫作数据收集和可视化，说得接地气一点，就是一双腿和一支笔。

他挨家挨户地敲门，收集整个SOHO区死者所在的位置，然后绘制了下面这张著名的“死亡地图”。

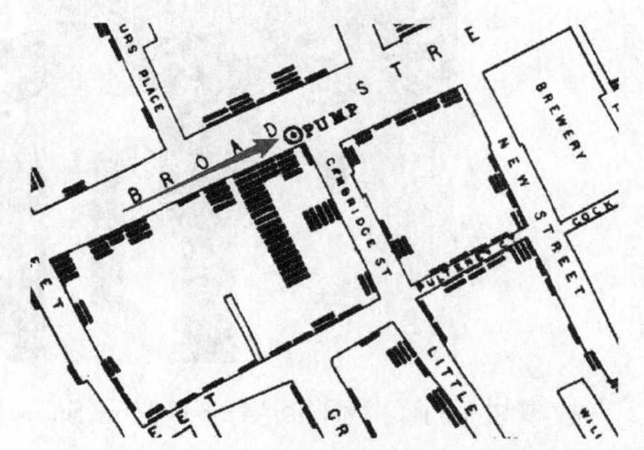

在地图上，他把无关的信息去掉，用短黑线代表死亡人数，用一个小圆圈代表那个死亡水泵，水泵周围布满了黑线，其他区域则一片空白。下面是放大后的“死亡地图”。

John Snow拿着这张图找到政府，向他们说明自己的理论。事情并没有预期的那么顺利，人们看到这张图，说：**这还是空气传播霍乱的证据呀，毒气正是从水泵里飘出来的嘛。**Snow不服输，他又画了第二张地图。这次他走得更远，把整个SOHO区按水泵的分布划分成不同区域，每个区域的人到对应的水泵距离都是最近的。最后再看地图，只有原来的那个水泵，像是一座孤岛，周围布满了代表死亡的黑线。

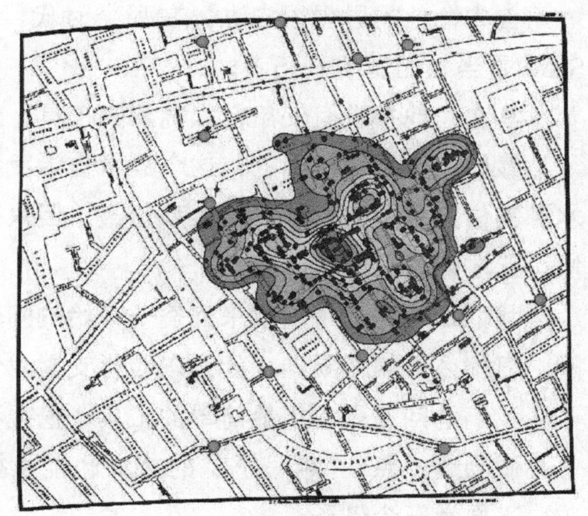

更重要的是，当他把死亡地区用线圈起来的时候，一个更清晰的线索出现了：

如果霍乱靠水泵中散发的毒气传播，那么以水泵为中心的死亡区域应该是一个均匀扩散的圆形；而在这幅地图上，死亡区域的边界并不是一个圆形，而是不规则的形状，有的地方凸出来，有的地方凹进去，而这些凹凸，恰好就是人们在错综复杂的街道上步行打水的路线。

看到第二张地图，英国政府终于醒悟：他们长久以来的努力方向彻底错了，水才是霍乱的根源。他们迅速转变战略方向，先是拆除了那座水泵的把手，向市民宣传喝水之前一定要烧开，然后开始大力建立地下水道。

1866 年之后，英国再没有大规模爆发霍乱，各大报纸将靠一己之力说服整个政府的 John Snow 称为霍乱终结者。直到今天，在伦敦的 Broadwick Street，依然伫立着一个水泵，它是当年那个“死亡水泵”的复刻品，与它隔街相望的，就是著名的 JohnSnow 酒吧。这是伦敦人民对这位医生的崇高致敬。

故事讲完了，我们回看一下 John Snow 做的事情：

首先，他的思想很先进，在那个时代，没有人想到用数据和科学论证的方法来研究传染病，Snow 是当之无愧的开拓者。

其次，他并没有使用什么高深的工具，就是一支笔和一张地图。

最后，也是最重要的，这个故事告诉我们，什么样的数据才能产生价值：**霍乱的死亡人数和水源的位置不是秘密，任何人都知道，但只有当你用一种人人看得懂的方式把数据呈现出来的时候，它才能真正解决问题。**

我们正是用这个故事来回答一开始的问题：从简单建模的 BIM，到全生命周期管理的 BIM 之间，有那么长的路要走，什么东西能支撑我们走到梦想实现的那天？

我们的回答是：**用最简单的工具，挖掘不太复杂的数据，用可视化的方式解决具体的问题。**

做到这一点，“半吊子”的 BIM 也能发挥出很大的价值。

下面举三个例子。

2. 用Revit管理商场货架数据

这是设计公司Space Command的创始人Michael Kilkelly分享的方法，**他用这个案例说明怎样使用BIM把复杂的信息可视化。**很多人把Revit当作单纯的设计工具，**却忽略了它的数据可视化价值。**在这个案例中，Michael先是把模型简化，因为他要做的是数据可视化，模型本身的精细度并不重要。

他使用一个立方体（也就是一个族），代表货架上的某个商品，利用批量添加参数的功能，给每个商品中都建立一些共享参数，包括商品编号、所在排号、通道编号等参数，然后进一步添加商品属性参数，比如销售额、是否损坏、是否返修等参数。

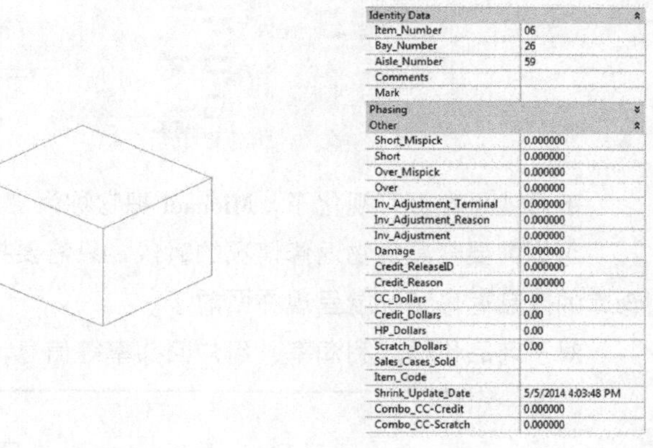

Identity Data	
Item_Number	06
Bay_Number	26
Aisle_Number	59
Comments	
Mark	
Phasing	
Other	
Short_Mispick	0.000000
Short	0.000000
Over_Mispick	0.000000
Over	0.000000
Inv_Adjustment_Terminal	0.000000
Inv_Adjustment_Reason	0.000000
Inv_Adjustment	0.000000
Damage	0.000000
Credit_ReleaseID	0.000000
Credit_Reason	0.000000
CC_Dollars	0.00
Credit_Dollars	0.00
HP_Dollars	0.00
Scratch_Dollars	0.00
Sales_Cases_Sold	
Item_Code	
Shrink_Update_Date	5/5/2014 4:03:48 PM
Combo_CC-Credit	0.000000
Combo_CC-Scratch	0.000000

下一步，按照商品的大小来定义这些方块的尺寸，再按照它们在货架中的实际位置来摆放这些商品，形成这样一个库房模型：

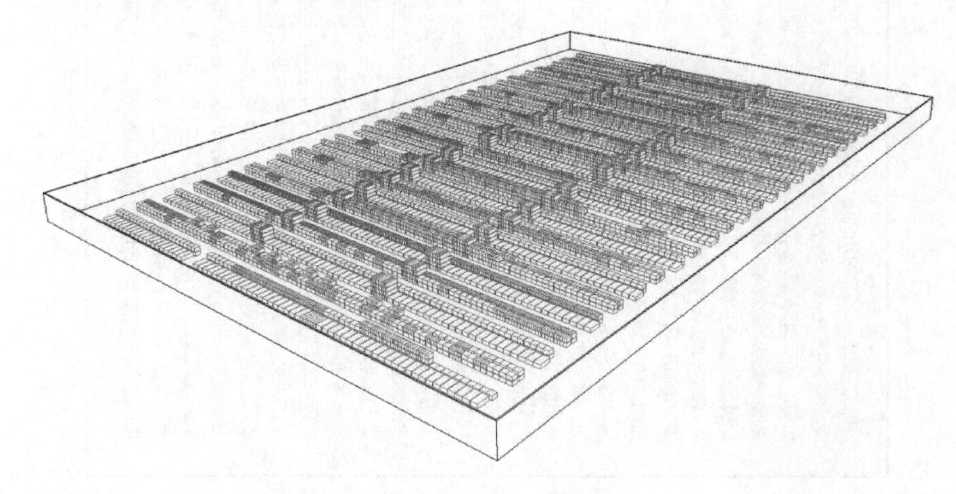

接下来是把数据插入到相应的共享参数里，这一步不是用笨拙的手动输入方式，因为每个商品族都有唯一的编号，他写了一个宏，自动遍历Excel表，把表格中对应编号的数据和族自动匹配，再批量插入到每个族的对应参数里（这一步的操作用Dynamo也可以实现）。

下一步，他在项目文件里为每一个关键参数加入颜色过滤器，所有的负值都是红色，正值都是蓝色，数值越大，颜色越深。

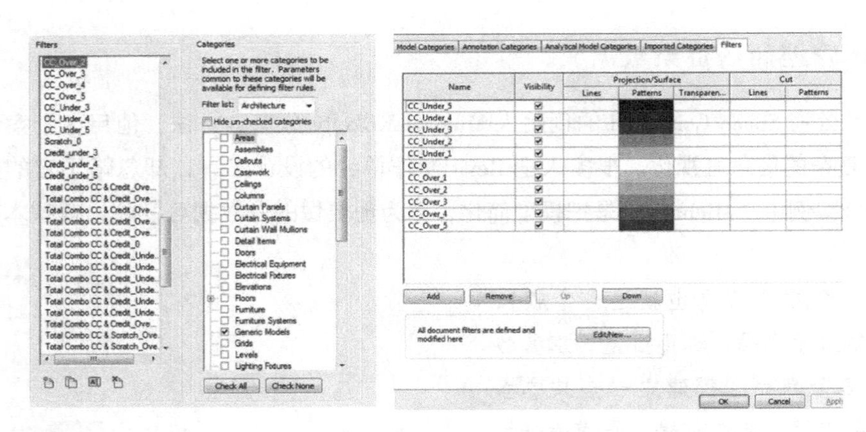

下面就是数据可视化了，Michael 把它称为“热图”（Heat Map）。

当你需要查看货物返修情况的时候，只需要打开控制“返修数量”这个参数的过滤器，整个仓库的商品返修情况就呈现在面前了。

对于商品价格、利润率、用户回头率等信息，同样可以用这种方式进行可视化。

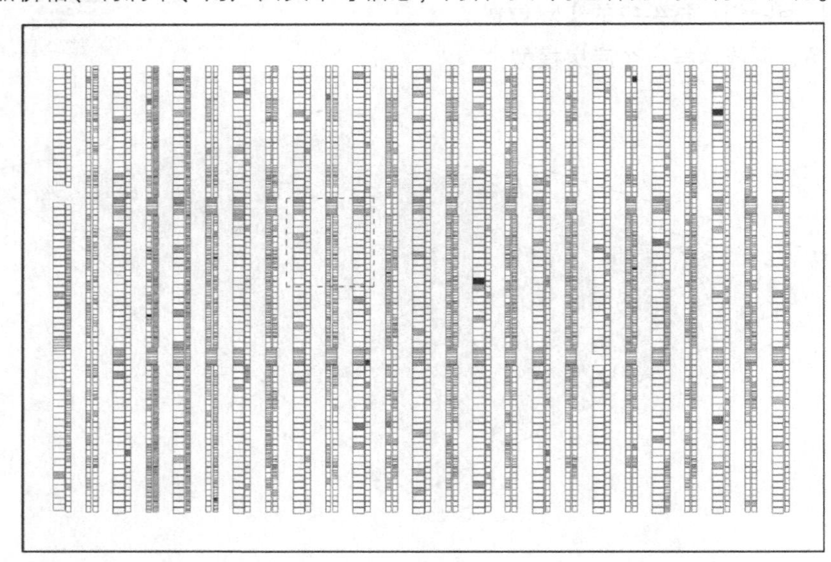

做到这一步还不够，这些数据很离散，一眼看不出问题所在。于是，他在商店模型中创建了房间分隔线网格，并在每个区域中添加一个**房间对象**。

Revit 的房间非常灵活，不需要墙也可以定义房间。所以这里的房间只是为了方便筛选人为划分的区域。

他确保每个网格方块的大小大致相等，然后给每个房间都添加了参数，这些新的参数用于计算房间内货物参数的总和。利用公式和宏命令，可以很方便地给一个区域的商品参数求和，把结果填写到房间的参数里去。

给这些房间的相应参数添加同样的过滤器，就能得到这样的可视化结果：

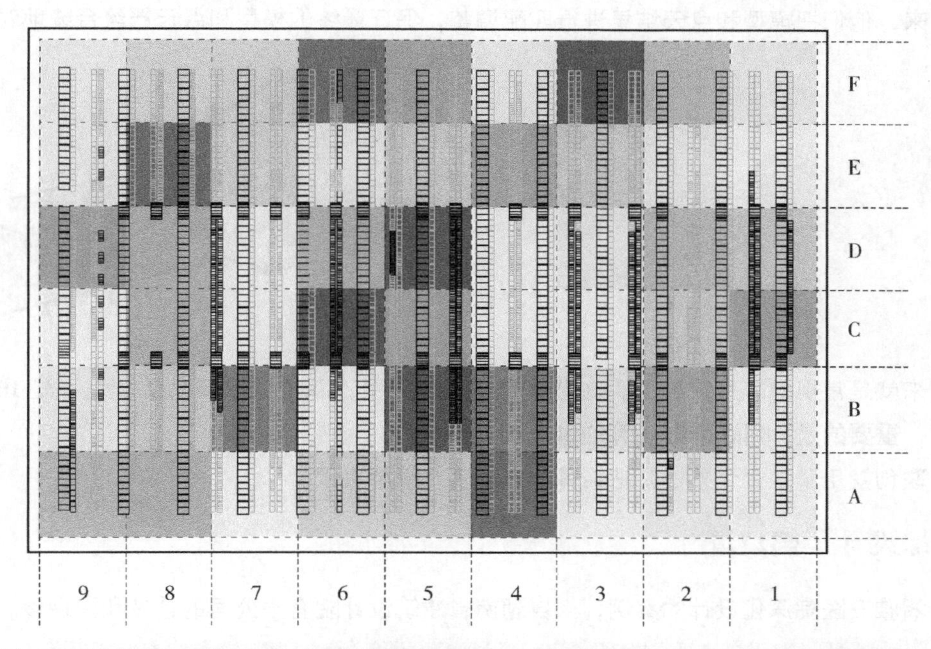

通过应用不同的过滤器，可以直观地看到不同区域的健康状况，比如，哪些区域的货物更容易损坏？哪些区域的商品更受欢迎，是不是应该把这些商品调整到更靠外的位置？

当你锁定一个出现问题的区域（也就是红色比较深的区域），可以进一步深入到这个区域里面，查看具体哪些商品造成了这些问题。

因为整个数据的导入过程使用的是宏或者 Dynamo，所以这个工作在后续表格更新的时候可以自动完成，你可以每周查看一次库房的健康状况热图，**库房管理这件事就这么用 Revit 实现了。**

3. 用翻模"劝架"

这是柏慕联创的胡林给我们讲的一个案例。

项目是四川省美术家协会所在地——四川美术馆。找到他们的时候，项目已经建完了，按说这时候用 BIM 再建一个模型已经完全没有意义了。

不过，因为这个建筑是双曲面外墙和异形结构，**甲乙双方在工程量核算的时候出现了矛盾**：用传统算量方法，甲方和乙方算出来的工程量不一致，异形结构又没法现场测量尺寸，结算的事就一直搁置推进不下去。

BIM 能不能解决矛盾？他们想了一个办法：**大家都搞正向设计，我们来一次彻底的逆向设计。**

他们先是按照竣工图翻了一个土建模型出来，然后利用一台 3D 激光扫描仪，把建筑扫成点云，放到 Revit 里。

接下来，他们把模型和点云结果进行匹配调整，保证最终的模型和点云严丝合缝地对到一起。

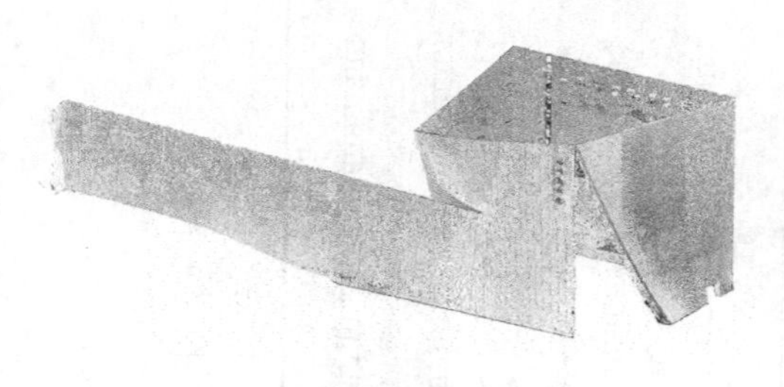
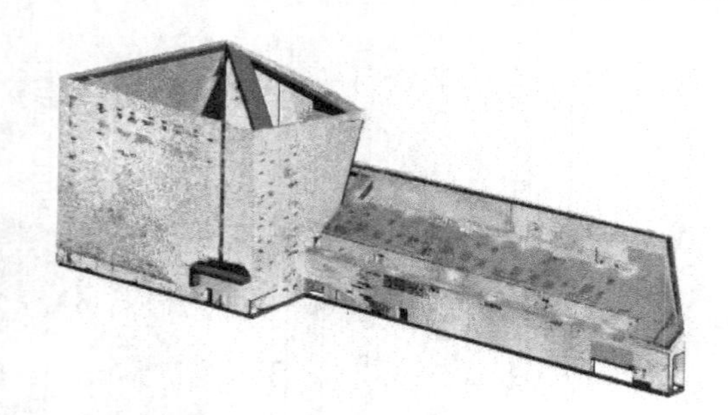

接下来就是常规的工程算量了。这份算量结果拿到甲乙双方的洽谈桌上，是不是 100% 准确并不重要，**重要的是，用这个办法算的量，双方都承认。**

柏慕联创就用了这么个办法，把结算的麻烦事儿给解决了。

4. 用管综设计“倒垃圾”

这个湘雅五医院深化设计的案例，来自湖南省建筑设计院有限公司的孙昱和谢钟玲。

设计院在这个项目中做了非常细致的深化设计，常见的工作内容这里不做详细说明，只说其中很特殊的一个问题：**垃圾车路由。**

湘雅五医院采用的是自动箱式物流系统，有点像机场的行李运送系统。

图片来源：湖南设计《HD丨BIM技术在湘雅五医院机电管线综合的应用》

棘手的问题是：系统里面的垃圾车道净空需要3米，它还位于管线非常复杂的地下室夹层，一不小心就会和管线发生碰撞。

而且，垃圾车的路由会直接影响其他专业的排布，所以要尽早确定。

下图是初始的CAD路由图，洋红色的线代表垃圾车道路由，左上角红色框是垃圾车入口，红色圆圈是垃圾收集间。看着这张CAD图，谁也没法决定，车道这么走到底对不对，该怎样优化。

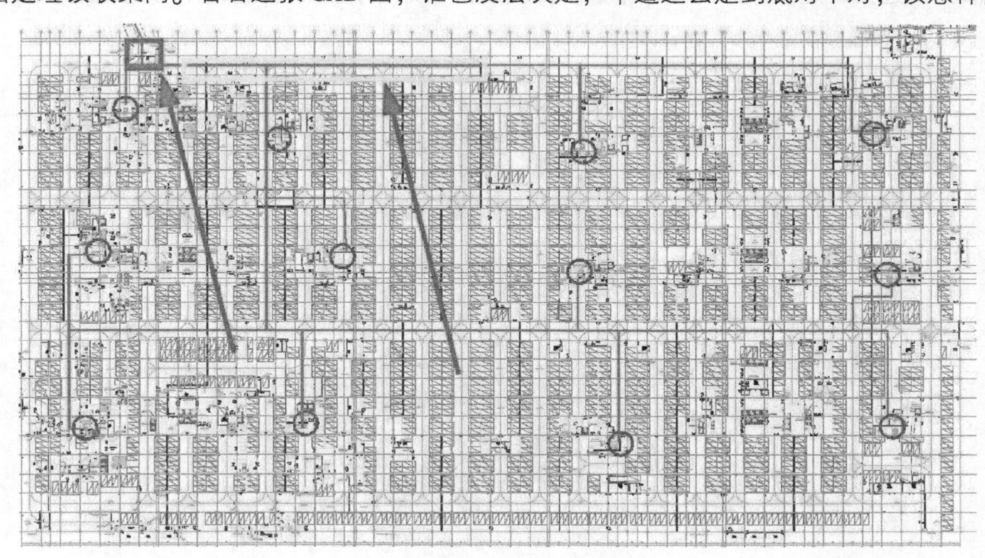

图片来源：湖南设计《HD丨BIM技术在湘雅五医院机电管线综合的应用》

怎么办？团队通过BIM，首先把管道的空间尽可能优化，然后用参数过滤的方式，给不同净高的管道区域赋予不同颜色，生成了下面这张图。其中洋红色代表净高2.6米，绿色代表净高3米，黄色代表净高3.2米，青色代表净高3.6米。

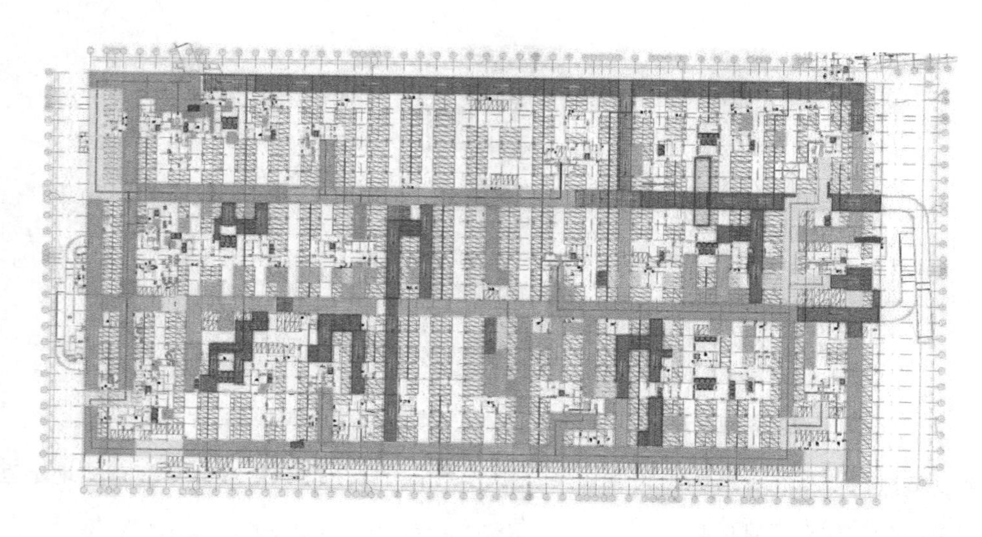

图片来源：湖南设计《HD｜BIM 技术在湘雅五医院机电管线综合的应用》

接下来就是简单的看图连线了：保持原来的垃圾车入口不变，在图中寻找净高满足的区域，把垃圾收集间连到一起，最终的垃圾车道路由就这么确定了，团队就这样用可视化解决了棘手的难题。

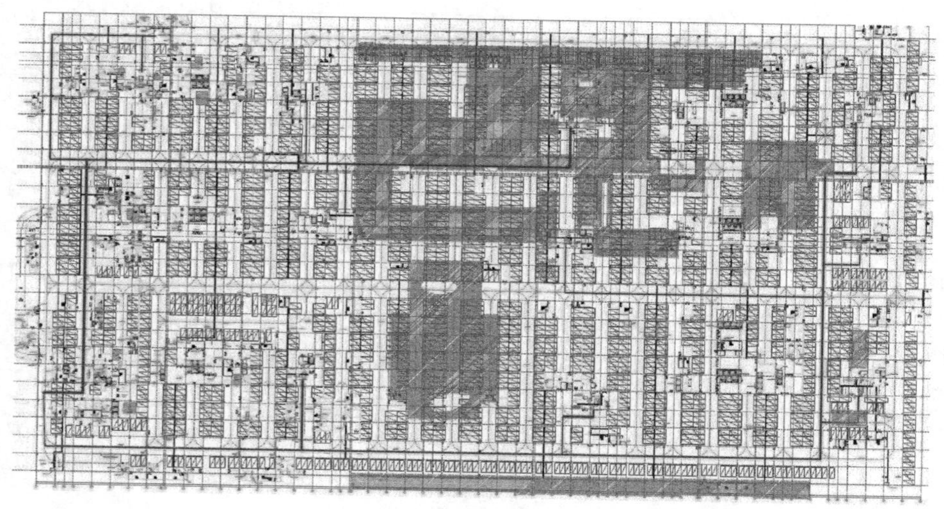

图片来源：湖南设计《HD｜BIM 技术在湘雅五医院机电管线综合的应用》

总结

以上三个案例，有以下几个共同点：

1）它们并不酷炫，并不高大上，使用的也都是很基础的工具。

2）它们没有挖掘什么大数据，而是用小数据解决问题。

3）它们处理的数据本身不是秘密，只是用人人能看懂的方式把数据呈现出来。

4）它们并不是为了标新立异而存在，解决的都是那些即便没有 BIM，也本来就存在的问题。

希望本节的故事和案例，能打开你的思路，用可视化的方式去发现和解决自己项目的问题。

人们总在找新工具，希望新的软件能带来新的应用，希望通过购买，实现从翻模到信息化的大步跨越；**人们也在想破脑袋找“大亮点”，却忽视那些每天都在身边发生的“小问题”。**

正如开头的故事中，伦敦地图每个人都能看，死亡人数每个人都能统计，可大家却一直等，直到一个人愿意拿着最普通的笔，绘制出那张改变历史的“死亡地图”。

我们的时代，新技术还在进化过程中，**生存往往比梦想重要一点点。**

和高瞻远瞩的专家们描绘的数字化未来相比，这些解决小问题的案例只能称为“半吊子 BIM”，但我们却认为，它们更值得歌颂。也许就是这样一个个小亮点，能决定一个企业要不要留下 BIM 部门，决定一个项目是否愿意为 BIM 付费。**活下来的，才有继续进化的机会。**

让我们为“半吊子 BIM”起立鼓掌。

无限游戏与思圆行方

本节不讲技术，讲点精神层面的东西，给你端一碗心灵疙瘩汤。

这疙瘩汤和鸡汤还是有区别的，鸡汤不管饱，它告诉你“只要努力就能成功，不努力也行，反正一切都是最好的安排”，咱们还是得讲点能引发某种行动的思考，吃不饱，但也能垫垫。

1. 无限游戏

前面的内容提到了进化论的问题，本节再来说说它。

在一个科学论坛里有这么一篇热帖，主题是达尔文的进化论有问题，大概意思是：如果生物都在进化，那孔雀的尾巴那么大，萤火虫的尾巴会发光，这些特性都不利于捕食和逃生，那为什么它们能进化成今天这个样子？

很多人就回复讨论，有的说孔雀的大尾巴是为了求偶，有的说萤火虫的尾巴发光是方便找到同伴，也有人说进化论还真有点问题。

这时候有个人的回答让大家陷入了沉思："**如果恐龙里面有一群科学家，他们会不会讨论，那群长着毛的哺乳动物又瘦又小，一点竞争力都没有，怎么能进化到今天？**"

Evolution被翻译成"进化"，带给人们一个很深的误解，那就是生物的进化带有某种指向性和目的性，它最终的目标就是今天以人类为绝对主导的地球生态圈。今天很多科普人都呼吁，Evolution应该翻译为"演化"，才不会带来误解。生物的演化从来没有目的，它们只是随机地不停发生基因突变，这个突变不一定能达成什么目标，只要它不导致这个物种灭绝，就能保留下来。

所以，孔雀的尾巴、萤火虫的尾巴，都是"没什么好处，但也不会导致主人灭绝"的特性，甚至人类身上，也保留着视觉盲点、只会带来病痛的阑尾，以及没什么用的智齿。

更重要的是，演化从来没有停止。它是一场没有目的，也没有终局的"无限游戏"，当你用"有限游戏"的目光去审视它，就会走进死胡同。

另一个关于"有限游戏"的误解，是每个人从小到大都在看的童话故事："打败了邪恶的魔王，王子和公主终于幸福地生活在一起"。长大之后，我们也对类似故事的变种很痴迷，比如"经过奋斗，某公司终于在纳斯达克上市了""某人从小热爱唱歌，终于站到了梦想的舞台上"。

这种故事不单单是提供了消遣，它们会悄悄塑造我们的世界观，在每个人的脑中植入一个思维模式：

我们想要一个"终于"。

只要考上了好大学，只要找到了好工作，我们就踏实了，幸福的结局。否则就是糟糕的结局，我被老板忽悠了，我被大环境耽误了。

你觉得世界总在毁约，其实是你从来没仔细看过合同。每个人参加的，都是一场永不停止的无限游戏。

2. 没用的感慨

每个时代的人都会有一种奇怪的遗憾：我当年怎么就没去干那个事？否则早就不是今天的样子了。

20多年前，第一个图形浏览器Netscape还没诞生，互联网上还只有代码和文字。在那个互联网的黎明，《时代周刊》这么评价它，"它并非为商业设计，也不能容忍新用户，永远不可能成为主流"；《新闻周刊》的标题更狠：《互联网？我呸！》。

英国电信的David Quinn在一场国际大会上说："我实在不知道一家公司怎么能通过互联网赚钱。"

那时候，《必然》的作者凯文凯利参加美国广播公司（ABC）的一场高级会议，向他们的高管讲述互联网的未来，ABC的高级副总裁Stephen对他说："互联网是十几岁男孩子的玩具，没有一个成年人会愿意免费在互联网上发布内容。"凯利出门之前，回头对他们说："abc. com这个域

The Internet? Bah!

Hype Alert: Why cyberspace isn't, and will never be, nirvana

BY CLIFFORD STOLL

AFTER TWO DECADES ONLINE, I'M PERPLEXED. It's not that I haven't had a gas of a good time on the Internet. I've met great people and even caught a hacker or two. But today I'm uneasy about this most trendy and oversold community. Visionaries see a future of telecommuting workers, interactive libraries and multimedia classrooms. They speak of electronic town meetings and virtual communities. Commerce and business will shift from offices and malls to networks and modems. pretense of completeness. Lacking editors, reviewers or critics, the Internet has become a wasteland of unfiltered data. You don't know what to ignore and what's worth reading. Logged onto the World Wide Web, I hunt for the date of the Battle of Trafalgar. Hundreds of files show up, and it takes 15 minutes to unravel them—one's a biography written by an eighth grader, the second is a computer game that doesn't work and the third is an image of a London monument. None answers my question, and my search is periodically interrupted by messages like, "Too many connections, try again later."

名还没注册，我劝你们赶快把它注册下来。”过了很久，他发现这个域名还是未注册的状态。

我们现在回顾那个时代，会不会觉得，那时候的人怎么都那么蠢？你会不会希望自己回到那个时代，随便注册个网站都能成功，随便做个平台都能赚钱？

这种遗憾似乎总被人挂在嘴边：当年我要是买几个比特币，现在早发财了；当年我要是在北京买套房，现在也身价千万了；当年我要是进甲方，现在也不用这么苦了……

很可惜，如果你在那个时代，有很大很大的概率，会像那群“蠢人”一样，选择什么都不做。

丹尼尔·丹尼特写了本哲学书，叫《直觉泵和其他思考工具》，里面讲了个故事：

有这么个监狱，监狱长有个特殊的爱好，他每天晚上都会趁所有犯人熟睡的时候，把监狱的大门敞开，然后在天亮之前，再把门锁起来。每个犯人都有机会逃出去，只要他们在熟睡中醒过来。你说，这些犯人算是自由的吗？

当然不算。每个人都在自己生活的环境和时代里，掌握着属于自己的信息，然后根据这些信息做出判断。其他人在事后掌握了更多的信息，会总结道：这些人当年可真蠢。但你不能用事后的信息去做当时的判断。

当时你没有买比特币，当时你没有去甲方，当时的精英们不相信互联网，都像是熟睡中的囚犯，是基于当时掌握的信息做出的自信判断。

所有“机会遍地”的黄金时代，全都是事后总结的。

今天的人们会感慨，互联网的红利窗口已经关闭了，没人可以随便做一个搜索引擎或者发点视频就能赚钱了，前几波的开拓者已经把每一个可能的角落都开发得一干二净。

但是你想，2050年，同样会有人发出感慨：你能想象在2019年的人有多幸福吗？你随便找个什么东西，都可以加上人工智能，那时的设备里只有一两个传感器，不像现在传感器成百上千。那时的壁垒很低，成为第一轻而易举。

可惜，生活在现在的大多数人，还是发自内心觉得，5G 什么的，不靠谱。

3. 傻子、疯子和呆子

最近读了很多科技发展史，我发现了这么一条永远轮回的规律：

世界一片祥和，绝大多数的普通人不管地位怎么样，都认了，他们相信世界的规则就是这样。

出现一小群“傻子”，他们发明了一个新的技术，或者研究了一个新的理论，相信自己可以改变世界的规则。

后来出现了一群“疯子”，他们不仅相信了“傻子”们的故事，居然还把它成功商业化了。

接着出现了一群“呆子”，他们被疯子给忽悠了，心甘情愿帮助疯子们实现了理想，也赚到了一点小钱。

呆子越来越多，新技术越来越普及，逐渐变成了新的常态，所有的“傻子”“疯子”和“呆子”，都在新时代里摇身一变，成了普通人。

若干年后，轮回从第一条重新开始。

从蒸汽革命，到电力革命，再到互联网和信息革命，每一个轮回都一模一样。

谁在轮回里获益？

“傻子”是极少数人，他们出发得太早；“呆子”是从少数人变成了多数人，他们来得太晚；获利的是占少数的“疯子”，他们不早不晚，人数合适，恰逢其时。

所谓零星“傻子”做饭，少数“疯子”吃肉，多数“呆子”喝汤，绝大多数群众只是看客，并在多年后感慨：“我要是回到那个年代……”

刚刚讲的这个不断轮回的规律，并不是整个世界都沿着一样的步伐同时演化的。

世界的演化，并不像一个气球那样，在所有领域统一膨胀，机会只属于绝对的少数人；世界更像是一锅浓汤，一会儿这里冒个泡，一会儿那里冒个泡，旧泡泡不断被新的泡泡所替代，每个泡泡里都成就着一小群人。

BIM 建模前些年在北上广兴起，那时候建模好的人赶上了好运气；过了几年，建模的人多了，北上广建模的泡泡变小了，培训和正向设计的泡泡正在变大，而江苏四川建模的泡泡又起来了。

再退一步看用更广阔的视角看，世界上的泡泡更多、更复杂。软件开发、市场销售、转行卖保险、专职写公众号、去抖音当网红，到处都在打开新的大门，到处的窗口也在迅速关闭。

当你说：“我五年前信了那谁的话，到今天还没做起来。”仔细想想这句话，你今天还做着和五年前一样的事，还是一样的水平，还待在同一个地方，你唯一的改变就是后悔，连五年前的自己都打不赢，怎么做得起来？

你没必要成为整个世界上最拔尖的一小群佼佼者，却有可能持续成长，然后在对的时间、对的地点，在一个对的细分领域，成为被选中的少数人。

4. 思圆行方

你可能会说："讲了半天，对的时间、对的地点、对的细分领域，不都是事后总结的吗？当时的成败还不都是靠运气？难道你就是建议我打一枪换一个地方，赶上哪个泡泡算哪个泡泡吗？"

还真不是。规律总是事后总结的，这没错，但知道有这个规律，和不知道有这个规律，你的想法是不一样的。

行动由想法决定，想法又源自于另一个想法，这么一层一层往前推，总会推到一个源头，没法再向前追溯。

也就是说，你首先得相信点什么。

这里所说的相信，不是理性分析的结果，而是单纯的、不能再往前推演的信念，你可以把它叫作"元认知"。这个东西不要经常变，它是你的原则。你讲原则，别人才能信你。

然后，你要基于元认知，发展出一套能够变通、可以指导行动的思想。

变通的思想和不变的原则并不冲突。

比如，如果你问我BIMBOX的"元认知"是啥，很简单：整个世界正在被科技改变，我不相信建筑业会永远不变。那所有支持行业应该倒退的观点，我都不同意。

而基于这个原则可能发展出不同的想法，是BIM更好还是GIS更好？是先推进设计还是先推进施工？只要不违背"行业会往前走"的基本信念，都可以探讨。

重要的是，这套思想一定要把你领向某个行动，而不是什么都不做。

巴菲特说过他父亲的投资故事：

20世纪，美国的汽车产业刚刚兴起，有很多家汽车公司。巴菲特的父亲一家家看过后，根本搞不清楚哪家值得投资，于是在犹豫中错失良机。巴菲特讲过，父亲至少应该行动起来，做空马车公司的股票，因为一个简单的信念是：汽车发展起来，马车就会消失。

当然，你可以选择其他的信念，你可以不相信BIM，不相信数字化，甚至不相信任何新技术，不相信建筑业有未来，但你要去相信点什么能让你行动的东西，"什么都不用做"不是一套合格的思想。

接下来，你要找一件少数人在做的事，并且把这件事高调地做下去。

不要选择极少数人做的事，那样你会没有伙伴；也不能是太多人做的事，那样会归于平庸。做人要低调，做事得高调。你可以让同事和老板知道，可以让身边的朋友知道，也可以在有质量的行业交流群里多发声，甚至可以去写文章分享。

到这一步，坚持一段时间，你就拥有了一个ID，也就是**身份标识**。

周围要有那么一群人，只要有关于某件事，首先想到的就是你。

在BIMBOX认识的人里，有翻模技术好、价格低的，有Dynamo玩儿得溜的，有认识人多路子广的，有标准研究深的，也有懂互联网的。每当圈子里有一个需求，所有人都会同时想到对应的这个人。

他们一定不是这个领域水平最高的，但他们足够高调、足够持久，让你想不到第二个人选。

我们说了首先、然后、接下来，那最终呢？**别忘了“无限游戏”，只要你不下“牌桌”，就永远没有最终。**

保持这个状态，剩下的，就真的只能交给运气了。也许第 30 个找到你的人，会改变你的命运；也许过两年，你发现在错的地方选错了“泡泡”，需要换个地方，或者调整一下思想体系和行动方向；也许你就是运气太差，总是错过良机，但你能做的，都已经做到了。

除了成功学的鸡汤，没人保证你一定能遇到好运气，只不过我看到那些遇到了好运的人，都做到了以上几点。你不必为成为一个普通人感到愤怒，因为从概率上来说，大多数人都是平庸的。

但当你决定去做少数人的时候，更不必太焦虑，因为你的大多数竞争对手，从来都没想过去当少数人。他们会继续一边抱怨路不好走，一边等待那辆坐上去就一劳永逸的便车，并嘲笑你的偏执。

世界不为取悦你而存在，赞同和成长，你只能先选一个。

BIM 的“中年危机”背后

受《中国建筑业企业 BIM 应用分析报告（2019）》的主编单位中国建筑业协会和广联达科技股份有限公司的邀请，我们接受了一次采访。

以下是这篇访谈的原文。

1. BIMBOX 用什么视角观察行业的 BIM 发展？

我们从结构和机电设计开始，后来在 BIM 技术最火的时候从事了几年的咨询业务，到现在专注做一个行业新科技的媒体。

从视角上来看，我们一直在从一线往后退，在这个过程中，我们获得了更广的视野，来看待这个行业。

目前，我们在微信公众平台、知乎、今日头条等内容平台有将近20万的订阅量，收集了将近1万份调查问卷，线上有几十个活跃的用户群，线下和超过300位行业里形形色色的人见面访谈。

可以说，我们在离一线技术越来越远的同时，也见证了这个时代越来越多人的思考。

我们现在无论是谈理念、谈技术，都会紧密围绕着一个中心：人。行业的信息化、工业化，本质上都是在“去人化”，把人的不确定性从系统里排除。但我们认为这条路还很漫长，在相当久的一段时间里，还是要靠人来推动。

无人的道路，要靠人来修建。

看待行业要拿起放大镜，去看每个人脸上的表情，听他们说出来的话，而不能机械地把人定义为被设计出来的执行者。原因很简单——你这么设计，他不会这么做。

社会也好，企业也好，是一个系统。但这个系统并不是被谁设计出来，然后就可以机械性运转，所有事情的成功和失败，都源于系统里每个人的思考、行动甚至是博弈，所有的客观局面都是由微观的主观判断汇集到一起形成的。

2. 在BIMBOX眼中，现在以BIM技术为核心的数字化的“客观局面”是什么样的?

如果放眼去看，会发现建筑业数字化的“地形”是高低不平的，不同地区、不同企业，对变革的理解相差非常多。

整体的态势上来说，我们认为，现在参与到数字化里的人群“两头少，中间多”。

两头的人群中，有少部分人对变革充满激情，坚信数字化是行业的未来。

另外也有少部分人对数字化完全没有感觉，觉得这件事和自己没有任何关系，领导让干什么就干什么，干不开心了大不了就辞职。

中间的大部分人，则是在焦虑、在徘徊，一边在学习新知识，一边在摇摆，这些知识到底能不能改变命运?

几乎每隔几个月，就会有很多新知识出来，管理层有新的理念可以学，执行层有新的软件需要掌握，哪些旧的东西该抛弃，哪些新的东西要嫁接到已有的体系里，这些东西在冲击和折磨着这个时代的人。

当然，我们这样区分人群，有一个大的前提范围，是关注我们、希望和我们交流的人，他们本身多多少少与BIM、信息、数字化有一定的关联。

但如果把视角放到整个建筑业，比如现场的施工员、工人、传统设计师等，还是对新技术无感的人要多得多。

有时候我们把自己定义为科普人，因为这条融合之路确实还很漫长，不是简单地培训一批人、淘汰一批人就行的。

3. BIMBOX 所说的“大部分人的焦虑和摇摆”，问题出在哪里？

我们把这群人按年龄粗略地分为两类：90 前的管理者，和 90 后的执行者。

前一种，90 前的管理者，他们的焦虑来自于“未知”。

这批人赶上了最后一波红利，买了房、结了婚、生了孩子，在企业坐稳了一个位置。他们的需求是在稳定中求上升。

我们见到了很多 70 后、80 后的总工程师和项目经理，他们一方面持续关注着新技术，一方面举步维艰，不敢大刀阔斧地去投入人力物力拿项目做试验。因为一个决策上的错误就可能断送他的职业生涯。即便是已经从事了数字化工作的人，比如企业 BIM 部门的负责人，也非常不放心。

因为整个行业坐落在一个带有试验性质的基座上，产值、业务链以及和整体系统的衔接都不稳定，他们会非常担心，如果有一天公司放弃了数字化，或者数字化的路线走错了，很可能自己多年的付出就白费了。

第二种，90 后的执行者，他们的焦虑来自于“意义的缺失”。

我们参加过 2019 年中国数字建筑年度峰会，在分享的观后感中我们写道，企业家的责任就是提出愿景，并让员工坚定执行下去。

但站在这个观点的反面，我们也看到这个时代的另一个问题：年轻的执行者们正在把“解构愿景”作为日常的思考和行为指南。他们找不到数字化这个愿景和自己的日常工作有什么关联，也找不到自己工作的价值。

年轻的执行者可以忍受岗位的平凡，甚至是待遇的低下，但需要知道自己每天做的事是有意义的。

这一代的年轻人希望有更好的工作环境，数字化确实能提供这样的愿景，这也是为什么他们愿意献上青春。但支撑他们日常行为的意义并不是服务于某个宏大的愿景，而是简单的诉求——我的工作能帮助到别人。

我们经常会收到用户的留言，说看我们的文章能找到坚持下去的力量，但坚持这个词本身就代表着不情愿的悲壮感。他们希望这种力量更多来自身边的日常外部环境。

他们建立模型、整理数据、编写信息规范，但拿出来的成果却往往帮助不到他人，甚至在公司被边缘化。

企业想把数字化推进好，不解决执行者的“意义”问题，一定会出乱子。

4. 在BIMBOX看来，那些有意愿投身BIM事业的人又处于怎样的状态？

反观那些乐观的、把对理念的相信转化成日常工作的人，我们观察到一个共通点：扎堆。

长远的意义需要日常的灌输，但不是上级给下级的洗脑，这恰恰是年轻一代最为反感的，而是一个战壕里的战友彼此鼓励。

比如软件商、部分咨询公司的员工，大家从事的事情类似、愿景统一，所做的每件事都能帮助到身边的人，形成正反馈，你会从他们的身上看到彼此志同道合的力量。而设计院、施工单位、研究机构会差很多，这些企业里往往只有几个人在搞BIM、搞数字化，其他同事有其他的事要忙，这时候孤独感就会打败成就感。

铁科院的一位BIM技术负责人和我们说：“我充满激情地把青春献给了BIM，但我现在不知道该往哪走了。”

5. BIMBOX是怎样看待建筑业未来发展和企业数字化转型的？

我们坚信数字化是建筑行业的必然趋势，这种相信不是来自政策，也不是来自于市场，而是建筑行业处在一个数字化世界中的孤岛上，被几乎所有数字化的行业包围着。

当你站在低洼处，不用多思考也知道，一定会有水灌进来。

我们认为行业的数字化不是被谁设计出来的，也没有任何人有这样的掌控能力，社会也好，行业也罢，都是在用自己的方式演化。

几年前，很多人预测正向设计将使所有咨询公司消失，但今天我们看到大批的人从设计院、施工单位出来，走进咨询公司。原因正如我们前面所说——这些人在原来的企业找不到价值和存在感。从前，人们认为BIM是变革的核心，现在它成了整个数字化地图中的一个版块。

数字化是一项有风险的事业，无论对于企业还是个人，所有人都在和时代赛跑，和演化对赌。企业有自己不同程度的数字化信念和决心，不仅要体现在软硬件采购和制度建设上，还应该思考人才的发展和去留。

好的企业不应该批判70后温暾，80后谨慎，90后任性，而是要面对这样的事实。所谓人文关怀，并非一种妥协，而是在数字化这场战役中，确保每个将领和士兵都在朝一个方向前进。

第2章

视野：那些实践的人如是说

众说纷纭的时代，我们该听哪些人说话？我们认为有两个标准：第一，他是干事的人，讲的也是他做过的真事；第二，他讲出的内容不少于3000字，有理、有据、有逻辑。

本章整理了这两年见过、聊过的那些人，谈谈他们在工作实践中做过的事、思考过的事情。我们认为，比起网上或群里简短的几句概括性意见，他们的思考更值得品味。

大型国企的 BIM 观

宝冶集团总部位于上海，是拥有房屋建筑工程施工总承包、冶炼工程施工总承包“双特级”资质的大型国有企业，参与建设的全运会、奥运会、世博会、亚运会、大运会“五大盛会”精品工程被市场誉为标志性的“五朵金花”。目前，宝冶也是国内走在“BIM + 装配式”探索前沿的公司。

本节 BIMBOX 对话的是宝冶集团的 BIM 中心主任何兵，他在施工单位做 BIM 项目已经有很多年了，请他来谈一谈我们所关心的一些问题。

BOX：宝冶的 BIM 中心，它的职能是什么?

在不同时期集团公司对它的定位是不一样的。

刚开始的时候主要是辅助集团公司内部的项目，定位就是两个职能，服务公司内部项目的同时要开始走向市场，做一些 BIM 咨询类的项目，这样能了解一下外面市场的需求，把外面一些好东西吸引进来之后，再在集团内部的项目实施过程中使用。

对内部来说主要分为两个小的板块。

第一个是体系建设，也就是管理相关的业务，比如标准的制定，包括实施过程中管理业务流程的制订。

第二个是我们集团下面有二十几个区域分子公司，我们的分子公司会涉及 BIM 能力的建设，它们在实施项目的时候，项目具体怎么开展，我们会进行一个内部培训。

宝冶集团每年会有十大重点项目，是集团非常重视的，那么我们会派具体的人员参与进去，指导整个项目 BIM 工作的开展。这些属于 BIM 部门的内部职能。

对于外部营利职能这一块，我们会做一些 BIM 咨询服务类的项目，对外进行经营。

BOX：与其他的 BIM 咨询公司相比，宝冶的核心竞争力是什么?

当时我们做出这个决策的时候，也是对市面上一些公司及整个的 BIM 环境进行了深入的调研。

市面上这些咨询公司最大的一个优势就是人员成本比较低，像我们这些企业，成本至少是它的 1.5 倍到两倍；另外外面小的公司经营起来比较灵活。

大型施工企业的 BIM 咨询团队也有它的优势。像国内很多标志性建筑的项目，我们集团公司都参与过，这就能产生很多的技术积累。

另外就是人才优势，集团现在有博士五十几名，研究生已经到几千人这样的级别了，在对外做咨询的时候，我们可以充分调动这些经验资源和人力资源。

这也是为什么说我们在外面做咨询项目的时候，可以承担一些比较有标志性或者核心的项目。

BOX：宝冶是怎么看待装配式和 BIM 相结合的?

装配式从一线城市发展起来，然后逐渐向其他城市发展，现在国内已经大面积地推进这个事情了，我相信也是建筑行业的一个趋势。

宝冶在装配式这一块，从以前的钢结构到现在的 PC，已经参与了很多的 EPC 项目，设计到施工都做过了。

以前我们工业化在做模块化的时候，从生产到现场实施，任何一个组装都需要三维的设计参与。三维设计其实是介入比较早的。

我们也深刻地体会到，BIM 在项目实施过程中对于解决问题很有价值。在做装配式，特别是在详图转化的时候，通过 BIM 把过程中涉及的一些钢筋、预留、预埋这些细节全部整合进去之后，再出一些加工图，那么在工厂加工的时候，输出的产品准确性就有很大的提升。

另外，装配式在现场吊装的时候，涉及工序的问题，还有就是构件在现场堆放时具体位置的安排，都是一些细节问题。这些问题没有 BIM 也可以解决，但有了 BIM 这个工具与装配式实施相结合，会给整个项目的工期，包括质量安全，提供很多的帮助。

关于装配式，宝冶集团现在也有自己的一套标准和实施的指导手册，我觉得 BIM 在这里创造的可能是无形的价值，很难用量化的标准对它进行考核。

BOX：现在很多企业在想这样一个问题：我用 BIM 的原动力是什么？它是否直接带来经济效益?

这个问题实际上现在很多业主方，包括同行单位都很关心：我用了 BIM 之后到底能给我创造多少价值?

我认为，BIM 是融入整个生产管理过程中的，有些价值可以量化，但有些价值没办法量化，我们也叫直接效益和间接效益。

我们这些年总结下来的经验就是，BIM 可能更多的是精细化管理的“主抓手”，是一个载体。我可以通过这种手段把整个项目实施过程中涉及的成本、进度、质量、安全等统筹管理起来。

举个简单的例子，在现场做机电安装的时候，会在某个区域做一个实体样板，把几个专业排布的顺序、避让规则定下来之后，其他的片区再进行推广，实施起来当然对工期成本会有些影响。

现在很多企业基本上是项目实施之前做一些三维的深化设计，把机电整个管线的排布优化就提前做好了，做好之后会把分包单位纳入进来，在同一个 BIM 平台上，对这个方案进行讨论，也就是预建造。大家都没问题之后，会大面积地进行三维的深化设计，这样就避免了现场实体样板的投入。

你说这个费用怎么计算？不同的项目可能没办法准确地计算直接效益，但是从宏观上来讲它肯定节约了费用。

还有一个就是不可估量的间接效益，就是管理成本的降低。

现在项目的复杂程度是越来越高，那么对于沟通要求就非常高了。以前现场很多管理人员大部分时间都在开会，现在有了 BIM 平台之后，可以把很多的会议纳入到一个平台，集中解决问题。我们集团在深圳的项目就是这样，每周开两次会或者一次会，然后所有的参加单位基于模型开会，就节约了各个参加单位的时间，花更多的精力去管控项目。

所以说到间接效益，只能说是从侧面或从内在来提升整个企业的管理能力。我觉得这也是很多企业应该要考虑的，而不能只盯着直接效益。

BOX：公司在推行 BIM 的过程中，有什么方法培养 BIM 人才？

对我们来说，队伍的建设不是简单的一个专职 BIM 人员的培养，更多的是在企业里面实现 BIM 人员培训全覆盖，使 BIM 作为企业里所有员工的基本技能。

宝冶集团有自己的教培中心，公司现在的政策是，对每年新进的员工进行 BIM 专项培训，并且考试。针对高级管理人员，特别像项目的总经济师、总工程师、项目经理这个级别的员工，会开设针对这些高层管理人员的 BIM 培训。因为基层管理人员与高级管理人员对 BIM 的诉求不一样，工作重点也不一样。

对现场的造价人员或预算员进行培训的时候，我们会针对 BIM 模型有了之后，怎么通过模型开展工程量统计和造价相关的工作进行培训，如果泛泛地做一些安全质量方面的培训，他们并不感兴趣，也不是他们工作的重点，效率就会很低。所以我们的建议就是，分专业、分管理岗位进行专项培训，效率会更高。

BOX：您觉得施工企业 BIM 部门未来会有什么样的发展？

现在施工单位如果有自己 BIM 团队，以后的发展方向是很多专职 BIM 人员顾虑的一个方面。如果是兼顾 BIM 的人员还好说，对于专门的 BIM 人员来说，这其实就是个“出路”的问题。

这要考虑到整个 BIM 团队在公司里面的定位问题，它也是随着企业的发展，企业对 BIM 认识的发展不断改变的。

对我们这种企业来说，BIM 在国内推行前期，掌握的人并不多，所以必须成立一个 BIM 团队，把先进的管理思路和方法推下去。

等实施到一定程度的时候，企业里面大部分员工都具备 BIM 的基本技能了，BIM 团队在业务方面的需求就不是太大了，更多的是需要这样一个团队做一些职能的需求，要制订整个集团公司 BIM 实施的标准。BIM 团队可能以后是整个集团公司信息化管控的一个职能部门。

第二条路是回归本质。宝冶集团 BIM 团队人员会有滚动的发展。我们的 BIM 人员会不断地到项目中开展管理工作。BIM 人员在 BIM 中心待的时间可能三年或者四年，到第五年的时候就会根据个人的发展及工作需要，回归到施工行业的本行中。

第三个方向，我认为还比较可行的，就是走上咨询这条道路。大型施工类企业的 BIM 团队，在自己内部项目实施过程中会积累很多小企业无法获得的经验和资源。可以把大型企业这种管理经验输出到其他需要的企业，不管是技术还是标准，都可以输出，所以这也是一条路。

技术在向前发展，我们对技术的理解也是不断更新的，大家在不同的企业都可以找到适合自己的出路。

BOX：听说宝冶是有自己的 BIM 协同平台的。市面上还有一种方式，就是甲方专门雇一个咨询公司，但是没有平台，业主需要再从软件商那边买一个平台，再去把 BIM 做起来，您觉得这两种方式中哪一种是未来的趋势?

站在业主方的角度，他们更多行使的是一个管理职能，各参建单位越多，沟通协调成本就越高。

管理流程和工作流程最好可以融入一个平台，这样在实施的过程中人员相互对接，包括信息沟通就比较方便。

如果咨询团队跟 BIM 平台供应商是两家单位，可能会增加很多管理成本。咨询单位跟业主方要熟悉这个平台，咨询公司给出的业务流程跟平台之间有冲突的情况下，到底是改这个业务流程，还是需要平台定制开发? 这个对于业主方来说不确定因素会非常多。

甲方需要的不是平台本身，而是解决问题，那么平台怎么去解决问题，更多地需要项目的历练和积累，到项目中去进行打磨，专业的咨询单位再加上很多项目的服务经验，可能对于业务流程更熟悉一点。所以我觉得未来的咨询和平台肯定是在一起的。

至于是咨询单位为主导带着平台，还是以软件供应商为主导带着咨询单位，从我们接触过的很多项目的角度来讲，可能还是咨询单位带着平台更多一些。

最后，BIMBOX 来总结一下何主任的几个核心观点：

◆大型国企的 BIM 部门，依靠人才和经验积累，很可能最终发展成具有很强市场竞争力的咨询公司。

◆BIM + 装配式能够带来很多的价值，但并非“大面”上的，而是用三维设计的思路去解决精细化生产和施工的细节问题。

◆施工企业推行 BIM 的目的不是 BIM 本身，而是把它作为精细化管理的载体和抓手，应考虑它在管理中涌现的隐性价值，而不只是显性效益。

◆企业人才的培养不能吃大锅饭，要根据不同的岗位进行不同的培训，最终目标是让 BIM 成为企业的全员基本技能。

◆施工企业 BIM 部门的人才，未来有“企业信息化管控者”“回归建设工作本质”和“大型企业 BIM 经验输出”三条出路。

◆随着业主方需求的崛起，未来的 BIM 咨询单位和平台提供商将会是彼此依靠的好伙伴。

圆桌会：聊聊 BIM 与造价

本节的内容是我们的朋友叶鉴的投稿。我们发现他讲述的内容很有深度，就邀请了小耳朵猫酱和是初一不是十五共同讨论。本节是我们把投稿原文和几个人的讨论整理到一起的内容，在本节的最后也发表了我们自己的观点。

随着 BIM 发展的逐渐深入，模型贯穿全生命周期的使用已经成了行业的共识。大家所熟知的功能，如三维可视化、管线综合、场地排布等，已经成为很多项目宣传的利器。

但 BIM 并不止于此，如果只是应用三维建模来实现“形体”层面的功能，那 SketchUp 等软件也完全能实现。

随着我们对 BIM 期待更多，造价与 BIM 成为一个经常被人们探讨的话题。本节尝试分几部分来介绍工程造价与 Revit 模型是如何实现关联的，目前存在哪些具体问题，以及一些开放式的思考。

1. Revit 模型可以算量吗

在传统的工程计量方式中，造价员以设计图纸、施工方案及相关技术经济文件为依据，按照国家标准规定的计算规则，进行工程量计算。

当然，这个工作也不是纯人工进行的，市场上有广联达、斯维尔、品茗等计量软件，可以通过识别施工图纸，再结合人工建模，完成工程量计算。在这种情况下，基于造价软件的模型只能用于成本工程量计算，无法贯穿建筑全生命周期。

能不能在 Revit 模型中统计工程量?

这在理论上是可行的，利用 Revit 中的明细表功能可以快速获取模型中的相关构件工程量。不过，这种方法只能应用于部分实物构件的算量，如部分土建、安装、机电等。

与土建专业相比，安装部分的计量在 Revit 中是比较好实现的。因为安装计量并没有太多的扣减关系，需要处理的就是如何把管件的量计算到管线里，以及电缆电线、预留、埋深、松弛系数等问题。这些问题涉及的都是对参数的使用和计算。

而土建专业各类构件的扣减关系和计算规则比安装专业要复杂得多。在措施项中，模板量、脚手架量等数据的统计，在原生 Revit 里面都很难满足国家清单规范的计量要求，因此，利用明细表，只能计算局部的量。

如果我们希望 Revit 模型能符合国家标准计量规范，就需要对模型做更详细的要求。这个要求，仅参照 BIM 标准中的 LOD 等级是不够的。

在《建筑信息模型施工应用标准》中，规定了模型的精细度及其成本控制的相关内容，见下表。

名称	代号	形成阶段
施工图设计模型	LOD300	施工图设计阶段（设计交付）
深化设计模型	LOD350	深化设计阶段
施工过程模型	LOD400	施工实施阶段
竣工模型	LOD500	竣工验收和交付阶段

如果设计人员来看这个模型精细度，无法知道构件的哪些属性是用于成本计量的。造价人员拿到模型，还需要对模型进行检查审核，甚至二次加工。

运用模型直接算量的前提条件在于，模型搭建过程中就要明确工程量计算需要的所有信息，或者由成本人员在后期添加。

这里一定要区分，项目是“出图-翻模-算量”的流程，还是“正向设计-出图-算量”的流程。如果是前者，需要在翻模过程中考虑加入哪些参数供造价使用；如果是后者，则需要注意哪些信息在建模前期就要录入到族中。

目前市面上存在很多基于 Revit 平台的算量软件，其算量思路已经相对成熟。你可以理解为把传统算量软件搭载在 Revit 上，建模工作留给 Revit，算量工作留给二次开发。用户使用的时候，只需把这款软件看成传统三维算量软件，按照软件相关的建模要求操作就能够实现算量。

但无论是使用原生功能还是使用插件，都必须在认知上回归“模型信息要求”这个本质的层面。

2. 从算量到计价

下面，依据《建设工程工程量清单计价规范》来说明在 Revit 模型中的信息需要满足哪些条件，才能实现从算量到计价的流程。

在实际项目过程中，工程量计算是基于工程量清单计价规范来进行的。我们暂时不考虑其中消耗量定额和企业清单等延伸内容，只讨论工程量清单计价的基本流程。

首先，来看看分部分项工程量清单与综合单价之间的关系。以混凝土及钢筋混凝土工程为例，在进行工程计量计价时，每个条目都通过清单计量影响着相应的定额计价。

附录 E 混凝土及钢筋混凝土工程

E.1 现浇混凝土基础。工程量清单项目设置、项目特征描述的内容、计量单位。工程量计

算规则应按表 E. 1 的规定执行

表 E. 1　现浇混凝土基础（编号：010501）

<table>
<tr><th>项目编码</th><th>项目名称</th><th>项目特征</th><th>计量单位</th><th>工程量计算规则</th><th>工作内容</th></tr>
<tr><td>010501001</td><td>垫层</td><td rowspan="5">1. 混凝土类别
2. 混凝土强度等级</td><td rowspan="6">m^3</td><td rowspan="6">按设计图示尺寸以体积计算。不扣除构件内钢筋、预埋铁件和伸入承台基础的桩头所占体积</td><td rowspan="6">1. 模板及支撑制作。安装、拆除、堆放、运输及清理模内杂物、刷隔离剂等
2. 混凝土制作、运输、浇筑、振捣、养护</td></tr>
<tr><td>010501002</td><td>带形基础</td></tr>
<tr><td>010501003</td><td>独立基础</td></tr>
<tr><td>010501004</td><td>满堂基础</td></tr>
<tr><td>010501005</td><td>桩承台基础</td></tr>
<tr><td>010501006</td><td>设备基础</td><td>1. 混凝土类别
2. 混凝土强度等级
3. 灌浆材料、灌浆材料强度等级</td></tr>
</table>

注：①有肋带形基础、无肋带形基础应按 E. 1 中相关项目列项，并注明肋高。

②箱式满堂基础中柱、梁、墙、板按 E. 2、E. 3、E. 4、E. 5 相关项目分别编码列项；箱式满堂基础底板按 E. 1 的满堂基础项目列项。

③框架式设备基础中柱、梁、墙、板分别按 E. 2、E. 3、E. 4、E. 5 相关项目编码列项；基础部分按 E. 1 相关项目编码列项。

④如为毛石混凝土基础，项目特征应描述毛石所占比例。

我们希望 Revit 模型在应用工程量计算规则时，可以准确无误地对应每一条清单，每一条清单的区别，在于其项目特征。

因此，模型构件必须满足两个条件：**第一，每个构件的名称都能在清单中找到对应项；第二，每个构件的属性必须包含项目特征内的所有内容。**

举一个例子。在《建设工程工程量清单计价规范》中，规定了基础与墙的划分范围，这部分在 Revit 建模过程中也需要依此划分。

除了模型实体上的划分，更应该注意的是对族类型的划分，比如墙体需要分内墙、外墙和隔墙等。在构件命名的环节，类型命名是区分于其他参数类型的，命名需要遵守一定的规则，让各阶段各参与方都能看懂，并能直接通过命名得到重要的信息。

此外，工程量清单五大元素，除了项目名称、项目特征、计量单位、工程量外，还有项目编码，可以将项目编码写入构件中对应清单，可以直接从 Revit 导出 Excel 文件，并对 Excel 进行数据加工。

再来举一个洞口扣减的例子。规范规定，小于等于 0. 3 平方米的洞口不进行计算，那么超过

0.3 平方米的洞口是否需要建出实体？小于 0.3 平方米的洞口又是否需要填塞？

如果使用 Revit 原生功能，无疑会增加搭建模型和二次处理的工程量。除非使用特别的付费插件，对 Revit 模型中的孔洞填塞实现自动识别并进行扣减。

最后再来看综合单价。所谓的综合单价，是完成一个措施项目所需要的人工费、材料费、设备费、施工机具费、管理费、利润以及风险费用等费用。这部分内容具有极大的弹性。

比如，在 E.16 的清单项（如下表所示）中，很多螺栓、预埋铁件等构件作为综合单价的材料部分是附属于其他构件的，这样螺栓和预埋铁件就不需要单独建模。但如果螺栓和预埋铁件单独计量，就需要满足前面所说的要求。

E.16 螺栓、铁件。工程量清单项目设置、项目特征描述的内容、计量单位、工程量计算规则应按表 E.16 的规定执行。

表 E.16　螺栓，铁件（编号：010516）

项目编码	项目名称	项目特征	计量单位	工程量计算规则	工作内容
010516001	螺栓	1. 螺栓种类 2. 规格	t	按设计图示尺寸以质量计算	1. 螺栓、铁件制作、运输 2. 螺栓、铁件安装
010516002	预埋铁件	1. 钢材种类 2. 规格 3. 铁件尺寸	t		
010516003	机械连接	1. 连接方式 2. 螺纹套筒种类 3. 规格	个	按数量计算	1. 钢筋套丝 2. 套筒连接

注：编制工程量清单时，其工程数量可为暂估量，实际工程量按现场签证数量计算。

通过这几个例子可以看到，算量的方式、计价的要求，都对 Revit 模型搭建工作有很大的影响，光是建模本身就要处理很多具体的问题，BIM 也绝不会“让不学习新技术的造价师一夜之间失业”。

3. 模型的过程使用

如果从原生 Revit 功能的角度去考虑计量模型建模的工作，还涉及更多的问题，如模板、砌体脚手架、装饰脚手架等，这些问题要么诉诸后期对独立于模型的表格投入大量的人力工作，要么诉诸付费插件。

我们暂时放下这些问题，再进一步探讨一个更深入的话题。

事实上，要想模型贯穿全生命周期，庞大的信息数据是需要不同参与者在不同阶段持续加入的。这是实现BIM的核心所在。

无论是设计阶段录入造价算量需求的信息，还是成本人员在模型检查环节控制项目特征，我们都希望这些工作能够得到积累，并且在下个项目中继承这些成果，否则BIM就只是高级的CAD和Excel而已。

能够直接拿来用、不必复查的模型，称为“可复用的构件模型”。

目前很多地产商、施工单位、大数据企业都在建立自己的族库，目的就是让构件能够实现最大的复用性。要想让成本模型应用于更多项目，族库中的每一个构件就要内建相关的成本信息。

在项目的各个阶段，模型的应用点有很大区别，我们应该考虑的是，将设计模型、计量模型、施工模型区分开，但每一步都不是重新建立模型，而是让模型可以在流程中自我迭代发展，去适应各个阶段的需求。这几个子模型，都应该有一个共同的母模型，由母模型将信息传递下去。

当然，每个插件都有自己的建模规则和命名规则，不同企业也有自己的一套体系，想通过一款软件去兼容所有企业的标准，基本上是不可行的。

这里说的是“理论上应该这样”，然而一旦理论涉及具体的人，就要面临两个问题：**成本信息添加由谁来完成？成本数据由谁来使用？**

这两个问题归根到底，是设计人员与成本人员之间的矛盾，是数据标准不确定的矛盾。

目前对于很多项目来说，BIM发展之路还处在图纸翻模的阶段。在翻模过程中，将图纸表达的信息如实反映到模型上，这里涉及的是翻模员是否知道哪些信息该放到模型中，以及建模工作量的大小。由于他们对模型产品负全责，因此反倒不必面对设计与成本之间的根本矛盾。

在正向设计中，这个问题就比较尖锐了。很多企业还处于成本人员与设计人员磨合的阶段，造价员需要告诉设计人员哪些信息是构件需要的，哪些是需要计量但模型中可以不体现的，这对于设计人员来说会增加不少工作量和学习成本。

目前可见的实现方法就是进行标准化，从建族到建筑建模形成一个标准流程，在每一个族中既有设计属性，又有成本属性。那么问题来了，这些双重属性的信息究竟应该由设计人员添加还是由成本人员添加？

首先，模型构件的部分信息是可以直接作为成本信息来使用的，毕竟成本计量是依托于设计内容的。

第二，设计的某些内容在传统图纸中可以用一句话表达，但要体现在模型上，会增加很多工作量。

第三，有一些内容不属于设计工作范畴，需要成本人员根据实际工程项目添加，这部分内容需要双方明确界定。

最后，有一些工作存在于设计信息与成本信息的模糊地带，无法确认数据源，数据出现了错误，追责就存在困难，这也增加了认责成本。

以上几个原因会导致一个结果：随着模型中的数据量越来越大，不同参与方不能快速获取和添加属于自己的专有信息。

前面提到的标准化虽然可以解决企业或项目内部的模型准则，却不能在跨企业范围内实现复用。

简单的"一模多用"四个字背后，还有大量的博弈与争执需要解决。

这个冲突也是当下BIM发展过程中存在的困境之一：人们需要模型标准化，但普适的模型标准又难以操作。问题的本质是BIM实现过程中缺乏参与各方对数据的权责界定。

贯穿全生命周期的成本工作为估算、概算、预算、结算与决算5个环节。本节讨论的内容主要是针对预算这一环节。

当预算人员能够获取相关的信息并能出具清单工程量，最后满足招标投标的要求时，从设计到成本的路算是走通了。但这个环节也只是工程项目的起点。

不同阶段不同的人对数据的要求是不一致的，后面每一个环节的信息的处理、储存、再加工，都会面临标准问题和协作问题，而且，这些问题会随着参与者和数据量的增加，呈几何级上涨。

本节我们是站在技术本身的角度探讨存在的问题，并没有涉及具体软件在技术上的突破，这并不意味着这些问题不会因为软件技术的发展而得到改进。软件技术发展是BIM发展的载体，也是BIM作为技术实现路径的关键因素。

但是，比软件本身更重要的，是使用软件的人之间如何实现协同操作，实现数据的精准对接。技术无论怎样先进，提供的都仅仅是一种可能性，而不是确定性。

BIMBOX观点

本节几位小伙伴讨论了一些行业内的冲突和矛盾，对此，BIMBOX在宏观理念和微观操作上有两个观点和大家分享。

（1）新技术带来新物种。

1895年12月28日，卢米埃尔兄弟在巴黎卡普辛路14号大咖啡馆里，向公众放映了他们制作的电影《火车进站》，这段50多秒的电影作品不但没有得到人们的喝彩，反而将现场的观众吓得四散奔逃。

为什么这么粗陋的画面会吓到观众？因为电影刚被发明出来时，人们只用它来做一件事：记录舞台剧。

舞台剧是对真实世界的艺术抽象，演员在台上用夸张的服装和动作演绎故事，人们已经习惯了这种夸张和抽象。而当时电影就是用胶片把舞台剧从一个地方搬到另一个地方的工具，镜头不移动，一镜到底。

所以，当一部电影中出现了火车的时候，人们本着"电影就应该如实表现舞台"的思维，真的相信有火车在舞台上开过来，于是吓得四散奔逃。

当时的人们甚至无法接受电影中出现半身人像，或者是从一个场景跳跃到另一个场景的蒙太奇剪辑，因为舞台剧中没有“半身人”，也没有场景的突然跳跃。

后来的事情大家也知道，电影经过多年发展，已经彻底脱离了舞台剧，成了一个新物种，现在的数字技术更让它能够表达比舞台剧丰富得多的情景。

当一种新技术诞生时，一定会经历一个“旧脚穿新鞋”的阶段。在这个阶段，电影只是通电的舞台剧，汽车只是跑得快一些的马车，手机只是可以揣进兜里的电话。人们使用新的工具，做的还是老事情。

所以才会出现一些奇怪的场景，比如“先用图纸翻模，再用模型出一份符合制图要求的图纸”或者是“先建立开好洞口的模型，再依据计价规范把小于 0.3 平方米的洞口堵上好用来算量”。

BIM 发展到今天，已经有越来越多的人认识到，它不应该是“比 CAD 更好的制图工具”，而是给我们提供了一种可能性：用数据来处理建筑行业中的信息。

用模型中的数据把构件变成可计算的造价，就是建筑业数据化面临的第一个挑战。而在行业外，数据和信息是有一套完整的理论体系和玩法套路的，它的核心就是编码。这是另一个很大的话题，后面会专门拿出几节来和大家讨论。

（2）现阶段偷懒的小把戏。

说到信息化、编码思维，也许你会觉得有点遥远。

没关系，在本节的最后，我们回归到当前具体的工作，给你分享一个“偷懒”的思路，在一定程度上解决“要算量，必须建模”的问题，顺便帮你找找从具体的“模型思维”到抽象的“信息思维”的感觉。

比如一个阳台，算量时需要计算阳台板、上下装修、栏板体积、模板、扶手、隔户板、贴墙等构件。如果单纯为了算量，傻乎乎地把这些东西一点一点全部建成模型，不仅需要很大的工作量，也会把模型弄得越来越复杂，影响计算机的运行速度。

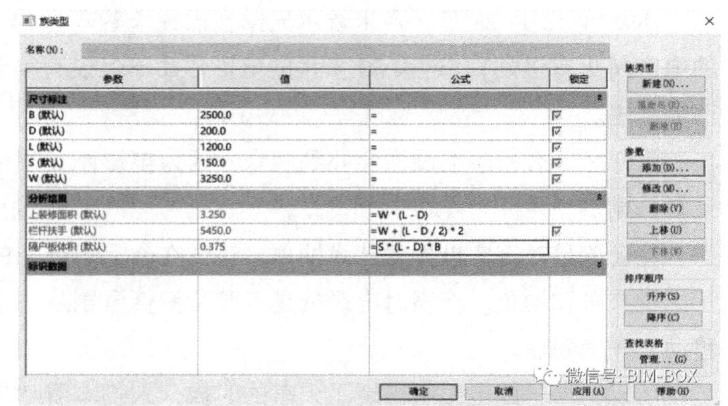

既然我们要的是数据而不是模型，就应该用数据思维来解决它。比如，可以用 Revit 建立一个阳台族，在里面定义它的尺寸为可变参数，再新建几个参数来代表这些构件，通过简单的计算公式，把需要计算的量与之前定义的基本尺寸参数关联到一起。

这样，日后使用这个族的时候就不必单独建立附属构件，直接把对应的参数提取到量表里就可以了。另外，一旦计算方式需要修改，也不需要重新建模，修改一下参数和公式就好。

这种方法应用起来很简单，但是否使用它，代表着一个思路：**从模型思维到数据思维的转变。这种参数化处理数据的思维，是每一个 BIMer 都需要掌握的，是通向数据思维的桥梁。**

软件公司的走访调研

在 2018 年中国建设行业年度峰会上，BIMBOX 与主办方广联达 BIM 中心经理王鹏翊进行了一次专访谈话。针对广联达在过去一年对用户的走访和思考，他介绍了行业的转变、施工企业对 BIM 技术的看法、广联达未来的产品思路，以及给从业人员的一些建议。

BOX：广联达对施工企业做了很多调研，收获了哪些东西？

我们做这个调研是想看看不同企业的 BIM 都到了什么阶段，他们对 BIM 有什么新的要求。

一种技术有两次发明，第一次发明是技术本身；第二次发明是它本身的应用跟我们的工作有什么关系？

通过调研，我们认为 BIM 基本上到第二个阶段了，人们的关注点已由 BIM 技术转到“BIM 能给我做什么”，也就是具体到自己的业务上。未来两三年这种观点会逐步变为主流，也使我们对产品和服务的想法也跟着变化。

原来关注技术本身的时候，一般是企业高层牵头，会有专门的费用用来做研究、做试点，这时候的资金和人力都比较强；但到了使用阶段，项目经理是很现实的，产品有好处就买，没好处就不买。

之前大家看中的是 BIM 的战略价值，目前逐步开始看重 BIM 的使用价值。

BOX：人们问得最多的一个问题就是：我投入人力和资金在 BIM 上，到底能带来多少收益？在您的走访过程中，企业还在追问这个数字吗？您怎么看待这个算账问题？

这个账是比较复杂的，短期来说，比如机电专业，通过 BIM，在施工前发现一些问题，提前解决这些问题，这是一笔潜在收益。

当时在内蒙古有个项目，通过 BIM 发现走道部分矮了 50 厘米，这些问题如果真到了现场，代价是非常大的。项目部做 BIM 的人其实不多，就是三四个人。能有一个点成功应用，收益就能收回成本。

整体来看收益的话，现阶段应用 BIM 能够有一些品牌效应，企业用了 BIM 能多拿项目，这算是一个产出；其次是它有直接的项目管理方面的产出，某些点上能收回一些成本。

如果光从这个账来算，那用好的项目能够持平，但如果算整个管理的账，现在很多项目还是不平的。

另外，我觉得这里有个动态上的变化。

前期企业投入的就是购买软件的费用，投入的人力，还有培训费用。但长期来讲，人员不需要再重复进行培训，软件已经买了，技术使用的套路大家也玩得很熟了，这时候产出会更多，投入也会越来越低。

不同层次的人关注点也不一样，像客户的高层一般算长期的账，项目经理或以下级别的一般都是算短期的账。很多企业确实就是领导层比较关注 BIM，到了项目上大部分还是有些阻力的。

BOX：看过您写的一篇文章，提到了“信息颗粒度”这个概念，能展开说一说吗?

信息颗粒度的提高，就是让项目的管理能做到每个构件、每个任务和每个岗位，这个细度跟以前比是完全不一样的。

以前公司跟项目要数据，往往是一个月一次，也比较粗略，再往下到每个岗位具体是什么情况，公司就不清楚了。项目经理往下管也是这样，这有管理的原因，也有技术层面的限制。

BIM 技术提供了这种可能性，让管理变得比较细，细到每个人、每个任务和每个构件。这在理论上是可行的，当然实际上是不是一定需要那么极致，对有些企业可能是不需要的。技术提供了这种可能性，具体用到什么程度，还是看企业本身的管理水平。

BOX：施工方应该有尽量多的人使用 BIM 技术，还是专门成立 BIM 部门?

我觉得还是跟发展阶段有关系。

过去用 CAD，老专家是不会用计算机的，就用绘图员，对吧? 但现在绘图员这个岗位已经没有了，所有跟 CAD 相关的工作大家都自己操作。BIM 应该也是这样，这里面有理念的变化，也有技术的变迁。这个变化包含以下两个方面。

第一，从业务需求来讲，需要把 BIM 融入每个人的工作，否则是落不了地的。我们看到过很多“盘账式”的 BIM，管进度、管技术、管成本的人，业务完成了，图纸也处理完了，这时候做 BIM 的过来说，我能做点什么? 这个模式肯定是不可持续的，所以未来一定是所有的专业人都会用 BIM。

第二，对于一些解决方案来讲，得把关注点放到用户这一边。比如做一些手机 APP，物资负责人在手机上看一下，就能看到某个楼层、某个段的物资提量，这里边不太需要他去懂 BIM 技术，BIM 是在后台把信息给他，让他把工作完成得更好，这个是未来的方向。

BOX：这里面是不是也有软件商的责任在，要把软件做得更傻瓜、更模块一点?

软件商要做的不仅仅是傻瓜交互的问题，还存在理念问题，要把客户业务放在第一位，BIM

放在后面，客户最常用什么工具就让他用什么，改变越小越好。

我们以前琢磨怎么用软件做施工模拟等工作，现在理念发生了一些变化。

比如说客户做计划，用微软 Project 或者斑马进度，就继续让他用这些工具。做生产计划，需要测算进度的资源，可以从云端后台拿到模型的信息，BIM 躲在后面。具体做计划的时候该用什么软件就用什么，不需要去专门学 BIM。

BOX：这些思路上的转变怎样体现到软件上？

我们内部提了一个思路，叫作模块化、专业化和平台化。

第一个是模块化。以前 BIM 是跨部门的，建模是一个团队，使用是另外一个团队，两个团队的工作必须是严丝合缝的，整个流程才能转起来。现在说回归业务，就是说只要有一个模型，甚至有时候没有模型，很多工作也能往下做。这就降低了客户学习和推动的成本。我们要把 BIM 解构，技术、生产和物资分别完成自己的部分。

第二个是专业化。以前我们关注的是 BIM 这个技术能干什么。专业化就是先把原来的工作还原，再看这些工作中有哪几个环节是 BIM 能帮忙做得更好的，再用 BIM 把这些环节加强。

第三个是平台化。平台最大的作用就是把 BIM 从前台搬到后台。企业技术部门或生产部门已经用了这个技术了以后，想加购一个商务模块或物资模块的时候，可以无缝操作，顺理成章。背后的技术理念是一样的，交互设计是一样的，数据也是一样的。

我们很多模块已经实现了按客户的流程走，不要求他们必须用 BIM，其中有一些环节是通过 BIM 来加强的。后台有 BIM 信息推送给他们，他们可以获取需要的资源。

前面说的进度管理就是这样。再比如针对周会，我们做了一个会议的场景，可以通过软件看到现场的情况，一个人一个人汇报。考虑到人们还是习惯用 PPT 来汇报，我们就做了一个插件，可以一键从 BIM 模型里抓取所有信息，自动生成一个 PPT。

再比如成本管理，以前是把所有造价信息落到模型上，有些环节处理得很好，也有些环节，如目标成本测算，就处理得不好，因为它跟模型相关度不高。现在我们的成本软件是按照客户的业务来，其中有几个环节能通过 BIM 加强。

也有一些将要推出的功能。比如可以生成一个纸质的分包签证单，上面有二维码，一扫码就能看到这个分包过去一个月做了多少工作，有没有变更和罚款，这个部位的预算是多少，具体到这个月是多少等信息。领导去签单子的时候，BIM 就是躲在后台，领导用手机一扫就能看到相关信息，辅助他做决策。

BOX：很多企业找不到 BIM 人才，反过来人才也找不到好企业，对这个问题您怎么看？

人才是分不同类型的，比如企业级的 BIM 规划，这个层次还是很专业的，肯定是又急缺又找不着。

操作层的人才主要解决技术方面的问题。前面说技术有两次发明，第一次是技术本身，能学的就是怎么建模，第二次是把技术用到业务上，核心问题不是用什么技术，而是用技术能解决什么问题。

比如说湖南建工一开始招人的时候，把从设计院出来会建模的人招过来了，但建模那阶段过去之后发现，这些人到了项目上还是有阻力的，软件操作培训一两个星期，用两到三个月基本上能掌握，但是项目的技术问题怎么处理、怎么解决?

这个层次的功夫，就不是一两个月能学到的了，周期起码是三年，但过了这两到三年他再来学 BIM 技术还是三个月，所以我觉得长期来讲，应该鼓励专业人员学 BIM 技术。

当然，对于一线的操作人员是这样，但要到了企业的信息化层面就不一定了，在现场做施工做技术的来理解信息化不是容易的事，那就需要信息化人才学 BIM 技术。

总体上来说还是不要盲从，不同企业、不同职位情况是不一样的。

BOX：我们谈到两条路，一条是专门走 BIM 这个路线，另一条是回归到专业本身。其实还有第三类人——想投身于建筑行业的信息化产业的人。这类人该怎么发展?

我觉得 BIM 人才在行业上是多维度的，比如有专门的 BIM 咨询公司，肯定是以 BIM 本身的技术为导向，但这类公司肯定也要引入懂施工业务的人，这样才能跟客户的业务更贴合。

再比如培训公司，这类公司对人才技能的要求是掌握这个软件、掌握培训的技巧，我觉得这些公司会长期存在，对这类专门人才的需求也会一直存在。

不是说只有做设计或者做施工两条路。

说回到广联达，广联达的人才也是多元化的，团队里面 10% 左右是在施工单位做了很长的时间的，也有来自建设单位的高管，也有信息化技术人才。

产品团队我最喜欢的配置是：有一个真正从施工单位来的，从客户的角度来看这个产品；也要有纯交互设计的人和纯编程的人，还要有比较懂商务的人，负责把这些理念整合成一个能够赚钱的产品。

反过来说，作为个体，想在一个行业有所建树，能走的路也是很多元的，最核心的还是把本身在做的工作做得最专业，最擅长写代码、最擅长谈商务、最擅长讲课沟通都可以。

有了专业的基础，再扩大自己的知识面，这个就是专跟博的关系，特别是针对我们这种面向建筑行业做信息化的学科，一专多懂的人才就会发展得很好。

通过这次沟通，BOX 有了一个感触，BIM 也许正向着“去 BIM 化”的方向发展，未来的人才发展也绝不仅仅是“设计 + BIM”或者“施工 + BIM”这么简单。

关于国内外 BIM 的六个议题

2018 年，BIMBOX 在北京组织了一场线下活动“BIM 奇葩说”。这个活动我们没有请嘉宾逐个讲 PPT，而是几个人坐在一起，和到来的粉丝一起对话，一起探讨。

我们在请嘉宾的时候特地选择了几位经历截然不同的人：美国入行，从事过设计和施工，又进入优比咨询的赵欣；在中国香港做开发商起家，创建香港互联立方的李刚；以及站在软件开发商和项目标准制定的视角看行业的吕振。

赵欣
广州优比建筑咨询有限公司技术总监
公众号JoyBIM创始人
Balfour Beatty美国公司BIM经理
中建三局中国尊大厦项目BIM负责人

李刚
香港互联立方总裁、创始人
香港型建学会副会长
2002开始从事BIM工作
完成了超过500个BIM项目

吕振
广联达BIM业务副总经理
广联达BIM研究院副院长
《新建造》杂志专栏作者
参与万达集团等BIM系统建设

对话从几位嘉宾不同的经历聊起，从国内外 BIM 的差异，逐渐深入到行业的困惑与未来。

BIMBOX 在这场持续了四个半小时的对话中，挑选出最好的问题和最棒的回答，做了一个精华整理。之所以时隔这么久还把大家的对话整理出来，是因为我们可以回看这两三年的发展，是不是符合一些人的猜测，看看几年前做事的人在怎样思考这个市场。

话题 1　国外 BIM 经验值得我们参考吗?

@赵欣：我 2009 年去美国读研究生，在学校我们都要学一门叫计算机辅助制图的课程，主要内容是各类制图和分析软件，比如 Revit、Rhino、Navisworks、Ecotect，从那时候开始知道了 BIM 这个概念。

2011 年毕业后我去了一家英国的总包单位 Balfour Beatty，进入美国公司的 BIM 部门，它所属的大部门叫 pre-construction，包含设计、成本、进度三个业务逻辑，对应的也就是我们常说的 3D、

4D 和 5D。

在 2013 年，我们的部门名字从 BIM 改成了 VDC（Virtual Design and Construction），现在很多美国公司都这样叫。这主要是因为大家发现工作并没有达到 BIM 所要求的信息化逻辑，而主要是可视化工作的延伸。

回国之后我加入了中建三局，一直在中国尊项目，2016 年回到总公司参与 BIM 中心运营。2018 年我正式加入了优比咨询，以第三方的角度看待市场。

这个过程我看到，国内施工企业的 BIM 中心和国外有很大的不同，前者更多是从技术层面为项目服务，BIM 和传统业务相对分离；后者则是具体项目的执行者和参与者，VDC 与 pre-construction 融合。

和很多人想象的不同，**美国建筑行业不像我们这么爱搞“黑科技”，而喜欢把一个点挖深。**

美国喜欢针对一个应用点做深做透。例如，对于深化设计和碰撞检测，美国一直在探索怎么管理深化设计间的接口、优化协调的过程、积累深化设计的数据、怎么通过数据的积累慢慢实现衍生式设计，往信息化的方向走。

在美国有个说法叫“Hollywood BIM”和“Real BIM”，前者说的就是比较高大上的东西，这些东西也是有价值的，用来支撑企业的门面，可以花一些时间来做，但内部的人都知道不应该入戏太深。

而“RealBIM”则是那些看上去不太起眼、很无聊的工作，但却是信息化的本质。

在标准方面，英国标准的体系很成熟，完全是自上而下使用同一套国家标准（BS-1192 和 PAS-1192 系列）。

美国的标准比较多，各个标准互为参考，国家标准不强制实施，企业喜欢从现有标准里摘取自己需要的部分，组成自己的标准。美国大部分的大型业主单位都有自己详细的 BIM 标准，业主很清楚需要 BIM 来实现什么，需要什么标准，施工方主要以满足业主要求为主。

国内目前还处于探索阶段，很多业主直接提出要用 BIM，但是自身的需求并不明确。而施工单位的 BIM 实施有点迎头而上的感觉，前期策划较少。

同时，国内似乎陷入了“黑科技”的怪圈，很多人都在寻找让人眼前一亮的应用点，尽管还不能产生明显的效益，如 VR、AR、MR、智慧工地、人工智能等，但很少在一些基础应用点深入挖掘。而这些基础应用点往往才是产生价值、突破 BIM 应用瓶颈的关键。

@李刚：我毕业之后先到了香港房屋委员会，后来去了开发商。

香港的开发项目都是交钥匙管理，设计管理、工程管理、验收管理都集中在我身上。在这种环境下我就开始思考，有没有什么好工具，让这么复杂的管理更顺畅？

2002年，香港爆发“非典”，我手头的开发项目都停了，正好有机会去学一下新东西。**那时候学的是Revit 4.1，解决的还是碰撞和安装的问题。**做完之后效果很好，我就和老板说能不能单独开一个公司来做这个事。

2003年，我就在新开的公司做小股东。因为这个技术能解决安装问题，所以能接到不少设计订单。

2009年，我们接了一个香港特别行政区政府的大单，接到才发现当时团队的技术和人力都支撑不起整个项目来，连碰撞都调不完整，各种问题都出现了。

2010年，我离开了以前的公司，又单独开了一家公司叫互联立方（isBIM），结合我做开发商时的经历和思考，新公司的方向也逐渐确定：**用BIM来做管理。**

我认为国内和国外的建筑行业有个很大的区别：国外的设计和施工一体化程度高，像赵欣所说，建造前的工作被pre-construction部门统一管理，所以才能叫Virtual Design and Construction部门。

而国内的设计、施工和分包都是独立的。人是分开的，数据更是零散的。那么对这些零散的设计数据、成本数据、施工数据的集中管理，在国内就是有特殊价值的一件事。

这个理念提出后受到很多开发商的欢迎。

人们以前并没有觉得信息有什么价值。**但这几年，在淘宝、滴滴大行其道的时候，人们真正看到，原来数据这么值钱。**

我们这个行业必须、也是迟早要数字化的。我们也只是刚刚迈进BIM数字化的一扇门，整个行业的改变才刚刚开始。**如果某个企业的工作不可数字化，就和下一个时代无缘。**

未来我的目标是能把isBIM做到主板上市，我希望能借此证明一点：**BIM是一个行业，做BIM也是可以做成大企业的，我们的从业人员可以是专业的，而不仅仅是助攻。**

@吕振：我是销售出身，后来参与了几个大项目的管理平台建设，参编了一部分省的定额，这些经历能让我抽离出来，换一个角度看待行业。

我比较同意李刚的说法，国内像阿里、腾讯的崛起，都是从一开始的学习，到颠覆了国外的经验，开辟了新的道路。**国内很多行业的发展都比国外要快，原因恰恰来自于我们的“落后”。**

比如我们移动支付的发展是让世界震惊的。在国外，因为人们对数据隐私非常重视，不愿意把个人支付隐私交给某个企业，所以由民意而生的一些法案就会严格限制这些公司的业务发展。

再比如，我们在工业时代输给了英美，因为工业化最大的要求就是标准化、各司其职。而从工业文明到智能文明，社会对个体的约束会越来越小，我们大量的个体基数就会成为优势。

从这些年发布的 BIM 相关政策能看出，我们在走的是规模经济，而国外是质量经济。**我们先把规模做起来，才有资格去谈质量。**

在这种选择下，**国内对 BIM 会非常“纵容”，也就是赵欣所说的“Hollywood BIM”。**

这是一个充满机会和矛盾的时代，我分三个层面看待行业变革。

◆第一个层面叫“端”，也就是具体的软件和业务流程。它主要的作用是带来数据。

◆第二个层面叫“网”，也就是互联网。它的作用是对“端”产生的数据做一个连接。

◆第三个层面叫“云”。它的作用是提供算法。

目前很多应用解决的都是“端”的问题。在这个层面能生存，才能进一步解决数据的互联和运算。在这个过程中，我们需要考虑的是收费问题、人与人之间的博弈问题。

这些问题和国外有很大的不同，很难找到前车之鉴，需要我们独立解决。但我们拥有世界上最多的人和项目，在速度上一定是比国外快的，甚至会诞生像腾讯这样从学习到全面超越的企业。

@赵欣：有件事情很有意思：我回国后，经常会请原来的美国同事看看国内的 BIM 应用，同事看了我们的 BIM 汇报后都会惊叹，说我们的 BIM 应用像好莱坞大片。

相比而言，英美在 BIM 基础底层的工作更多些，这些工作不会让人眼前一亮，但却是支撑 BIM 技术继续发展的要素。

比如英美不管有没有 BIM 技术，都在长期制订和维护自己的编码体系，它们都有对应的 COBie体系，告诉人们建造过程需要收集哪些信息、这些信息的组成结构、未来怎么用。

虽然这里很多工作不是应用层企业直接去做的，但是离不开企业在其中的努力。当然这些工作都是英美几十年的积累所形成的。**数字经济、智能化这样的大目标，是需要有人去做这样的基础工作才能实现的。**

这种工作所带来的成果普通人看不到，但就像前一段时间的芯片危机，一旦发生，人们才会注意到基础研究有多重要。

@李刚：互动屏幕上有个问题很好：**信息化的本质是什么？**

我认为信息化的本质就是提高效率。**如果企业搞了半天效率没有提高，那不如不搞。**

我们要不要学国外？**要学，但是得挑着学。**国外的管理和基础研究值得我们学习，但国外的创新没我们行。英国的 BIM Level1、Level2，看起来很好，但我觉得有些按部就班，并没有很大的创新，**我们的未来不应该就这么简单。**

阿里搞了新零售，这是创新。我们的未来应该有“新工程”。这不是说我们把原来的模式换个软件来管理就完了。数字化最终要去掉的是一些不必要的流程，**即便这些流程在现在看来是天经地义的。**

比如，总包一定要存在吗？现在看来当然要存在，但新零售可以去掉层层代理，工程行业就不能去掉大部分的总包吗？当然这个过程没有“to C”那么快，但只要它的效率有可能被互联网超越，它就有可能被替代。

马化腾经常讲“产业互联网的起点”，那么怎么通过技术让工程行业进入产业互联网，就是我们需要思考的。关键是：要敢想。**而从这十年发展来看，中国人真的是很敢想的。**

@吕振：我在工程成本行业做了十年。最开始大家使用手工的人机料分析表，后来发现可以通过软件来解决效率问题。再后来发现，软件解决的只是造价人员的输入效率及投标的速度，**解决不了施工企业和业主的成本问题。**

于是我们开始尝试从软件层面跳出来，去参加国家定额的编写，参编规范。然而发现还是不够，**因为案头的理论工作和现场的实际工作永远有脱节的地方。**现在我们开始做施工工艺库的数据积累。比如一根 C30 柱子，用多少料，有哪些流程，用哪些人。这样，理论计算的成本就能和实际成本产生联系。这个联系的载体就是模型。

这些数据积累下来，对企业最大的作用，是把理论和实际脱节的部分，用数字去量化，甚至是达成某种可计算的换算，而不是永远停留在“理论与实际不符”。

我们发现欧洲的设计交付成熟度非常高，他们的施工主要就是执行生产。他们看到我们在建造阶段的应用时很吃惊。现在中建、中交、中铁建规模越来越大，地方单位却越来越没有工程。未来我们会向国外的模式靠近，总包单位越来越少，优质的分包单位越来越多。

李刚先生所说的未来会发生，但目前的实际情况还不行。我们作为软件商，也思考过做一款施工圈的“Uber”，但我们发现手里现有的 200 万劳务工人数据，还远远不足以撑起一个 O2O 平台。

这也是刚才我说的“端”和“云”的关系，在数据量级不够的时候，很难用互联网的模式来替代现有模式。所以我认为，在一段时期内，资源整合和管理的能力还是集中在大的总包单位，

而它们在未来争夺的就是数据的积累，争夺产业互联网的起点。

“颠覆”是在“积累”之后才会发生的，我们不太可能直接奔着这个大未来而去，**还是会在这个过程中找到各自的定位的。**

@赵欣：2017 年在 AU（Autodesk University）大会，我们和 KPF 建筑事务所的人员交流，他们认为，现阶段 Hollywood BIM 是必须存在的。让客户觉得原来 BIM 还能做这些事，那才会有人继续来支持 BIM 的研发。如果我们拿出来的都是非常枯燥的东西，**那可能研发到一半就没人支持了，也就更谈不上什么未来了。**

无论是企业还是个人，都是可以表演也需要表演的，这不是什么坏事。关键是不要入戏太深。**你心里得清楚哪些是表演，哪些是研究，哪些是生产。要清楚自己的资金和精力该用怎样的比例去分配。**

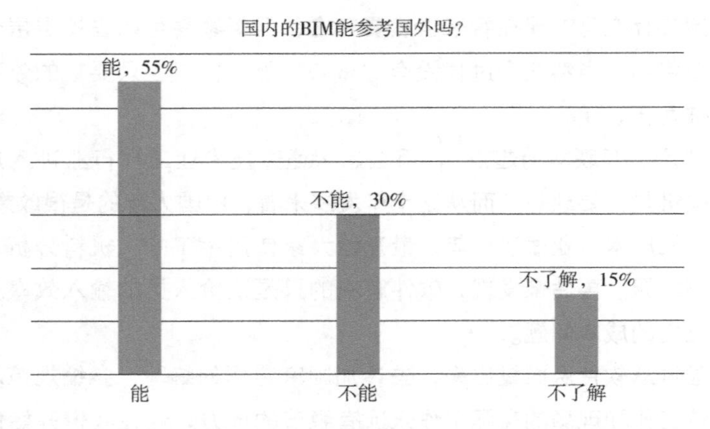

现场话题投票结果：55% 认为国内 BIM 能参考国外，30% 认为不能，15% 不了解。

话题 2　正向设计靠谱吗？要不要翻模？

@吕振：我个人非常支持正向设计。一个项目的优化，设计阶段占 70%，施工阶段占 20%，运维阶段占 10%。**但这是理想数字，现状并不是这样。**所以你说要不要正向设计？我认为是要的。目前阶段正向设计靠谱吗？我觉得不靠谱。

这是因为正向设计不在设计院的商业逻辑里。目前设计院不可能靠三维设计多拿到 10% 的业务或 10% 的设计费。**很难逼着人去做一件不赚钱的事。**

@李刚：很多人说设计院不会用软件、做不出正向设计，**这是设计院的错。**我觉得这个想法有点荒谬。人们有什么权利指责设计师该用什么软件呢？你付费买的不是设计师的图纸吗？

对设计师来说，最痛苦的现状是，**国外的软件不能满足我们的设计和出图要求。**建模的时候大家都很开心，但出图的时候，一会儿标注不行，一会儿大样图不行，到底应该是工具适应人还是人适应工具？“正向设计”的问题首先应该提给软件公司。软件公司把东西做好了，自然有人来买。提高效率的事谁不做？

@赵欣：英美的设计师对 BIM 的态度更多表现在工具的转变方面。已经有很多设计师习惯直接用 Revit 设计和出图。不过这也是有工具和出图标准的因素在里面。英美设计师用的是本土软件，他们的出图标准和国内也很不一样。

在国内设计施工分离的情况下，正向设计还存在很多制约。模型不具有法律效力，最终审的还是蓝图（这些问题在英美也存在）。我赞同吕振的观点，**长远看是趋势，短期看制约多。**

@现场粉丝：我从事室内装修设计，这个行业特别强调设计和现场的衔接，我是站正向设计这一队的。

如果只是翻模，那就没有虚拟建造的过程。**如果不能把虚拟建造前置到设计阶段，那 BIM 对于装修就没有意义。**我比较同意李刚先生的说法，在理想面前，我们最缺的其实是能够实现设计闭环的工具，而不是做这件事找个软件，做那件事再换个软件。

@现场粉丝：作为一名普通的建筑结构设计师，当我们谈到智慧工地、智慧城市这样的大未来时，也很激动，但几位嘉宾讲的设计院做 BIM 不赚钱也是很残酷的现实。

以前用 CAD 三个小时干的活，现在用 Revit 我得花一天，工资没有涨反而还在降。我希望无论是工具还是平台，都真的能给设计师解决实际的效率问题。

@吕振：未来整个行业一定是模型化的，它能降低人们的认知成本。**越是需要做决策的人就越需要模型。**

对于设计方来说，成本提高，收益不提高，就会比较消极地看待这个改变。这里确实有工具的问题。但在整个变革的过程中，对于设计师、施工方及软件商，都面临真金白银的商业选择，**个体的选择和博弈决定着行业整体的走向。**

而对于模型，有人有需求，有人不愿意做，**只要这种关系不发生根本转变，翻模这件事就会一直存在。**要么是施工方做，要么是第三方做，即便做起来没那么舒服。

@李刚：市场有需求，软件还没那么好用，这对很多人而言是坏事，但对另外一些人来说是好事，我就是这么起家的嘛。

我的公司翻模的工作量占了 70% 以上，但对我们的客户来说，**这不叫翻模，叫数据创建。**为什么？因为委托我翻模的人是开发商。

设计院的模型是干什么用的？**是出图用的，而不是为开发商提供数据用的。**设计院不愿意额外为开发商创建数据，而开发商又有数据需求，我们这样的第三方就有了赚钱的空间。

所以你说模型有没有价值？肯定是有价值的。只不过很多价值不会体现在开发商和设计院的既有合作模式里，**这个模式就是买图纸，而不是买数据。**未来有可能通过标准的制定，让设计院提供图纸的同时也提供数据，**但这个过程肯定很漫长，因为它不指向人们的利益诉求。**

@吕振：未来第三方的存在价值会很大，因为只有设计院会重视三维化的业务转变，施工方和业主方则更倾向把三维成果拿来用，而不是养一个团队专门做三维。从投入产出比来说，肯定会有很多施工方和业主方把业务分包出去，就像其他专业的分包一样，**把专业的事交给专业的人。**

@赵欣：施工方对模型的需求有个特别的地方，就是在翻模的过程中对图纸进行审核。**这一点往往是第三方考虑不到的。**比如防水的做法对不对、是不是符合规范、节点是不是符合施工要求，这些是需要施工方来考虑的。

对于个人来说，在施工单位做BIM往往存在感比较低，是作为助攻，而不是主要创造价值的人。业主单位的人均产值1000万元，施工方也要到500万元，而通过翻模查漏补缺产值可能就低很多。这种危机对于第三方也是一样的，如果你的模型只能提供那种谁都看得出来的碰撞，提供不了其他业务价值，也一定会被淘汰。

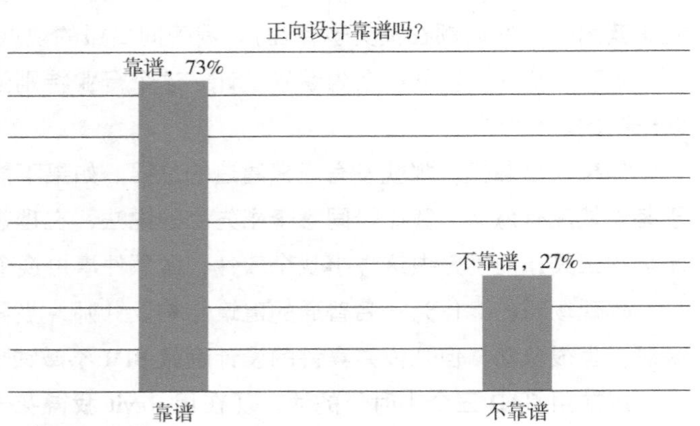

现场话题投票结果：73%认为正向设计靠谱，27%认为不靠谱。

话题3　你是怎么看待平台的？

@李刚：行业的数字化分三个阶段：

第一阶段是工具应用。现在我们说的很多应用点，如做一个模型、出一个方案，用单独的软件可以解决，**但想要让它们串起来成为一个软件是不可能的。**

第二个阶段是管理。设计管理、成本管理、施工管理、开发管理，**归根结底管理的都是信息。**信息如果分散在每个人的U盘里、计算机里，是不可能管起来的。这个阶段需要的就是平台。

现在市面上有很多平台，这是好事。但是需要思考，这么多平台，是否适合企业的管理流程？它们所管理的信息，是不是我们需要的？如果只是把平台用来做轻量化、做展示，那很容易。但**最终，平台是用来管理信息的，而不是用来管理模型的。**

如果能把信息管好，**在家里打开手机就能做决策**，那就可以进入新的阶段，整个行业的玩法可能就都变了。这第三个阶段我把它叫作“新工程”，这个才是我们这个行业真正互联网化的阶段。

@赵欣：平台已经是刚性需求了。企业想用信息化的方式来管理，肯定需要一个媒介，把各方的东西串在一起。在国外，平台叫Common data environment（通用数据环境）。**每个人使用不同的语言和软件，**需要这样一个平台来沟通成果。国内的平台很多，国外也是一样。**每年的AU大**

会参展商都有三四百家，一大半都在做平台。

不过国外经过市场的激烈竞争，已经有一些平台被筛选出来了，如360、ProjectWise等。企业在选用平台的时候还是**需要明确自己的需求**，不能随便挑一个便宜的用，经过市场淘汰，现在平台大战的情况也会很快结束。

@吕振：我举个例子来说明一下平台的作用。

我们做了一个功能，让各个总包企业通过平台来分派任务。过去两个月，平台的任务分派数量是3.6万个，而任务的完成率只有51%。这个数据让我们很吃惊。

平台的价值就在于，我们知道哪里出了问题，哪里需要改进。如果没有平台，我们连哪一半任务没完成都不了解，就更难谈进步了。

@赵欣：智慧工地是把很多东西集成在一起，除了BIM信息，还有监控信息、劳务实名制等。以前的项目也会监测一些数据，如门禁、劳务，现在智慧工地平台是把这些数据集成到一个看板，并且积累下来。

我觉得用不用智慧工地，不是从软件功能的层面考虑，而是要考虑清楚把这些数据集成到一起来做什么。是不是真的用来加快决策、改进管理？没有必要为了智慧工地而智慧工地。另外，各个公司的平台都对自己的其他产品向下兼容，如果你的项目已经有了某个公司的数据管理工具，最好采购同一个品牌的其他产品，会省去很多麻烦。

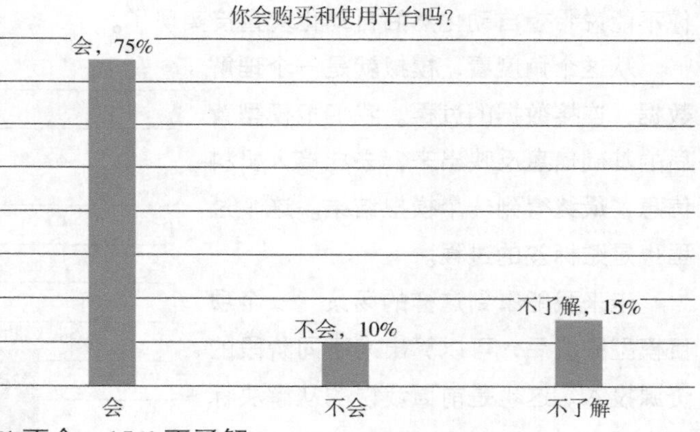

现场粉丝投票：75%会购买平台，10%不会，15%不了解

话题4　施工模拟是鸡肋吗？

@吕振：我认为施工模拟不是鸡肋。**施工模拟是基于模型和时间维度的结合**，也是模型价值的延伸。英国有一个软件叫Synchro，它只有施工模拟这一个功能，没有成本的选项，也卖得很好。

海口有个双子塔项目，空间非常紧张，项目上只能同时放三台混凝土泵车，每次浇筑要上万立方米。用施工模拟来预演每台泵车在几分几秒到什么地方，什么时候退出，对于项目来说价值是非常大的。

在建筑业很火很赚钱的时候，现场的一点浪费无足轻重，人们会觉得施工模拟没有价值。但**现在环境变化了，我们没有那么多劳动力，项目不那么赚钱**，这种预演和成本节约就会成为人们关注的点。

@赵欣：我在施工单位工作的时候，觉得施工模拟是没有价值的，**领导要求做才会去做。**对于一般的项目，进度和施工方案是我们自己编的，自己非常了解，给分包商交底也有很多方式，做一个可视化的东西可能只是为了给领导看。

那时候我觉得单纯的 4D 作用有限，一定要和成本、资源结合才有用。后来到了咨询单位，从一个旁观者的角度再来看模拟，我觉得它非常有用，**它是施工单位和业主之间一个非常好的沟通工具。**

没有哪个业主会看上百页的施工方案，模拟可以把这种大段文字描述变成可视化的方式，让业主几分钟就能看到施工方法和组织安排。施工单位也要考虑，**服务的对象是业主单位，为他们带来便利也是一件很有价值的事。**

@吕振：人工智能领域的图像识别，有一个很重要的工作是贴标签，告诉计算机这里是鼻子那里是耳朵，这个过程如果人工操作工作量是很大的。从数据到智能，这个工作是必不可少的，你不能说希望自动化然后自动化就直接实现了。

从这个角度看，**模拟就是一个理解数据、连接数据的过程。**我们把模型背后的基础信息反映出来，去挂接人机料信息，最终得到一个模拟结果。这个过程也是贴标签的过程。

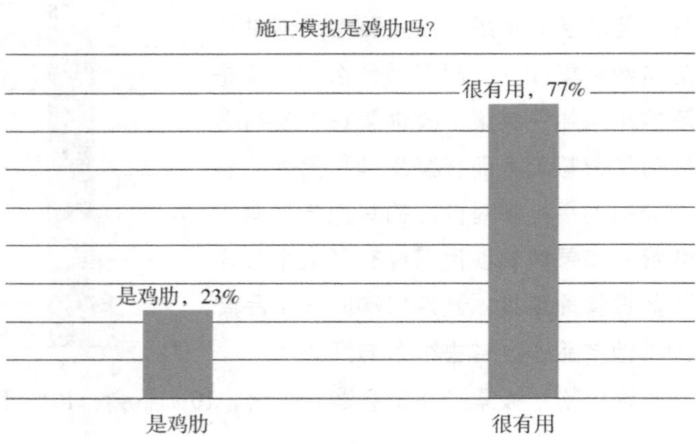

未来我能看到这样的场景：一个项目模型完成后，可以算出来不同阶段的资源投入。这也是前面我说的从解决标签来源的“端”，到连接这些标签的“网”，再到负责计算的“云”。

现场粉丝投票：23%认为施工模拟是鸡肋，77%认为不是。

话题 5　怎么看待从模型到信息？

@李刚：为什么很多人觉得管线综合很低端？我觉得它一点都不低端。

这有点像现在很多手机厂商都宣传全面屏，宣传多了大家都不觉得新鲜了，但你用过全面屏手机，肯定不会再用普通屏手机了。

管线综合大家不愿意拿出来讲，但如果让项目回到没有管线综合设计的时代，大家肯定不愿意。如果说不是黑科技就低端，那很多基础工作都是低端的，但没有这些工作是不行的。

@赵欣：如果单从错漏碰缺的层面看，建筑建模确实没有管线建模有用。

但今天我们讲了这么多数据和管理的价值，从这个角度来看，任何模型都是有用的。建筑建模的价值是随着你对专业知识的理解深入而越来越大的。**如果能从规范、变更和做法上发现模型的问题，比如防水做得对不对，浇筑吊装是符合要求，那它的价值会更大。**

@吕振：从单纯的模型价值来讲，管线综合的直接价值肯定更明显。建筑模型可能把墙梁板画出来就完了。但机电和建筑的模型是要结合起来的，就像我们说数据要集合到一起才有价值一样。比如预留孔洞，还有装配式设计，都需要建筑与机电深入结合才有价值。

即便是管线 BIM，也不仅仅是碰撞检查这一点点价值。

比如我了解到，中国驻印度大使馆的一个项目，所有的材料都必须从国内运过去，管线都要预制好，现场没有条件加工。

那这些管线在哪里断，断开后怎么运才能节约海运空间，建筑该怎么预留孔洞，都是价值点。如果这个项目没有管线净高需求是不是就不用模型了？不是的。模型的价值在于解决问题，首先你需要去发现问题，**然后看模型能不能帮忙，而不是反过来问模型应该有什么应用点。**

@赵欣：有些人觉得房建 BIM 价值高，路桥 BIM 价值低，**主要就是因为后者对形体的检查没什么需求。**但其实基础设施项目 BIM 有很多价值，在大体量的项目中价值甚至比房建更高。

这类项目对周转下料和人力的安排，要求非常高。很多项目是大面铺开的，很多施工段同时进行。设计的时候以前需要现场勘测，现在可以利用 GIS 和 BIM 来计算。施工阶段需要知道在什么时间节点投入多少人员和机械，运维阶段需要知道养护信息、变形信息、检测信息。和 IOT 结合也有很多的应用，**这种项目对信息的需求已经超越了模型本身。**

再比如，模型按区段划分，可以知道成本的投入时间；提取表面积，可以知道模板量；如果能快速把支撑架体系建起来，就可以精确计算成本，而不是把一大块直接分包出去。**这些计算都是可以省钱的。**

我们没有必要为了录入信息而录入，要知道自己需要什么结果，才知道需要什么信息，要做什么计算。

话题 6　BIM 的价值能体现在真金白银上吗？

@赵欣：BIM 的价值已经体现在真金白银上了，只不过有价值的点很多人看不上，因为不够“黑科技”。比如翻模，管线碰撞检测、土建排砖，好多人看不上，但这些工作是能真正产生价值的。

现在我们的行业对 BIM 的期待有些高，**有的人走着走着就迷失了。**

为什么很多人做 BIM 会焦虑？企业希望人的能力越全面越好，最好是既懂技术，又懂市场，还懂商务。全能型的人才有机会做项目经理，才能到食物链顶端。**如果人们希望做 BIM 来提高自己向上发展的机会，**就会感到有落差。

但我认为未来人才的发展应该向专业细分改变。**一个项目只有一个项目经理，更多的人是在其他岗位发挥价值的。这个行业的数字化很难，**也正因为这样，才需要非常专业的人来做。未来很多人可以在一个非常专精的岗位上不断积累经验，也会有越来越好的发展。

@李刚：有一次一位朋友问我：做 BIM 的公司，怎么考核员工的 KPI？我应该按照建模的数量对员工进行考核吗？如果他建出了很多不好用的模型，也要给他多开工资吗？**这个逻辑是不对的。**

如果一个员工发现了一种方法可以把建模速度加快一倍，我肯定会多给他工资，因为他为我省钱了。如果一个员工为我谈来了生意，我要不要把挣来的钱和他分享？肯定要，否则这样的员工会走的。

很多人做 BIM，干的是普通建模的事，却想得到很高的待遇。这不现实。因为他付出的就是学会一个软件，并没有为企业创造额外的价值。

我也建过模，也拿过那样的工资，我知道老板是怎么想的。这不丢人，**但你得去想往前走，利用模型和数据做更多的事。**所有老板都欢迎你做额外的事情，你做得好老板会回报你，**如果他不回报你，你的价值自然可以把你带到更好的地方去。**

注意，真金白银永远来自额外的价值，**而不是已有的价值。**BIM 很年轻，这是个很好的时代，还有很多机会留给年轻人。

@赵欣：我们都在说美国把软件市场把持了，但大家很少说起美国的创业环境，**他们对知识产权的保护特别到位，所以才能有软件商成长的空间。**

我们的很多企业都没有在软件上投入过，所以 BIM 来了会觉得成本一下子增加很多，但国外在 CAD 时代就已经有付费的习惯了。硬件方面，现在七八千元的笔记本计算机也可以运行 BIM 软件。人的方面，以前没有 BIM 也需要派人叠图，协调分包，现在这部分人只是换了工具，利用 BIM 来完成工作。

培训成本确实是有的。如果能找到已经培训好的员工的话，这个成本也会降低。如果把 BIM 工作外包，也可以节省三四个人的成本。这些的前提是用 BIM 去做实实在在的事，提高效率的事。比如我在施工单位的时候，**就不让项目建造虚拟现实体验馆，**因为这项成本的增加确实是带不来什么价值。

我在写 JoyBiM 的时候，写了很多关于 VicoOffice 的东西，我在 Balfour Beatty 经常用这套系统，把设计的过程变成显性知识保存下来。回国的时候也想在项目上推广，但发现人群不一样，管理理念也不一样，很难推动。

加入优比咨询后，从面对一个单位变成了面对更多的公司，就能发现有少数公司会看到这个显性知识保存的价值，认为它是值钱的。也许你所在的公司只看到成本没看到收益，**其实你要知道，还是有优秀的企业正在挖掘数据价值的道路上前进。**

@吕振：BIM带来的价值毋庸置疑，我认为现在文化的问题大于业务的问题。我们的行业有桌面上的一套规则，也有桌面下的一套规则。

我们往往会重视应用的价值，而忽略管理的价值。**我们愿意把模型建得很详细，却不愿意利用它来把人和现场管理起来。我们喜欢求新，却不喜欢把简单的事情做到极致。**

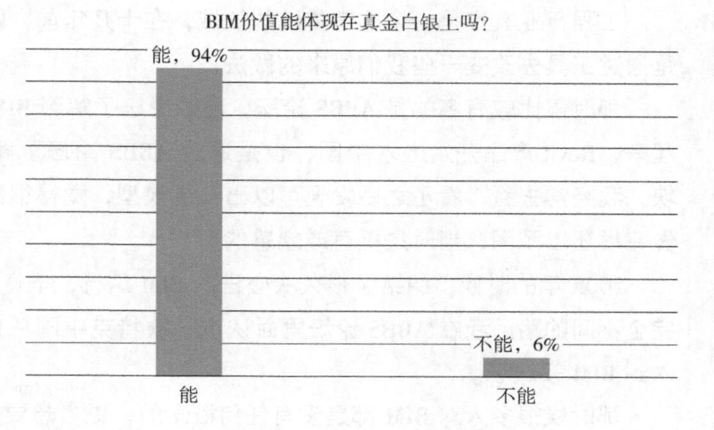

应用点是有限的，求新更是有限的。在这种有限的框架下期待真金白银的高增长，是会失望的。但我们都看到建筑行业在下滑，其实是桌面下的利益变少了。这时候就需要向基础研究要利润，向管理要利润。**在行业下滑的时候，反倒是数字化工作的好机会。**

现场粉丝投票：**94%认为BIM有真金白银的价值，6%认为没有。**

那些胸怀未来的开拓者

本节记录了我们和一位BIM行业元老级人物的对话，**他从2005年就开始从事BIM工作**，服务的对象有龙湖、碧桂园、新世界这样的房地产开发企业，也有华东院、中南院这样的设计机构，还包括中建五局、中铁建工这样的施工企业。

早期进入BIM圈的人肯定知道《Revit 2013/2014建筑设计火星课堂》，今天和我们对话的人，就是这本书的作者王君峰老师。

BOX：请您简单说说自己的经历。

我从2004年开始，在设计院开始接触BIM的工作，一直想做一些改革、一些调整，做一些与众不同、感觉很酷的东西，开始找到的软件是 ArchiCAD，但那时候的学习资源太少，后来又找到了刚刚进入中国的 Revit，2005 年的时候就转行专门来做 BIM 了，一直坚持到现在。

工程行业其实是一个非常传统的领域，在十几年前，媒体、网络、IT 都不发达，**当时的初衷是通过工具去改变一些我们原来的做法。**

那时候比较有名的是 ABBS 论坛，通过论坛了解到 BIM 吸引人的地方，就是它能多视图联动起来，Revit 产品开始进入中国，也是通过 ABBS 论坛了解到的。论坛里面专门开了这么一个板块，我经常去看，看了之后发现可以出三维模型，**觉得很酷，**后来用 Revit 尝试做了一个门卫房，做完后还出了图，当时是挺有成就感的。

2005 年的时候，纠结了很久决心进入 BIM 这行，毕竟是在一个十字路口，还是走跟传统道路完全不同的路。我在 ABBS 论坛里面认识了欧特克中国总代理，有了他们的一些资源，就直接进入到 BIM 领域了。

那时候很多人对 BIM 都是没有任何概念的，更多想要去做的，是三维设计。今天大家都在提的正向设计，那时候虽然还没有这个说法，但是我们一直希望用三维设计来取代原来的方法，一直探讨的也是通过 BIM 出图的事。

BOX：这些年除了做培训方面的工作，您还主要从事哪些其他方面的工作?

我做的事经历了几个阶段。

第一个阶段是软件普及和推广相关的工作，像“火星课堂”这样的书，解决的是怎么从建筑设计的视角，把模型建出来能出图，然后再做一些应用，那时候有了一些经验积累。

第二个阶段是看到 BIM 在国家的一些政策文件里面出现了，我就开始进一步探索，怎么在施工领域里面去应用它。那个时候做的是解决机电深化的问题，解决场地布置的问题，解决材料用量的管理问题，当然这个管理是比较粗放的。

第三个阶段是从 2013 年之后，我开始站在业主方的角度，去思考 BIM 跟房地产开发管理的关系。如设计的结果或者是施工过程可以拿来给业主做什么。在业主方这个角度上，更关注项目的质量进度、成本协调和人员沟通。

BOX：在您这几次转型的过程中有没有遇到低迷期?

遇到过很多次，往 BIM 行业上说就是对新行业的不理解。

BIM 在当时是新事物，给别人去讲，面临最多的问题就是：**“有国家规范吗？有国家标准吗?”**这些问题当时是解决不了的，这应该算是在过程当中遇到的最为棘手的一个问题，自己从内心里觉得 BIM 真的是个好东西，但其他人都不觉得这是个好东西。

2011 年的时候有了第一个政策文件，提了一句说要大力推广建筑信息模型技术，当时我们就好像从黑暗当中看到黎明的感觉。那份文件其实并没有在这个行业里带来多大的影响，但你可以看到在行业里面开始把它推起来了，当时还主要是依附于像欧特克这样的企业，用比较强有力的一些市场的手段来推进。

2011 年之后，行业开始有一些好转了，但是我们又面临第二波的问题：**人才不够。**当时好的人才被各种挖，最后自己就没人可以用了，被挖走的人要么进到设计院去了，要么就去了总包单位。

虽然这个行业对人的需求量增加了，大家开始认为 BIM 是件事了，但是我们是专门做 BIM 的，**做这件事的前途在哪里？**没人回答的了，因为人们更愿意选择熟悉的或者别人走过的路。

对于纯粹的 BIM 从业人员来说，面临的这种压力也就来了，你将来干什么？是不是将来又回到设计院里面，进 BIM 中心，或者是去施工单位的一个 BIM 部门？

其实这个问题到今天也没有个明确答案，**因为没有人说 BIM 这个职业的道路是什么，**但是好在我们一直也在不断想办法解决这些问题，还是稳定了基本的人群，再逐步来扩大。

然后到今天，新的一些问题又出来了，好像这个行业开始欣欣向荣了，各种政策文件都发出来了，大家对它的理解和认可越来越多了，可整个市场也变乱了，大家都在谈 BIM，**甚至是软件都没摸过的人，也说他们的 BIM 做得如何如何好。**

我觉得这也是一个正常的现象，但我相信还是会有一些人会去做一些向上的事，做一些正确的引导，多去讲一些正确的话，这样我们就能把急功近利的、很浮躁的这样一种风气，慢慢地给转回来。

BOX：您能遇到过什么样的阻力？

在一个很大型的项目上，过程当中我做了很多的支持，项目组的人非常有意愿做新的尝试，项目执行过程中的一些具体技术问题，也已经被项目组的人给解决了。

我后来去回访这个项目组的时候，他们给了我一个非常无奈的解释，说他们做了模型，做了三维的内容，做了协同的设计，最终也出了图纸，**但是在内审图纸的时候，直接就被院内的审图专家给淘汰掉了。**

为什么？就因为字体不满足院内的出图规范要求。

很多技术在变革的时候，管理体系和标准是跟不上的，最大的阻力有很多时候不在于技术本身，而是在配套的体系上。

在设计院里推动 BIM 的时候，还遇到了一个故事。有个项目来了，自己开始带头来做这个事，做了一半人都跑了，为什么？**分配机制、工作量并不成正比，**所以就导致这样的新技术，在原有的体系下很难去落地和生根。

可能最开始最直接的阻力会来自于技术门槛，而当技术点突破之后，它会变成相关配套管理机制的门槛，比如分配机制、技术管理体系、一些评价的指标等，这一系列都会成为我们推动 BIM 这个过程当中，想象不到的障碍。

绝大多数从事 BIM 的人，可能会把障碍直接归结于技术本身，因为要投入大量的软件、人力、硬件的成本，才能掌握新技术，你要去换硬件、软件，还包括人工的投入、培训的成本等。但这些只是我们遇到的障碍当中，最基本、最好解决的一个问题，用钱能解决的问题。真正阻碍它的，到后来一定是制度和管理体系、模式的问题。

这就不是一个从事技术工作的人能够去解决的了，**它应该是从顶层往下来解决。**

我们现在在做一些行业标准指南，目的就是把基本的技术障碍扫清，然后更多地去解决一些组织策划管理方面的问题，剩下来就是怎么做到高效率，让生产的组织更合理、更高效。

BOX：您认为 BIM 在项目中应该去解决什么问题？

我们就拿一个商业综合体的设计来说，它并不是由一个单一的设计院完成的，可能有主体设计院，还有幕墙的、方案的、景观的、标识标牌的设计单位。对于业主和甲方来讲，他要的是更高效的方法，**能把所有顾问的意见集成在一个平台上面来做决策，这对他来说是最好的。**利用 BIM 可视化的特性，其实就已经在这方面可以帮助到他了。

今天大家都在谈 BIM，那么 BIM 可视化本身是不是一个准确的、能够反映工程信息和工程结果的模型，**很多时候其实做不到，**因为这个行业发展得太过于粗放，没有形成相应的规则和标准，再加上工程行业本身周期和发展速度特别快，所以导致很多时候，我们希望用可视化来解决沟通协调的问题，可能做得还并没有那么好。

另外，过去的图纸是分散的，很难把它集中在一起管理。参数化也好，信息化也好，**BIM 能够把建筑当中所要表达的数据关系给集合好，这也是很了不起的地方。**

今天的物业运营、运维管理，就是基于 BIM 模型，把传感器的一些信息给整合在一起而已。包括现在很多轻量化的管理平台已经出来了，基于这样一个规则的、有序的、可视的、结构化的数据模型，我们就把我们的管理，直接从以前计算机端搬到移动端，或者是搬到世界各地，本质上它的效率已经提高了。

但是这里有一个基础，就是规矩规则的模型。否则光去谈数据和信息，**而忽略了建筑信息模型的本质，那都是没有意义的。**

我们所经历的那么多项目当中，有很多情况是，**移交一个竣工模型，是不是正确都不知道。如果数据模型能够做得比较好的话，我相信 BIM 所提倡的一些理想的功能才能够更好地体现出来。**

如机电的深化或者预留孔洞，它解决的是在工程技术点上的一个应用，其实机电深化没有 BIM 的时候也在做，只不过是用其他的工具，现在有了 BIM 的手段之后，会做得更加优化，让我们不再依赖于人脑抽象的想象力。

我们能够看到许多企业项目当中，**他们做 BIM 有一个非常隐形、内在的诉求，**就是 BIM 带着一个高科技的光环，比较神秘的光环，它对于企业会产生很好的美誉度，也是提高企业形象的一种方法。但是今天来看，许多项目在做 BIM 的时候，把目标就放在美誉度本身上面来了，**导致做**

很多事过程不重要，是否能最后评奖变得很重要，反倒会有一些打哪指哪的情况出现。

我相信这是很长一段时间里面都有的一种需求和诉求，如果在提高美誉度的同时，能够把BIM的自身价值，再更好地发挥出来的话，对整个BIM行业来说会更好。

BOX：怎么样的人算是好的BIM人才？

有些大学已经开始了BIM相关的一些课程和教育，但其实离我们的实用型人才培育的要求还是有差距的。

目前大多数人做的都还是最基础的工作，怎么去让从事基础工作的人在企业内部得到一个合理的评价，这是个问题。**设计院有人会说BIM人员就是建模的，**会让人觉得好像比别人矮了半头。在企业内部BIM毕竟不是主营，没有人会特别关注BIM，**职业通道该怎么走，**没有一个好的说法。

其实可以把BIM工作定义成是工程信息管理的一部分，这样去定义BIM的人才。

另外一个是BIM的价格问题。

由于BIM行业的特性和它的技术特征，应用效果很难去直接量化，有的项目看到的永远是支出，好像就拿到模型，拿到了动画，很多人对于BIM本身的了解其实是不够的，甚至连BIM代表什么可能都还不知道。

我之前就遇到过房地产开发商，他说："我最近签了很多跟BIM相关的单子，我也不知道是干吗的"。他就对价格最懂，知道这个值十元，那个值五元，而且不管是十元还是五元对他来说都是冒险，**那就导致了是价低者得，支出的风险最小。**

这好比当年的山寨手机，价格从199元、299元、399元到599元，性能都非常好，40天超长待机，四个喇叭在响，甚至是四卡四待等，在一般人看来四卡四待肯定比双卡双待要好。

做BIM的人要对BIM本身能够形成相对客观的、正确的认知和评价的模式，当能够量化到投入了一元钱，能省两元钱的时候，自然而然就变成完全不需要争议的事了。

但是我们目前量化不了，**我相信很长一段时间内也量化不了这些，**所以还是需要靠人来推进。很多新行业都会有这样的阶段，随着时间的推进，一定会淘汰掉一些人，最终留下那些最稳定的。

市场里只有极少数的极客会去仔细对比相机或手机的型号，大多数人还是认品牌形象，这可能确实需要时间的沉淀。

我相信将来就像设计院一样，留下的都是合格的BIM供应商，大家选择适合自己的企业，配合起来会更加的顺畅，能帮助他们高效率解决问题，在今天还比较乱的前提下，连模型质量好与坏都还很难去把握的时候，用户要考虑的肯定就会多一些。

BOX：您对企业选择软件或者云平台有什么建议吗？

站在专业诉求的角度上去评判BIM的工具或者BIM软件，会有一些问题。每个专业都有自身的特点，我听到最多的就是：**"我的专业太复杂了！"**

大家都是站在自己专业本身的角度去思考的，其实是用比较局限的诉求去评价宏观的事。

层次稍微再抬高一点的话，把它作为信息化的底层数据的角度来看，需要注意的指标就是数据的通用性，如何去跟行业内部对接。我们应该站在数据的层面、信息交换的层面来进行更多的思考。

常用的一些工具，其实已经基本上形成了一些格局，**但是并不代表这就是最终的定论**，因为我们的行业在不断发展，一定会有一些新的工具出现。

轻量化的平台应该称为应用数据的信息化再利用。对于绝大多数人来说，实际上关心的是结果和信息的流转，我个人有几点看法：

第一，数据转换是否完整，我们毕竟要面临着从重量型的原始基本数据转换成轻量化的数据，要考虑数据格式转换的正确率。

第二，数据轻量化的优化程度，在 iPad 上或者在手机端能不能流畅地显示出来。

第三，轻量化之后的这些数据再和其他编程的接口是不是足够丰富，能不能随时去调用它，一定要把轻量化数据做成流转过程当中能随时被调用的，它才能发挥 BIM 在管理当中的作用。

BOX：您对新人的学习路径有什么建议吗？

打铁还需自身硬，第一关要突破的一定是怎么先把 BIM 的基本模型和信息规范化地建立起来，熟练掌握之后，就是如何让它变得更符合规则，你会带领很多人一起去完成这样的项目，BIM 的要求也自然就来了。

要进行很好的总结，有了基础之后要去思考，站在行业应用的角度去思考，BIM 这样的特性和自己的工程当中，哪些环节会比较匹配、比较吻合。

很多时候都是施工单位或者是甲方提了一些要求，再去帮他们实现，但是真正作为从业者来说，我希望是把这个过程给反过来，了解客户要做什么事，又特别了解 BIM 本身有什么特性，就知道通过这种技术能帮助客户提出什么样的方法来。

再下一步就要去了解行业里的管理流程和上下游关系，去理解一些信息化的语言和我们当前行业的集成关系，把静态 BIM 模型里的信息，变成可以上下游联动的，在这个流程上要有一些概念和理解，也就是说我们把它从专业上升到行业，从这个行业变成一个终身可以从事的事业。

我从事 BIM 行业已经有十几年了，**反过来看我觉得还是有很多的事情需要去做。**当把目光放在行业领域里的时候，就会发现整个工程行业里面信息化的水平实在是太低了。

如我们都参加过很多的观摩会，里面给的就是 BIM 模型加管理平台，就是解决他们信息化平台的问题，但是这个平台跟他们的整个业务的关联度有多高，这是存疑的。

从业者得去认真思考背后的问题，不是只在表面上看他们有平台，他们做了 BIM，而是要去思考一下这个平台对他们的哪些环节有提升，他们的不足在哪里，我们应该怎么去改进它。到这个程度，BIM 就开始进入到良性的状态了，我们从业人员就可以说是专业了。

BOX：您对BIM的未来怎么看？

BIM是工程里面的一项技术手段，不是为了BIM而BIM的，既然它是植根于工程的，那么它最终还是得回到工程的流程里面，去解决工程的技术问题、协调问题。

另外，BIM先天就具有信息化的基因，它一定会给行业带来信息化上的变革。其实今天我们看到很多平台就是信息化变革的一种体现。但是我们还得去反过来思考企业为什么要去做信息化？

信息化的目的实际上还是要去提高工程管理的效率，我们还在专门为了研究BIM技术而研究的时候，可能它相对就会孤立，当它回到工程的流程当中去，就会变成日常通行的一种模式，它一定会带着很多行业特征和行业的身份来参与到这样的过程。

现在大家讨论的BIM+，其实也是为了把BIM的元素融入生产和工作流程当中去，想让它具有生命力的话，绝不能让它孤立地存在在那里，一定要让它有触角，跟主营业务发生连接关系，它的生命力才会旺盛，否则就会昙花一现。

这也是说我们面对新技术的人有很多误解，现在有很多人说怎么才能推进BIM技术、怎么才能推进3D打印技术，我觉得这个说法存在问题，实际上没有底层需求在的话就不好推进，你要把这个关联找到。

BIMBOX思考时刻：

和王老师的这次对话，让我们想到关于NASA（美国国家航空航天局）的两件事。

第一件事：

2004年，NASA的X-43A飞机首度试飞成功，成为全球爆炸新闻，多家报纸称赞道：

从莱特兄弟的每小时7英里到X-43A的7马赫，这是100年来技术的大步跨越。

而藏在这个光鲜故事背后的真实情况是：从1959年开始，美国的老式轰炸机B-52每隔几个星期就会从加州起飞，机翼下面挂着当时的太空飞机：X-15。B-52即将抵达高空时，X-15再启动火箭发动机，以6.7马赫的速度飞向大气层边缘。

2004年把登上全球新闻头版的X-43A送上高空的，依旧是老式的B-52轰炸机，X-43A在天上真正飞行的时间只有10秒，速度比X-15太空飞机只快了0.3马赫。

不仅如此，X-43A使用的关键技术——超音速冲压式喷气发动机，最早是使用在英国“警犬”防空导弹上的，它的历史也可以追溯到20世纪50年代。

所以说，严肃的新闻报道应该这么讲：

2004年，NASA用20世纪50年代的飞机，发射了装载着20世纪50年代技术发动机的新飞机，速度比20世纪60年代的太空飞机快了一点点。

新闻报道当然不会这么说，从每小时7英里到7马赫的大步跨越，这样的故事人们才喜欢听嘛。

技术的发展必须是连续的，在每个时间点都可以被（凑合地）使用的，这世界上不存在颠覆

性的跨越，你必须分清楚哪些东西是讲给普通人听个热闹的故事，哪些是在行业里工作日常面对的真实情况。

这是我们的第一个思考。

第二件事：

1970 年，非洲的一名修女玛丽·尤肯达给 NASA 写了一封信，信里说：

地球上还有那么多孩子在忍饥挨饿，美国为什么要耗费数十亿美元把一个人送到宇宙里去？

NASA 的一名科学家恩斯特·施图林格给这位善良的修女回信，信中说：

我要向你以及和你一样的勇敢修女们表达深深的敬意，你们将毕生精力献身于帮助所有需要帮助的人。我想给你讲一个真实的故事：

> 400 年前一个德国小镇上有一位仁慈的伯爵，他把自己的大部分收入都用来救济穷苦的百姓。
>
> 后来有一天，人们发现伯爵把很多钱花在一个奇怪的男人身上，那个男人每天待在家里摆弄着玻璃和镜片，而后将镜片安装到镜筒上，利用这种装置观察非常微小的物体。人们认为这个怪人是在研究一些没用的东西，伯爵在他身上浪费了太多钱，都感到很愤怒。
>
> 伯爵说，我会继续救济你们，但也会留下一部分资金来支持他。后来的事实证明伯爵是对的，这个怪人最后研制出我们现在熟知的显微镜。它的问世帮助人类消除世界上大部分地区的瘟疫以及其他很多种接触性传染病。

这个故事和美国目前的状况很相似。

现在美国的预算有很多花在医疗、教育和福利上，也有大概 1.6% 的预算划拨给太空计划，而你的来信中提到的援助资金，是在另外的预算中。

你如果问我，我个人是否赞同政府采取更多的援助措施，我的答案无疑是“赞同”。

不过，我们不会为了实施这样的援助项目而停止火星探索计划。我和我的很多同伴仍然坚信前往月球、火星以及其他行星，是一种在当下值得进行的冒险，我甚至认为这项探索计划与其他很多援助计划相比，能够在更大程度上帮助解决我们面临的各种严峻问题。

比如，改进粮食生产的最理想工具就是人造地球卫星。它能够在很短的时间内对面积巨大的陆地区域进行研究，观测大量土壤、降雨情况的因素，再将数据传给地面站。即使一颗最为简单的地球卫星也能带来数十亿美元的粮食产出。

这还只是发展航天技术最直接的结果，实际上实施阿波罗登月计划过程中，我们掌握的新知识同样也可用于研发在地球上使用的技术。

太空探索计划每年孕育出大约 1000 项技术革新。这些技术随后进入民用领域，帮助我们研制出性能更卓越的农场设备、无线电设备、通信设备、医疗设备以及其他日常生活用品。

这就像是一个催化剂，催化出连锁反应。

如果我们希望改善人类的生活质量，就需要研发各种新技术，也需要更多年轻人把科学研究当作毕生的事业，而这些新技术一开始一定是为了某个更崇高的目标存在的。

我们实施的太空探索计划虽然让我们远离地球，将目光投向月球、太阳、其他行星和恒星，但太空科学家最关注的仍旧是我们的地球。

随信寄出的照片是由阿波罗 8 号宇航员在环绕月球飞行时拍摄的，展示了我们的地球家园，它让我们意识到地球是怎样一颗美丽又孤独的岛屿。

在这幅照片第一次对外公布之后，号召人们警惕人类面临的各种严峻问题和挑战的呼声越来越高，例如污染、饥荒、贫困、粮食生产、水资源管理和人口过度增长。

太空探索孕育出一系列新技术，同时也为人类提供了一面审视自己的镜子。

第一次看到这封信的时候，我心中的某根弦被拨动了。

我们总是抱怨：当下还有那么多烂事没有解决，你跟我谈什么未来？

但世界上总会有一些人负责解决当下的烂事，也会有一些人负责展望未来。世界不会也不应该由所有人共同把当下问题解决掉，再一起走向下一步。

修女和 NASA 的工程师同样高尚，只是他们的分工不同。

鄙视链何必存在，不如彼此祝福。

阿尔贝特·施韦泽说过一句名言：“我忧心忡忡地看待未来，但仍满怀美好的希望。”

这句话送给所有心怀未来的开拓者们。

数字峰会见闻录

2019 年 6 月在青岛举办的中国数字建筑年度峰会，BIMBOX 受到主办方广联达公司的邀请，作为施工专题论坛的主持人。

本节就讲讲我们在这次会上的思考。

很多人参加行业大会的时候，会觉得场面很大，适合发个朋友圈，证明“我来了”。但仔细一想，好像议题有点儿空，甚至有点无聊。议题越大的会，这种感觉就越强。为什么这样的议题，会让有些人觉得“无感”呢？

一个会议，场面和内容摆在那里，不同人带着不同的视角，看出来的东西是不一样的。所以，我们打散每位演讲者的内容，重新梳理一个逻辑，再把我们作为一个观察者的思考告诉你。

1. 建筑行业现状

2006 年到 2011 年，建筑业总产值连续六年增幅超过 20%。此后迅速回落，2015 年触底到 2.3%，后又缓慢回升，但再没有回到 20% 的高增速。

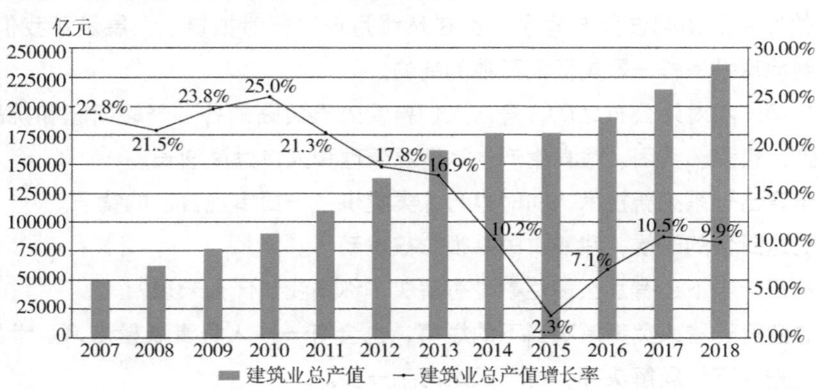

目前国内新建建筑面积的年增长率已经降至个位数，竞争企业却越来越多。未来一个显著的威胁是劳动力紧缺，目前 45 岁以上的大龄工人已经占比 50%，建筑业人力成本正在飞速上涨，未来很可能占到工程成本的一半。

政府这些年希望通过政策来拯救这个非常落后的产业。2017 年，《国务院办公厅关于促进建筑业持续健康发展的意见》（国办发〔2017〕19 号）首次提到了“建设单位首要责任”的概念，打破建筑业“层层分包挂靠”的碎片化责任观。这背后的理念是：**责任方越多，事儿越说不清楚，你可以分包，但作为责任主体，要把分包管好。**

在竞争合作方面，国内的模式是水桶型的，每家企业都希望大而全。政府鼓励企业向国外的金字塔模式学习，顶端是极少数做大做强的企业，核心竞争力在于管理；下面是大量做专做精的分包企业，核心竞争力在专项技术。二者形成优势互补，避免同质竞争。

在发展方向上，政策方针越来越倾向于简政放权，不再设立新的资质，企业是走精于管理的总包路线，还是精于技术的分包路线，抑或是将工程经验转化成咨询服务，都交给企业自己选择，最终由市场竞争留下最优者。

2. 数字节流

在外部资源越来越少、竞争越来越激烈的时候，每一个企业的管理者头上都悬着一把达摩克利斯之剑。

怎么办？出路在哪？该怎么行动？

我们经常看到行里从业者的焦虑，在这一天，我们深深感到，被小白们称为“大佬”的管理者，焦虑感更严重。

开源已经越来越难，企业只有向内看，思考怎么节流。唯一的办法，就是向管理要利润。看向行业外，人们找到了两个可以参考的行业：一个是起步比我们晚，但转型非常成功的制造业，另一个是本身就具备数字基因、爆炸式成长的IT业。两个行业的经验拿过来放到桌面上摊开一看，三个大字赫然摆在面前：数字化。

3. 两个快捷方式

BIMBOX在一篇探讨BIM与装配式的文章最后，放入了下图。

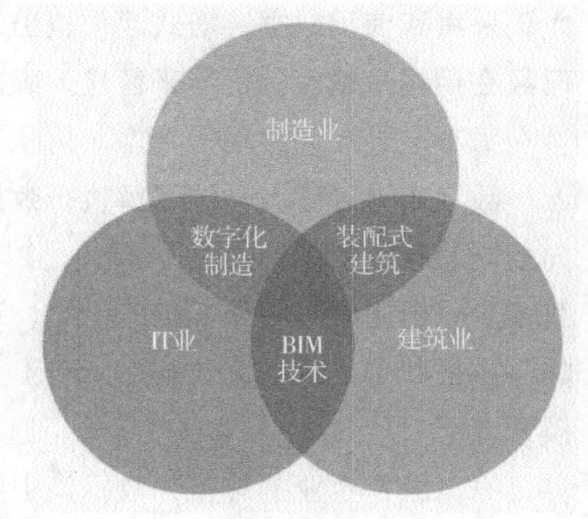

在向两个行业的学习中，我们找到了两个快捷方式。**IT业和建筑业的交汇处是BIM，制造业和建筑业的交汇处是装配式。**

BIM应用在很多公司已经不是应用的“亮点”，大型项目中钢结构节点和管线综合的深化已经是基本的门槛了。同时，也有越来越多的软件和硬件进入市场。

中建一局的一线负责人万仁威谈到，在景德镇御窑博物馆项目里，硬件引进了BIM工作站、VR头盔、无人机、3D扫描仪、放样机器人、HoloLens眼镜；软件则是在不同阶段使用了犀牛、Revit、SketchUp、Navisworks、Unity、神机妙算、广联达BIM5D等多款工具。

装配式方面，市场正从构件工厂化的单点理念向信息化管理发展。

大会发布了新的一本《中国建筑施工行业信息化发展报告》，主题就是装配式建筑信息化应用与发展。报告数据显示，装配式建筑生产阶段的信息化应用点集中在深化设计、计划生产管理、安装和进度管理等几个方面。

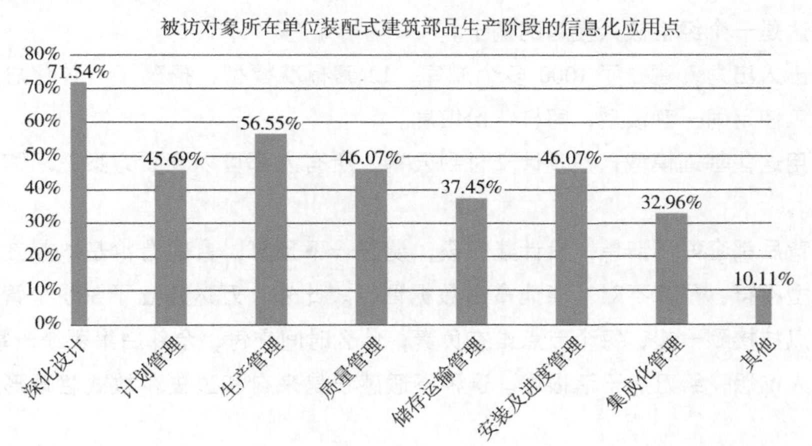

目前这两个快捷方式比较普及的还是以单点应用为主，下一个方向，就是连点成线，和其他数据发生“化学反应”。

融合的方向，就是企业的数字化转型。

4. 转型到底转什么？

建筑企业的数字化转型有三个层次。

第一层是岗位的转型，解决生产问题，收集数据。

在办公室，BIM让很多项目实现了虚拟建造；在工厂，装配式已经把一部分构件转移到流水线上；在现场，智慧工地也已经有了很多点状应用。智能穿戴设备、传感器、无人机已经在帮助人们采集和使用数据；塔式起重机监测、高支模监测、深基坑监测等技术已经变得常规化，我们已经在用越来越多的机器来替代人眼。这一层也是大多数转型企业所在的层次。

第二层是现场管理的转型，用积累的数据为项目服务。

数字化为管理者详细了解执行效果提供了一种可能性，让管理层下潜到执行层，从控制结果向控制过程转变。比如生产周会，以前是拼嗓门、拼记性，而在数字周会上，进度有多少延误、有多少安全问题、问题在谁的手里，这些扯皮的内容被省略掉了，大家坐在一起，就事论事，说的不再是“你上周怎么这样”，而是“下周咱们该做什么”。到这一步，已经有几百家企业在尝试摸索。

第三层是企业的转型，数据集中到一起，会给管理带来新的“化学反应”。

多数企业管项目，只知道“一定有问题”，却不知道问题在哪里。而数字化管理者，能长出一双“鹰眼”。如果一个负责人长期没有填报任何问题，一般就是这个人本身有问题，是不是需要考虑换人。如果一个项目经常在高支模方面出现问题，企业可以把负责人统一拉回来做专项集中培训。当一个企业手里有200个项目的详细数据，就有可能基于已有的数据，做出更好的方案。数据给企业提供一种可能：把部分工作从项目上收归到企业来做。到这一步，只有极少数企业做到了，其中**万达是一个经常被人提起的例子。**

万达自己出人出力，建立了1000多个族库，12套标准模型，搭建了一体化总发包平台，业主、设计和施工使用同一套模型，同样一份信息。

设计院使用这些基础模型，把设计交付到云端，所有人都可以查看方案，采购方按照模型去找供应商采购。

所有族库背后都套好了清单，设计建完模，调整一下预算，合同造价基本就在里面了。施工方说现场和模型不符、预算不对？请他拿出数据证据。此外，万达建立了300个管控节点，模型构件和计划节点挂接到一起，每个节点谁在负责，什么时间交付，全部由集团统一掌控。

现在很多人抱怨，给万达干活很难。这种不适感正是来自和过去粗放式管理形成的对比。万达的一个承建方负责人说："我们也要搞一套系统。否则每次都是万达来告诉我们，哪里出了问题，这样会非常被动。"

在这个层面来讲，数据掌握在谁手里，谁就有主导性。

5. 路上的坑

在数字化的进程中，企业会遇到很多难以预料的问题，比如下面这些。

怎样把点状信息体系化？

设计、建造、质量、安全都在谈信息，不同专业的信息是离散的。为了达到某一个目的，我们要从不同人的手里拿到信息，汇总到一起，经过运算再输出，最终要提取出能带来实际指导的逻辑。在这个过程中，我们需要哪些相关方的哪些信息？经过怎样的运算，再怎样输出？

怎样体现信息的商业价值？

信息化是为了企业转型，但企业需要盈利。企业可以接受为长远回报投入资金，但最终所有企业信息的挖掘一定不是为了方便，而是为了利益。

为满足管理需求，颗粒度要多细？

一方面是我们的管理本身就比较粗，另一方面是当我们需要更细的管理时，信息颗粒度能否详细到足以支撑它？我们往往在使用模糊的信息支撑模糊的管理。

怎样解决某些环节信息丢失的问题？

很多的项目不愿意填报负面的信息，被发现了还得罚款。最后拿到的还是充满漏洞的假数据。信息要全面，往往要下潜到一线人员去收集数据，上了APP，制度却没变，很多场景下会增加他们的录入工作，时间长了都会抵触。

首先，企业信息化，要先有"信息"后有"化"。

先保证信息的准确收集，再用逻辑把它们串起来，知道信息该从哪些地方来，详细到什么地步，经过怎样的加工，流到什么地方去。

这一步没有捷径，不可复制，只能靠企业自己去摸索。

其次，要认清从传统到数字，不是一步登天的颠覆，而是一点点完善的进化

信息收集不能只为了某个终极目标，要在收集中摸索末端信息应用，造场景。让人收集到信息就能拿来用，去解决信息和业务"两张皮"的问题。目前没有一个盒子可以把所有人的信息装到一起，那就先搭建信息标准，然后一项一项去突破。

最重要的，是用愿景说情，用制度说理。

转型过程中最难也是必须要先解决的是思想的统一，让大家认识并承认自己之前的思考是有缺陷的。原先每个人都觉得自己很重要，不可或缺。但是在未来的数字化时代里，别说不可或缺，很可能你根本就是不称职的，因为你做的分析决策不全面。经验中所谓的合理，我们要逼问为什

么合理？有什么数据支撑？企业的数字化是面向信息透明，就一定会遇到来自人的阻碍，只有奖惩制度跟上，才有可能把数据“逼问”出来。

6. BOX 总结

会议的主要内容就讲到这儿，先来回顾一下我们梳理出来的逻辑：

1）建筑业竞争很激烈。

2）企业急需转型升级。

3）我们在工业领域和 IT 领域借鉴经验，使用了装配式和 BIM。

4）单点应用不足以支撑管理，要把数据集合起来，做数字化转型。

5）转型路上有很多坑，企业的负责人们探讨怎样避坑，怎样前进。

你有没有发现这个逻辑链条里有什么问题？是哪个环节导致很多普通人对这种“大议题”的会议表示无感？

逻辑问题出在了**这里**：数字化到底是不是解决建筑业问题的办法？其他行业的成功经验，到底能不能搬运到建筑业来？

再追问一句：**数字化转型到底是一个经过论证实在有效的方案，还是一个故事？**

我们的答案也许出乎你的意料：数字化转型，是一个故事。它到底能不能解决所有人的问题，这件事是未经论证的，更不是不证自明的。

但我想进一步说的是，回顾整个历史，人类是靠故事走到今天的。

你一定能想到，一个人在丛林里面对一只大猩猩，存活率为 0；10 个人面对 10 只大猩猩，有一定的胜算；而 100 个人面对 100 只大猩猩，必胜无疑。

这是因为人类可以通过协作，达成复杂的狩猎任务，而大猩猩不行。

牛津大学的罗宾・邓巴教授计算出了著名的“邓巴数字”：人类社交时建立稳定关系的人数极限约等于 150 人。

现在随便一家大公司都远远超过这个人数，既然 150 人是数量极限，我们又是怎么形成了今天这样庞大的合作网络？

答案在 1994 年揭晓。

土耳其哥贝克力石阵的出土，在考古学界引发了一场地震。它约建立于 11500 年前，而人类的文明史顶多只有 7000 年。

石阵周边没有任何人类生活的迹象，只有数以千计的瞪羚和野牛骨头，这些动物是从别的地方捕猎之后在这里屠杀的。考古学家在石阵上看到了大量雕刻，证明这个地方是用来祭祀的。

哥贝克力石阵揭露了一个事实：在给自己盖房子很久很久之前，我们就先给神造房子了。相信一个未经证明的故事，然后再定居下来，我们人类就这样走向了大规模协作之路。

现代基因学研究的结论是，历史上曾经出现的尼安德特人同样掌握了语言能力，智商和体能都高于我们这一支智人，却被自然选择淘汰。

历史学家从没有找到尼安德特人的任何祭祀行为，初步的结论是，尼安德特人不相信故事，没有一种共同的想象激发他们大规模协作。

考古界有这么个故事：一个尼安德特人跑来告诉伙伴，森林里有兔子，于是十几个人和他一起去找兔子；一个智人跑来告诉伙伴，森林里有仙女，于是几百个人和他一起去找仙女了。

故事往往是带有谬误的，并不能保证我们达到它描述的终点，却往往带领人们得到意外的收获。以前的炼金术士们坚信，能用尿液和金属铅炼出黄金，于是做起了各种实验，尽管目的没有达到，却意外地捣鼓出了现代化学。

现代人喜欢解构故事，论证背后的真实，希望把全局看清之后再行动。而我们的世界已经太过复杂，选择之多远远超过每个人能理解的范围，但对于管理层来说，他们总得行动，不能等着大家论证完了吧？

如果你希望把一切都用理性分析清楚，那么得出的结论往往会让我们失去行动的能力。所以当你听到某人说“XXX 没有用”的时候，他是拿不出行动方案的。

马丁·路德·金说：“你不需要看到整个楼梯，只要踏出第一步就好。”而事实往往是，如果我们能看到楼梯有那么长，就连第一步也不会踏出去了。

所谓故事，就是把一个超大规模的群体，从无数种选择带来的认知焦虑中解救出来，排除个体理性带来的整体熵增，从而让我们开始集体行动的工具。

在现代企业里，它有另一个更洋气的名字，叫作愿景。普通人看“大佬”开会，会觉得他们谈论的东西有点空。这是因为，大部分人在谈论技术的时候，想要的是单枪匹马打败一只大猩猩的武器；而“大佬”们关注的，是找到让一万个人集结在一起，打败一万只大猩猩的方法。

大部分人都要先看见，然后才相信；而有的人则是因为先相信点什么，所以才有机会看见。

你看大型企业的高管给下面下达的指令，就能看懂他在说什么了：

“走，我们去森林里找仙女。”

之所以想把这个思考分享给你，是我猜，有一天你也会坐到某个位子上，像“大佬”一样思考。

BIM 施工推广三板斧

本节内容的主角，是四川安装集团的 BIM 中心负责人，也是成都天府国际机场项目综合安装一标段的 BIM 经理——任睿。

任睿 2012 年进入公司的 BIM 中心，参与过机电、土建、幕墙、球罐、储罐、锅炉、输油管线、风洞和核反应堆的 BIM 项目，可以说是非常有经验的“老鸟”了。我们在后边的章节还会讲到他。

他和很多单位 BIM 中心负责人面临着同样的问题：一开始做 BIM 深化四处碰壁，后来做 BIM 推广，阻力很大，要么企业预算有限，要么项目上没时间学，要么学了之后落不了地。

不过任睿没有太多抱怨，而是在工作中持续寻找方法，一点点改进。

直到一次在工地，看到没有接受过培训的班长用 Revit 和 Fuzor 看模型读数据，现场工人因为大面积预制化而和他说这个技术真的好，这时候他开始总结自己的推广方法，在后续的项目故技重施，发现效果还是不错。

任睿把几年积累下的这套方法提炼成三个核心思想，分别是**无意识推广、增长黑客、反向培训。**

下面，他要把自己的绝活分享给大家。

我们认为，无论对于施工单位的 BIM 负责人、第三方 BIM 咨询或培训机构的负责人，还是和施工方对接的设计师，这套思想都值得好好理解，它是一套切实可行的方法论。

以下是任睿的原文：

你好，我叫任睿，是四川省属施工企业的一名 BIM 中心成员，职责是在公司内推广 BIM 技术。和很多人 BIM 从业人员一样，我最开始也是学会软件后，就去项目部热脸贴冷屁股。

第一个项目，管道工长看到我们把 DN200 以上的消防管翻了 4 处弯，拍案而起说：“你们知道翻一个弯成本是多少吗?”

第二个项目，为了减少管线碰撞，把地下室的各系统分层布置，结果因为这样施工支吊架浪费太多，深化成果全部报废。

BIM 推广工作很累，因为它的核心不是技术工作，而是掌握技术后和人打交道的工作，不是就安排一个事就完了，而是要让别人放弃他们几年甚至几十年的工作模式，去配合你实现那个描

绘出来的美好未来。

通过项目的逐步实施，经验总结，我开始慢慢知道，应该如何与项目部沟通，才能获取需要的信息。知道怎么区分哪些人是否真的愿意尝试 BIM，哪些人只是说说而已。

我也开始慢慢知道，根据各个项目部不同的人员架构和工作模式，BIM 推广的策略应该不同，选择的突破人员和技术点也会不同。

现在，公司一个项目有 BIM 要求后，都会来 BIM 中心寻求帮助。除了完成本职的工作，我更希望帮他们逐渐改变思维和工作方式。

我觉得这是一件很有意义的事，我自己也乐在其中。

目前我配合过的项目，工长已经可以通过中心文件到模型里自行完成深化复核、桥架预制化、出图、提量等工作，很多班组长都学会使用 Revit 和 Fuzor 去查看管线走向，摘抄数据指导施工。有的项目部已经实现技术负责人、工长、安全员掌握 Revit 操作和深化能力，还为班长配置了 iPad。

从我的岗位职责来看，我对 BIM 的理解就是三项工作：

第一，通过翻模或深化获取一个数据库。

第二，使用这个数据库指导施工，通过应用实现降本增效，然后选择一个平台，基于这个数据进行项目管理。

最后，形成一个分析或竣工的数据库。

在上面三项里，获取数据库的工作是使用数据库的基础。

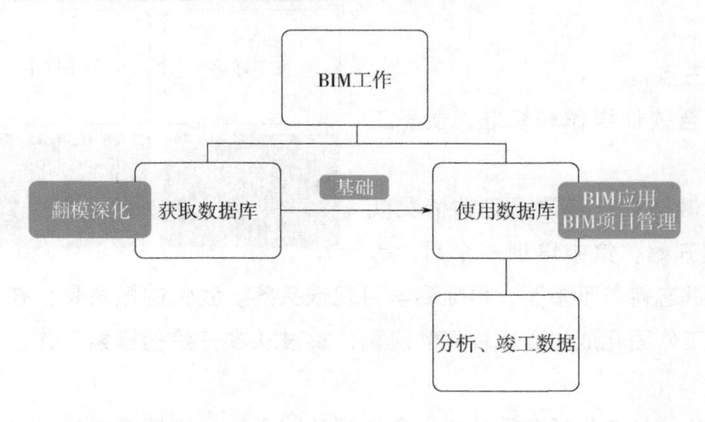

所谓推广 BIM，其实就是让现场工长能掌握获取和使用数据库的方法，让 BIM 技术从技术、经济、管理、材料等日常工作部门辐射到它的上下游端去。

这几年，通过不断和人打交道，帮助他们改变工作方法，我总结了三个思维工具，它们分别是提高交互体验的无意识推广，让人们持续学习的增长黑客理念，以及快速培养 BIM 工程师的反向培训。

1. 无意识推广

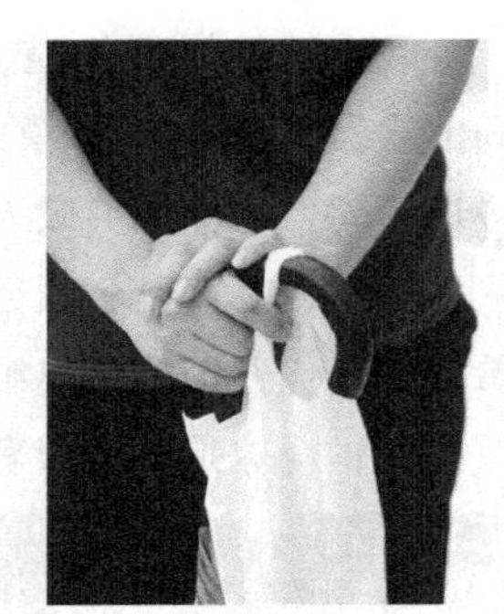

设计大师深泽直人有一个设计理念叫“无意识设计”。

人会有无意识的需求，设计师可以捕获这些需求，将它们设计出来，而使用的人不需要去查看说明书，就可以很自然地使用这些功能。

我的 BIM 推广工作，很大程度参考了这种“无意识设计”的理念。

项目人员其实有这样的需求：通过一项新技术来解决现场问题，提高管理水平，但如果需要花很多精力去改变，就会让本来已经很忙的他们有抵触。而我的工作就是尽量让他们在不知不觉中，通过 BIM 满足自己的需求。

要达到这个目的，最需要克服的困难在于交互体验差。这里的交互体验分三个层面：好不好学、好不好用、有没有用。

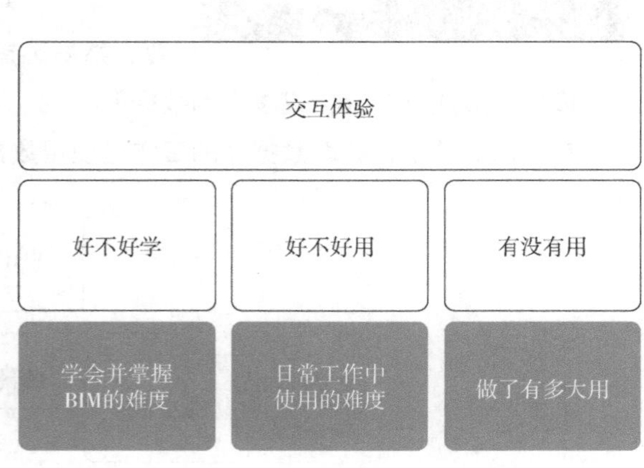

这里不光包括软件操作，工作流程、国家规范、相关标准是否能落地，都会影响他们的交互体验。我的想法是尽量减少大家在过程中经历的痛苦。

主要的工作有三点：

第一，优化整合软件操作和标准，便于工长学习。

每家企业都在做培训，经常遇见的情况就是从最基础的建模开始，集中培训一个月，等回到工作岗位大家都忘得差不多了，再提到学习就很头疼。我们的做法是，在培训之前先帮工长做足准备工作，把工作固化成体验比较好的流程，跳过从零开始的摸索工作，拿出一套相对成熟的现成做法。

并且，我尽量把培训工作项目拆分成很多子项目，不让大家填鸭式地一下子掌握太多，学完一个子项目，马上就能用起来。

第二，控制 BIM 工作时间。

使用 BIM，并不意味着要建立太精美的模型。很多时候，软件通过信息和公式的挂接，或和 Dynamo 简单结合，建立很少量或者相对比较粗的模型，就完全能够实现需要的功能。

时间不允许的时候，在满足深化要求的前提下，甚至可以降低模型精度来保证 BIM 工作进度能跟上施工进度。这样可能导致施工阶段模型不够美观，但图纸来得及签字，进度赶得上施工，很多时候真的比模型是否精美重要得多。

让模型与现场一致，是一切工作的基础，这一步真实可靠，后续的应用和管理才有意义。而“能跟上现场进度”是模型与现场一致最重要的根本。

可能你会说：模型不是后期要交付运维吗？不是要做精美的汇报吗？那些工作不是不做，而是可以放在后面现场稳定之后再做。

第三，应用过程一定要循序渐进。

一口不能吃个胖子。比如机电预制装配化工作，全专业的模块化也许是终极目标，但前期解决单专业的预制化，以及支吊架的预制装配化是基础。

基础需求的落地，其实是项目经理、工长、工人这三级人员的大需求，能马上实现降本增效，减少制图工作，降低工人的工作量，先完成这一步，才好顺理成章地进行更深层次的应用。

如果一开始就以非常高的全专业指标来要求，那么这三级人员的交互体验就非常不好了。所以一般我们会先逐个解决各专业的预制化，等大家都适应了，再推装配化，最后再谈模块化。

有一些业主对 BIM 提出一些特别的需求，这时候主动去沟通就显得很重要了，一开始满满答应，到最后啥也没做成，反倒是业主不希望看到的。对于业主要求的一些明显增加工作量，又对现场没多大用的应用点，比如一些纯软件层面的输入输出，一般我们会通过与业主沟通，在工作密集的阶段优先完成服务生产的工作，把其他工作放到后边来做。

2. 增长黑客

在解决了交互体验的问题后，再讲讲进一步的行动指南：增长黑客。

这个理念是 2010 年的时候，由 Sean Ellis 首次提出的。说得直白一点，增长黑客就是通过某些策略帮助公司快速成长。对初创公司来说，在没有广告预算、市场营销活动以及市场推广专员的情况下，可以快速获取大量用户。

你可能会说，这听着不是产品经理和销售用的工具吗？和 BIM 推广有什么关系？没错，在公司内部，我对自己的定位正是一个产品经理和销售的融合体，工作的重点是把自己对软件和施工相结合的经验，先以模块的操作和标准固化整合成一个产品，然后再把这个产品推销给工长。

正如增长黑客理论所说，我没有广告预算，没有基础用户，更没有推广专员。这套理论正适合我的工作。

在一个没有基础的项目推广 BIM，包含两项工作内容：

第一，根据这个项目部和工程特点，找到适合他们获取和使用数据库的方法。

第二，让工长想用这个方法，并且能用起来。

以前，我们希望一步到位，把两项工作同时做，一到项目上，就给工长做培训，然后给他们配计算机，强制他们使用 BIM 软件，参与管线综合讨论，现场直接强推应用点，甚至上协同平台，效果都很不好，一般遇到的阻碍有：

1）不学，不想打破舒适区。

2）软件功能受限，学习理解不深，影响工作效率和落地效果。

3）施工工期紧张，没时间学习和操作。

4）落地效果不佳，工长和工人产生怀疑和抵触。

所以我转变思路，把这两项工作分开进行，先寻找到好的方法，在项目上做出一点效果，让他们慢慢接受，再展开普及。

项目进场后，我不再直接去推动工长使用 BIM。只是先简单做一个 BIM 的介绍，让他们知道如果 BIM 落地后，会有什么成果，会对项目带来什么变化。

接下来，我会和项目经理做一个 BIM 实施目标和方式的沟通，让他能够在必要的时候下一些命令。

在深化阶段，工长只是做一个参与讨论的工作，他需要看二维图纸，就出 CAD 图；想看三维模型，就教他看模型；开会需要讨论，就导出 Fuzor 投屏开会。

整个过程中，我不会花很大精力去提高他的 BIM 能力，而是专心深化出一套可以用于施工的图纸和模型，帮助大家完成获取数据库的工作。

实际上，这个阶段我的“改造”目标对象是工人，不是工长。等到工人开始用我们的图纸下料、施工、预制装配时，就解决了工人的需求。工人减少了思考、拆改、窝工和抢工，效率提高了，自然就喜欢上了 BIM。

渐渐地，很多项目部都会出现 BIM 人员直接对班组长进行日常图纸交底，没有 BIM 图纸工人会觉得别扭。如果现场出现需要协调的碰撞问题，也是由 BIM 人员去判断是谁的误差，谁没照图施工。

一旦这一步达到了，我就开始把目标对象从工人切换到工长身上，这时候 BIM 人员会在项目上“故意消失”一段时间，工人的 BIM 诉求对象立刻就会转移到工长身上，这个环节不能让工长做无准备之战，他们前期已经在比较轻松的情况下参与了我们的 BIM 工作。

这时候，项目经理再适时地下达命令，制定奖惩办法，我们再跟进，做一些交互体验好的专题培训，也就是前面说到的“无意识推广”，很快工长们就能从施工图、留洞图、预制加工图等节点开始，以点带面地逐步接手BIM工作了。

总结下来，就是通过解决下游工人的需求，再结合上级命令和奖惩措施，去推动上游工长接受。

我的最终目标，是在一个项目上通过实现BIM落地指导施工，让大家逐步转变为使用BIM的工作方式。

而我的阶段目标，不是让所有人都能同样程度地掌握BIM，有的人有基础，或者年轻好学，完全能成为BIM工长；有的人年纪比较大，能让他们学会看模型和用模型就已经很不错了；也有的人比较固执，可能就是我会选择放弃的对象。

增长黑客中，有个重要的概念，叫AARRR用户模型，它的模型图是一个漏斗：从获取、激活、留存、传播，到产生收入，用户是逐层减少的。AARRR也就是帮助人们怎样精细化分析用户。

借用这个理念，可以把上述的过程这样解释：

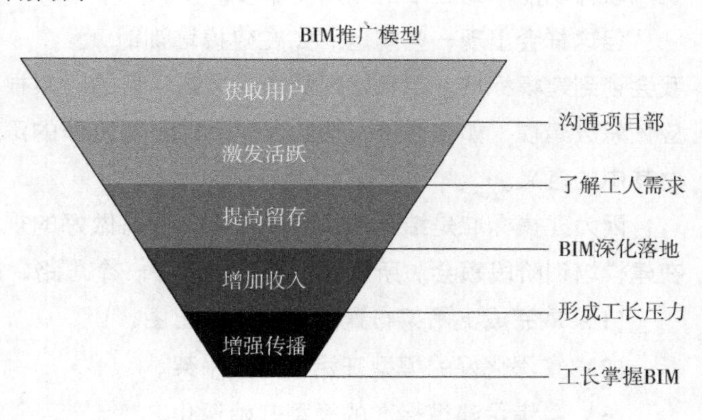

通过BIM的实施，形成一个具有淘汰作用的转化漏斗模型，层层筛选，确定能实现BIM落地的对象和适用于这个项目的应用点，划定每个人涉及的工作范围。

然后通过一些机制，让工人能够获益（减少思考、减少拆改，规避责任、班组计件），或者项目经理能获益（降本增效、经营和宣传），最终上下级会自动在工长层面形成自发传播，最终让大部分工长都成为我们的忠实客户。

3. 反向培训

前边我们借用“无意识设计”和“增长黑客”的概念，做了些BIM推广思路的介绍。

在整个流程里，如何在工长还没有加入的时候，培养BIM工程师的软件能力和施工技术，让他独立完成的深化成果，能达到指导现场施工的程度，这一步非常关键。

下面讲讲BIM工程师的培养思路。

在软件培训的时候，我更注重对于软件逻辑的培训。比如常用的软件，Revit、Solidworks、3DSMAX，我觉得是三类不同逻辑的软件。

软件逻辑的理解益处主要有：

1）日常工作中处理各种软件报错、协同异常的问题。

2）后期同类软件的自学和理解。

3）在没有成熟功能模块时，比如桥架预制化，能结合软件功能自己总结出操作流程。

为了保证 BIM 工作的高效协同和稳定，BIM 人员还要掌握一些基本的计算机软硬件和网络知识。

另外，对 BIM 工程师来说，很重要的一点是培养机电施工技术，利用 BIM 进行机电深化后，深化成果能指导现场施工。

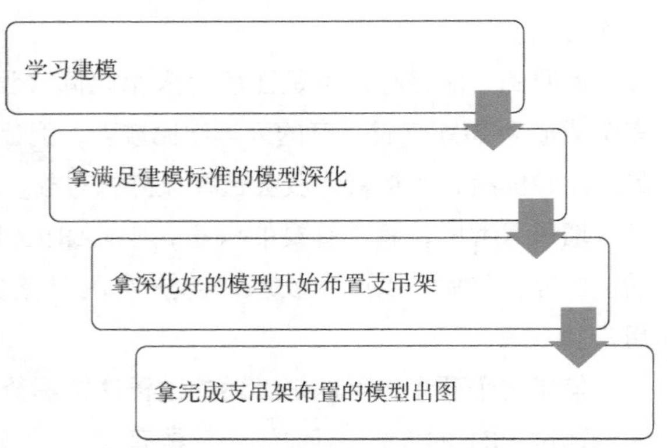

这方面能力的培养，我近年的经验是：机电 BIM 深化工作，通常是分为建模、深化、支吊架布置和出图这几大部分工作。在以前，这几个步骤我会按部就班顺向逐步培训，这刚好也和软件功能以易至难的顺序差不多。

但这样会出现一些问题。如在建模培训时，我会谈到建模标准，但我发现受训人员在学习的时候根本无法理解为什么要学习标准。你告诉他应该怎么建模，如何设置，这会对以后的哪些工作的深度、效率和规范性有影响，他其实并不明白其中的意义。

因为建模标准是结合项目实际需求，提前做好的规划，他们没有做过后期的现场工作，很难在建模培训阶段领会。所以我近年开始换了一个思路，反过来做培训。

（1）拿完成支吊架布置的模型开始出图。

（2）拿深化好的模型开始布置支吊架。

（3）拿满足建模标准的模型开始深化。

（4）学习建模。

正向培训其实是两个内容，软件操作以及这步操作所需的施工技术。学操作的时候不懂施工，那这步操作的意义他就不懂，往后就会越学越吃力，就像是学数学，只做例题不学公式，题型一换就不会了。

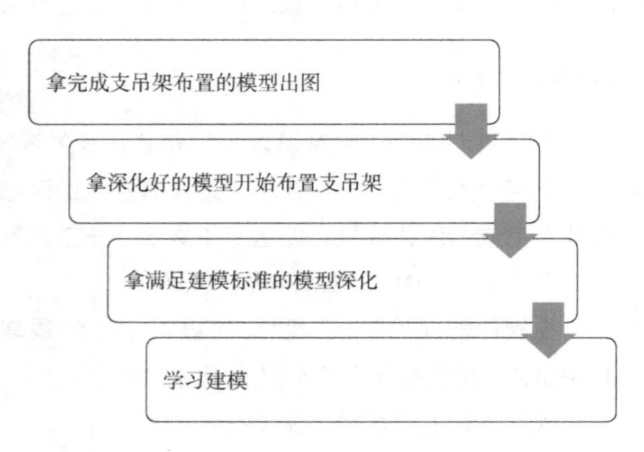

而反向培训，是在已经完成施工技术工作的基础上，再培训软件操作和 BIM 实施标准，学习操作的时候需要了解的施工技术他已经掌握了，就会很快理解为什么要做这件事，这就

让学习者的每一步都是可操作的。

目前，大概有近20名人员接受了这样的培训，在两年左右的工作时间里，基本都成为能和业主、设计、工长沟通，能协调问题，深化的图能达到施工要求的优秀BIM工程师。具体的应用点，如装配化、预制化，结合具体的工艺开展短平快的专项培训后，他们也能顺利实施。

下面举个例子来讲讲反向培训的几个步骤：

首先，当一个人什么都不懂的时候，先别建模，而是拿别人已经完成的模型来出图，参照一个样图，学习一下软件操作就可以实现了。在这个过程中，他自己会发现，要如何命名图纸、设置参数、添加字段才能更快捷清晰地对图纸进行标注。

接着，拿别人深化好的模型直接布置支吊架，只需要学会这阶段的软件操作和支吊架选型标准，他会慢慢发现，如何深化管线才能更易于布置支吊架；怎样布置支吊架，能避免管线产生细微碰撞；怎样避免管线排布过密导致现场没有支吊架生根点位的情况发生。

然后，开始做管线综合培训，结合之前学会的施工规范、工艺要求、美观要求，再加上他自己在布置支吊架的时候就学会的布置原则，就能比较顺畅地掌握这项技能了。

最后，学习建模的时候，他又会知道，为什么这里要这样设置，才能方便后期的各项工作，现阶段哪些精度是必要的，哪些精度是可以在深化后再完善的，哪些精度是出图后再完善也可以的。

后来我发现，反向培训还有一个好处：这种先通过BIM虚拟建造的方式，让缺乏现场经验的BIM工程师就像先做了一道数学题，但是又解不完，他就开始对施工现场的核心工艺和规范有强烈的学习愿望。而且不仅是机电专业，对土建、幕墙、钢结构、精装修等都有强烈的学习兴趣，因为这些专业知识补充都会立刻提高对自身工作优化的能力，同时也培养了个人很好的大局观，为以后将这些人培养成工长甚至是项目经理提供了非常好的基础。

这就是我这几年积累下来的BIM落地经验，之所以把我的“秘密心得”分享给大家，是因为我确实认为BIM及其他新技术肯定会改变施工行业，传统的“现场工长”会成为“BIM工长”，最终实现机电全专业工厂化的新模式。

BIMBOX 观点

看了任睿的分享，我们的收获有以下几点。

第一，BIM 中心到底是干什么的?

我们从很多人那里都听到过这样的抱怨：软件又贵又不好用，领导不支持，基层人员抵触，找不到落地点，工作太难做了。

我们很同情这样处境中的小伙伴，不过任睿的分享让我们想道：在这样的现实面前，公司投资组建一个 BIM 中心，到底是干吗的?

如果软件便宜又好用，领导大力推广，底层大力配合，一个月就成功运用了 BIM 技术，那 BIM 中心不就只是个传话员，还有什么价值可言呢?

任睿对自己的定位是“产品经理 + 销售”，我们认为这个定位找得非常准。

产品经理的职责是，调配公司有限的资源，把已有的功能整合打包成一个能使用的产品；而销售的职责，是把这个产品推销出去。

所以，当你把自己当成传话员的时候，你会看到满地的困难——因为大家不愿意听你传话；而当你转变身份的时候，你会去寻找解决办法，去产品经理圈子找产品的打包方案，去销售圈子找推销产品的办法。

每个人都有权利抱怨现实问题，而企业愿意聘用的人，永远是想办法的行动者。

第二，学 BIM 到底是学什么?

我们一直在讲，BIM 不能孤立存在，要和传统学科相关联。而一旦回到实践里，当我们给新人培训的时候，又会抛掉这种理念。

几乎所有的培训都是从建模开始，我们就看到好几个这样的项目，花了很多时间，培训出一批只会建模的人，到了现场，无法发挥应有的作用。过一段时间，大家就纷纷抱怨，BIM 没用，落不了地。

任睿关于反向培训的经验非常有价值，值得每一个负责培训的人学习。“与现场结合”不是一句空的口号，你要把它用到实践里去。

第三，一切都是和人打交道。

梁宁在讲产品经理思维的时候说：一旦你用“就应该”这三个字来定义用户，你就已经失败了。“白领就应该爱喝咖啡”“妈妈就应该喜欢打扮女儿”，这些“就应该”的想法会让你远离用户，最终做出来的产品没人用，你只会觉得挫败：“他们应该用我的产品，怎么不用呢？肯定是他们有问题。”

技术推广就是卖产品，是和人打交道，谈理想、喊口号是没用的，只有当你把配合的对象当作用户，站在他们的视角去理解他们，事情才能做成。

建筑行业的人学编程，该从哪里入手？

本节的内容来自于VCTCN93 。他在我们这个圈子里是一个比较特殊的人，因为他一直坚信：未来的建筑师一定要懂编程。本节就是他写给那些想学编程，又不知道该如何开始的人的。不过这里有一个特殊条件：本节内容只适合于建筑工程领域的人，并不适合所有行业的人。

现在建筑业很多人都在谈论编程，网上有很多课程，宣传也是天花乱坠，但学习最大的成本不是买课程的那点钱，而是后边学习要用的时间，尤其是编程这种东西，一旦走错路要绕很多的弯子。甚至很多人连该学什么语言都没想清楚，就开始上课了。

所以他的建议是，学习不着急，得先让大家根据自己的定位，想清楚该学什么，这才最重要的。

我们认为无论你是想学习二次开发，还是想给自己充充电，都应该先把他的建议给看完。

1. 愈渐兴盛的 Coding

在你翻看朋友圈、刷新微博或浏览知乎的时候，总能看到许多培训机构打出的编程广告。似乎报了这些班，你就能掌握 Python、JAVA、C#、JavaScript 等编程语言中的一个，然后凭借着新技能，编出一个自动工作的流水线，从此就可以从加班中解脱，走上人生巅峰。

看到这些文案，你燃起了报名的冲动。可是等一下：你干的是建筑行业啊！你的日常工作场景和广告中描述的完全不一样，就连工作性质也和他们有天差地别。于是，你不禁在脑海里泛起一个问号：建筑从业者需要学编程吗？

关于这个问题，我认为一定是需要的，我曾发表过相关文章，整篇文章的核心是：

1）得益于计算机技术的爆炸式发展，传统手工作坊式的工作方式已经完全不能满足时代的要求，使用计算机技术提高建筑行业的效率，是全社会和产业链对建筑行业的新要求。

2）如今的计算机编程技术，就像二十年前的计算机操作技术，在未来将会是人人必备的生存技能之一，能不能良好地使用计算机编程技术，将再度划开截然不同的两代人。

在这样的时代背景下，越来越多的建筑从业者踌躇满志步入了编程的世界，当然，几年之前的我也是其中之一。

2. 截然不同的Python与C#

Python与C#，是建筑从业者在日常工作中使用率最高两种编程语言了，很多人都会从中选择一种进入代码世界。它们也常常被人拿来比较，以便选出最具性价比的答案。

的确，就编程语言特性而言，这两种语言从一开始就截然不同：一个动态类型，一个强类型；一个讲究自由，一个讲究严谨；一个无限开放，一个相对完善。

但这些比较，往往是没什么意义的，这世上没有最好的工具，只有适合自己的工具。所以，在选择编程语言的时候，你应该从需求出发，看看究竟哪种更能提高你的工作效率。

针对建筑从业者，依据代码水平的由低到高，我把一般人的代码力需求划分为三个境界：**脚本境界、二次开发、九重天外。**

（1）脚本境界

在这一境界的最大特征，就是你可以使用Dynamo和Grasshopper等可视化编程软件中的相关语言电池，写出语法和逻辑基本正确的简单脚本，实现定制与自动化部分内容，从而提升自己的效率。

在这一境界，我会更推荐大家学习Python。

首先，Python的学习门槛比C#要低得多，即使是一个小学生，都可以凭借一本教材，在一个星期之内写出能运行的脚本。当C#初学者往往还在为语言的各种特性而头疼不已时，学Python的你已经可以上场写脚本了。

其次，Python是一门高级语言（High Level Language，也翻译为上层语言），它在编程世界的定位，就是居高临下、安排调动、指点江山的总裁式角色。你只需要在乎结果，不需要搞清楚其每一个细节是怎样实现的，非常适合快速上手。

最后，Python的代码逻辑极为清晰，可读性极强，把简单的Python代码交给你的同事，他也能快速明白你打算干什么。

它能轻松跨平台，即写即运行，一次学习，多地使用，比如你在Dynamo设计好逻辑，组织好电池API之后，稍作修改，就可以移植到Grasshopper上去运行。

Python的学习成本低，上手速度快，平台支持广，如果你的目标只是脚本境界，那么Python一定是你的不二之选。

（2）二次开发境界

当你想真正地写出一个比脚本境界更为深入的功能，写一个能嵌入到Revit工具栏的插件，那么你需要步入二次开发的境界。

在这一境界，类似Dynamo和Grasshopper中经过包装的电池API，已经无法满足你的需求，你需要去使用官方的SDK（Software Development Kit，软件开发工具包），查阅大量的官方开发者文档，理解一个功能背后的逻辑，并对整个软件有一个比较完整的认知。

此时简单的代码已无法满足你的需要，Python 入门简单和上手迅速的弊端也会凸显出来：

首先就是因为它太过简单，会让很多人在没有形成完整编程世界观的情况下，就能开始写脚本。又因为 Python 的智能，他们可以在完全不理解面向对象，不懂测试、不注意异常捕捉、不关心代码规范和架构设计的情况下，开展他们的工作，这将直接导致他们的代码质量非常低下。

这一切都会导致新手在二次开发这一境界举步维艰。

在 Python 世界，不同人之间的代码水平会有天壤之别。老手的代码往往精简且高效，优雅得像诗句一般，令人沉醉；新人则往往整出一大堆冗长的东西，效率低下，让人看不下去。

反观 C#，不同人写出的代码差距反而不会那么大，新人在迈过了痛苦的学习门槛之后，也能够写出老手一般标准而成熟的代码。

所以在这一境界，学习成本略高的 C#将会是最好的选择。

另外，因为 Revit、Rhino、Unity 等图形软件，都是基于一个叫 . NET 的框架运行的，它们自身就使用了大量 . NET 框架的 API，所以你会看到，类似 Revit 的官方推荐语言，都是 C#、VB、Visual C + + 等基于 . NET 平台的语言。

当然也会有人说，Python 虽然不是官方推荐的语言，但由于基于 . NET 实现的IronPython 的存在，让你也可以使用 Python 来开发 Revit 和 Rhino 等 . NET 平台下的产品。

可 IronPython 毕竟是个嫁接产物，一个综合了 . NET 和 Python 双方短板的“杂交品种”，一旦接受了这种设定，你就不能再使用原生 Python（又称 CPython）的库了，广受赞誉的 Numpy、Pandas、Scipy、Matplotlib 以及很多高级的 AI 库，都会彻底和你绝缘。

总之，失去了第三方库武装的 IronPython，永远只能算个半成品，完全失去了它存在的意义。

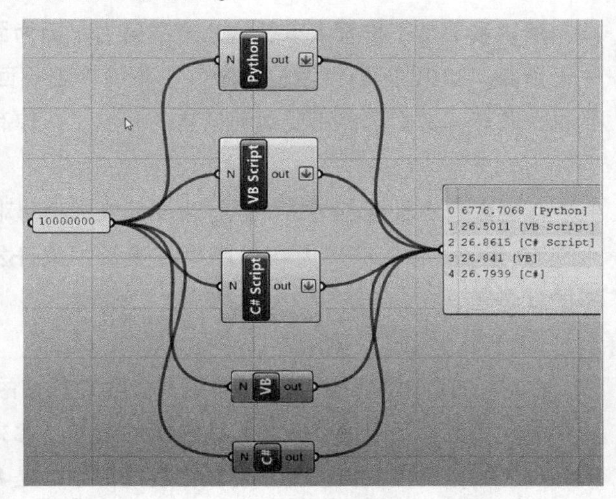

反观 C#，作为 . NET 平台官方推荐的编程语言，能获得 . NET 平台最完美的支持，甚至 Revit 等软件其本身就是用 C#写就的。它在 . NET的能力上限和开发体验，都远超其他语言。

此外，由于解释型语言（Interpreted Language）和编译型语言（Compiled Language）在原理上的区别，Python 本身的速度，就要比 C#慢得多。在同时原厂支持 IronPython、C#与 VB 电池的 Grasshopper 中进行性能测试，你能看到非常明显的速度差异：

Python：6776.7ms，VB：26.5ms，C#：26.9ms。

C#的速度大致与 VB 持平，而 Python 比它们慢了 250 多倍，在讲究性能优先的软件开发领域，这是不可以容忍的。

.NET 框架的无缝支持，相较 Python 更为杰出的效率，都让 C#在二次开发领域成为当之无愧的王者。

（3）九重天外

掌握了编程技能，如果对时代前沿的大数据、人工智能、神经网络等热门名词产生了兴趣，那么二次开发将难以进入你的视线。到这一层次，你需要学习大量的算法、程序架构、底层和上层原理，拥有很多大型程序开发的经验，你的编程实力不能比一般的程序员逊色，最好还要具备一门踏实的跨学科知识，从而让你拥有常人不具备的眼光和视角。

说实话，一般的一线程序员，都不一定拥有这样的水平。目前，建筑业内处在这一层级的人才，凤毛麟角、万中无一，主要有以下几个原因：

1）建筑行业其本身就是一个需要投入大量精力的学科，工作强度大，专业程度高，足够一般人钻研几十年，很少有建筑从业者能够在如此巨大的工作量之下，还能够保有足够的精力，去钻研前面所提到的内容。

2）与建筑行业一样，编程也是一门需要积累大量实践经验的学科，一般的建筑从业者根本无法接触到那样大量的实际项目，经验难以积累，水平难以进步。

3）如果一个人真的历经艰辛与磨难，并做完了几个开发项目，以至于拥有了我前面说到的水平，那么他 90% 是会决定转行，从此与建筑行业绝缘。

所以我非常不推荐大家往这个方向努力，因为到岸的人实在太少，你极有可能耗尽心力，却一无所获。如果你说："我已经做好了不撞南墙不回头的准备，那么我应该选什么编程语言呢?"到这个阶段，其实已经不受编程语言的限制了，你有很多编程语言可以选择。以下举几个例子：

万物之源：C。

C 语言是底层语言之一，运行速度极快，学习难度极高。1972 年诞生于美国贝尔实验室，至今快 50 年了，依旧有一大帮程序员在进行相关开发，支持颗粒级别的程序优化，Cpython 的 C，指的就是它。

"真男人" 必玩：C++。

C++是 C 语言加强版，具有绝大多数 C 语言的特性，能向下兼容 C 语言的代码，是"效率"二字的代名词，至今绝大多数强调性能的运算，比如计算机图形学，都是靠它完成。它也可以和 Python 混编，代替 Python 完成需要性能的部分，是 Python 的黄金搭档之一。

大厂之爱：Java。

Java 至今仍是主流，生态链极为完善，目前互联网大厂和游戏公司的主力语言，培训机构的最爱，当年最火爆的时候，JavaScript 需要蹭它的热度，C#都在模仿它，留下了极负盛名的设计模式。

前端霸主：JavaScript（JS）。

JavaScript 虽然名字里也有个 Java，但和 Java 基本是两个东西。它由 Brendan Eich 在 10 天内设计完成，发展至今，已经基本垄断前端开发，决定了网页的动效和 DOM 管理，是一门运行效率高、库多而且齐全的多功能语言。JS 学习难度不大，学习价值很高，我认为 Python 做后端，JS 做前端的模式会很完美，直到我学完了 Node. js。目前和 BIM 相关的很多轻量化平台，都是基于 Three. js 使用 JavaScript 开发的。

东瀛出品：Ruby。

Ruby 语言和 Python 有点像，比较小众，可以用它开发 SketchUp。

小众之选：Lisp。

Lisp 也是个小众之选，你可以用它开发 CAD（虽然目前 Python 也可以）。

未来的 C：Go。

Go 由 C 语言原班人马出品，兼具开发效率和运行效率，是计算机语言自 C 语言以来真正的自立门户，另成体系，越来越热门，而且前景无限。如果你需要为孩子选择编程语言，可以考虑这门未来之语。

在这个阶层，如果你要从 Python 和 C#中选择一个，我会建议你选择 Python。

Python 目前风靡学术界，跨平台的资源也极为丰富，很多热门领域都可以听闻它的大名。C#很明显和前沿有一定的距离和滞后性，. NET 虽然完善，但也略显封闭，这都是 C#发展的瓶颈。

当你突破了一定的技术线，并保持持续学习的动力，Python 无尽且强大的第三方库，能直接让它从脚本小工具进化成“核武器”，甚至在 . NET 的生态，Python 都可以通过上云和各种库的加成，全面超越 C#。

3. 总结

VCTCN93 说，随着对不同编程语言使用量的增加，他越发坚定了这个观点：**Python 的确是“神器”，但却不一定是最适合建筑从业者的。**简单的入门不需要教程，深入的学习不但困难重重，还会因为学会的东西没处用而渐渐遗忘。

建筑从业者不是程序员，建筑行业有自己特定的需求，程序员可以使用 Python 造“核武器”，建筑从业者绝大多数情况下不需要也没这个能力，程序员虽然一天到晚歧视 . NET，但它却最能帮我们干好手上的开发任务。

所以，你的需求是什么？你有突破技术线的动力吗？你愿意为编程付出多少心力？

这些，都将影响你自己的选择。

在德国，我用 BIM 雕刻法兰克福的天际线

在德国工作的段晨光，寄给我们一篇长文，详细讲述了他作为一名建筑师，在德国用 BIM 做正向设计，参与了法兰克福近年来最大项目的亲身经历。

段晨光

建筑师

德国TU Darmstadt 硕士毕业

德国HPP建筑事务所法兰克福分部

目前任职Four Frankfurt项目地下室部分项目副负责人

下面是经过 BIMBOX 修改过的内容。

1. 我的简单介绍

第一次听说 BIM 是在 2011 年，当时我还在国内学建筑，有个英国回来的老师给我们开设了 Revit 课程，说这个代表着未来，赶快学。

当时就记住了 BIM 这三个字母，那个阶段我整天研究的是空间、流线、功能、设计之类的东西，对软件技术没有太大兴趣，这门课也就去听了两三次。

平时画图还是 AutoCAD 加 SketchUp，经常是改了模型又改图纸，改了平面又改剖面，交作业的时候模型和图纸对不上也是常事。

段晨光就读的 TU Darmstadt（达姆施塔特工业大学）

在一次剧院设计时，有个同学设计进度一直很慢，本来还有 7 天左右的工作量，结果人家最后用 Revit 建模出图，两天之内整套图纸出好了，效果还挺好，这让我第一次觉得，原来

用 Revit 工作效率可以这么高，我是不是也该学一学。

2014 年大学毕业，我申请到了比较满意的一家德国学校开始读硕士，发现这里的同学都是用 ArchiCAD，为了方便模型交流，又自学了这个软件。

建筑学院中庭，平时是咖啡角，有时也在这里评图

在做学校作业的时候，开始尝试建模和出图结合到一起的方式。来德国第一个学期我开始在一个 13 人的建筑事务所打学生工，一方面可以接触到德国事务所的实际工作状态，让学习和实践有个互补，另一方面是为了经济独立。德国建筑专业的学业挺繁重的，我所在的学校又是出了名的难毕业，所以经常下班回家还要继续弄学校的东西到很晚。

整个硕士阶段两年半时间，差不多一半时间在学校，一半时间在公司打工，忙碌倒也充实。学业并没有因为工作而耽误，期间的一个设计作业获奖还上了当地报纸。

两年半下来，两个项目从初设一直跟到了竣工，其中一个项目的细节大样图基本都是我一个人负责，画了差不多整整一年，夯实了不少的专业基础，期间也经常有机会去工地。

现在回想起来，这段经历对我后来的工作很有帮助。但这个小公司对 ArchiCAD 的应用还是停留在传统的 2D 画图模式，这两年半我对 BIM 的认知也没有什么提升。

真正认识到 BIM 的重要性，并开始提升水平，是在正式工作后。2018 年硕士毕业，我来到了欧洲第二大建筑事务所 ATP 的法兰克福分部，在这里受到了公司系统的培训，也参与了三个 BIM 项目。

HPP 建筑事务所

后来机缘巧合，因为 FOUR Frankfurt 这个项目我加入了 HPP 建筑事务所，然后跟这个项目直到今天。

我开始也是从建模员和绘图员的工作做起，每项工作都做得很认真，建模就把模型建完整，画图就争取不出错，一路走来也慢慢成长。从旁听会议，到参会讨论，再到独自主持会议，我有了一定的决策权，现在做地下室部分的项目副负责人，管理 7 个人的团队。

这次主要想和大家讲讲 BIM 在 FOUR Frankfurt 这个项目中的具体应用情况。然后根据我在两个大公司的经历，介绍一下 BIM 在德国市场的现状、问题和前景。

项目名称：FOUR Frankfurt
地点：德国 法兰克福
业主：G&P Erste Management GmbH
总建筑面积：226000m²
预计建成时间：2023年
联合设计：UNS+HPP
高度：100m/120m/173m/228m
基于BIM技术联合设计和实施的超大型项目

FOUR Frankfurt

项目是法兰克福近年来体量最大的一个项目，是集办公、住宅、商业、幼儿园、健身、餐饮等为一体的商业综合体。四个塔楼被裙房连接起来，裙房屋顶是空中绿地，裙房底部一半面积作为城市公共空间。

我会从**甲方**、**建筑师**、**专业沟通**这三个视角来谈谈 BIM 在这个项目的应用。

2. 甲方与 BIM

项目开始之初，甲方就明确了使用 BIM 来正向推进设计，但是传统项目合同不能直接套用，为此甲方咨询了第三方 BIM 公司，草拟和各个参与方的合同，制定工作流程和逻辑框架。

合同规定为 Open BIM，要求模型算量，BIM 等级介于一级和二级之间。甲方以此为基础要求和事务所签合同。

除了合同约束方面，甲方自己也配备了人员，设置 BIM 例会，监督大家使用 BIM 手段推进项目。**一般来说，建筑师和工程师有自己的 BIM 经理，这个项目的特别之处是，甲方也聘请了自己的 BIM 经理，他负责解决建筑设计之外的 BIM 问题，大部分是软件问题。**

如果有某个具体问题需要开发插件，甲方会先判断开发这个插件带来的经济效益，如果合理的话会委托第三方 BIM 公司来开发，然后设置针对性的 BIM 例会，跟进监督这个插件的应用情况，例会时所有的项目参与方都来参会。

举个例子。在施工图阶段，有个费时费力但必要的工作，就是把机电、水暖在墙和楼板上的预留口，在施工图里表示出来，施工单位需要在浇筑和砌墙的时候把它们空出来，结构工程师也需要根据它调整自己的钢筋配比图。

预留口的位置信息来自于机电和水暖工程师，传统的做法是把这些预留口作为单独的图层或者 2D 图纸链接到建筑图纸中，但是受制于 2D 的局限很难全面查错，这个项目有十几万个预留口，而这些问题在施工才被发现的话，各方要付出的代价比设计阶段要高出很多倍。用 Revit 3D

建模可以全面查错，不需要通过空间想象去判断，两个不同标高的预留口有没有打架。

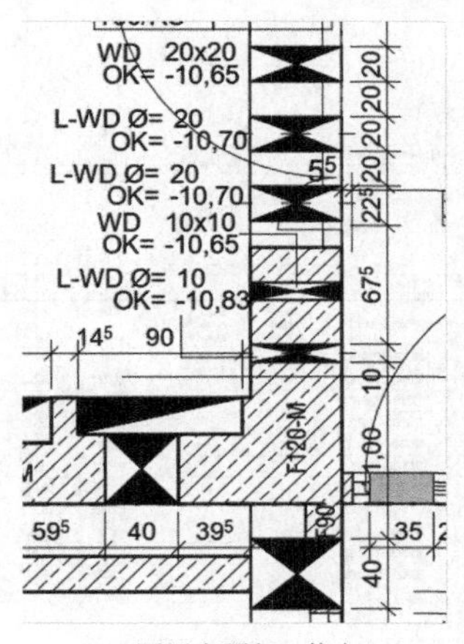

2D图纸中预留口信息

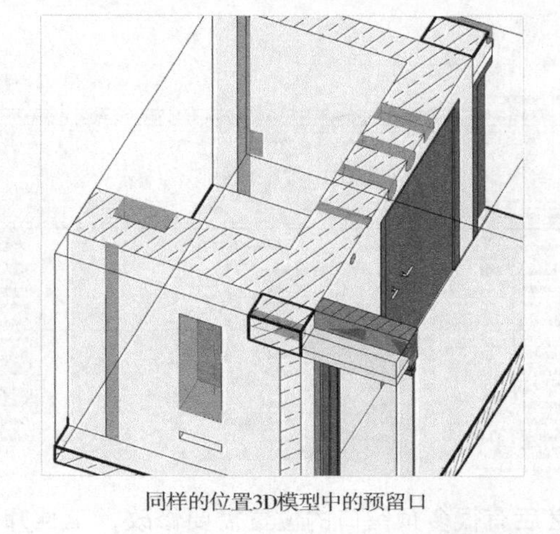

同样的位置3D模型中的预留口

现在的任务是要把这些开口按照项目的进度，从机电水暖工程师那里转移到建筑师的模型里，建筑师才可以出施工图。要实现这个过程，我们面临着两个困难。

首先是不同软件的数据格式不统一，不能简单相互复制，工程师们用的是 MicroStation 和 Tricad，建筑师用的是 Revit。

其次，并不是说这些预留口转移到建筑师的模型里就大功告成了，这只是第一步，有很多开口互相打架，或者位置不合适，都需要开会协商，工程师们改动后，要给这批数据加个新的索引，再发给建筑师，那建筑师又得把这些预留口再转移到建筑模型。直到所有开口处在合适的位置。

FOUR Frankfurt 项目我们是从地下向地上，以层为单位逐步把开口加入到建筑模型里，四栋塔楼加起来一共 160 层左右，整个项目下来这个过程要重复接近 1000 次。

所以简化这个过程势在必行，为此甲方专门组织了个研讨会，建筑师和工程师根据各自经验表达了想法，BIM 公司根据大家达成的共识开发了插件，解决了这两个问题。

第一步解决数据格式不统一，它把工程师提交的 Tricad 数据转化为带着空间坐标和预留口编号信息的 Revit 族。

第二步把这些族像导入列表一样导入到建筑师的 Revit 模型里面。

要注意的是，插件需要检测导入过程中空间坐标有没有丢失和出错，以及有没有遗漏的预留口，所以插件所带的这个列表可以报错。

下图中绿色部分表示导入正常，并且前后两次数据一致，紫色部分表示新导入的预留口和之前的预留口不一致，一般是因为预留口在协商后做出了改动，也可能是导入过程中发现错误，每次导入检查紫色部分就可以，也顺便检查预留口有没有根据商量好的来改。

还有一点非常重要，就是预留口编号信息一定不能丢失，它是以后多次改动过程中自动化的钥匙。

Opening overview

Project file | Import file | Type mapping

Import file: R:\03_Milestones\07_Ausfuehrungsplanung-LP5\02_KBP-map\01_Schlitz- und Durchbruchsplanung\00_Realteil UG\U3\RT4\200408\F4-xxx-KBPx-TMx-SD-U03-5-xxxx-xx-03-P.tdb

Element	Total	Project	Import file	Matching	Different
Openings	3992	3992	97	85	3907
Opening numbers	3991	3991	97	97	3894
Opening types	3	13	5 (3 mapped)	3	0

Read

Filter: Opening number: Contains KBP-RT4-UG03; Clear Add

Opening number	Existing in project	Existing in import file	Status	Is cut	Cut elements	MOD_Status	MOD_Timestamp	Building number in project	Building number in import file	X origin in project	X origin in import file	X origin difference
KBP-RT4-UG03-0045	☑	☑	Equal	☑	3519621	Existing	20200417101032			35.079	35.079	0
KBP-RT4-UG03-0046	☑	☑	Equal	☑	3519621	Existing	20200417101032			34.823	34.823	0
KBP-RT4-UG03-0047	☑	☑	Different	☑	7503006	Existing	20200417101032			60.524	60.524	0
KBP-RT4-UG03-0048	☑	☑	Different	☑	3519414, 7503006	Existing	20200417101032			55.181	55.181	0
KBP-RT4-UG03-0049	☑	☑	Different	☑	7503006	Existing	20200417101032			56.258	56.258	0
KBP-RT4-UG03-0050	☑	☑	Different	☑	7503006	Existing	20200417101032			59.571	59.571	0
KBP-RT4-UG03-0051	☑	☑	Different	☑	7503006	Existing	20200417101032			57.605	57.605	0
KBP-RT4-UG03-0052	☑	☑	Different	☑	7503006	Existing	20200417101032			59.992	59.992	0
KBP-RT4-UG03-0053	☑	☑	Different	☑	7503006	Existing	20200417101032			61.033	61.033	0
KBP-RT4-UG03-0054	☑	☑	Different	☑	3519621, 7503006	Existing	20200417101032			61.94	61.94	0
KBP-RT4-UG03-0055	☑	☑	Different	☑	7503006	Existing	20200417101032			58.827	58.827	0

3892 rows (97 filtered) 41 columns　　Selection: 1 cells

开完会之后有很多预留口的位置需要修改，工程师会在 Tricad 里挪动，再向建筑师提交一次数据，这个时候预留口有了新的空间坐标，但是和以前一样的编号，再次导入的时候，会自动更新到正确的位置。

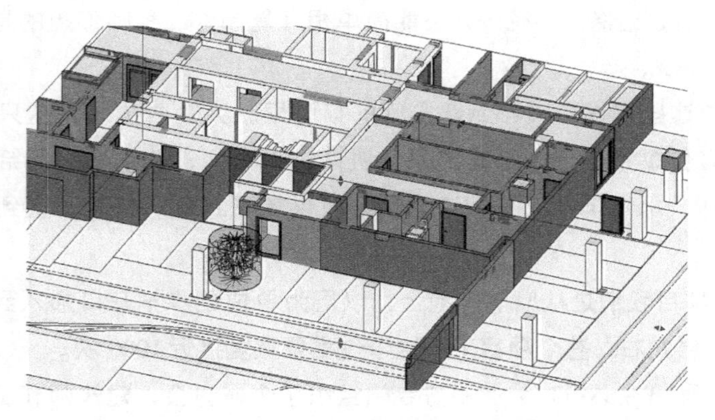

预留口（橙黄色）通过插件导入到建筑模型里

我们目前使用这个插件完成了地下室部分所有预留口的协调工作，虽然还是会偶尔出错，但是对项目进度和质量有了很大提升。

3. 建筑师与 BIM

在德国，建筑师对 BIM 还是普遍接受的。这个项目里它从下面几个方面提高了工作效率。

（1）化整为零，又化零为整。

因为形体复杂，体量巨大，项目一开始就敲定了从三个层面分开建模的思路。

先按照塔楼和裙房整体分为四个大部分，再把每个部分又分为塔楼、裙房及地下室的局部子模型。最后再根据建造顺序，分为混凝土模型、砌体及隔墙模型、租户模型、立面、轴网系统、面积等细分模型。

这样一层层拆下来，一共有98个模型。

在模型数据储存上，我们采用了Autodesk的BIM360。

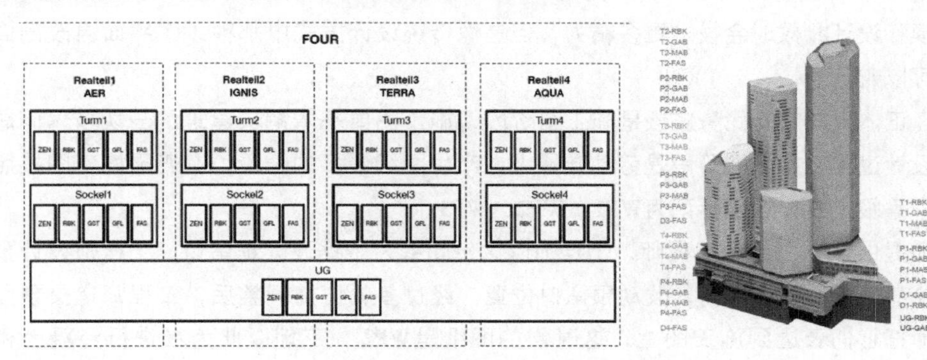

这样的框架虽然看上去有些烦琐，但是在实际操作中确实是提高了效率，因为精确的分类允许多个人同时在一个区域工作，每个人改动的内容又可以被所有人实时看到。

更重要的是，通过把模型拆分为多个子模型，避免了单个模型数据过于庞大，节省了数据同步所耗费的时间，减少了传输误差。整个项目参与到建模的建筑师有30人左右，分布在三个不同的城市，保证所有人及时了解项目变动和修改是至关重要的。

（2）标准化建模。

如果每个人都按照自己的逻辑和思路工作的话，那光在建筑师内部就会有解决不完的冲突。所以标准化建模在这个项目中特别重要。

为了达成这一点，项目首先制订了一个标准化的命名系统。这里规定了族、视图、样板等文件该如何命名。

我们建立了独立的**Revit文件作为族库**，里面存储了所有在项目中出现的族，大到混凝土柱子，小到门的标注，都在这个族库文件中进行标准化定义。

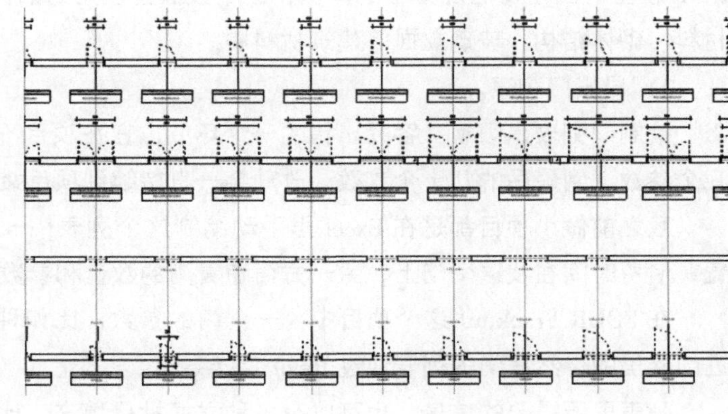
族库中的一部分门

把整个项目看作一篇文章的话，族库就相当于这篇文章的词汇库，所有的作者都必须使用库里的词汇来写这篇文章，确保大家说同一种语言。

这些族是根据以往的项目经历先

复制了一些，然后随着项目的发展，会产生新的族群需求，再往族库里添加。在管理上，**只允许 BIM 部门的同事在族库里添加和更改族群，其他人只能用不能改。**

（3）避免重复劳动。

FOUR Frankfurt 项目，扩充设计阶段和项目审批阶段的图纸，是直接从 Revit 模型导出来的。当然在建模和设计参数时会投入更多精力，但是像传统设计方式中那种改了平面再改剖面的重复劳动完全可以避免。

BIM 真正体现出它的优势应该是施工图阶段，施工图要基本解决建筑的一切技术问题，在传统的建筑设计过程中施工图阶段是劳动量最大、产生图纸最多的阶段，在德国施工图按照建造顺序分为三个等级，我在这里标记为**WP1**、**WP2**、**WP3** 。

建筑师提供**WP1** 图纸给工程师，工程师以这份图纸为依据设计预留口。工程师设计预留口初稿，提交给建筑师，开会协商，改动预留口位置，经过多轮协商调整后，工程师递交预留口的终稿。建筑师把它们表达到施工图上，这时候的图纸是**WP2** ，工地以此为准进行混凝土和砌体施工。**WP3** 是指在混凝土砌体施工结束后，表达剩余建筑部分的图纸。比如轻质隔墙、吊顶等。

因为 FOUR Frankfurt 有了精确的模型，WP1 阶段建筑师提交的是模型而不是图纸。工程师直接以模型为基础设计预留口，然后提交给建筑师，建筑师再使用插件把它们读取到模型中，项目就到了 WP2 阶段。在这个阶段之前，正式交换的文件是没有一张图纸的。

（4）参数信息提升工作效率。

Revit 每个族都附有各种参数，也可以随着项目的进行，使用 Dynamo 添加新的参数。通过提取想要的参数，可以对拥有共同参数的族进行算量，出示意图。下面举两个例子。

1）直接出量。

一般在写招标文件的时候，都需要再对各种面积和体积手动算一遍量，在这个项目中直接用 Revit 模型导出了每层混凝土的体积，这个数值直接用到招标文件中。同样的步骤也会应用到隔热材料、砌体结构、玻璃立面等建筑材料中。

2）导出门列表。

编制门列表是烦琐又容易出错的一个环节，它在项目不同阶段需要的深度不同，由刚开始的几个参数，到最后的几十个参数，改动会一直持续到项目竣工。

我之前做小项目都是在 Excel 里手动编制这个列表，一方面很难迅速反映列表中门的具体位置，浪费时间在找这个门上，另一方面随着门的数量和参数增多，重复劳动也加倍增多。

在 FOUR Frankfurt 这个项目中，一个门的参数，比如种类、防火等级、材料等信息是直接填进门族里的，然后门的列表通过 Revit 直接导出。

列表里所需要的信息，也可以有多种方式批量填充，比如门的编号。这里用到的逻辑是房间编号加后缀来组成门的编码，比如房间编码为：**1-U4-LAG-00-04**，那这个房间的第一个门就加后缀1，门的编号就是1-U4-LAG-00-04-01。这样每个房间的编码都是独一无二的，由此产生的门编号也是独一无二的。

那房间的编码又是怎么来的?

因为模型做了分离，房间的编号信息在面积模型里，一个房间的编号是由所在区域、楼层、功能、类型、房间号这五个参数组成，五个参数连接起来就是房间的编码。

现在需要做的就是把这五个参数的信息从面积模型转移到门所在的模型里，通过Dynamo读取面积模型里的这五个参数，导入门所在的模型，然后根据房间里门的数量添加数字后缀，再把这六个参数按顺序通过Dynamo连起来，就有了门的编码。

项目一共有接近1万个门，通过这样的操作节省了很多时间。

当然，这个项目也有它自身的问题，有施工经验的建筑师基本都是上了年纪的，不了解也不愿意学习BIM，有BIM经验的建筑师，基本都比较年轻，施工经验少。

Anzeige	
UNHP_FLA_Realteil	4
UNHP_FLA_Ebene	U2
UNHP_FLA_RaumNummer	01
UNHP_FLA_AbteilungNummer	00
UNHP_FLA_Funktionseinheit	VKH
Abmessungen	

Kennzeichen	565
UNHP_TU_NR-Realteil	4
UNHP_TU_NR-Ebene	U2
UNHP_TU_NR-Funktionseinheit	VKH
UNHP_TU_NR-AbteilungNummer	00
UNHP_TU_NR-RaumNummer	01
UNHP_TU_NR-LaufendeNummer	03

Daten	
UNHP_OQ_Brandschutzanforderu...	T30/RS
UNHP_OQ_Schallschutzanforderu...	
UNHP_TÜ_Türnummer	4.U2.VKH.00.01-03
UNHP_TÜ_LB-MIN	1,2000
UNHP_TÜ_LH-MIN	

面积模型中的参数信息 → Dynamo → 读取到门所在的模型 → Dynamo → 形成门的编号

这样会增加公司内部的沟通难度，比如年轻的建筑师有时在一个并不重要的点上投入了很多时间，或者过度建模。而老一辈的建筑师因为对BIM不了解，在项目进度把控上有时出现偏差，严重的情况甚至没有按时交图。

这个问题也只能通过在实践的过程中慢慢磨合了。

4. 不同专业之间的沟通

如果要用一个词来说明在项目推进过程中什么最重要，那这个词非“沟通”莫属。

不同专业之间在BIM方面的沟通，主要体现在**模型数据交换**和**修改意见交换**这两个方面。

（1）模型数据交换。

如果项目所有参与方都使用同样的软件，当然是最理想的，但现实中几乎是不可能。FOUR Frankfurt这个项目中建筑和结构用的是Revit，给水排水和配电用的是Tricad，各个专业之间需要一个共同的媒介来沟通。

这个媒介我们选择了IFC，各个专业的模型都可以导出为IFC格式。

需要注意的是IFC模型只是用来交流和进行碰撞检测，并不能直接在IFC模型进行修改，修改意见会被记录为BCF，它是由buildingSMART开发，以IFC为基础，项目参与方修改意见的标准化记录。它包含了改动理由、改动时间、改动内容和改动人的信息。

针对IFC，我们使用了**BIMCollab zoom**和**Navisworks**，这两个软件都可以同时打开多个IFC模型，可以截取任意局部位置。各个专业能随时对比其他专业的模型来辅助自己的设计工作。比如结构师要把一堵墙从 20 厘米加厚到 50 厘米，我们要在空间上判断是否可行，还要需要考虑给水排水和配电。这时候我们就可以把建筑模型和水电模型一起打开，找到这个墙的位置，判断出这个改动会不会影响给水排水和配电，如果有影响，就需要联系他们协调可不可以改动。如果没影响，这个改动基本就可以接受。

IFC 还有个重要用途就是碰撞检测，甲方为了控制项目质量很强调碰撞检测，为此还会在项目进度例会之外单独设置例会。

比如下次开会要讨论地下四层的内容，我们建筑师得在会议召开两周之前收集各个专业最新的地下四层 IFC 数据，用 Navisworks 做碰撞检测，然后把问题整理成 BCF，再上传到线上 BIM collab 让其他专业过目，在开会的时候讨论出修改结果。

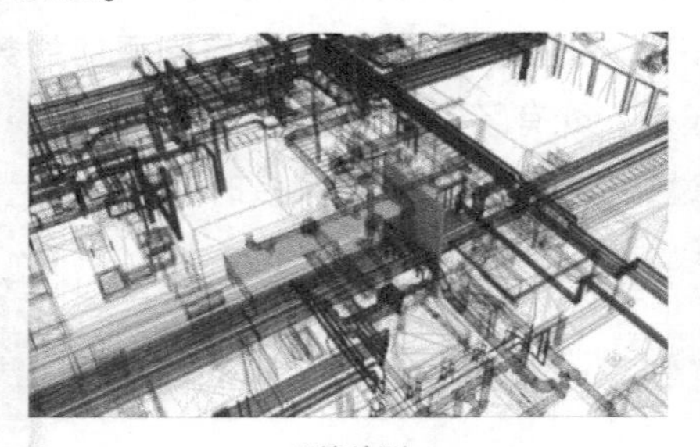

碰撞检测

BIM collab zoom 打开IFC模型

（2）修改意见交换。

开会后，做出的改动也要被 BCF 记录。BCF 分为在线 BCF 和离线 BCF。我们认为对项目推进有实质帮助的是离线 BCF，它要和模型一起上传，相当于以前给图纸上画云线和索引来记录图纸。

这样的流程设计和记录方式，本身是很高效的。但是在实际操作中，这个过程也给大家带来了大量额外工作，建筑师需要在完成本来就很紧迫的任务同时，去准备所有的碰撞检测，整理 BCF，而碰撞检测的结果并没有给设计本身带来很大的改善。

有时候宝贵的时间并没有用来解决一个棘手的问题，而是去满足了这个流程。其实降低了整个项目的工作效率。

引发这个问题的原因，我觉得有以下两点：

1）建筑师的施工图阶段和其他专业的施工图阶段不同步，水电施工图都是等建筑师的施工图结束以后才开始，大家在同一个时间点发布模型时，建筑师的模型是 LP5 的深度，但是水电的模型有可能只是 LP4 的深度，在这种情况下进行的碰撞检测，有一半的检测结果都是没有意义的。

如果碰撞检测可以在所有人都把施工图做完之后进行，效果肯定会好很多。但甲方不可能允许这么做，这意味着工地要停工等图纸。

任何一个大规模项目都是在极大的时间压力下进行的，甚至是边施工边设计，每一个时间点都关联着另一个时间点，谁在自己的时间点没有完成任务，都会承受经济后果，甲方在这一点上丝毫不留情面。

2）BIM 是基于建筑全生命周期的思考方式，很多后期的问题会在前期出现。作为甲方，当然希望这些问题在前期得到解决。但是，根据德国的相关法律，建筑的整个建造过程定为 9 个阶段，通常每个阶段乙方都会和甲方签订一次合同，甲方也可以在不同的阶段更换事务所。

LP1. Grundlagenermittlung.（基本数据及资料准备。）

LP2. Vorplanung.（初步设计。）

LP3. Entwurfplanung.（扩初设计。）

LP4. Genehmigungsplanung.（项目审批。）

LP5. Ausführungsplanung.（施工图设计及相关工程管理。）

LP6. Vorbereitung des Vergabe.（工程施工招标发包准备。）

LP7. Mitwirkung bei der Vergabe.（招标发包。）

LP8. Objektüberwachung.（施工监理，验收和相关工程管理。）

LP9. Objektbetreuung und Dokumentation.（保修期的工程巡查和建档。）

在这个制度下，甲乙双方是以各个阶段为工作范围并实施结算的，甲方并不会因为其他公司提前解决问题多付设计费，出于经济性的考虑，就不会有公司在扩初设计阶段去解决施工图阶段的问题。

这种以各个阶段为基础的思考及运行方式，和以整个建筑全生命周期为基础的正向设计，本质上是存在矛盾的。这个矛盾不解决，BIM 的落实总会遇到阻力。

5. 写在最后：BIM 在德国

FOUR Frankfurt 是我所接触到的所有项目中对 BIM 应用最为广泛和深入的。它在一定程度上改变了我对设计过程的认知。

每次经过下图所示这座桥时，我都会想象项目落成后的样子，想到法兰克福天际线的塑造也有我一份，就有种很强的自豪感。

作为建筑师，一般会对纯设计的东西很执着，而轻视技术和工作方法，但是建筑是一个牵扯到十几种行业的复杂社会活动，比起单纯设计建筑，完成建筑的整个过程是一个更加宽广的世界。

当然，建筑师要不断提高自己的设计水平，但是同样要提高工作效率和改善工作方法。站在一个更高的角度来说，从方法上优化设计过程也是设计的任务之一。

大公司开始尝试把 BIM 应用于项目之中，HPP 在推动 BIM 技术的发展中还是走在前面的，他们也追求更高的效率来优化繁重的建筑设计任务。

但是，一个很重要的出发点是，HPP 是基于现实条件来推进 BIM，它首先获得了 FOUR Frankfurt 这个项目，获得项目是这之后一切的前提。

与之不同的是我之前工作过的 ATP，它总部在奥地利，是欧洲第二大建筑公司，在德国市场发展得却不是很好。单独说 BIM 水平的话，ATP 应该是全欧洲走在最前面的，它有专门的 BIM 研发部门，负责模型管理和插件研发，同时也开发自己的族库，有一套完善的培训体系。

它同时拥有全套的设计人员。建筑、结构、给水排水、配电、建筑物理等专业的工程师都在同一个公司，有点像国内的大型设计院，这样创造了所有专业都使用同一个软件的有利条件。

ATP 公司成立之初就定下参与建筑全生命周期设计的理念，一般只接从设计直到最后工程监理一条龙的项目，以保证 BIM 在项目中应用的连续性。

ATP 的公司创始人说，总有一天，设计师给工地只需要交一个模型就够了。这也是 ATP 发展的方向。

我认为，ATP 坚持只参与项目全生命周期设计的理念很有前瞻性，但是也恰好是这个坚持让它在德国市场的发展受到了限制。ATP 做好了一切去获得项目的准备，而德国的法规规定，设计任务要按照阶段进行委托，因此它在德国很难获得项目。

是应该从现实条件出发，边做边学地推进 BIM，还是从理想条件出发，像武林高手一样，闭关修炼成绝世高手再来一扫天下，这个就见仁见智了。

但有一点可以肯定，随着这些年德国建筑行业的发展，BIM 已经初步应用于建筑行业并彰显了其巨大的商业价值，以目前的应用现状来看，虽然 BIM 还存在很大的局限性，但是从业者都认识到，BIM 引领的建筑设计革命所创造的经济效益和社会效益，目前还只是冰山一角。

不创造价值的 BIM，甲方凭什么买单？

这两年轻量化云平台比较火，大家都关心一个问题：使用云平台到底是为了什么？就为了把模型放上去，让甲方看看吗？所以我们带着这样的问题，采访了很多一线的工程师、设计师和管理人员，看他们都用平台做哪些事，收获还真是不小。

更让人意外的是，我们在这次采访过程中，还找到了一些其他问题的答案，如：

成本增加，设计为什么要用 BIM？

怎么体现 BIM 的价值？怎么让甲方知道自己付出了什么？

甲方凭什么要为 BIM 买单？

通过这次访谈，也许没法提供一揽子的确定答案，但至少能帮你打开一下视野，看看其他人的想法。

我们找到的是一位老朋友，湖南省建筑设计院有限公司（以下简称湖南省院）医疗健康建筑设计研究中心副主任、数字化设计所所长孙昱，他同时也是一名结构工程师和 BIM 经理。

他所在的 HD 医疗中心团队在国内是使用第三方平台比较早的一批，有不少自己总结的经验教训。交流的过程中，他给我们讲述了团队参与中南大学湘雅五医院项目的整个过程。

孙昱从 2005 年重庆大学毕业到现在，已经深度参与了八九个大型项目的 BIM 工作，湘雅五医院并不是他们第一个使用 BIM 的项目，也不是最顺利的项目，却是故事最多、最值得介绍的项目。

早在 2014 年，湘雅五医院的项目就在全球招标，中标方案设计的是美国Payette 公司。

Payette 公司和湖南省院的合作从 2012 年就已经开始，湘雅五医院是双方深度合作的第二个大型医疗项目。

孙昱的团队从 2015 年开始就使用第三方轻量化平台，到了 2018 年，经过几轮的比较筛选，团队最终确定使用**Revizto**（中文名**瑞斯图**），采购了云账号，把模型上传到云端来统一管理。

在很多项目的报告里，模型在云端合并校审，作为一个“项目应用点”写一写就可以了，可对于孙昱的团队来说，“模型上云”并不是公司派下来找应用点的任务，他们要思考的是项目本身有哪些问题，其中的哪些可以用新方法去解决。

在众多的问题里，孙昱和我们分享了其中几个很重要的新思路。

1. 数据整合

一开始大家在设计的阶段，使用的是 Revit 中心文件的形式，不过因为项目体量比较大，有 50 多万平方米，项目里有犀牛模型、SketchUp 模型、Revit 模型，还有倾斜摄影的实景模型。

后来随着加入的专业越来越多，到 2018 年，一共有 120 多个模型，200 多个视图，专业分到了十多个，建筑专业内部都单独分出了医疗专业。

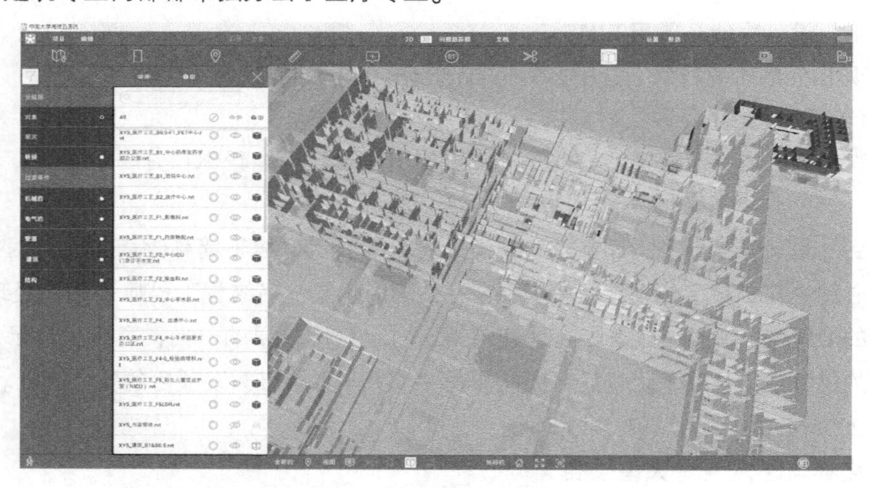

建筑专业下的医疗专业模型

这么多模型和视图已经不能在 Revit 上来管理了，如果把所有文件放到一起，每次光是打开模型都要等很长时间。此外，随着项目进行，模型会不停修改，他们也需要一个方法来管理多个版本的模型。

孙昱举了两个例子来说明数据整合的作用。

医院和周边的供水、供电、供气管网有着紧密联系，医院建筑有很多复杂的坡道和地下室，施工时很可能对管网产生破坏。这件事该不该归设计管呢?

孙昱的团队认为，他们要管这个问题。

地区周边的原始地下管网模型并没有人建立，他们拿到了相关市政管线的坐标和标高等资料，通过二次开发，生成了区域内地下管网的模型。然后，他们把原来方案设计的模型和生成的地下管网模型集合到一起，就发现问题了：

原方案在建筑一侧的地下室顶板开了很多洞口，还有一些其他位置做了放坡和斜板。在这个范围里，原方案会导致地下管道露出地面。

发现问题之后，他们重新调整了方案，道路标高改为水平延伸，解决这个问题。

市政管网还是有数据可以参照的，还有一些问题就没有数据了。

医院所在的位置并不是完全平整的场地，尤其是在医院的一角，有一座山体会凸入建筑部分，这就需要精细设计来指导施工。

拿到 Payette 公司的景观设计成果后，他们发现方案的犀牛模型和 Revit 场地模型有很大冲突，对不上位置，也很难查清问题所在。

想解决这个问题，只能是通过测量周边实际的地形数据。

他们使用无人机采集了大量现场照片，利用倾斜摄影技术建立了 1∶1 的实景模型，然后兵分两路，一方面利用 Autodesk Recap 生成了点云格式进入 Revit，另一方面把实景模型上传到 Revizto 上进行比对。

现场的山坡上有一堵永久性的支护挡墙，是设计之前就已经存在的，以这个标志性的建筑作为参照物，把实景模型放到了正确的高度，再经过对比就发现，景观犀牛模型的正负零标高取值偏小了 5.3 米。

后来对模型的调整不仅影响了景观建筑本身的标高，还决定了景观结构空腔做力学计算时候的覆土厚度。孙昱的团队根据新的高度重新计算了结构受力，定好了空腔结构，Payette 公司再根据他们提供的结果做了二次深化。

对此孙昱总结道：**这部分设计工作充分体现了 BIM 思维下的设计方式，可视化协作、有理化推敲，逐渐让成果逼近最优解。**

2. 模型检查

孙昱是结构第二专业负责人，同时也是整个项目的 BIM 负责人，在使用 Revizto 的时候，他的主要目的之一就是检查其他成员的设计成果。

他每天会抽出一定的时间，在云端检查 BIM 模型的进展，查看多个模型合并之后有哪些错误，发现问题就在 Revizto 里记录，把问题标记在模型的关键位置，再提醒相关的人员查看。

很多设计院认为，基于模型的内部设计质量校审不太重要，只是 BIM 应用点中的一个，甚至觉得传统的图纸审核已经很完善了。**而孙昱认为，模型质量审核，审的不是模型，而是审整个项目，模型是把项目问题摊在明面上的工具。**

他们用新方法代替 Revit 来管理模型，改变了很多工作方式，让他们对问题和模型质量的掌控比原先强了很多，这对于后面要推进的协作是非常重要的一步。

早期用 Revit 中心文件开展协作、检查问题的时候，大家是把所有文件链接到一起，使用截图 + 标注的办法，同事再按照截图自己去找问题的位置，效率就比较低。换成平台管理之后，就不需要每次修改都链接到一起检查，每个人的模型修改后各自同步上传，在平台端合并。

大家可以在 Revit 或者 Revizto 上发起问题，平台负责把双向同步的问题记录下来，收到问题的同事也不需要去原文件里找位置，可以一下子从平台跳转回 Revit 对应的视角解决问题。

设计阶段不可能所有的问题都在三维视图发现，很多需要修改的问题是直接体现在图纸上的。通过图纸和模型双向联动，模型上标注出来的问题会体现在图纸上，图纸上标注出的问题也会标注在模型上。

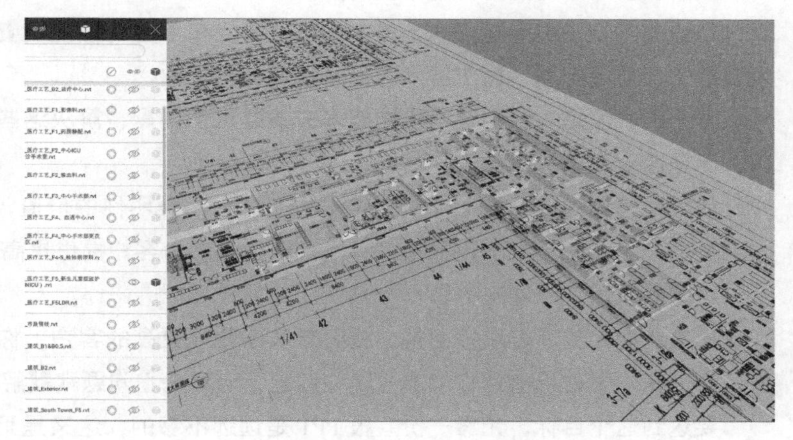

二维图纸和三维模型结合

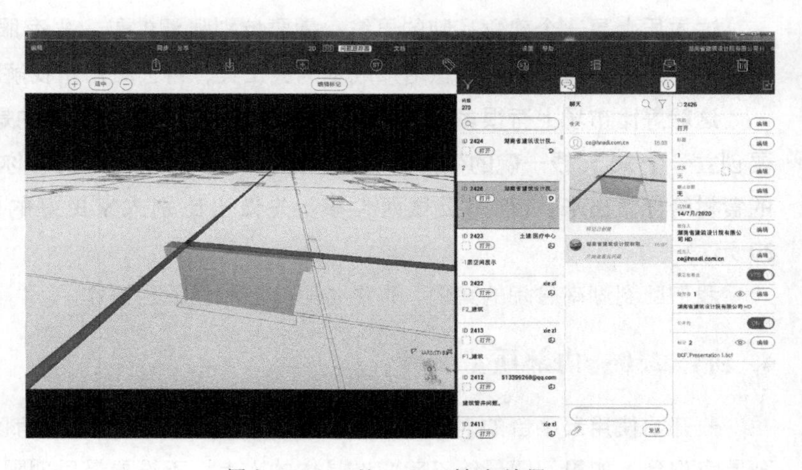

导入 Revizto 的 Solibri 检查结果

此外，很多模型的问题光靠人眼是没法识别出来的，孙昱的团队用 Navisworks 检查模型的空间位置问题，用 Solibri 检查模型的规则和质量问题。

自动审查工具查出来的问题会非常多，孙昱作为 BIM 负责人，很重要的工作之一，就是把不重要的问题过滤掉，帮助他的同事专注于那些关键问题。他利用插件，把这些问题按重要性进行筛选，再导入到 Revizto 里，和其他问题一并处理。

这几个工作方式的转变，大幅度提高了他们发现问题、解决问题的效率。在传统设计里，这么大体量的项目，很多问题都因为低效的原因根本不会被揪出来。

但是，这里其实出现了一个很重要的本质思考：作为设计师，为什么要去揪出那些原本不需要揪出来的问题？不是最快效率出图才是最重要的吗？

这又引出来一个问题：人们用BIM协作，到底是在干什么？

3. 关于协作的三个层次

我们和孙昱探讨了协作的问题，他的思考是：设计是一件多人完成的工作，本来设计师无论用不用BIM，都需要协作的。

用CAD画图、用Revit建模、用中心文件互相查看模型、用微信或QQ沟通信息，这些是我们一直在做的，可以把它们归类为第一层协作：基于生产的协作。

大家在上云平台的时候经常会问的问题是："我们已经有了协作，为什么还要用云去协作？"

从前面的例子你能看出来，BIM的数据整合和平台的模型检查，能暴露出很多二维方式无法发现的工程质量问题，这在技术上基本是没有争议的。

唯一的争议是：**我们要不要花成本去暴露这些问题、解决这些问题。这就不是技术层面的考虑，而是商业层面的考虑了。**

如果你已经在做BIM了，你就需要向公司内部证明你的价值，要让公司知道，已经投入的成本不是建一个大家只看不用的模型，而是让公司能为客户提供更高质量的服务。

这就涉及第二个层次的协作：基于内部质量管理的协作。

如果企业希望获得更多回报，或者想服务要求更高的客户，你一样要向他们证明你的服务价值，在过程中要告诉他们你解决了哪些问题，而不是把问题默默解决掉，最终给他们一份图纸。

要达到这个目标，光靠一份汇报PPT是远远不够的，这又是第三个层次的协作：基于外部客户连接的协作。

这本质上是一个建立品牌的思维，需要特别强调的是：先有服务质量提升的内在要求，才有BIM和云平台，而不是先考虑增加成本购买工具，再去给用户找解释。

这就好比市场上有很多20元钱一碗的牛肉面，多数人希望的是提高效率，多做几碗面；而你要创立一个30元钱一碗的牛肉面品牌，你不能跑去跟客户说："你先给我30元钱，我再去买上好的食材给你做出来。"而是要做两件事：先做出比别人家更好的面，再告诉客户，为什么它值30元。

我们回到湖南省院的案例，来讲讲第二层和第三层协作。

4. 协作2.0：内部质量管理

一开始使用云平台的时候，他们并没有买很多账号，也没有区分角色。随着问题越来越多，孙昱意识到，如果问题最终不落实在具体的人上、不设置最后期限，很多问题还是得不到解决。

于是他们又买了几个账号，具体的负责人每人用一个账号，每个星期，他们都会把所有模型合并，然后开例会，发现问题、讨论解决方案，最后把这些问题记录在 Revizto 里。

他们不只记录问题的位置和修改意见，还会记录问题的优先级，把问题分配到具体的人身上。下次开会之前，对应的同事要把问题解决，并且记录修改的过程，最终把一个个待解决的问题都变成已完成的任务。

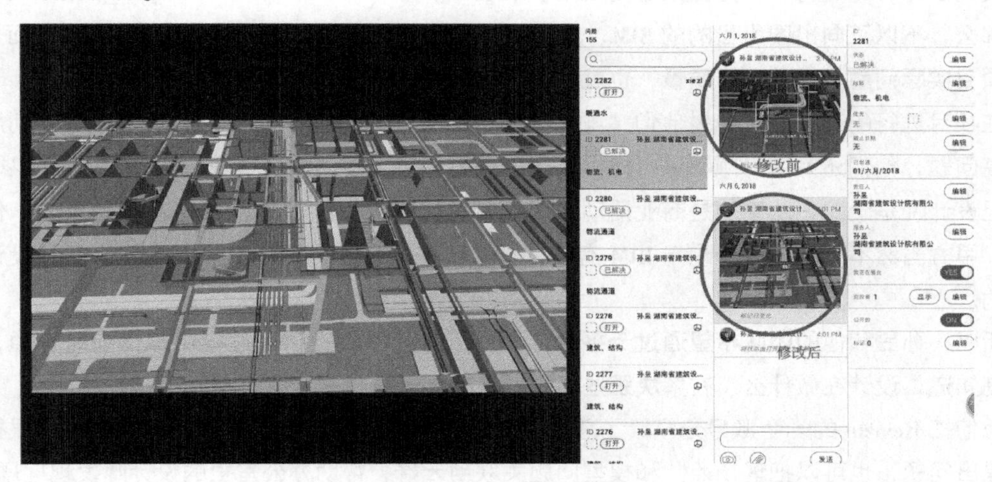

在云平台追溯问题修改

这样，每周开会的时候，他们就用问题过滤器，把已经完成的任务和不重要的问题暂时过滤掉，专注讨论那些比较重要、亟待解决的问题。

这样规模的医院项目，各种问题贯穿在整个过程中，每个重要的模型版本都要处理几百个技术问题，积累下来有几千个问题要处理，BIM 协作的价值就越来越明显。

在这个过程中，他们逐渐开辟了一条区别于微信和 QQ 的专属问题追溯路线，每个问题来自什么地方、有哪些困难、需要谁来协调、最终被谁解决，都在平台以聊天记录的形式储存下来，这样所有问题就都有一条清晰的脉络，不会被淹没在群消息中无法查找。

另外，设计院还保持着邮件交流的习惯，孙昱也会定时把 Revizto 上记录的问题生成一份报告，以 PDF 的形式发送到同事的邮箱，提醒他们关注相关的问题。

项目设计结束之后，孙昱进一步想做的事就是内部经验的积累。他们把所有问题记录都导出来，对关键错误进行统一的梳理，大家一起讨论为什么会出这样的问题，以后可以采用怎样的优化工作流程来避免问题，这样再有新项目的时候，就不用所有人都把工作重新做一遍。这为新员工提供了一套完整的案例，对团队长期发展也是一件非常有意义的事情。

5. 协作 3.0：外部客户连接

孙昱认为，用 BIM 做设计，核心的价值并不在正向设计和出图，他甚至认为，正向设计和出图没有必然的联系。

湘雅五医院是三边项目，全 BIM 出图是不现实的，湖南省院的做法是建筑专业初步设计 100% Revit 出图，施工图 70% Revit 出图，结构和机电专业则是三维辅助设计，二维出图，有一部分翻模的工作，每交付一部分图纸都用三维模型验证。

那么，不以正向出图为目的的 BIM，去做它的目的就不是为了罗列那些“应用点”，而是通过解决项目实际问题，提升工程质量，也就是提升设计院对施工方和甲方的服务质量。

在项目进行的过程中，孙昱他们“额外操心”了很多事，除了前面说到的市政管网问题、景观标高问题，他们还为项目顺利进行做出了很多努力，甚至主动做了很多二次开发来服务项目。

但设计院是企业，从事的是商业活动，如果做了这些额外的工作，最终却还是只交一份图纸出去，甲方当然不会觉得设计院用 BIM 有什么价值，甚至会觉得解决这些问题本来就是设计师应该做的。

所以，孙昱和他的团队希望通过云平台，和施工方、甲方在项目过程中保持随时沟通，让他们时刻知道，设计在做什么、在解决那些问题，在给大家帮什么忙。

他们把 Revizto 的一个账号分享给了总包方，让他们也参与到协作里来。总包方可以根据现场情况提出问题，也可以把现场照片和模型问题关联到云端，帮助办公室里的设计师发现问题。

对于业主方，孙昱和我们说，甲方和设计院都有很多人负责不同的事，双方的人点对点对接，其他人可能都不知道发生了什么问题。

而大家共享一个信息源，所有人对全局都有一个把握，设计能随时知道项目进展和甲方的需求，甲方也真正看到设计利用模型解决了哪些问题，认可 BIM 的价值。

他也对未来基于云平台解决问题的方式做了几个畅想：

1）方案团队各专业模型整合在一起，与业主方共享视口，进行远程方案汇报，然后由业主控制视口，添加建议，设计师对方案进行深化，并更新云端模型，针对甲方问题更新状态。

2）设计团队内部每个人都有账号，设计人负责上传更新自己的成果并接收校审意见，校审可以不断添加问题，将问题指定给责任人，限定整改日期。不同专业间同样可以互相提出问题，所有的职责都没发生改变，改变的只是行为都被记录了下来。

3）施工方拍一张现场照片，添加对应问题，设计方立即就此问题做出答复和修改；设计方在现场发现了某处与模型不一致，拍下照片，提出问题，责令施工方整改。施工服务是否及时有效，再也不是口头之争。

湘雅五医院项目在创新杯、科创杯、优路杯等比赛斩获大奖，还在 2018 AU 大师汇全球卓越 BIM 大赛中获得了大型项目组最佳实践奖，孙昱本人也入围全球年度创新者大奖。

现在，孙昱所在的 HD 医疗中心团队，所有的医疗项目无论业主是否要求，都会主动采用 BIM 技术，当然也包含 Revizto 云平台，并且会主动给业主方提供账号，建立多方云平台协作机制。这种工作方式也得到了越来越多甲方的认可。

总结下来孙昱认为，通过先主动提升设计质量的方式，他们不仅成功地将自己的“牛肉面卖到了 30 元”，而且几乎所有的客户都成了回头客和宣传者，主动来找他们设计医院的甲方逐渐多了起来。卓越的医疗工艺设计与 BIM 设计能力，成了他们团队的核心竞争力，BIM 到底有没有用，在他们那里已经不再是个需要讨论的问题。

6. BIMBOX 观点

当我们用 BIM 去做设计的时候，往往花了很大力气，把模型建得特别精细，最终交付的还是一份图纸，甚至都不愿意让甲方看我们的模型，以免增加修改的麻烦。对于甲方来说，当然不愿意为单方面的“效率降低”而增加费用。

很多人提到 BIM，提到高质量的设计，首先想到的就是时间紧、任务重，哪有精力搞那些花里胡哨的东西，孙昱的团队用行动说明一件事：如果设计师真能帮甲方提高工程质量，并且让他们实打实地看见到底解决了什么问题，那么甲方是会去算这笔账的。

甲方不会为你的工具买单，甲方只会为你的服务买单。

孙昱给我们分享湘雅五医院案例的时候，对于花里胡哨的 BIM 应用几乎只字未提，他谈的都是那些棘手的、麻烦的、用传统方式很难解决的问题。

无论是 BIM 还是平台，都不该是作秀的工具，而是在新技术背景下，面对项目品质、团队价值等问题，让你能做出不同选择的工具。而这些不同的选择会把你带向不同的客户。

当一位设计师说：设计就是要用最快的效率出最多的图纸，其他多管闲事的行为都是多余的。这句话真的一点毛病都没有，因为市场上永远有人不需要新技术解决问题，他们要的就是用最低的价格买到最快的图纸。只要双方需求匹配，生意就有得做，只是在这个泥潭里，大家就不要抱怨在低价区间里拼效率。

而当一个设计团队去操心工程质量，把项目后期可能出现的问题提前包揽在身，当他们不怕模型被甲方看见，甚至引导甲方和施工方多看、多使用模型，让他们在日常沟通和交底中感受到服务的价值，他们这也是公开地做了一个选择：不止出图，我还愿意做一些别的事，如果你有这样的需求，可以来找我。

而这种选择，会把他带到另一群甲方的面前。

说到底，这就是商业竞争下的品牌竞争策略——如果希望在均价 20 元的牛肉面市场里创立一个价值 30 元的品牌，你就要把价值做出来，并且让你的客户知道它凭什么卖 30 元。

孙昱说，这个项目很多事不是甲方推的，是他们作为设计去主动承担的，如果项目是甲方主导这种云平台的协作方式，推进起来一定会更顺畅。

和孙昱交流完之后，我们又找到了他们使用的 Revizto 公司，向他们询问有没有甲方主导协作的项目?

我们得到的答案是：有不少。这些甲方都是尝过云平台协作方式甜头的。

比如龙湖集团已经在全国 BIM 项目上采取模型与协作来解决多方审图、审模和管理的问题；博世集团、万华地产、普罗地产等，要求所有项目的施工方和设计方和他们一起使用 Revizto 作为统一平台，由甲方分发账号，从方案到施工阶段全员在平台上沟通问题，甚至每周都有 BIM 专题例会。

不只是大项目才用这种方式，Revizto 公司还和我们讲了一个只有 8000 平方米的小会所项目，甲方也要求全部参建方所有专业用模型进行云协作，整个过程解决了近 1000 个问题，BIM 不是目的，优化管理才是目的。

而这一系列的项目，甲方要求的最底线，就是设计方无论采用哪种方式做 BIM，都要有能力用模型和协作解决工程品质的问题，这同样是一种双向选择。

在二维图纸时代，无论你是选择快速出图，还是选择解决难题，拿出的成果都是一份图纸，没什么区别。而新技术本身并不能帮你做出选择，它们的作用是给那些做出选择的人，展现自己的机会。

我们的朋友刘思海在群里发了一句英文翻译，我认为很适合作为本节的结尾：

他们把自己局限在 BIM 的基础应用点上，忽略了让自身和 BIM 的价值回归到商业的本质，并最终把价值卖给用户。

希望你能找到属于自己的商业价值。

交流会：苦苦追寻的 BIM 人，出路在哪里？

2020 年，四川柏慕联创在成都办了一场线下交流活动，邀请了业主、设计、施工、项目管理、造价咨询等企业的朋友，一共 50 多个人，在一家咖啡厅交流了一个下午。

这场活动的名字叫“BIM 老友汇”，柏慕联创的胡林找来了几位老朋友作为嘉宾，包括 Autodesk 工程建设行业技术经理宋姗、四川省工业设备安装集团 BIM 中心负责人任睿、四川省建筑设计院数字化战略推进办主办王初翀、四川省建筑机械化工程有限公司信息化负责人李晓松，还有 BIMBOX 的孙彬。

活动持续了五个多小时，一共探讨了三个话题：关于企业、关于行业、关于个人。**需要特别强调的是，这个活动以闲聊为主，每个人发表的观点仅代表个人，不代表所在公司。**

企业话题 1：BIM 信息化推进的难点

李晓松作为信息化负责人，认为 BIM 是信息化的一部分。目前 BIM 发展的症结在于，主要应用亮点还是在机电专业，对于其他专业，施工方能直接体现经济效益的地方还不是很多。另外，BIM 软件也需要变得更好用。

目前施工图纸有一个深化的过程，这个过程经常跟不上施工的进度，如果行业能发展到设计和施工更加无缝衔接，BIM 可能会应用得更好。作为信息化的一部分，BIM 对数据起到了重要的承载作用，它的发展速度很大程度制约了企业信息化的发展速度。

任睿认为，大家说的信息化，主要是企业级的信息化，项目上有人员去做信息化的数据，最终输出的成果主要是为企业管理服务的。而 BIM 属于项目级的信息化工具，用软件去积累项目信息。比如用 BIM 做企业定额工作，做工程量、实物量，可以直接对接到 ERP 系统里去，如果效率可以满足现场的需求，解决线上线下两层皮的问题，那它也可以在满足业务要求的前提下，成为企业级信息化的输入端。

不过除了现场效率问题，数据到了企业级也会存在一些问题。像他们这样的公司，涉及的工程领域很多，企业的相关材料一年可能会积累到几万项，第三方服务虽可以帮忙做信息梳理，但解决方案还是依次排列和字段划分，这也是很多企业做信息化的难点。信息化的推进，可能是一件需要 10 到 15 年时间才能完成的事，现在很难找到一个平台，任何软件的模型都能同步上去不出现问题，更多的时候还需要人员去手工转化，这样在很大程度上影响了效率。

王初翀说，设计院也有类似的需求，也是要自己开发。有需求的时候只能自己当产品经理，去找技术方和团队，梳理需求，做出结果来。这就让不少人很痛苦，如工程技术人员，在工程领域工作很舒服，为什么要去做产品工作？反过来对于外面软件公司的开发人员来说，他的本职工作是写代码，非逼着他去理解工程项目的管理逻辑，这是不现实的。好多事不是技术的问题，而是需要有人站出来，把技术、需求、资金、立项等问题“翻译”出来。行业发展需要跨界，这让所有人都觉得很难。但她觉得这也反过来留出了一个中间地带，给一批人发展的机会。

企业话题 2：信息化推进的方法

现场一位小伙伴问，作为 BIM 负责人，怎样去说服领导和下面的员工去做信息化的事？

站在管理者视角，李晓松认为，BIM 的推动是“一把手工程”，中层首先要做的是说服领导，不是一次两次，而是很多次。你可以邀请他去参加一些有质量的会议，去好的企业参观，让他慢慢有这个意识之后，再进一步说服他，领导同意之后制订相应的 BIM 推行制度。这时候你面对下面的项目经理就不需要讲道理了，执行文件就好了。如果你是管理者，管理肯定是会产生成本的，既然公司决定要推这个东西，制订规则，下面必须要执行规则，如果不执行就有相应的惩处制度，而不是去求人家执行。

任睿说，他所在的公司，在领导动力方面没有问题，下属公司也需要做 BIM，总是来找公司 BIM 中心要人。以前他们 BIM 中心都是去下面的分公司、去项目上当“救火员”，现在他们在打破这个传统。**项目来找 BIM 中心，应该是来寻求技术支持的，而不是缺人的时候来要人。**

他还觉得，光是靠行政的力量往下压还是不够的。BIM 这个东西还不够成熟，不是下面的人拿来就能用的，所以才需要有 BIM 中心。很多 BIM 中心会去制定 BIM 标准，但是很多标准只是一个成果要求，而不是过程要求，下面的人不管是 BIM 经理还是工程师，都不知道这些标准怎么去实现。作为 BIM 中心，他们就在做这件事，让项目经理看到一条标准，就知道自己会承担多少成本，进一步会考虑怎么去跟业主要费用，或者是拒绝做这件事。如果做的话，该在内部怎样把人组织起来，知道怎么去实现。BIM 中心提供的是一个基础能力支持的工作，目的是让分公司的 BIM 服务能力有质的提升，他希望把这件事做好之后再去提行政的要求。

另外，任睿所在的公司是从支付这个角度来推动信息化平台的应用。大家要发工资，材料要付款，就必须把信息化的资料按照正常流程做进去。如果不按正常流程，将现场的材料计划、预算、目标等都是用粗犷的方式去管理，再填一份信息化的表格，你可以这样做，但这样你的工作量就是两倍。而且公司对管理层工作的审批和评审都是以信息化手段来进行的。

企业话题 3：BIM 中心的出路

这些年我们发现 BIM 中心都在找出路，设计院越来越像软件公司，施工单位越来越像设计院。

宋姗这些年一直在和各种项目的 BIM 负责人接触，在和这些团队沟通的过程中，她发现了一个普遍情况。大部分 BIM 团队在成立的头三年都很清楚自己要做什么，比如第一年写规划、建团队，做培训；第二年做标准、建族库、做试点项目；第三年开始尝试协同、二次开发或平台开发。三年风风火火地干完后，有的 BIM 团队越做越大，业务越来越广，而有的团队却有一种江郎才尽的感觉，这时候企业对 BIM 团队的资金扶持也基本结束了，接下来再写下一个三年规划，就有些不知道路在何方。她分享了一些做得比较好的 BIM 中心的出路，值得参考。

第一种是做正向设计。

BIM 正向设计这个概念是来源于行业的，基于 CAD 的设计其实也是一种正向设计。BIM 正向设计的优势在于模型的信息承载能力和交互能力更好，设计师可以在设计过程中进行分析、协同、统计，不断优化设计成果，

提高设计品质。BIM 正向设计要落地，出图的速度得赶上 CAD，同时图纸质量提升，和施工配合的时间减少，给团队带来核心竞争力。这需要建立完善的项目样板、族库和协同机制，团队的专业度和熟练度足够，最好还要有基于设计师需求二次开发的插件做补充。这样的团队最后会成长为一个又做设计又懂产品推广的机构。很多这样的团队本身处在一个很大的平台，具备培养团队的土壤。

第二种是 BIM 单专业应用的突破。

这样的团队倾向于专攻某几个专业，把业务做到极致。比如专门做管线综合，对项目提供伴随咨询的工作。这样的团队会有一套很成熟的体系，每个时间节点跟项目的参与方如何配合，要提交什么标准的成果，业主需要提供什么机制来配合他们，都会形成一套清晰的业务标准。有一些单位在这个方向上做得非常成功，甚至有的会加入一些机电预制，然后拓展设备构件加工等业务。

第三种是把 BIM 与某一项传统业务深度融合。

她的客户中有这样一个团队，他们把自己的最强项全过程咨询和监理业务，和 BIM 的技术手段结合起来，为业主提供创新型的服务。2019 年他们做了一个项目，基于 BIM 的施工监理收费，比项目本地的监理收费标准高了一半还多，而且业主还指定下一个项目还要这么来进行。他们的重点是做了很多系统性的梳理，BIM 技术如何跟实际生产结合，价值在于经验、知识和口碑。

第四种是做平台服务。

做平台服务的团队现在也越来越多了，通常也是从设计院 BIM 中心起家，实力比较强，也聘用得起优秀的开发人员。比如，他们做施工过程的建管平台，给业主提供一个可视化的数字交付产品，而且不是卖给业主，是把施工建管的伴随服务租给业主，要求施工单位不断提交完工情况、现场照片，用平台进行进度款结算，每个项目利润都非常可观。

王初翀说，设计院的 BIM 中心到底是一个什么角色？有些人觉得它应该是一个“忽悠”的角色，在外面把资金搞回来；或者是纯做技术支持，院内给资金辅助生产；也有的 BIM 中心本身就是生产部门，自己就接项目；还有些 BIM 中心把二次开发的产品做出来拿出去销售。她觉得这些路哪一条都不是唯一的答案，企业做的每一个选择，都和这家企业的基因有关。甚至说有的情况下就需要先养活自己，再想办法找到资源去做更大的事。

王初翀分享了两个故事。

第一个故事，她所在的设计院有一位前辈，自己研发了一个传感器，能做到自动化监测。但是这个成果在庞大成熟的 BIM 体系里找不到一个出口。他们通过一个很小的基坑项目，帮客户做了一个数据联动的功能。你想，基坑的模型有多简单啊，可能找不到再简单的模型了。可通过这样的数据模型联动，就能知道传回来的数据是怎么样的，是因为车辆振动，还是因为下雨影响了基坑的状况，进一步有个实时的技术判断。在这件事里面，BIM 其实根本没有深入到每一个数据，模型本身也特别简单。但它有价值就够了。

第二个故事，他们遇到了一个社区改造的项目，对方提了一个很朴实的要求：能不能在一个大屏幕上看到这个社区的情况，哪里有什么店，哪里有健身区，这样业主和社区百姓沟通的时候会很方便。交流完之后他们就发现，要实现这件事太简单了，就是 BIM 圈最瞧不上的、最基础的三维可视化，可是一个最简单的渲染结果放在那里，对他们来说就是有价值的。**在 BIM 圈子里，有很多人觉得做不下去，往外找又找不到可以创新的途径，但是在圈子之外，去和人交流的时候，会发现我们可以做的事情有很多。**

王初翀觉得，我们的研发应更注重用户体验，更注重他们想要什么，而不是把我们自己认为最先进的东西一股脑地堆上去。我们应该思考，把那些大的概念放一放，把有用的技术拿出来用到别人的场景里去，才是人家能感知的东西。

行业话题 1：有哪些新的方向?

活动期间，我们远程连线了刘思海，他曾经在机械工业出版社工作，也是一直活跃在工程数字化这个行业里的老人了。

后来刘思海去了广联达。活动中他也向大家分享了这几年看到的人，包括从出版业走到软件行业的几点感悟。

第一个感悟：BIM 有一个数据池的作用，但不能光是某个专业的数据池，想让它被整个行业所用，必须回到传统领域里，进入到企业的业务流形成一个 PDCA 循环。

第二个感悟：最近他们在大学做了创新比赛，其中一个项目是解决现场的质量问题和安全问题。实际上国家是对这些问题有分类规定的，他们就想通过 AI 技术，收集几百万张图片，让大学生做图像归类和算法的优化，最后实现用算法自动发现现场的质量安全问题，自动填报和上传，整个过程脱离了人的因素。建筑业科技发展的目的就是把人的因素给逐渐去掉。这个领域的发展才刚开始，比如说特别小的一个点：**物料系统**。

原来传统的方式是用地磅，司机可能上磅作假，甚至一辆车称两次。这些就是人为的因素。那我们怎么做呢？对于不充分上磅的情况，装一个红外定位，不充分上磅就报警；用 AI 识别车牌，避免一辆车上两次磅，然后把所有过磅数据自动计算总和，再加上识别车牌号定位物资来源于哪个公司，就可以上传到平台用于结算了。整套下来只要把逻辑捋顺，这里面就没有人的因素了，原来需要三个人的地方，现在只需要一个人就够了。

第三个感悟：数字化这件事，你从一个更宏大的角度来看是不可逆转的，国家在各个行业都把它放在最前面来推动。整个建筑业一定是奔着这个方向走的，行业里比较大的公司只能去抓一些大的领域，但是很多细分的领域，机会刚刚出现。这些细分的领域太值得大家去挖掘了。

行业话题 2：建筑业能“信息透明”吗？

任睿觉得，建筑行业没有不能透明的东西，我们现在去超市、去医院，所有的信息都是透明的，透明的东西机器才能处理。现在很多业主对 BIM 有一个明确的需求，就是点一下模型就能看成本，这个需求其实一直存在，只不过以前的技术达不到这样的颗粒度。

企业可以不去争先去做那个信息透明的排头兵，但需要做好这个准备，要不然一旦遇到那种信息透明的项目就不知道怎么做了。

我们在行业里看到很多有智慧的管理者，并不是知道了下面所有真实的数据，就一定要把它们抓在手上，一定要拿出来说事，而是说知道了这些数据，但还是会给予相应的岗位以相应的权利。数据是死的，人是活的。

其实，任何行业的改变都不是一夜之间发生的，现在我们很难想起来到底是从什么时候开始被智能手机主宰生活了，到底是从微信开始、还是美团开始离不开智能手机，你可能永远想不起来。但不知不觉过了几年，回头看，你已经没法回去了。

个人话题 1：BIM 人才应该是什么样的？

任睿讲了一位他的前同事的故事。这位同事离职后去了上海一家公司，中了一个成都项目的咨询标，他们在这个项目上没有做多高大上的东西，就是老老实实把模型建出来，把所有专业的图纸都看一遍，相互关系都搞明白，有问题就帮助现场解决。当时的业主跟咨询单位定了一个原则，通过 BIM 发现碰撞点，只要通过可视化的方式证明它确实是实在的，能省下来成本，就给他们实实在在的奖励。那位前同事在这个项目做了很多这样的工作，也得到了相当多的收益。

后来那位前同事因为一些原因决定从咨询方离职，业主方的人就找到他说：“你别走，想要多少待遇，你还接着做这件事，来我们这儿接着做。”后来他就通过这件事进了业主方做 BIM，这个项目执行完就留下来了。他这个职业发展的路线也正是对个人价值的体现，因为走施工这条路能进业主方的比较少见。

任睿甚至发现，这种职业发展成了企业人才流失的一个通道。一个新人进来，手把手带他们做项目，做到后来他一个人就能代替三个专业工长去对接所有的工人。正高兴下个项目不用重新带新人了，结果有其他企业来挖人，下个项目还要重新培养新人。做 BIM 成了个人展示自己才能的一个舞台。

这里说展示才能，要看你是对谁展示。有时候对于工长来说，做 BIM 的人就很麻烦，动不动就图纸又改了，模型又变了。但对于业主和设计院，做 BIM 要面对全专业，还得把每一个细节都扣得比别人细，这就能展示一个人对项目的了解程度和责任心。

BIM 能体现个人价值，是因为它还没有像传统专业那样一个萝卜一个坑，想多干也没机会。

但这并不是说只要用 BIM，你没有价值也能体现出价值了。如果一个人就属于那种不太愿意深入到企业工作里、不太愿意快速发展的人，BIM 是挺给他找麻烦的。而对于那些本来就想“超纲”的人，想去做一些别的事来展现自己，BIM 就是给他们“超纲”的赛道。

王初翀说，有段时间她疯狂地去了解 IFC，去学习编码的知识，这种成长其实在那几年里都是没有用的，甚至没有人能告诉她做这些事是为什么，只能自己给自己画饼。直到后来因为一次意外的 PPT 演讲被上层领导发现，让她去承担更大的事情，回过头再看前几年做过的那些超纲的事才觉得是有价值的。

她说，BIMBOX 以前写过一篇文章，叫《泡沫碎成土壤，人才遍地开花》，这几年她在观察身边的人，确实验证了这种“遍地开花”的看法，有很多人仅仅是通过 BIM 这件事入局，而后在设计方向、产品方向、研发方向，甚至是市场经营方向，找到了自己独特的赛道。年轻人是行业的未来，一个人在施工和设计这种条目细分的晋升通道里，究竟有没有可能走出自己的一条路，第一件要了解的事并不是“我能具体做什么”，而是知道这个行业里有多少还没人看到的东西，甚至行业和企业会因为他的工作细分出一个新的岗位，这件事才是我们这个已经很森严的“工程大厦”里，年轻人能找到的通路。

个人话题 2：做 BIM 还是做传统专业？

宋姗是从设计院进入欧特克的，作为结构工程师参与过机场、体育馆、学校等项目。那时候她发现，由于项目时间很紧，年轻的结构工程师通常会迅速掌握画模版、配筋等施工图的能力，但构造节点大样之类的就常套用以前项目的通用图，甚至有时可能从来都没有仔细看过这些图的细节。去施工交底的时候，很容易被经验丰富的施工员问倒。但做 BIM 的话，会逼着自己把专业的上下游和细节了解得非常清楚，提升个人对项目通盘的考虑，而且会和更多的专业有密切的协作。做到后来，机电专业怎么布线，建筑专业对结构是怎么考虑，心里会有一个数，在设计自己专业的时候，也会有意识地去考虑别人的需求。

当时整个成都做 BIM 的人一共也就几十个，很稀缺，压力也很大，要兼顾生产出图的任务，又要兼顾 BIM 部门的策划、投标，确实是很辛苦，但她的成长也很快，这些经历对她后来的职业发展带来了很多积极的影响。

李晓松觉得，房建单位想培养 BIM 人才，最好是挑选在项目上工作了两到三年时间的技术员。干了五年以上的人，在传统领域做得比较稳定了，会不太愿意进入一个新的领域。工作两三年的人，上升通道还没有完全打开，但参与过一两个项目后，对生产工艺也比较了解了，这时候转型做 BIM 能很快成长。但如果没有参与过项目一上来就纯做 BIM，一些常识可能都不懂，跟项目上的人交流说不出专业术语，人家不信服，工作效果就不好。

任睿也同意 BIM 人才要下现场，但他们公司培养的方式是新人要带着 BIM 去现场。很多做

BIM 的人比较大的困惑是没法成长为单专业的优秀工程师，不过他觉得人才分两种，有一种是老师傅，专业性特别强，但基本不可能走出自己的专业舒适区；另一种是跨专业的人才，做 BIM 的人必须以全专业的视角来工作，甚至还要去做动画、做 PPT，有的施工 BIM 人员还要嵌入设计院的流程去推动问题的解决。

在施工方，如果一个人毕业就去当工长，下班组，每天面对的是工人，是材料商，这些对象一般想的都是怎么最轻松地把活干完；而做 BIM 面对的是业主、监理、设计院，这些人做事比较讲标准和规范，讲整个项目的流程。和这些人接触，一个人对自己的约束力会非常强，对于全专业的大局观会非常强。现在他们分公司的 BIM 工长，单专业能力比不上传统工程师，但对于全专业的把控、交流沟通的能力和责任心都很强，会发现一些跟自己的施工标段都没有关系的问题，去告知业主。随着个人素质的不断提高，以后他就有可能发展成为一个项目经理。一个项目本身就是由很多专业一起去完成，他们公司就有这样成长起来的人，无论内部沟通还是和设计院、甲方沟通，都可以成为桥梁。

刘思海说，大家做传统专业的时候特别不愿意承认一个观点，就是最新的技术已经很大程度脱离了建筑业本身的逻辑，上升到了与 IT 技术交叉融合的层面了。他谈到他的一个师兄，原来在一个国内大院做 BIM 总监，现在在做机场的运维，这种项目难度很高，尤其是自动化要求特别高，收入已经是八九十万元的年薪。现在包括广联达自己招人，懂建筑又懂 IT 的人都是非常抢手的。

个人话题 3：BIM 人不该给自己设限

现场一位小伙伴谈到，机电和精装专业做 BIM 能体现价值，自己是土建专业，很难做出价值来。

任睿说，首先和施工一样，其他专业都要依附土建的结构和建筑构件，现场才能施工。土建模型是现场工作顺利开展的基础，越是复杂的项目，这个基础就越重要。土建的实际应用也是有的，比如复杂节点交底，还有图纸和现场比对，暂时技术没有完全打通的还有钢筋、模板和脚手架等，这些是类似 BIM 管线综合之于机电施工的点。

但他更想说，土建单位一般还有个身份就是总承包单位。总承包的很多职责是文明施工、质量安全等方面的工作，具体的技术工作都是分包单位来承担，甚至有时候这些事业主方还要自己去管。而且，作为专业分包，其实有获得一个与现场一致的土建模型的强烈需求，但在项目里，土建单位一般会认为这是为他人作嫁衣，很多时候各分包只能自己去复测。

但他也看到一些总承包单位优秀的人，基于 BIM 把成本、合同管理得更细，会自己去做深化设计，发现土建和分包的问题，甚至帮设计院完成一些现场方面的工作。这其实才是真正帮助业主去行使一个总承包的工作。所以有时候 BIM 给土建总承包的价值，不一定是模型本身带来直接的效益，而是提升自己在业主那里的口碑。前提还是你希望“超纲”，希望别人发现你的能力。

宋姗说，在一线画图的设计师，成长路径是有一套固定模式的。在工作的前几年很少有机会去全局了解一个项目，BIM其实提供了一条捷径，让设计师有机会去参与管理的工作，有机会从大局上去看一个项目，这也反过来让他们更知道自己的设计工作重点在哪里。她以前的一位同事是做结构的，心心念念想转建筑专业，一直没有机会，后来他是走先做BIM的这条路，成为项目经理，现在已经在地产设计部负责很多地标项目，深度参与到设计的决策和实施。所以，设计师的职业道路其实有很多方向和未知性，不要把自己禁锢住，还是看个人想法和行动力。

王初翀说，既然踏进了BIM这条河，就不能只把自己当作一个技术人员，如果认为自己只是个技术人员，就会把自己限定在一个格子里面，那就必须接受技术的天花板。

而建筑行业很多的问题，其实不单纯是技术的问题，如怎样争取领导的支持，怎样在给同事“添麻烦”的时候获得他们的配合，怎样筹备一个计划，怎样搞到项目资金，怎样做工程和IT的翻译，怎样交付出一个符合用户场景的产品等。这些问题对于我们工民建专业出身的人来说，都是没有人教授过的新问题，而每一个问题的答案都隐藏着个人发展的新机会。

来到现场的小伙伴牛智祥分享了他的观点，他自己是学采矿专业的，本来跟建筑行业一点关系都没有。但他认为人不应该给自己设定限制，学什么专业只代表人生的前三分之一。

他做BIM，什么图纸都看，幕墙、智能化的东西也看，做BIM得看得懂系统图，知道管道排布的规则，什么梁能穿什么梁不能穿，屋面是什么样子的，不仅要了解图纸，还必须要去现场测量。每个人如果都是待在自己的专业里，不去了解其他专业，BIM是没法做的。

牛智祥说，不要自己想象我是做钢筋的，我是做暖通的，如果一定要定义，你做BIM就是做连接的。

BIM人的未来，是在一个信息网络里做一个信息节点，项目有变化，别人会找你，人家遇到问题会来找你解决，施工的人会找你帮他对接设计院、对接业主方，如果你能成为这样的节点，你的价值才会体现出来。

BIMBOX认为，这世上从来就没有“只要……就……”这样的保证。没有人来保证，只要你学会厨艺就能当米其林主厨，只要你开咖啡馆就一定能赚钱；也没有人给企业保证，只要你做短视频就能成为抖音，只要你做电商就能成为淘宝。实际上大多数人还是平凡的，大多数企业在新技术探索上也是失败的，我们更不能奢望一个技术能改变自己的人生轨迹。

我们在线下见到了很多优秀的人，甚至已经有所成就的人，但并不想给你一个误解，只要做 BIM 就能怎么样，那些优秀的人都是不给自己设限的，BIM 只是在这个快速发展的时代，给不甘于传统的人提供了一个机会，它不是什么屠龙宝刀，能不能成为更优秀的人，还是看自己。

第 3 章

故事：一个时代的亲历者们

时代是由人构建的，人反过来又是一个时代的观察者。BIM走到今天，每一个人都尽了一份力，也亲历了属于自己的悲欢离合。

本章，我们在千千万万的人里，选出了一些我们熟识的人，有打工人，也有创业者，把他们的人生回溯，不希望歌功颂德，而是用最平实的语言讲述他们的故事。

信息麦田里的数据农民

“人们看多了一望无际的麦田，就以为地球本该这么平坦。”

1.

2018 年，公众号“郏县之窗”发布了一篇招聘广告，广告投放者是河南千机数据科技有限公司，招聘岗位名称叫：**AI 标注员。**

千机数据科技的老板刘洋锋在广告里这样描述这个岗位：“你的一些想法就代表了 AI 的想法，AI 会根据你加工的数据进行深度学习，从而实现智能化。”

刘老板没有说谎，不过他知道，这么说有点夸张。

广告发布不久前，县里有领导来公司参观，读起墙上的海报：“千机数据服务于百度公司、阿里巴巴、京东、腾讯、滴滴等世界 500 强及行业独角兽企业。”领导看后，赞不绝口：“刘总，你们这是高科技产业啊！人工智能！好！”

刘洋锋腼腆地笑笑，什么也没有说。

倒退两年，刘洋锋自己也没有听说过数据标注这个行当。**所谓数据标注，用当地人的说法叫“拉框”，工作内容和 QQ 截图差不多。**

打开照片，按照要求，用方框把照片里面的东西框出来，每个方框都严丝合缝地贴着目标边缘。图片里所有目标都要被框出来，不能有遗漏。照片五花八门，大多是从网络上抓取的，清晰度很低。甲方的需求也是千奇百怪，有要求标注行人的，有要求标注红绿灯的，也有要求标注垃圾桶的。

这些需求背后的甲方，是大型科技公司的人工智能团队，“拉框”工作生产的数据，是给这些公司用做 AI 训练的。刘洋锋的工作，就是用成千上万的结果告诉人工智能“这是什么东西”，再通过深度学习算法加工，让人工智能能够自动识别它们。

人工智能识别这些东西有什么用？千机数据的员工并不知道。他们只是知道，每隔几个月，老板会跑一趟北京，拿回项目来，员工们拉一天的框，能挣到一百多元的工资，比起在超市干收银员，这活儿轻松不少，说出去也有面子。

2.

2010年，还在广州番禺职业技术学院读书的区展聪在系公告栏看到一张彩印的海报，标题是《BIM建筑革命》，配图则是在那个年代非常洋气的三维管线综合效果图。

区展聪其实并不明白这个BIM是什么东西，但好奇心已经被唤醒。

第二天，他和同学就去参加了这场“建筑行业信息化革命”的讲座。几个小时的时间里，他听到了无数在课堂上从未了解的内容，二维与三维同步、VR仿真、模型数据、信息管理等概念不停冲击着他的心灵。讲座是一家BIM咨询公司主办的，主要是为了招收实习生。对于正面临就业迷茫的区展聪来说，谈不上什么对建筑业未来的期待，他希望的只是找一份工作。

那家公司很快就在学校的机房开展了BIM培训，区展聪报名参加了。软件是Revit 2010版，学习内容就是翻模。他不是一同参加的同学里最有激情的，却是少数坚持到最后的同学之一。

很快，区展聪见到了公司的马经理。随之而来的是第一个实习项目——30万平方米的商场。没有数据分析，没有协同设计，没有5D模拟，工作内容很简单，墙、门窗、楼板、楼梯，一个又一个三维构件被添加到文件里，像是搭积木。

按照公司的模板，他把模型上发现的问题记录下来，编成一份问题报告，交上去，项目就完成了。

“你挑出来这些问题，都是那些经验丰富的设计师犯下的错误，被你这个在校生找出来了，可想而知，你掌握了BIM之后，有多厉害。”公司领导事后这样夸赞他。

“使用BIM的企业都是行业先驱，没想到做起来就这么简单。”年轻的区展聪想。

3.

2007年，计算机视觉专家李飞飞第一次试验用数据标注训练人工智能时，以每小时10美元的价格雇用了一批普林斯顿的本科生为她“拉框”。

2009年，她和一群华裔学者建立起一个超大图像数据库。2010年起，每年他们都会举办一次计算机识别竞赛，参赛者拿出自己的算法，以数据库内120万张图片为训练样本，经过训练的算法再去识别另外5万张新图片，看谁的算法识别率更高。

数据库里面的每一张图片都是经过人工标注的，这一点很少有人知道。

一晃八九年过去了，当时普林斯顿本科生干的那些活儿，飞入了中国河南、河北、山东的小城，成了一个产业。千机数据科技就是活在产业夹缝里，专门为"独角兽"们服务的数据工厂。

刘洋锋开过挖掘机，在全国跑过饮料瓶推销，在云南红河卖过葡萄化肥，还在珠海做过一段单片机。

公司从策划到成立一共用了三天时间。标注软件是客户提供的，办公桌是在平顶山旧货市场买来的，第一批员工则是他开手机店的亲戚在微信群里找来的。

首批员工有初中毕业生、家庭主妇、手机店员，很快大家就能熟练操作了，计算机也从 20 台逐渐扩充到 500 多台。

刘洋锋的公司就像个大网吧，所有计算机和沙发也确实是从网吧二手收购过来的。沙发坐久了腰不酸，原价每个 400 多元，刘洋锋买的二手，每个还不到 100 元。

这份工作的门槛几乎为零，只是**打开人家的网页，用人家的软件，在上面把人家的数据，按人家的格式给人家处理好，交给人家。**公司接触不了关于 AI 的任何东西，数据自己也保留不了。

千机数据一名 20 多岁的员工鲁冰冰说："我现在也没有想明白，这个事它到底是做什么，不过我是出来工作的，只要给工资就行了。"

现在拉一个框，员工收入 6 分起，最高能到 1 角钱。北京也有类似的同行，不过那边工资高，招来的员工也多是中专和大专生。刘洋锋只招初中、高中学历的人，他自己也没读过大学。

他说，就拉框本身来讲，"**众生皆平等。**"

4.

区展聪想通过 BIM 得到一份工作，他成功了。

进入公司的时候，他还身兼着学生的身份。公司的计算机配置好，还有空调。休息的时候，就和其他几个年轻的同事用高配计算机打打游戏，工作的时候，就研究建模，浏览 BIM 论坛和网站。帖子看得越来越多，区展聪却没觉得里面描述的未来和自己有太大关系。日常的工作还是搭积木、摆模型。

如领导所说，利用 BIM，他总是能比设计师更快地发现问题，可他只能发现问题，却不知道这些问题该怎么解决。

专业上的事，他不懂。接手的第二个项目，是柳州的一个展馆，他的工作是给外部钢结构建模。这个项目，区展聪遇到了新的问题：他不会读钢结构图纸。那些承载着结构工程师们无数计算和行业标准的线条，对他来说像是天书一样。

琢磨了一天无果，他跑回了宿舍，想做一只鸵鸟，找个借口不做这个项目了。几天之后，向老板给他打电话，一顿思想教育之后，又远程教他怎样读图、怎样建模。加上另一位同事刻苦钻研的精神打动了他，他回到了公司，和那位同事一起建模。

模型刚刚建完，又接到向老板的通知：现场已经干完了，但为了保证模型和现场统一，让后续专业能够正常使用，模型还要连夜改。那位刻苦钻研的同事叫 Oscar，项目后期，对内主要靠他的彻夜琢磨；对外主要靠向老板的伶牙俐齿。

最终，这个项目居然神奇地完成了，不仅有模型，还出了量表。

完工的时候，向老板戴着安全帽，夹着笔记本计算机，现场摆放的幕墙嵌板和量表上的如出一辙，遇到找不到安装位置的嵌板，向老板翻开笔记本计算机，摆出模型，现场提示。

虽然和人们宣扬的“全生命周期管理”相差甚远，公司总算是履行了合同，交付了错误检查和量表。

柳州项目的庆功宴上，向老板问区展聪：“毕业后，干 BIM 不?”

区展聪想了想，说：“干。”

那个时代，所有人都在写文章，谈数据提取、信息传递、设计协同的未来，但实际项目里，区展聪用到的，就是翻模、碰撞检查、出材料表。

有点无聊，有点空虚，但能赚到钱，就很不错。

区展聪完全不知道时代会往哪个方向发展，只是抱着既来之则安之的心态，把 BIM 做下去。

5.

郏县有一家网红饸饹面馆，老板的儿媳妇是个网红主播，在一家短视频平台上有 80 多万粉丝。经常有粉丝慕名而来，也给面馆招来不少生意。视频里的她和本人有很大区别：眼睛变大了，皮肤变好了，下巴也变尖了。短视频软件的滤镜把她变美了。

滤镜靠的是人工智能，可以实时瘦脸、大眼、磨皮。APP 之所以能识别哪儿是眼睛、哪儿是下巴，正是因为事先有人标记了那些五官。

29 岁的马萌利是千机数据的员工，她也经常来这家面馆吃饭。看着老板媳妇自拍的样子，性格开朗的她总会咯咯地笑起来。几年前，她们的命运还很相似，后来技术将她们塑造成了两类人：

女主播运用 AI 提供的便利赚钱致富，马萌利成了每天为 AI 打工的人。

马萌利开过网吧、做过超市收银员，现在在千机数据做这份工作，收入比收银员高，办公室有沙发、有空调，还能早下班陪孩子，她对现在的工作很满意。

每天的工作从早晨 8 点开始，坐到工位，打开计算机，输入用户名和密码，移动鼠标开始标记，日复一日，每天持续 9 个小时。

她标记过人体关节、道路上的交通工具、房间里的家具。她只知道这些是给人工智能学习用的，具体学什么、做什么用，她不了解，也不太关心。

普通人只知道人工智能用在美颜 APP 里，它就可以知道哪里是内眼角、哪里是外眼角，瞬间扩出大眼睛；用在智能音箱里，他就会懂得“关机”和“十分钟后给老板打电话”是什么意思。

但绝大多数人并不知道，它们的背后，是千机数据这样的公司里，马萌利这样的 AI 数据标注工人，用最原始的办法，一张图接一张图地手动标记，一段一段地对照文字录音。

他们永远是任务的被动承接方，那些发过来的图片包，信息都是被打散的。千机数据的每台计算机都没有硬盘，整个办公室连着一台服务器，标注好直接上传，没法用 U 盘复制出来，也没法添加别的图片进去。

公司一名 31 岁的员工王泽方说：**“以前我以为人工智能会自动分辨东西的，做了这个以后才知道原来是我们分辨了之后再教给它。人工智能啊，就这样。”**

李开复曾撰文表达过对 AI 技术快速发展的担忧，认为这将导致社会结构的洗牌，贫富分化加剧。特斯拉首席执行官埃隆·马斯克也是坚定的 AI 研究反对者。

刘洋锋和马萌利这样的人，并不会思考这些问题。数据标注工厂是人工智能产业体系里最末端的“毛细血管”，千机数据这样的小公司都是在巨头的夹缝里生活。

但这并不影响马萌利对自己工作的满意，也不影响刘洋锋继续扩张公司规模。对他们来说，这就是一份营生。

6.

2011 年，正当区展聪被翻模搞得疲惫不堪时，公司突然接到了新业务：**做动画。**

区展聪上网看了看其他公司的动画，只有少量的优秀作品：阴影柔美、反射真实、旁白大气、字幕专业。而剩下的大多数动画，不是Navisworks呆板的漫游，就是打着录屏软件试用版水印的Revit界面录屏。

区展聪觉得，这个事他也能做。

琢磨了一个多月，他把主流的动画软件学了一遍，也能做出个光影差不多的漫游动画来了。老板看到他对这东西感兴趣，就对他说："好好做，大家的劳动成果就靠你们来包装了。"

之前遇到的项目，总是刚会一点点就被赶鸭子上架拉到现场。这次也不例外，很快区展聪就被老板拉到了新的项目上。

客户的需求是要一个完整的项目介绍动画，内容要包括项目概况、进度计划、难点施工方案、工程目标、客户企业文化。这一次，区展聪又是在老板的鼓励和同事的支持下，硬着头皮做了一版动画。

客户看完这版动画，对他说："项目的情况可以说得更复杂点，显得充满难度。BIM这个噱头也不要浪费，把应用效果说得更好一些。要让业主觉得，我们施工质量高，现场管理好，工程进度快，为他们节约的成本多。"

给项目做动画谈不上什么艺术灵感，区展聪能做的只有两个字：**熬夜**。一直熬到业主汇报会的当天。

会议上，播放"项目概况"时，业主看得很专注；播放"施工难点及解决方案"时，专家们看得很专注；播放"BIM现场管理措施"时，业主和专家们看得都很专注。

会议后半段，经理上台给业主和专家们讲解这个BIM应用是怎么回事，大家听得很认真，但随着经理的演讲结束，大家就讨论起工期、质量和解决方案。

对于BIM，大家点头微笑，却并没有发表更多意见。散会时，屏幕上继续播放着区展聪熬了一个月做的动画，磅礴的音乐声回荡在会议室里，但业主和专家们都已经迅速离去。

7.

2018年，数据标注产业一下子涌进了很多竞争者，大公司的业务被稀释到很多外包商手里，一个月只有10天的活儿，却要发30天的工资，不少老板都不做了。

刘洋锋却和最早合作的Momenta、旷视等公司，以及后来合作的百度、阿里巴巴等公司，都保持着联络。靠着从多家公司获得业务，公司度过了财务难关。

2018 年，千机数据又接到了新的业务：**人像数据采集。**

这一年，国内 AI 产业突然增大了人像采集的需求，这成了新商机，河南、云南很多公司都在抢这个业务。每个被采集的人都要录各种装扮、角度和光线的视频，时间至少要 45 分钟，采购价每人 100 元，在一二线城市，这个价格根本吸引不到志愿者。

一开始，千机数据在郏县做人像采集，后来人少了，刘洋锋就在县城下面的薛店镇开了个分公司，继续采集。

公司门口放着一台音箱，全天滚动播放着劲爆的音乐和浑厚的男声：“通知：年龄在 18 ~ 50 周岁的，请前往薛店镇三苏路口南 50 米路西，免费领取价值 58 元 5 升食用油一瓶，或 10 斤精品大米一袋！”

公司大厅摆了几组摄像头，门口堆满了成箱的大米、豆油和卫生纸。每个房间都在拍着视频。农民们对着摄像头，听着员工的指令，“左”“右”“转头”，摆动自己的脑袋。接着还要摘下眼镜、戴墨镜、戴上头巾、涂上口红，场面十分有趣。

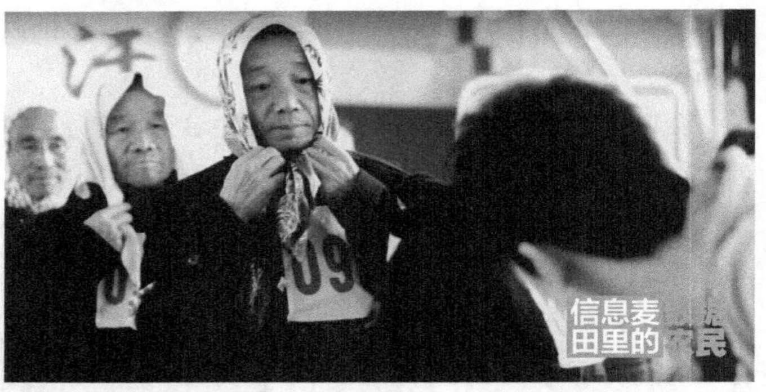

有农民大叔路过，好奇地过来问：“这是弄啥咧?”

“过来拍一下人像，就送大米，油也行。”

“干啥用的?”

“做智能门禁，有的写字楼、高档社区，人一过去门就刷开了。有的光线不足就刷不开，人家想解决这个问题。”

“噫……”大叔犹豫了一下，走了进来。

40 多分钟后，大叔领了一桶油，得知再拉一个人来还能领一瓶洗衣液，过了一会又拉来了两位大姐。刘洋锋说，在郏县县城做人像采集，50 元钱一个人。而在薛店镇，直接给钱，农民们会认为他是骗子，所以就想了送米送油这个法子。

有人一家老小从几十公里外的县城赶过来，拍摄一小时，换几桶油回家。

每人 100 元的采购价，去掉给农民的奖励、员工的支出，平均每采集一个人能赚 20 元，一个拍摄点每天最多能拍50个人。

“比起以前做app地推，这个钱不好挣”，刘洋锋说：**“那也得挣，活下去才有机会。”**

8.

给项目做完了动画，区展聪感觉有点失落。

他觉得这个项目里，BIM做了很多的工作，但似乎不怎么被人重视。BIM和现场走在两条平行的路上，现场的人很少和他们交流，发现问题也不来找他们解决。只有快要汇报的时候，项目上对动画催得紧。

项目结束之后，他跟老板提出了这个问题，老板沉默了一会儿说：“这个项目，是总包高层在推动BIM，但实际实施的是分公司的人，他只是调过来帮忙的，BIM搞得好不好，跟他没有直接利益关系，过程中多一事不如少一事，最终弄个动画，交差了事。**这不是技术能解决的问题。**”

项目结束后，区展聪回到平淡的日子里，每天的工作就是学习案例。他能够照葫芦画瓢地完成那些案例，却依然不知道里面的因果关系。计算机桌面上的软件图标越来越多，同事也对他愈发敬佩，成为“BIM高手”的他却没有感觉到预想的充实。他总感觉自己的劳动成果是一种可有可无的附属项。

在那之后，区展聪参与了有报奖需求的复杂项目，也参加了客户要求很高的香港项目，每一次都是临阵磨枪，赶鸭子上架，每次都是刚过及格线地完成了任务。

香港业主对建模的精细度要求很高，提过来的需求文件，对模型的拆分规则、构件的命名、参数的命名、成果交付的方式等节点都提出了明确要求。区展聪问同事，模型做这么细干什么用？同事说，好像是业主后续要拿这个模型来做成本、运维的应用，所以对模型有特定的要求。

SEP-2016	OCT-2016	NOV-2016	DEC-2016	JAN-2017	FEB-2017	MAR-2017	APR-2017	MAY-2017	JUN-2017	JUL-2017	AUG-2017

2012年，建筑业吹起了全生命周期管理的风，各种会议、沙龙、门户网站、文章都在谈信息

化。区展聪一直在关注，好像一直在吸收着知识，却又觉得没吸收到真正的知识。

信息化的水越来越深，他却说不清自己在水面还是在水底，或者干脆就是其中的一滴水。

2013 年 9 月，区展聪离开了那家咨询公司，去了设计院继续修行。

9.

千机数据成立时，几位创始人预估，这个公司也许只能开三到五年。

所有人都在讨论 AI 代替人工的可能性，可在郏县，拉框的工作短期内还不会被机器替代。刘洋锋说，他们除了人脸、车辆、3D 云图、语音，还在录入各种不同的样本，在这些样本里，雨天、雪天、晴天、多云都不一样，服务的行业和客户也不一样。

AI 圈里的人有句话：**人工智能，有多少智能，就有多少人工。**

2019 年，刘洋锋的业务开展得不错。合作伙伴的名录里有百度、Face + + 、Momenta、华为、阿里巴巴、腾讯。公司从事拉框标注的有 400 多人，在许昌、南阳、平顶山和周边乡镇开设了分公司。

一个行外人去看千机数据官网上的业务介绍，很难想象这种高精尖的文字背后，是一群怎样的“数据农民”在耕作。

尽管做的事很基础，但他希望把千机数据做成中国最大的数据采集和数据标注基地。

“这也算是我为中国的 AI 做的贡献吧。”他说。

10.

2013 年区展聪去了中机国际工程设计研究院，2015 年又入职广东博意建筑设计院，主要做 BIM 设计研究，也接一些 BIM 咨询的业务。在设计院，他给设计部门做软件培训，还有样板、族库、建模、出图等标准的制定。不过因为进度、成本等原因，设计院的同事还是习惯用 CAD 设计。

2017 年，院里架构重组，领导层决定，先不搞 BIM 了。区展聪离开了设计院，去碧桂园森林城市公司，为甲方项目部提供 BIM 技术支持。

在甲方，他主要协助项目部做 BIM 应用。大多数的项目还是只用到碰撞检查、管线综合，只有极少数的项目可以真正做到施工环节。项目部的人很忙，要考虑的事情也多，让他们学 BIM，大都有心无力。

他们现在的项目，会把数据上传到 BIM 平台，除了模型，还包括一些文档，比如产品说明书、检查周期、供应商等。

区展聪说，他认可建筑信息化的理念，**计算机对字节的处理，一定比人对实体的处理更高效。人们应该思考，有了这些信息，怎么创造效益，还要思考信息安全的问题。**

现实存在的问题是，信息录入很烦琐。负责人、录入时间、录入标准、检查标准，都要在合同里明确，否则人们懒得录入，信息流失，数字化也就废了。项目部的同事都有自己的职责，不可能要求他们为了什么 BIM 理想，去干本职工作之外的事。他会在工作中想办法协助他人，但不会强求他们用自己提供的方法。

2019 年，区展聪很忙，心里的疑惑也没有原来那么多了。

现在的他觉得，工作就是工作，少去想那么高大上的应用，把自己的事情做好，别人用不用自己的模型，留给别人去选择。

对于曾经翻模的经历，区展聪说：**“那段经历养活了我，也造就了我，我现在拥有的大部分东西，都是 BIM 给予我的，我很感谢 BIM。”**

偶尔还会有咨询公司的人找到他谈 BIM，看到比自己年轻的人在走自己当年的路线，他觉得，不同的人，资历不同，社会关系不同，该走的路都要走，不能评论好或者不好，也没必要硬和传统行业去比。

非要给什么建议的话，那就是少熬夜，注意身体。

后记

历史是由故事编织而成的。

故事需要分两个版本，讲给两种人听：**一种是相信故事的人，另一种是帮助第一种人把故事实现的人。**

第一种人喜欢的故事很纯粹，他们要解决的是关于未来的梦想，需要的是一种可能。

第二种人喜欢的故事很现实，他们要解决的是关于当下的问题，需要的是一份工作。

人们看多了一望无际的麦田，就以为地球本该这么平坦，却忘了那是麦田里的农民一点点耕作出来的。

尽管农民们从不觉得，自己的耕作是为了什么诗意的麦田。

伟大、致敬、平凡、坚持，这些词汇是别人写给他们的。

他们只是每天完成工作，回家看看孩子，盼着今年收成好点，粮食采购价格能高一点。

注 1：本节故事取材自 GQ 报道《**通往未来之路丨那些给人工智能打工的人**》（采访、撰文/刘敏，编辑/何瑶，摄影/张博然 Eric），区展聪知乎系列文章《**装 BIM**》，以及 BIMBOX 对区展聪本人的采访。文字及图片经过改编，BIMBOX 已获得双方授权。

注 2：在我们的文章《BIM 政策有谣传，学个软件就赚钱》中，由于工作疏漏，把区展聪的“区”写成了“曲”字，这个错误也被带到我们的纸质书《BIM 大爆炸》相关的章节中，后经过交流，区姓念“ōu”，在此特别向区展聪先生致歉！

小米加步枪：向软件宣战的 BIM 工程师们

本节是一个关于一线施工工程师挑战软件商的故事。

这个故事已经酝酿了很长时间，这期间我们见了很多人，收到了大量正面和负面的意见。

有人说，你们这么写误人子弟，不是每个工程师都要去学编程。

有人说，一个尚未成型的标准，不要急着去评价。

还有人说，无论你们用什么视角去写，都会有人看了不高兴。

但我们还是把它写下来了，因为我们不希望那些工程师们做过的事，只成为他们自己的回忆。

1. 爱笑的姑娘

李艳妮是一个在施工单位难得见到的可爱姑娘。

她笑起来很甜，声音也好听。再正经的聊天也会甩几个萌萌的表情包，再严肃的演讲也会咯咯地笑出声。

很多刚认识的人都以为她是学播音或者学舞蹈的，施工这玩意，跟她不太搭界。

不过，李艳妮却是个性格随性、专业成绩优秀的标准理工女，是班里唯一刚毕业就扎进施工单位的女孩子。

入职后，公司想让她做行政，李艳妮就不停和人事协商，硬是一屁股坐在了一线施工的技术岗，上班时悄悄跟着师傅学电焊，下班后还跑去上尖坡项目部附近的小学做支教。

李艳妮现在中铁21局路桥公司专职负责BIM技术，她是一个遇见合适的事就固定下来好好做的人。

几年前她看到照片级的渲染图后，芳心大乱，愣是脱产一个月学习3D MAX，后来又遇见了能加参数的Revit，自此入行BIM一去不复返。

2017年，她对IFC这种称作完美数据传输的格式产生了浓厚的兴趣，就试着把有IFC功能的主流软件Revit、Tekla、ArchiCAD相互试了试，发现不是丢失构件就是缺少颜色，甚至同一软件导出再导入后都会有缺失。那时候她隐隐觉得，传说中万能的IFC，使用起来也会遇到一些问题。

2019年4月，不常刷微信的李艳妮偶然看朋友圈，发现好几个业内朋友发布了“中国BIM技术体系与应用实践高级研修班”第九期的招生信息，她问了后来的导师焦婷后，决定报名去试试。

2. 恼人的数据互通

2019年4月，戴路发了一条朋友圈：“高强度训练，全程免费”，他想推荐圈里的朋友来参加下一届研修班。作为BIM高级研修班第八期的优秀毕业生，他成了下一期的导师和推荐人。

他专门做装配式建筑的好友程鹏看到这个消息，马上联系戴路，决定让戴路推荐他加入第九期的研修班。

后来的比赛里，他俩进入了同一个战队，戴路做导师，程鹏做队长。不过在当时，俩人谁都不知道后边会有一个高强度的比赛，比赛内容更是他们以前不敢想的。

戴路是在一线工作了十几年的施工技术人员，2012年开始接触BIM技术，他仿佛看见了职业生涯的新方向。2016年，他跳出施工现场，进入了BIM专业，如今在中建三局总承包公司专职做

BIM管理工作。

现在回想起来，和每个一腔热血扎进BIM圈子的年轻人一样，到了现场，戴路没有感受到想象中的光鲜亮丽，反倒是觉得越走越见瓶颈。偶尔他也会感慨，如果当时坚持把施工做下去，也许会发展得比现在好。但既然上了这条船，就想默默把它划好。

当然，船不好划。

BIM过了翻模、算量、检查问题的门槛期，再往前走，就要碰数据这个盒子里的“魔鬼”了。

尽管参加研讨的时候，戴路总会听人讲数据，自己也会谈数据，但作为一个有经验的施工技术人员，他深知在这个行业数据到底做到了什么程度。

第九期研修班的主题是“装配式与BIM”，想利用信息手段实现设计、加工、运输、装配的统筹管理，至少要交出两份数据，**一是ERP信息平台需要的管理数据，二是工厂需要的自动化生产数据。**模型要进平台，现场管理需要获取数据，分包对量、进度管理、合同管理、供应链管理、财务管理，还是要数据。

给数据找场景其实一点都不难，可海量的数据谁去填呢？

设计阶段，BIM模型里自动加入的尺寸信息没有问题；而到了施工深化阶段，一块板的连接形式、构件运距、吊装方式要数据；再到施工实施阶段，构件出厂日期、运输时间、现场验收还要数据。

这些数据都写进Revit模型的属性信息栏里吗？每个岗位的人都要装上Revit吗？加工厂用的是Planbar怎么办？钢筋厂用的是Tekla怎么办？

用IFC搞数据互通，能行吗？

戴路的战队做了一个测试，四款软件用同样的模型导出一份IFC，字段数都做不到一致，再互相打开IFC，构件会丢，数据也会丢。

导出方（IFC2×3）	Revit	Planbar	su	Tekla
IFC格式行数	18356	22882	33623	37664
IFC文件大小/kB	579	724	2101	2889

工程师们寄希望于软件商之间的合作把数据互通的事解决，但这事迟迟没有着落。

他们不想等，那就自己造数据。戴路在第八期研修班听到了这个理念，本以为这个东西会在一段时间里停留在理论研究阶段，没想到实操来得这么快。

2019年9月，戴路推荐的四位朋友全部通过了入学资格考试，他们接到通知：第九期不仅有培训，还要组队比赛，来一场正面较量。

他们和另外五位从未谋面的BIMer组建了第三战队。

能行吗？戴路想。

3. 第一次打击

比赛名称是第一季“中国 BIM 好数据创意赛”，过程是通过一系列的行动步骤，解九道题。

其中一道题，要利用现有的标准生成一个 IFC 模型。

第八战队的程旭看到这个题，乐出了声。

吃晚饭的时候他和队友说：“这题太简单了，咱们回去两小时搞定，咱们用 Dynamo 导入生成 Revit 模型，再导出 IFC 就完成了。”

结果，从晚上7点搞到了凌晨5点。

导入表格，在 Dynamo 中显示没问题，导入 Revit 显示没问题，导出 IFC 没问题，但是 IFC 导回到 Revit 却丢失很多图元。

从 IFC 2.5 再到 IFC 4，最后一路试错到 Navisworks，都会丢失图元。

凌晨4点，程旭找到了原因：Dynamo 写柱子有很多种方式，他选择的那一种方式，Revit 兼容，IFC 不兼容。

程旭后来说：**那一刻，我对于 BIM 软件进行信息传递彻底失去了的信心。**

他毕业后很不容易进了设计院，2013 年开始接触 BIM，后来去北京一家公司做了两年的技术支持，又带着一身软件的本领进了太原建筑设计院，从买桌椅、配软件到人员招聘，一手操办了 BIM 中心的建立。

2018 年，程旭老婆生孩子需要陪伴，他辞去了工作回到沧州，进了大元建业当上了 BIM 中心主任。在一家横跨了设计、施工、监理、构件生产等领域的集团里工作，他希望把 BIM 用到从方案设计，到政府沟通，再到施工竣工用户入驻的整套环节里去。

现实总是很骨感，没有太多人愿意陪他去达成理想，也有太多技术障碍阻拦着他实现理想。

2019 年，迷茫的程旭在中国 BIM 经理高峰论坛上听到一个演讲。让程旭燃起希望的，是要做中国自己的建筑业信息分类编码标准。

第九期 BIM 高级研修班入学考试，是对程旭的第一次打击。

2019 年7月在线答题报名，程旭考试没有通过。后来由于在战队中表现积极，总算获得了补录资格。9月开始，入学的学员开始组建微信群，由往届的毕业生当导师，学习理念和编码方法。

和李艳妮、戴路一样，他很快收到了通知，要把这些方法付诸实践，团队自己编标准、写构件编码、生成模型，出图算量。整个过程，要让数据脱离建模软件，独立存在。

和程旭一起报名的，还有同队一起参赛的李常兴。他们不知道，后边还有更大的打击等着他们，也不曾想，他们两人一个会最终代表战队走上演讲台，另一个会成为战队的救命稻草。

4. 爽约的未婚妻

李艳妮很少发朋友圈，从 2017 年到 2019 年，一共发了 8 条，平均每年 3 条。

2019 年 6 月，她发了当年的第一条朋友圈，一发就是爆炸性新闻：**在公司无数男生的叹息声中，李艳妮正式宣布脱单。**

四个月后，她和男朋友约定在十一长假订婚。

工程人员有自己的十一长假吗？好像没有。订婚日期就这么被推到了 10 月 16 日。

高级研修班的通知接踵而来：**10 月 16 日，所有团队到南京参加决赛，于是订婚日期又要继续推迟了。**

她未婚夫估计这一辈子听到 BIM 这个词，恐怕都愉快不起来了。

李艳妮的战队也把比赛想简单了。初赛阶段拿到试题，大家觉得工作量不会太大。

他们选了一个相对简单规整的装配式项目，找到了全套的 CAD 图纸。

接下来不就是按构件把编码标准定出来，再把属性信息填到表格里，用 Dynamo 生成个模型，这不是很容易就能完成的事嘛。**可真到了写标准的时候，队员们发现，软件商是真有难处，开发的难点是真的多。**

墙、柱、板、梁、楼梯，对应的参数完全不一样，标准要单独编。更别说后边还要不依赖现有的建模软件，独立开发程序来处理这些编码。

从 9 月到 10 月，队友们微信群聊、视频会议，像是坐过山车，他们一阵子觉得拨云见日，又一下子陷入新的混沌中。

十一长假马上结束的时候，整个队伍要人没人，要专业没专业，标准不完善，编程更是前路漫漫。10 月 7 日那天，五战队的队长王松心情烦躁，带着孩子去逛书店，看到一本关于国家 5G 发展战略的书，讲到了我们国家从 1G、2G 缺席，到 3G、4G 跟跑，再到 5G 的领跑。

他忽然就有了一种使命感。后来他在群里和队友说：我们一直在想办法，开发 CAD 插件，用 Revit 来处理数据，为什么不能勇敢地迈出直面数据的那一步呢？**我们参加这个比赛的意义，不就是为建筑行业数字化开创一条新路吗？**

当然处理数据我们的确不专业，更不擅长编写软件。**但问题谁都会提，我们是来解决问题的。**

编码难解决，那就分工熬夜，对着规范一条一条地编。构件中心点 X 坐标 103，构件边长 105，顶标高 107，材料强度 109，设计负责人 110……所有讨论的结果被固化成 Excel 里灰色的格子，留出一列一列待填的粉色空格。

BDM几何数据录入系统

字段编码	字段名称	单位	备注	字段值
HcdmClass+HcdmNumber	HcdmClass+HcdmNumber			A2001-01-F1-003
构件名称	构件名称			柱
101	编号			YSW1
102	底标高	m		0
103	中心点坐标X			1
104	中心点坐标Y	m		1
105	边长X			0.5
106	边长Y	m		0.5
107	顶标高			3
108	材料			混凝土
109	材料强度			C30
110	设计负责人	姓名		王松

录入

缺少编程人员，那就先做点简单的，Excel 的 VBA 总可以学吧？于是大家搞了三天，写出了这么几行批量提取数据的 VBA 程序。

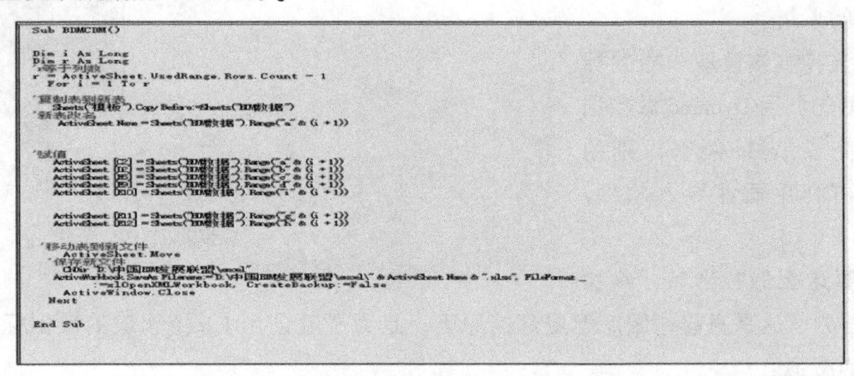

```
Sub BDMCDM()

Dim i As Long
Dim r As Long
'r等于列数
r = ActiveSheet.UsedRange.Rows.Count - 1
  For i = 1 To r

'复制表到新表
    Sheets("模板").Copy Before:=Sheets("BDM数据")
'新表改名
    ActiveSheet.Name = Sheets("BDM数据").Range("a" & (i + 1))


'赋值
    ActiveSheet.[C2] = Sheets("BDM数据").Range("a" & (i + 1))
    ActiveSheet.[I2] = Sheets("BDM数据").Range("b" & (i + 1))
    ActiveSheet.[B5] = Sheets("BDM数据").Range("c" & (i + 1))
    ActiveSheet.[B9] = Sheets("BDM数据").Range("d" & (i + 1))
    ActiveSheet.[B10] = Sheets("BDM数据").Range("i" & (i + 1))

    ActiveSheet.[B11] = Sheets("BDM数据").Range("g" & (i + 1))
    ActiveSheet.[B12] = Sheets("BDM数据").Range("h" & (i + 1))

'移动表到新文件
    ActiveSheet.Move
'保存新文件
    ChDir "D:\中国BIM发展联盟\excel"
    ActiveWorkbook.SaveAs Filename:="D:\中国BIM发展联盟\excel\" & ActiveSheet.Name & ".xlsx", FileFormat _
        :=xlOpenXMLWorkbook, CreateBackup:=False
    ActiveWindow.Close
  Next

End Sub
```

李艳妮说：“当这个简陋的小程序运行起来，一张张填好数据的表格被自动存放到指定文件夹的时候，我感觉到了久违的自由。”

5. 没架子的导师

戴路本来以为自己过了第八期的培训，来参加第九期的培训只是当个牵线人，给队友指导一下就好。可因为队里太缺编程人员，会 Dynamo 的戴路，只能放下导师身份，一猛子扎到比赛里去，用简单的编程帮大家实现想法。

整个比赛的过程就是要实现“从 Excel 数据到模型，从模型到 Excel 数据”的双向互通。为什么要用 Excel？因为工程师拿起来就会用，也能看明白里面的东西。

直面数据的门槛很高，比起建模来说难得多，预赛阶段就有队员失去了积极性。可进了决赛，真较起劲来，九个队员那股子要强劲就上来了。比赛和培训的心态不一样，既然来了就不想输，这也是大家为什么愿意熬通宵来做这件事。

三队的队长程鹏后来说，比赛是自愿参与的，每个人来之前都在各自的单位担任重要职务，但真到了比赛，大家都忘了自己是什么职务，只记得自己身上的标签是三队成员，这场比赛务必获胜。

和李艳妮的战队一样，他们也写了 Excel 插件，把写好编码的构件总表提取到单个表格，然后由戴路亲手操刀，用 Dynamo 写程序把这些数据表导入到 Revit 中生成模型、验证数据。

对于 Bentley 的建模软件，队员们费了不少心思，但也开发出了导入插件，实验成功。

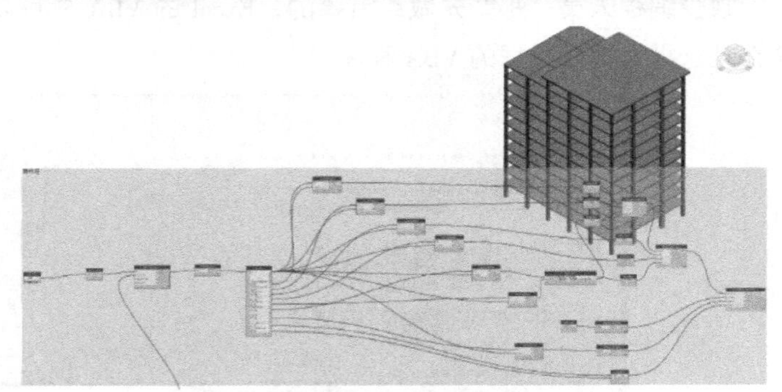

Tekla 不支持直接读取表格的标准格式，那就先利用 Dynamo 做数据格式转化，变成 Tekla 能够识别的表格格式，再利用插件导入软件，生成模型。

为什么要这么做? 当然，参加比赛，为了答题，这是直接原因。但更深的原因，是为了验证用 Excel 承载的数据标准能不能打破数据交互的瓶颈。

戴路说："**我们搞 BIM，总在强调数据比三维模型更重要，但一到项目里，每天面对的还是建模、建模、建模。说是在做 BIM，但我们一直活在建模软件的影子里。**"他们想要数据达到可控、可编辑，让工程师手里有一份看得懂、能根据现场变更直接修改的数据表。

戴路在三战队与其说是一位导师，不如说是一名战士，最终成果里有无数他写下的代码块。说起这件事，他腼腆地一笑说："**我觉得挺有意思的。**"

6. 破晓

八战队的导师可没戴路那么好说话。

他叫都浩，是山东科技大学的教授，大家都管他叫都教授。从河北到南京，从预赛到决赛，程旭就没见过都教授几次好脸色。

战队里只有他和刘天宇会一些 Dynamo，唯一一个能写点代码的，就是和他一起被分配到八战队的李常兴，其他队员基本上都是只会建模。

程旭以为入学考试的落榜，已经是不小的打击，谁知道更大的打击还等着他。

9 月 5 日，初赛成绩出来，八战队成绩倒数第一。导师都浩把成绩发到群里，只说了一句话：

“全体决定一下吧，解散还是继续。”

程旭第一个回复：**“我希望继续。”**

现实不是热血漫画，勇气不能解决一切问题。

文字聊天不够了，队员们就开远程视频会议，光是编标准就花了一个星期。他们选的项目不复杂，一个标准的四层装配式小学教学楼，涉及编码的构件也是常规的梁、柱、墙板、楼梯，为什么要花一星期来写编码标准？

因为摸索的过程需要反复推敲。比如有了“JGZ102 柱顶标高”和“JGZ103 柱底标高”，就应该把“柱高”这个字段删掉；比如复杂的钢筋要按照设计规则配置编码；比如考虑施工误差，就得加入坐标偏差的编码。再有就是那些只有真正的内行才能想到的参数，不懂施工的BIM人员绝对做不出有价值的编码。

八战队的标准制订工作，是由来自荣华建设集团的副总工程师杨自统亲自操刀，没有丰富的现场经验的话，像“滴水线距离楼梯侧边距离”“脱模斜撑用预埋件直径”这样的参数，是不可能有人想到的。

十一长假后，编程工作还没开展，大家有点慌了。一星期之后，10月13日，距离决赛汇报还有三天，程旭带着不成熟的战果到了南京。

下午在大厅，各个战队软件测试，程旭又一次受到了暴击伤害。

其他战队提交的软件都有模有样，而他们自己的成果一塌糊涂，导出的数据不对，钢筋表也没有用处，很多题目解得也都是错的。

队长刘天宇晚上八点到了南京，程旭对他说：“我被骂了。”

第二天白天是队员的见面团建，又听了一天的课，晚上回到酒店，继续加班改成果。到了12点，大家看时间差不多了，住在另外酒店的几位队员散去休息。

12点15分，导师都浩推门进来，看见只有四位队员还在屋里，直接就怒了：**“初赛倒数第一，决赛当天被校长骂到体无完肤，还好意思休息？你们天南海北大老远跑这儿干什么来了？把人叫回来！”**

闫炜华和李常兴回来后，都教授又训了他们半个小时。那天都浩说了什么，程旭不记得了，他只记得那是整个战队精神的转折点。那天晚上，几个人开始熬通宵，都浩也留在酒店，帮他们梳理题目，一起拼命。

天快亮的时候，程旭看到都教授蜷在床边，眼睛半睁半闭听大家讨论，他揉揉眼皮，继续干活。

10月15日，继续通宵，都浩继续陪。唯一会编程的李常兴成了团队的救命稻草，他编好一个通用格式，指导其他人照葫芦画瓢，剩余的工作大家就用Excel的公式和VBA一点点完成。

汇报当天凌晨，还是在这间屋子里，导师都浩、高子斌和所有队员穿戴整齐，开始最后的汇报预演和数据输出。

忙完的时候，窗外的街灯还没熄灭，天边却已经泛起了红光。

这一夜熬过来，胜负已经没那么重要，和每个队员一样，程旭完成了一次自我救赎，从没敢想的事，做到了。

7. 重生

2019 年 10 月 17 日，南京。

五战队的李艳妮穿着淡蓝色的职业装站在台上，还没开口自己先是甜甜地一笑。

团队的努力成果出来了，男朋友在等她回去订婚。

李艳妮的演讲在严肃的报告厅里显得灵气十足，她一会儿把标准比作陕西的肉夹馍套餐，一会儿又说出“纳尼还有这种操作?”这样萌萌的流行语。

经过几天的努力，原来用 VBA 写下那个没有脸面的简单软件，已经被他们迭代成一款仅有 85kB 的、有头有脸的填数设计软件。

数据验证的环节，五战队发现用 Dynamo 会带来和其他软件无法互通的麻烦，他们自己花了 5000 元钱买了云端服务器，做出了一个在线验证模型的平台，把从数据表生成的模型直接放在云端来验证。

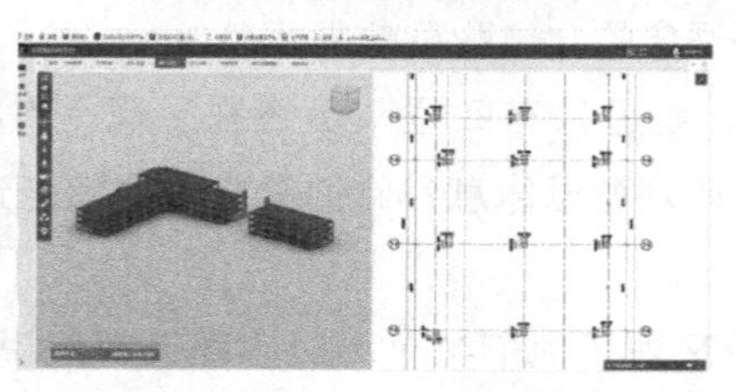

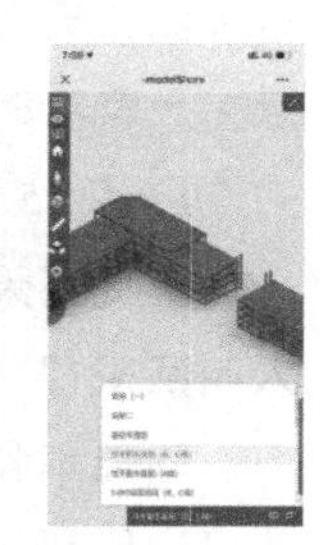

展示平台的时候，李艳妮也没忘记放上一个“Biu～”的表情。

三战队的戴路站在台下，没有上台发言。

台上演讲的是队长程鹏，他正讲道：“一直把数据是 BIM 的核心这句话挂在嘴边，却一直苦于找不到好的通用数据标准，这些天走下来，我们对工程师和数据的关系有种拨云见日的感觉。”

这正是戴路此刻的内心感受。云还很厚，太阳还藏在后边，但戴路看到了一种新的可能。

他们试着编了一款软件，内置了编码字段，自动提取构件的截面尺寸，能按楼层、按类型计算所有构件的总工程量。

对于怎样不依赖于图形，他们做了一个好样本。拿到一个 IFC 文件，只有结构，没有钢筋，要算量的数据，不要钢筋的模型。

他们先用 Revit 读取建筑的几何数据，导出到表格里，再参考常规的布筋规范写一些公式，把布筋规则和构件尺寸关联起来，再用 VBA 实现一定程度的自动布筋，最后一键算出整个建筑的混凝土和钢筋用量。

整个过程，没有建一根钢筋的模型。

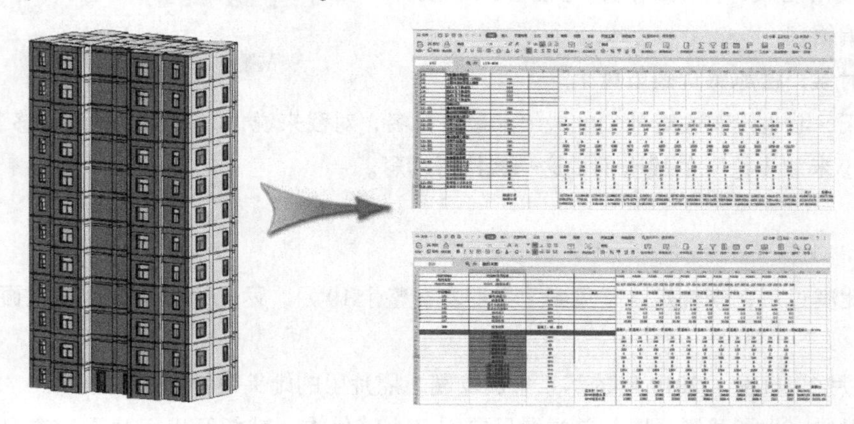

八战队的程旭手拿话筒站在台上，这些天一直被骂的程旭，今天该面对的还是要面对。

程旭觉得用表格来填数据，数据能留在手里固然是好，但缺少实时的图形验证会带来一些不方便，所以找朋友一起弄出了一个集成在 Excel 中的插件演示，只要填入数据，就能实时生成一个模型，用来预览数据是否正确。

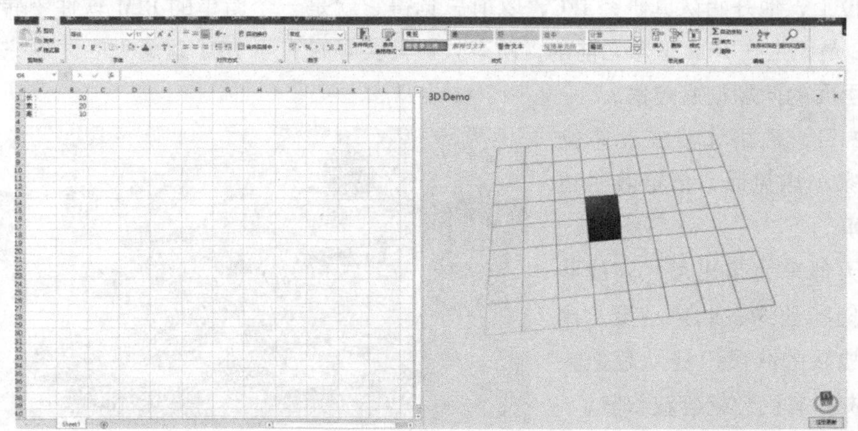

他们写了一个工具集，把从表格到模型再到数据的工作流程整合到一个小小的界面里，还可以把从其他非 BIM 软件里获取的钢筋数据传递到自己需要的数据集里。

演讲的最后，程旭说到了他自己的思考：

“CAD 本质上还是二维图纸，它的特点是人能识别，但计算机不能完全识别；后来 BIM 可以同时交付图纸和数据，它解决了计算机识别数据的问题，但 IFC 反倒让人不能识别数据了；现在我们在做的事，就是让数据能被计算机识别，也能被人识别并且可以直接编辑。”

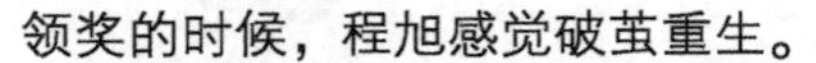

领奖的时候，程旭感觉破茧重生。

直到今天，我也没有去查他们的成绩和最终排名，对我来说，故事到这里已经够了。

手拿“小米加步枪”的战士们，这一战打得精彩。

8. 后记

南京的比赛过后，李艳妮终于见到了男朋友，整个 10 月，两人只见了这么一次面，这天他们订婚了。

她在 10 月 29 日发了 2019 年的第二条朋友圈，照片里的她笑得特别甜。

采访的时候，她和我说，以前总觉得只要一个人够优秀，就能开出一片天，这次她发现了团队的力量，也感受到全国的 BIM 正在向着团队作战的方向愈演愈烈。

比赛结束，程旭没能赶上儿子壮壮的生日，他在路上发了一条朋友圈，希望自己所走的路，能成为儿子的表率。自我完善是条很长的路，他还年轻，无数的可能性在等着他。

回到岗位上，他开始认真研究 IFC，以前总觉得它就是一个简单的 BIM 软件中转格式，现在他知道，IFC 是诞生在 BIM 理念之前的，所有软件其实是在有了 BIM 理念之后才向它兼容。他希望先把 IFC 里面的问题彻底搞懂。

11 月 12 日，戴路和我在北京交大附近的一家小店见面，他给我讲述了这整个故事。

正好那天他来北京出差，同战队的王宁和杨健和他约在北京小聚。比赛之后，同战队的队员已经从陌生人变成了好朋友，有机会就会叙叙旧。

当我决定写下这个故事的时候，戴路和我说，这么短的时间里编出来的软件也还远算不上成熟，还有很多软件要写，标准也会分很多部来编。我回答他说：“这篇故事，我不想给你们唱赞歌，只是想把‘中国有一批年轻的工程师，在挑战本来应该属于 IT 界的事情’这件事记下来。”

准备本节的过程中，一位好朋友和我说，他不觉得这条路的方向是对的。他也问我：“你们有时写软件商，有时又去写工程师，你们自己到底站在哪个方向？”

我的态度是：治世讲方向，乱世讲版图。

我们生活的世界，原本是一个边界清晰的圆圈，大多数人在边界里生存，一片祥和。但总有一些人，因为各种原因，会跳到圈子外面试探、折腾。

有一定概率，跳出圈外的人会失败，又回到圈里来。而万一他们成功了，世界的边界就会突出一个小小的气泡，整个范围又成了人们习惯的“正常世界”。

跳出圈外的人，有些是被逼无奈，有些是想换个活法，有些是为了情怀，也有些人想追名获利，我们没必要用“奉献”去替他们冠上伟大的帽子，也没必要用“不靠谱”去进行简单的批评。

第一批吃螃蟹的人、第一批把计算机接上互联网的人、第一批直播带货的人……他们都是跳出边界折腾的人，任何安全世界里的人对他们的评价都没有意义，唯一评判的标准是能不能活下来。

世界就是从边界外的异类活下来开始，一点点展开它广阔的版图。

边界之内，安全温暖，规则明确。边界之外，充斥着沼泽和野兽，在那里跳舞的人，浑身沾满了泥土。

所以，我不想用一句简单的“方向是否正确”来概括他们的故事，只把这群鞋底带泥的舞者，讲述给你。

生死留给历史，我只献上敬意。

赌未来：白手起家的 BIM 创业者

BIMBOX 创立不久，就认识了一位朋友，他叫胡林，我们总喊他老胡，似乎 BIM 圈子没什么他不认识的人。我们经常问老胡，你在圈子里到底认识多少人？他总是腼腆一笑。

老胡这个称号不知道从什么时候开始叫起来的，其实他是个 90 后，也一点都不老。本节给你讲讲他的故事。

1.

胡林是个不安分的人，大学的时候就操持学院的新媒体宣传工作，那时候还没有公众号，他就活跃在微博、贴吧和博客上。

他接触 Revit 很早，2010 年读大一的时候看到黄亚斌写的书《Autodesk Revit Building 9 应用宝典》，就知道了这个东西。不过胡林真正开始学 BIM，是在三年后读大四实习的时候。

胡林在河北廊坊读书，还没毕业就签了一家公司，在施工现场实习了两个月。很快他觉得工地的工作环境不适合自己，成长速度也有点慢，于是就离开那家公司，进入北京柏慕进业，当时的老板，正是他大一读的那本书的作者黄亚斌。

每一个小故事，都是时代幕布下的投影。

2014 年，京东、阿里巴巴上市，BAT 三家公司占用了人们超过六成的手机使用时间，团购大战即将鸣金收兵，而网约车大战则刚刚开始。互联网在这一年重构着一切行业，它本身的价值也正在被人重新认识。

学校一般、专业也一般的胡林，就是在这样的时候告别学生时代，在一家以新技术进军建筑行业的公司，发挥他能折腾、懂网络的特长。当时赶上柏慕出产品，重新建设官网，他先参与到这部分的工作，等产品差不多稳定了，就进了项目。

那时候公司的主要业务集中在住宅和商业综合体，这一年很不缺项目，他在这个阶段也积累了不少关于项目和市场营销的知识，对于 BIM 咨询的“套路”也掌握了不少。

2.

2015 年是极端疯狂的一年，无论是资本还是人心。

深沪两市几乎每天都有百股涨停的奇迹，创业板指数连续 5 个月飙涨，到 6 月已接近 3 倍。

河南省实验中学的一位女教师辞职，她的辞职信上只有短短两句话：**“世界那么大，我想去看看。”**这封信忽然在网络上爆红，映射着那一年每一颗不安分的心。

吴晓波在《激荡十年》里写道：

在商业的意义上，一个充满幻觉的浮华时代，必须有三个前提，一是发现了一片亟待燃烧的大荒原，二是有烧不完的热钱，三是有燃不尽热情的年轻人。很显然，2015 年，在一些充满了冒险气质的领域，同时出现了这三个特征。

这一年，BIM市场风云变幻，国家和地方政策开始发力，项目也越来越多，掘金的梦想充斥在每个不安分的年轻人心里。

胡林和一起工作的陈旭洪，就是在这时候打算和几个小伙伴一起出去闯一闯。

那时候陈旭洪的女朋友到成都工作，他希望能过去团聚，而胡林、陈旭洪又都是云南昭通人，离成都也不远，大家就商定在成都创业。

每一个成功的创业者都能讲一个故事，或是睿智，或是远见。但胡林的故事一开始并不光鲜。

2015年的时候，成都公司跑到云南、贵州这样的地区，生意比较好做，而外来人在成都却很难把生意扎下根。何况对胡林他们几个人来说，那一年做的事还很难称作一盘生意。

左一胡林　右一和右二陈旭洪和他女朋友

刚落脚的时候，他们是以柏慕进业成都分部的形式内部创业，不过成都分部不能对外直接签合同，为方便合同行政手续考虑，就保留柏慕这个名号，再加上“联创”两个字，事情和北京分开做，新公司就这么挂牌成立了。

年轻人拥有第一家属于自己的公司很让人激动，但更紧急的问题是吃饭。要资金没有，要关系更没有，几个人唯一能投入的资本就是信用卡。每个人办几张信用卡，来回倒着刷。

最开始没有办公场地，几个人一起租了一间三室一厅的房子，网上买了些二手家具，吃住办公都在这间房子里。

成都本地没有人脉关系，只能上论坛发帖子，建QQ群，在群里和同行聊聊天。

对于BIM来说，2015年是个黄金年份，人们面对新知识如饥似渴，群里一个新的软件、一个小知识点都能引爆大家的讨论。这个爱分享、爱聊天的小团队，就这么在小圈子里慢慢有了点名声。

第一单生意很快来了，“甲方”是一名学生，项目是用Revit做毕业设计，建模+效果图+漫游动画，费用2000元，没有预付款。胡林和陈旭洪与这位“甲方”联系了两次，就把活儿接了下来。

时间要求很紧，两人熬了两个通宵来干这个活儿。第二个晚上后半夜，胡林熬不住睡过去了，睡前按下了渲染按钮。成果顺利提交，那个学生说把钱转过来，结果很快就失去联系了，到现在也没联系上。

刚出来的时候，几个合伙人做好了两年没有收入的准备，但真碰到这么一位，他们还真的是受了不小打击。

两个月后的清明节，又来了一单生意，这次的甲方不是学生，而是一位老师，做一个售楼处的展示。几百平方米的漫游动画，一口价 1500 元。

还好，这次对方没有失联。钱转账过来的第二天正好是清明假期，他们叫上了几位同学，一天时间把这笔收入花光了。

成都第一间办公室（出租屋的餐厅）

3.

现在的企业，有个官方微博和公众号已经成了标配，但在那个时候，还很少有公司这么做，至少在 BIM 这个领域，没有公司会把业务宣传建立在移动互联网上。

2015 年，还没有“网红”这个词。6 月，作为这个领域的“小鲜肉”，胡林和几位合伙人打定主意，想在没人脉、没资本的情况下正式进入到工程项目里，还是得靠互联网。

做技术出身的他们，就开了一个公众号，把自己日常研究和掌握的东西整理出来写在里面，名字就叫“BIM 每日一技”（以下简称每日一技）。

起这个名字需要勇气，因为它本身就代表一个承诺。几个人商量了一下，每天一篇怕是承担不起，那就每个工作日一篇技术分享。于是，这件事从 2015 年 6 月 22 日到现在，一千多个工作日，从没间断过。

事后回看，胡林的第一个“正经”项目肯定来自于每日一技，但站在当时来看，并没有任何人能保证，这么做能带来什么结果。

这个项目的客户，是来自成都一家本地设计院 BIM 中心的负责人，当时和他们已经在技术交流群里聊了很久。赶上院里接了一个异形建筑的活儿，需要用到 Dynamo，就通过每日一技交流群找到了胡林，希望通过这个

在租用的公寓里搞 BIM 技术分享沙龙

项目培养出一批人来。

柏慕联创就针对这家设计院，提供了为期10天的定制培训，过程里也把这个异形建筑项目承接了下来。

有了项目，也有自己的公众号，做一个项目就通过公众号宣传，有新的项目看到宣传找来合作，再把新项目写到公众号里，团队就这么花了一年的时间把公司运转起来了。

那些日子里收入很少，平时没项目的时候，大家就在办公室里开技术交流会，一个细枝末梢的问题，一琢磨就是一个下午，接着又把钻研的结果发到每日一技。

胡林回忆起那段时光，大家很少谈收入，大多数的时间都沉浸在对技术的迷恋，以及和圈子交流带来的成就感里，很单纯。

4.

创业就是找到一个明确的目标，设计好一条路，然后坚持不懈地做下去。

这话没什么错，却也没什么用。对于大多数刚刚走上这条路，没资本、没背景的年轻创业者，“没目标、没计划”才是真实的感觉。

没目标也没计划，怎么坚持不懈？为什么坚持？**只能靠喜欢。**

人在喜欢做一件事的时候，会不知不觉做好准备，去迎接某个“贵人”的到来。

没人会告诉你，“贵人”什么时候、以什么身份出现，一切“准备”都是事后总结的。而所谓做准备，其实就是一种精力的“浪费”，是你喜欢这件事的副产品。所以有那么句话，所有的努力都是做给下一个老板看的，只是不知道他什么时候出现。

几个人打算在“浪费”这条路上再走得远一些，出一套不挣钱的书。

那段时间全国各地的设计院和施工单位开始尝试推BIM，每个人对哪怕很入门的知识都很饥渴。他们几个从北京出来的时候，都带着不少的技术沉淀，加上每日一技的公众号已经运营了半年，有很多粉丝反映翻历史文章不方便，能不能把知识点梳理出来，集结成纸质书。

没有精力去找出版社，商量了一下，既然大家有需求，这事儿就不挣钱了，自己排版自己印，只送不卖。

第一本《每日一技：我的成长轨迹》被命名为“**珍藏版**”，大开本，封面设计得有点简陋，列举了151个Revit使用的常见问题和解决方法，全书的最后写了这么一句话：

寄语读者：最艰难的时候，才是进步最大的时候啊！

费用不多，初版只有99本，700多人留言想要，最后是用抽奖的方式送出去的。半年之后，第二册印刷出厂，起名叫“**青春版**”，再过半年，第三册“**梦想版**”被送了出去。胡林起的名字有点浪漫主义色彩，前三本的名字连起来是：珍藏青春的梦想。

自己排版，自己印刷，自己掏邮费，就这么半年一本、赔人赔钱地坚持下去，除了网络留言里人们竖起的大拇指，他们没有看到任何回报。

胡林在第四本每日一技“成长版”后记里说：这两年里，总有不少 BIM 培训机构或咨询公司在“山寨”每日一技，我觉得这样很好。然而遗憾的是，几乎每一个山寨者最终都没能坚持下去，慢慢消失在世界的尽头。

第一版印刷的《每日一技：我的成长轨迹》

在有明显回报的情况下，“山寨”一件没有门槛的事，谁都做得到，拦也拦不住；而在没有回报的情况下，“坚持”这个行为本身，就是拦住“山寨”的门槛。

直到有一天，那位不知道什么时候会出现的“贵人”，就真的出现了。

5.

2016 年，胡林他们通过朋友介绍，认识了大匠通科技的总经理汤明松，他说，看到这群年轻人能把一件小事坚持这么久，很感动，希望能帮助他们。

汤明松先是给他们提供了新的办公场地，环境更宽敞，也可以容纳更多的新人。更重要的是，他免费给出了无价的知识财富。此时胡林年轻的团队，还是不够格作为一家咨询顾问公司进入项目的，说得不好听一点，就是培训和翻模公司。

这群半路出家的创业者，最缺的就是施工现场的经验。拥有 20 多年一线施工经验的汤明松，脑子里装着的就是价值连城的宝库。每到周末，他就会把这群年轻人叫到一起，给他们补专业课，给公司的发展方向提出建议，也会分享很多的项目资源给胡林。

汤明松周末给大家补课

在他的帮助下，这些年轻人开始深入到项目里面去，编写策划书，出施工定位图，下料加工，也把三维点云扫描核查算量这样的新方法用到了项目上。慢慢公司从翻模算量这样的边缘项目，进入到了成都天府国际金融中心、四川某通用航空产业园等大中型项目的核心 BIM 咨询中去。

继续招纳新人，继续做网络宣传，团队规模也从几个人发展到了 30 多人。胡林说，汤明松的到来，是他人生的转折点。第一位“贵人”是带他入行的黄总，第二位就是大匠通科技的汤总。

人和人之间默认是没有信任的，当一个人选择相信和帮助你，并不是因为你说了什么，而是你把一件事做了多久。

胡林和陈旭洪合伙创业已经走到了第五个年头，虽然没有太大的成绩，但在2015年到2019年这一波创业浪潮中，他们白手起家，并且成功活了下来，身边还围着一群有想法的年轻人。

胡林觉得未来的咨询公司还会继续减少，能活下来的应该叫顾问公司，目前他们的机电以及复杂的异形体项目做得不错，下一步可能会在市政交通项目发发力，然后选择一两个擅长的专项领域，争取做到全国的前两名。至于长期的计划，胡林经常挂在嘴边的话是：创业的第一天我们就没什么长期计划，到今天可能还是没有，我能做到的就是把手头的事做好，做好下一步的打算，然后坚持不下“牌桌”。

后记

BIMBOX和胡林成为朋友已经是很久以前的事了，这期间有三件事令我们印象最深：

一是在公众号开通打赏不久，他就开始在我们的几乎每一篇文章下打赏，每次16.88元，风雨无阻；二是我们出的所有产品，从文化衫到酒再到教程，他总会收上几件，不管用不用得上；三是在2018年BIMBOX最困难的时候，他给我们打了一个电话，说他手里有几万元钱，撑不住就先拿去用着。

认识的时候，我们就聊到了“不下牌桌”这个话题，胡林说，他曾经被有情怀的人帮过，也想尽所能帮帮有情怀的人，单纯的喜欢，没啥想法。

今天的故事并不是成功者的鸡汤——胡林自己也不敢称什么成功。我们甚至不打算通过这个故事表达什么。

年轻人是否该创业？白手起家应该做点什么？第三方BIM公司还有没有存在的价值？是不是只要坚持分享就会有收获？**如果人生能用几句话的大道理就说透，那它该有多无聊。**我们只想把这个时代发生的人和事记录给你。

有一次深夜，小耳朵猫酱和我们聊起她很敬仰的一位前辈，我们问能不能有机会写写他的故事，她问我们，为什么要写？

我们和她说：“活这么大，还真没见到哪个概念，能把最贪婪的奸商、最有情怀的理想、最无耻的骗子、最傻的毕业生、最好挣的快钱、最难伺候的雇主、最漂亮的外表和最空虚的内在，还有这么多不同背景、不同素质、不同诉求、不同境遇的人，都囊括在短短的三个字母‘BIM’里，所以我们很想记录这个时代。”

采访之后，我们问胡林：“你对自己的未来怎么看？”他说：“未来谁也说不准，努力干吧，反正都是赌个青春。”

从建筑师到副总裁：成长的底层逻辑

本节讲一个人的故事给你，他叫苏奇，奇特的奇。

1. 兴趣

作为一个建筑人，苏奇最早接触编程，是从 2008 年开始的。那时候他以天津大学建筑系本科毕业，选择去美国南加利福尼亚大学读建筑设计研究生。

刚到美国留学，一位德国老师在一门设计课里面给他们讲到了编程，他说："你们都要学会在建筑设计中输出一些参数化的东西。"那时候犀牛的 Grasshopper 很热门，但是很多的递归算法都没有，他觉得如果自己写的话也不是很难实现。

同一届十几个人，其中几个中国人都比较聪明。苏奇的数学很不错，一位领头的清华大哥就带着他们几个人一起学编程。真研究起来其实也没有多困难，一两个月的时间他就可以通过自动化完成一些原本需要手动的工作。后来苏奇逐渐开始写一些 Grasshopper 的插件，用数学公式生成壳体表面，后来他把自己写的代码在互联网上开源，还都做了注释，有的插件到现在还能搜得到。在南加利福尼亚大学读完书，苏奇留校当了一年的老师，主要也是教软件编程方面的知识。后来他到了建筑事务所工作，也给公司贡献了很多自动化的小工具。逐渐地，他觉得写这些东西真的很有意思。

那时候苏奇对自己的评价是，写程序的能力比较强，建筑设计的感觉不错，设计水平算是凑合，就思考自己下一步能不能在两个领域的跨界处发展。正好看到哈佛有一个硕士学位是软件编程和建筑设计相结合的，他就辞掉了洛杉矶的设计工作，再去修一个硕士。于是，他可以有时间去研究更深的东西，可以自己写独立的程序了。那段时间 JavaScript 在美国比较热门，他就开始写工具型的网站。

2. 萌芽

苏奇在哈佛跟的导师特别厉害，是一个希腊人，哲学、数学、设计、编程方面水平都很高，也是一个计算机与建筑设计结合的高人。

2011年，导师给他推荐了刚刚出现的WebGL技术，问他要不要尝试基于它写点东西出来。当时人们上网还是看看新闻和微博，突然可以在网页里做三维的东西，苏奇觉得眼前一亮，这技术值得研究。于是他白天上课，晚上就窝在房间里写代码，每天都搞到凌晨三四点。工作强度最夸张的时候，他整个右边的胳膊都失去知觉了。后来做毕业汇报的时候，哈佛的教授一看都很吃惊，没见过这样的东西，也不知道该叫它什么好。那时候苏奇给自己做的东西起了个名字，叫Digital Community（数字社区），事后回看，想表达的含义就是今天大家都在谈的数字孪生。

那个成果尽管在当时很超前，却还不是一个可以商业化的产品，离后来叫作Modelo的那个产品还差得很远。苏奇觉得，程序员把脑子里的想法写成一个能用的东西，距离它成为一个正式的产品，卖出第一单，再到成为一家能够持续经营的公司，养得起员工，还有十万八千里的路要走。也许自己走的这条路，就是先把一个想法做得足够超前，然后沉下来回到原点，从一个最基础的功能点，慢慢发展成一个企业，这对于他来说是很大的挑战。

3. 下海

放弃做建筑，专门做一个产品人和创业者，对苏奇来说是一个不小的决定。一方面，他对建筑教育不满意，发现建筑业的真实市场和学校的教育很不一样，学生在学校接触到新知识会觉得很有意思，而一旦进入真正的职场，把所学的东西当成一个职业来规划的时候，却发现学来的东西没有什么价值。

另一方面，他是对新事物非常感兴趣的人，看到一个未来，就愿意全身心投入进去。他决定进哈佛拿计算机建筑双修硕士的时候，就已经下决心离开建筑、转投产品，此后的几年只是在磨砺羽翼。那段时间，他还尝试做了很多机械加工方面的产品，用数字化的技术手段去做一些预制构件，还自己亲手尝试去做了机械加工头，去工厂做东西。

在哈佛几年的摸索后，他逐渐想清楚了自己未来到底要创造一个什么样的产品。

回忆自己在建筑事务所工作的那段时间，他每天要给老板发图纸，老板再做批注，如果是晚

上在家收到批注，还经常要赶回公司改图。如果有一个工具，可以直接在设计过程中实时地远程批注和修改，甚至都不需要等图纸出来，直接在三维设计中修改，那连网盘都不需要了，直接同步模型，老板批注，他能马上知道，那就太方便了。

而这样的工具，正好可以基于自己在毕业设计中所做的成果，继续开发给深化出来。他相信，自己在工作中遇到的痛点，也一定是广大设计师会遇到的，就找到了自己的好朋友邓天，讲了自己的想法。邓天当时在美国罗德岛设计学院深造设计，他也觉得这个主意很棒，两个人就成了合伙人，正式成立了 Modelo 公司，开始做产品。

最开始团队一共就他们两个人，过了半年新的伙伴李宏伟加入进来，直到 2015 年 3 月招到了第一个员工，拿到了真格基金 100 万美元的投资，才逐步扩大规模。

2016 年 1 月，苏奇找到了一家非常有名的建筑师事务所拉斐尔·维诺利，该事务所全球员工大概有六七百人。第一次去展示自己的产品的时候，苏奇并没有足够的自信，但对方的一个副总裁看完之后兴奋地说，他们梦想这样一个产品已经很久了。后来的几个用户都有这样的反馈，其实大家对于轻量化的、三维化的团队协作是一个刚性需求，只不过市场里还没有一群足够勇敢的人把它做出来。**本质上打动他们的不是某个具体的产品或者团队，而是建筑设计师这个存在了很久的行业，需要和互联网技术发生“化学反应”的底层需求。**

4. 进化

做一个创业者，最难的其实不是创意，而是怎样跑赢公司的发展，始终保持学习。苏奇觉得，学习最快的途径，就是逼着自己和优秀的人在一起。

那时候他参加了一个创业加速器，在一个叫 Providence 的小城市。来参加的有十家公司的代表，只有苏奇一个中国人。这个是一个小型的商业路演活动，参加的创业者讲述自己的理念和商业模式，吸引投资人的注意，同时这个活动也是一个 MBA 的小型训练项目。他要讲述的就是自己所做的产品。

建筑师讲东西习惯慢条斯理，对着 PPT 说很多东西，可到了加速器第一次上台，活动就要求

创业者脱稿演讲，每个人只有90秒的时间。第一天晚上演讲的时候，下面坐着100多人，没有一个有建筑背景的，上台的苏奇只觉得脑子里一片空白，一句话都说不出来，演讲彻底失败了。那次演讲失败没有让他不爽离开，反而让他觉得太爽了，他一定要在这儿把这件事搞定。中间他就不断思考，不断练习把复杂的经验抽象成最简单的语言，到了活动最后一天的时候，他成了所有演讲者中表现最好的那一个。

这段经历对苏奇的影响特别大，甚至他日后的讲话方式，讲PPT的方式，都是在那段时间形成的。Modelo作为一个产品的定位是协作，为了让设计师在三维环境下快速发现问题、共享问题。不过建筑学出身的苏奇，花了特别多的心思在一件事上：**软件的颜值**。无论是访问Modelo网站，还是看软件本身的界面，都透着一股子建筑师的骄傲。

在一个3D软件里，“美”这个字背后要做的不仅仅是前端的UI设计，而是要覆盖到所有的渲染参数里去。刚开始软件工程师把成果做出来给苏奇看，他觉得站在工程角度来看还可以，但在一个建筑师眼里是不够格的。他要求达到的效果是要让别人看了有眼前一亮的感觉。于是他们花了特别大的心思，一个参数一个参数去调，在线条的边缘压上非常微妙的阴影，才到了一个比较理想的状态。

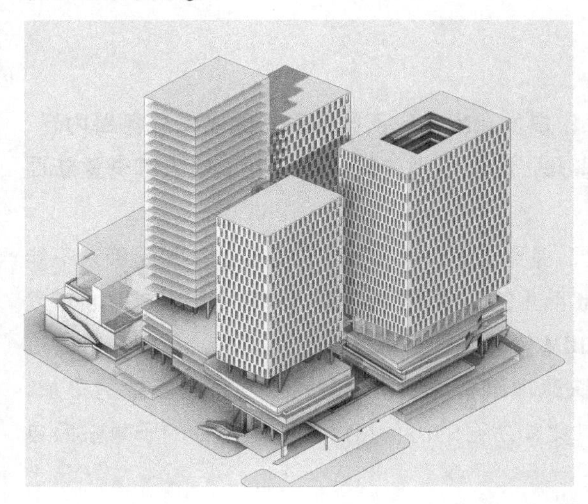

几年之后，Modelo在北美的大部分用户都是建筑设计事务所，很多用户就冲着“又快又漂亮”这一点，直接把实时渲染效果放到网页端展示，或者截个图放到原始设计文件里发给甲方了。

后来，苏奇又开始把数据看作资产，重新思考产品的方向，他观察到就连像Adobe这样的软件，自己都会有一套Digital Asset Management的东西，在所有软件的基础之上，会有一个平台系统，去管理不同软件生产的文件，而建筑行业是没有这个东西的。

2017 年，随着软件在团队协作、文档管理、设计反馈、甲方互动方面的进化，产品名字也定义为 Modelo DAM，设计资产管理，更多的设计事务所，甚至总包单位的 VDC 部门，都成了他们的用户。

5. 回乡

2018 年，创业项目正在美国蒸蒸日上的时候，苏奇却决定回国了。

最初的 Modelo 一直是把三维模型轻量化转到云端，变成一个网页的通用技术，团队一直主要解决设计端的问题。后来开始有施工类的企业和他们接触，其中有一家很有名的公司，总部在国内，跟他们提了一个合作研发的意向，加上他们也希望从建筑设计这个领域破圈出去，就应下了这个合作。

他开始了长期美国中国两地跑的生活，经常把自己搞得疲惫不堪。那段时间因为小孩在美国没有家人帮忙带，老婆也回国了，加上因为创始人经常两地跑，美国公司的本土员工也有点人心惶惶的，于是，苏奇面对了人生中一个两难的选择：**是在美国继续乘风而上，还是回国重新打拼?** 抉择天平的一端，是一个逐渐稳定的优秀团队，包括早期的合伙人邓天、CTO 李宏伟都是最好的伙伴。团队的销售副总裁是他在波士顿见了 120 多个人之后才遇到的一流人才。**而天平的另一端，则是自己简单的内心：想回国。**想想自己当初的念头，的确是因为对国内教育不满意才走出去，但自己似乎从来没有想过在那边安定下来，成为一个美国人。于是，十年在外漂泊过后，苏奇带着他为之骄傲的产品，再度回到了中国，重新面对这个广袤又刚刚兴起的数字化建筑市场。**Modelo 也有了自己的中国名字：模袋。**

因为精力没办法再照顾周全，美国那边的公司只剩下了少数的员工，维持了一个小团队来保留业务。两位早期的合伙人也都有了很好的去处。

6. 开花

2018 年的国内，轻量化平台和 WebGL 引擎集中爆发。**Modelo 回国前后，除了做服务器内迁、全功能汉化等常规的工作，还做对了两件核心的事儿，这个小小的转身让它和创始人苏奇重新面对了一个新的世界。**

2018 年到 2019 年这两年，在中国的建筑行业，提到三维设计，有一个重要的领域是绝对不能绕过去的，那就是 BIM。而模袋本来并不是为 BIM 而生的。模袋做的第一件事，就是在 2018 年发布了一个新版本，上线了一个 BIM 模块，常见的 BIM 软件格式都可以上传到模袋，转化成带有信息的模型。有了这个功能的加入，用户就可以更快速地查看和搜索信息，快速进行参数的叠加，导出来做快速算量。人们还可以搜索一个构件群，比如所有的门，然后把不同构件的子集按照自己的需求存储成不同的群组，便于查找。

不久之后，他们又把 BIM 数据和数据可视化工具 Tableau 结合起来，去做更全面的数据分析。

2019 年，是中国 BIM 领域的应用范围全面超越国外的关键时间点，对于模袋这样带着“洋光环”回国的产品，同样面临着应用市场拓宽的挑战。于是，模袋又做了第二件事，把轻量化技术分化出来，成为一个单独的可视化引擎和开发者平台，叫作 M · Build，让用户可以自己去打造不同的三维可视化应用，然后花了一年的时间，和将近三十家企业建立了开发合作。比如，用户对智慧楼宇的需求越来越高，团队和外部合作，基于 M · Build 引擎开发了围绕数字化资产的管理数据接口，打造各业务部门的营销、租赁、物业、安防等应用场景。

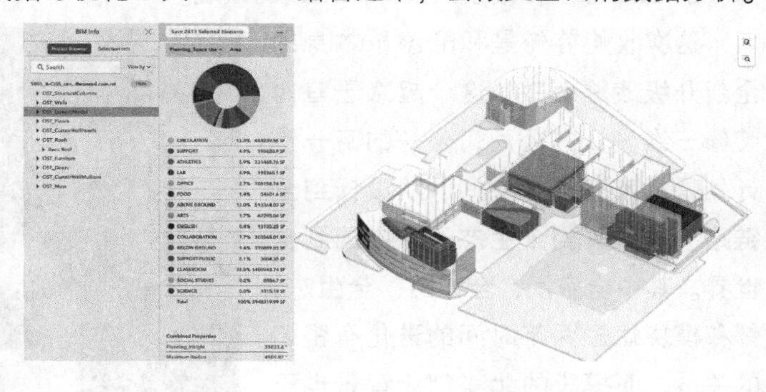

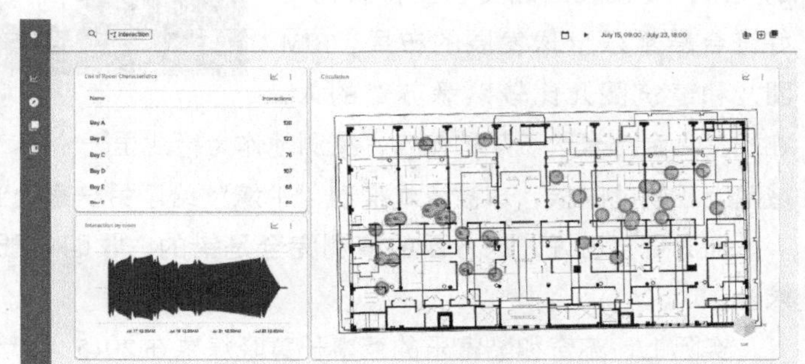

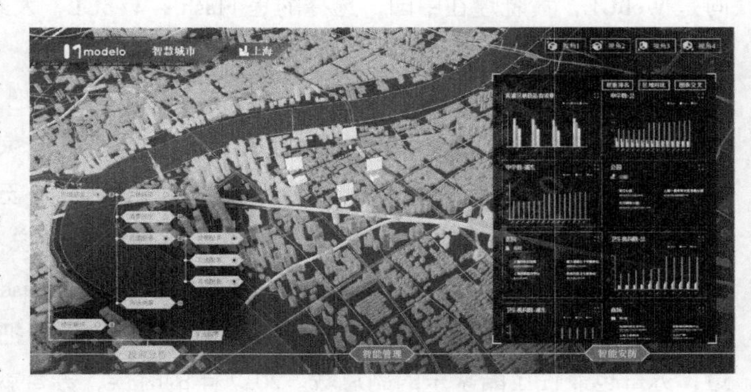

面对 BIM + CIM 概念的兴起，模袋的 M · Build 引擎封装了北京、上海、广州、深圳、杭州、香港等几十个城市的 API 接口，让开发者可以研发自己的智慧城市项目。

其他密集上线的还有智慧办公管理系统、IoT 可视化管理、房产搜索平台等。几年之后再回看，Modelo 早已经不是当初孵化于哈佛校园的那个小小的网页端可视化产品，它已经变成了一个全新的物种。

后来，原来他在哈佛读书时候的老师找到了苏奇，问他毕业设计时候做的那个可视化工具还在不在？能不能提一些需求来给他们做教研课件用？苏奇不无骄傲地说：**“晚了，产品下线了，当时你们看不懂，现在想要也没有了。”**

7. 并购

酷家乐收购模袋，尤其是一名建筑师出身的创始人，一路打拼到被并购，在商业收购案例不算多的 BIM 圈子，成了人们津津乐道的话题。

这次收购首先是和酷家乐本身的全新升级战略有关，这个起家于室内装修三维设计的公司，公开的下一步计划是**从家居到全空间、从设计到全链路、从工具到全生态、从中国到全世界**。其中全空间、全链路、全生态，都和模袋短短两年时间的进化有密切的关系，而模袋的北美创业背景也正好符合酷家乐全球发展的布局。BIM 圈儿和建筑圈儿比较熟悉苏奇的人，在祝贺之余都表达了某种惋惜，猜测他作为行业里一个有“傲骨”的人，产品正要在 BIM 这个领域踏上正轨的时候，却被资本推动“下嫁”给了另一家企业。

而苏奇自己说，这方面的猜测完全是错的，收购中既没有资本的推动，也没有丝毫的委曲求全。

实际上，苏奇和酷家乐的董事长黄晓煌早在 2015 年就认识了。那时候苏奇在美国，选择的方向是 WebGL，黄晓煌在中国，选择的是 Flash + WebGL，大家都是创业者，会一起交流，偶尔也会彼此吐槽行业里的问题。

2019 年，模袋在 BIM 方面发力的时候，酷家乐也在把大建筑领域的 BIM 技术引入到家装领域，在协同工作、出图、算量方面都做了很深的布局。酷家乐的一款设计软件叫云图设计，里面就有 BIM 设计的版块，用的图形引擎完全是自主研发的，苏奇一直认为这一点做得很成功。加入酷家乐之前，有朋友问苏奇对酷家乐的评价，他就曾经说：是 Saas 产品的国产之光。在装修行业，能在中国的市场环境下孕育出一家纯粹科技驱动的 Saas 公司，苏奇觉得非常了不起。

收购之后，模袋还是以独立品牌来运营，而且会逐渐把场景展示类的核心技术引入到模袋里边，苏奇也兼任了酷家乐的副总裁。2017 年的时候，苏奇就和黄晓煌交流过，希望通过合作研发的方式，把酷家乐的一些渲染技术和模袋结合到一起，而这次并购可以让这个计划更好地进行。

酷家乐收购模袋，本质上是收两样东西，一个是技术，另一个是人。

技术层面，大众普遍有一个误区，把模型转化成网页好像不是特别难的事。但一个产品从小规模可试验的原型，到大规模可复制的商用产品，中间要突破的技术难度是非常高的。要在任何计算机上，不挑格式、不挑环境的情况下，非常快地把很多种不同格式从 2012 年的版本到 2021 年的版本，做到 99% 以上的转化率，还要实现不同浏览器下流畅地运行，这件事中间要花非常大的心力去做，一个问题一个问题去解决，谁都绕不过去这道坎。

而在人这个层面，也是本节最想讲的一点：作为一个创业者，苏奇到底是一个怎样的人？

8. 性格

创业总是带着一丝任性和浪漫的气息，而苏奇的经历，在这个落后的行业与先进的技术激烈碰撞的时代，似乎又带有某种"逆袭"属性的光环。

2020年10月，我们受到华东院数字公司的邀请，参加了他们主办的数字工程高峰论坛。查看日程的时候，我发现一位很久没见的老朋友居然在演讲者名单里。我掏出手机，找到了苏奇，给他发消息："苏老板，我也在杭州，中午聊聊？"于是在午饭之后，我们找到了天台一处安静的角落，聊了一个小时，他给我讲述了上面那些故事。

听他讲这些故事的时候，我脑子里想到了很多人，他们有的开局就是高起点，有的心有大志却不敢逃离，有的在创业的路上四处碰壁。也许你会觉得苏奇属于那种"开局高起点"的创业者，学历好起点高。但高学历的人遍地都是，这样的解释太过苍白。

于是，我希望替那些朋友刨根问底，是什么让一个人的成长和其他人完全不一样？

"命运总是把机会留给有准备的人"，实际上这句话谁都知道，但什么时间做准备？怎么做准备？

我觉得，命运应该是把机会留给那些特别简单的人。

这里的简单，是指一切行为的底层逻辑很纯粹，换句话说，叫作"成大事者不纠结。"

本科毕业去国外留学，原因很简单：不满意国内的建筑教育。放弃多年所学，从建筑转投编程，原因很简单：喜欢做这件事。放弃羽翼渐丰的市场，回国重新开始，原因很简单：不想留在美国。

我问苏奇，做这些决定的时候，你没有什么后顾之忧吗？不觉得可惜吗？

苏奇的回答很简短："我没想过这些事。我认准一个目标，就觉得这个目标在我眼前又大又亮，别的什么都没有。"

如果一个人觉得想做一件事的困难太多，那他一定不是非常想做那件事。一个简单的内驱力，可以逼着一个人"求知若饥，虚心若愚"。或许这才是这个千变万化的世界里，让人找到出路的好心法吧。

进击的 BIM 主任：一个学渣的逆袭之路

本节给你介绍一位朋友，通过他讲讲我们这个时代的一群人。他叫任睿，是四川安装集团的 BIM 中心负责人，也是成都天府国际机场项目综合安装一标段的 BIM 经理。

任睿给我们投过一篇稿，BIMBOX 觉得他的方法论很有价值，于是把他讲述的“无意识推广、增长黑客、反向培训”三个理念转述出去，给这三个理念起了个名字叫“施工企业 BIM 推广三板斧”，也写到了本书的第二章中。

这些年见到行业里很多人，尤其是那些做出了某些独特成绩的人，我们总会好奇，他们身上有哪些独特的性格和行为模式，是哪些东西造就了当下的这个人。于是，就有了本节的故事。

1. 草根入局

任睿是一个看起来温润儒雅的年轻人，带着一副圆边眼镜，皮肤很白，说话声音不大。不过在他温和的外表下，却有着一颗叛逆的心。

他中考的时候，数学忘了涂机读卡，选择题 0 分，进高中的成绩就是班上倒数几名。虽然用了半个学期的时间前进了 30 多名，但是班主任也没有真正认可他，总把他当成差等生对待。

这事是他的人生转折点，任睿产生了逆反心理，最后成绩也一般，进了专科学校学做动画。毕业后进了国有施工单位，在两个阶段都有领导问过任睿，你想往哪方面发展？任睿说：“无所谓呀，领导让我学啥我就学啥。”于是第一次他当了资料员，第二次当了安全员。2010 年，他在一个幕墙项目当安全员时，想象不出来一个幕墙节点应该是什么样子的，就用学校里学的 Maya 把这个节点给建出来，这样就一下搞明白了。

任睿想，自己不是学这个专业的，如果按照传统的方式给人家当学徒，自己研究图纸，多久才能把幕墙给弄明白呢？那一瞬间的恍然大悟让他第一次对三维设计产生了好感。

后来，任睿在幕墙公司分管车间，又因为会用动画软件阴差阳错来到了刚成立的 BIM 中心。作为一个国有企业的员工，任睿对自己的评价是**“路子很野”**。第一个项目，任睿发现自己连机电图纸都看不懂，就天天问同事，里面的图例线型是什么意思，再把它们搞到模型里面去，全程硬着头皮学。

到今天，任睿也觉得 BIM 中心的老领导特别厉害，一位 50 多岁的总工程师，对技术非常懂，

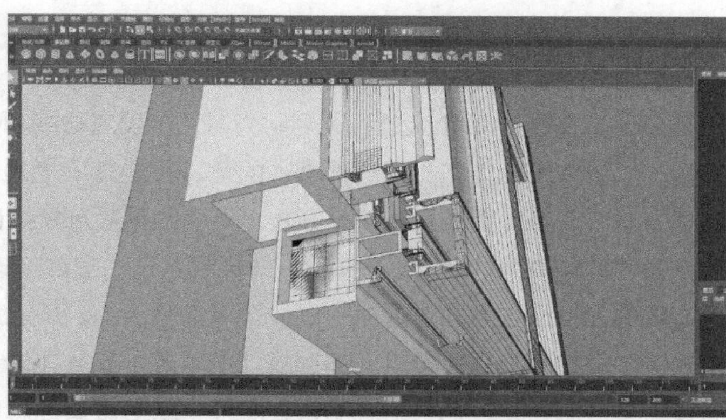

思想也很开放，大家都特别佩服。不过，因为和领导的一些实施思路不一致，任睿没有在领导的带领下乖乖做事，而是开启了自己的 BIM 人生。

后来遇到一个项目，因为离公司特别远，老领导过去一趟单程都要两三个小时，就交给他负责现场，任睿觉得这是个机会，能够尝试一些自己想法。

那时候他做 BIM，瞄准的不是做什么应用点，而是先去了解施工现场有什么需求，然后通过 BIM 去解决。在项目上遇到了不少抵触的情绪，他也知道 BIM 技术推广不光是跟技术打交道，更多是在和人打交道。

他没有把 BIM 抽离成一个单项的技术，而是跟现场的工人、工长和项目经理的需求揉到一起，哪里能降本增效，就应用到哪里，花里胡哨的东西一律不做。

结果，这个项目的 BIM 应用反倒是出奇的好。后来的项目，他逐渐摸索了更多的方法论，甚至要动用一些人际交流的智慧。有时候项目经理只关心成本进度，工长也不愿意走出舒适区，他到现场就先和工长跟项目经理做简单沟通，然后从工人下手，做出一套可以用于施工的模型，让工人习惯用模型出的图纸下料施工，工人减少了思考，拆改和窝工少了，自然就喜欢上了这套方法。

到后来，工人离不开 BIM 的图纸了，他会慢慢把这个 BIM 诉求转移到工长身上，再配合专项培训，整体达成了项目经理想要的降本增效，这个推进过程的拿捏很重要，轻了工长只能当二传手，重了工长会被压得喘不过气。(详见《BIM 施工推广三板斧》)

后来公司承接了一个很重要的项目：**成都天府国际机场**。任睿作为 BIM 负责人，被派到了项目上。

第一次项目见面会，一个其他标段的公司副总带队过来和他们交流，对方说机场这种一直变更的项目，BIM 没法做，最后交个竣工模型就完事了。任睿一脸认真地跟对方说："我们能落地"。当时一旁的业主都怕他把话说得太满了，跟着问了一句："你确定吗?" 暗示他考虑清楚再说。任睿还是说：“我们可以做。”

因为有项目经理的支持，加上以前有一些成果，这个项目的 BIM 工作几乎是完全没人管他，放开了做。在推进 BIM 大流程遇到阻力时，他没有去找项目领导，而是直接去业主领导办公室汇报情况，说如果业主不支持流程推进的话，肯定落不了地，BIM 工作只能放弃了。后来在整个项目里，一个奇特的情景发生了好几次，业主找到项目领导说：“你们的 BIM 又要放弃了吗?”

说到这些事儿的时候，我问他：“你这么干，项目经理不说你吗?”他说，其实当时他心里还是有数的，自己性格比较内向，做什么事都怕出错，所以反倒是会提前千方百计确认事情有没有问题。除了技术，也会考虑人情世故。中间因为 BIM 本身的透明性和定责性，人家告诉他在什么层面需要注意什么，他马上就能领会。**可一旦把需要考虑的地方都考虑到了，剩下的行动部分就会完全放开。**

成都天府国际机场的 BIM 很成功，至少在任睿和公司内部看来，BIM 是真正落了地，在几十家参建单位的项目经理、总工程师、总监理工程师里，他是唯一通过做 BIM 得到业主优秀个人奖励的人，而且是连续两次。

2015 年任睿带着成果去参加 BIM 比赛，引起了一点小风波。汇报的时候他说，BIM 机电深化的大顺序是先管线，然后支架和留洞。而在施工时大都是先留洞，然后支吊架，再管线。这相当于是说，做 BIM 和施工的顺序是反着的。所以预留预埋前我们就只有将这三步都深化到位，这样深度的机电 BIM 成果才能落地。参赛时坐在他对面的一位总工程师，听完任睿的讲解之后表示不认可，他说：“你这样说的话，我们这么多年的工作不都要反过来了吗?”任睿说：“做 BIM 不就要反过来吗?”对方继续摇头，任睿接着说：“欢迎评委来项目参观。”**在那一刻，任睿突然意识到，建筑行业拥有话语权的那些大师和总工程师们，认可的可能只是 BIM 和数字化信息化这个趋势，但其实并不认可现阶段 BIM 的水平和成果。**

2. 管理带人

时间过去几年，任睿从初入职场的“小任”，慢慢变成了很多年轻人嘴里的“睿哥”。

集团公司的 BIM 中心，常见的模式是给下面的分公司做项目服务。按说这样的团队就是不断完善标准和流程，积累自己的核心技术，不断提升服务能力，才能更好地生存下去。**任睿的做法**

却很不一样。分公司来找他做BIM，任睿反过来还要和他们谈条件。第一，BIM中心能出人，但项目上也必须出人；第二，必须是专职BIM人员，不能兼职。

他的想法是，项目上投入人力是BIM落地的基础，他做一个项目就要培养出来一个人或者一个团队，最好是项目做到一半，后面的工作项目上他们自己就可以接手了。BIM中心不应该是"救急"，而是"救穷"。

任睿一直在尝试把实践中具体的方法抽离出来，形成一套内部的标准。但他不希望这个标准是一些死条文，而是让项目上的人看到一条标准，能明确知道自己该去做什么。甚至对于一些条文，还明确写下，做这件事成本是什么样的，会付出什么代价，该跟业主要什么支持，什么情况下该拒绝业主的要求。任睿一直希望把下面分公司的人，培养成能独立服务业主的BIM团队，而自己则是继续往前走，去做别的事。

他是一个不妥协的人，坚信的东西就一定会旗帜鲜明地表达出来，这让他赢得了一部分支持，但也经常引起别人的反感。比如，关于"先学专业还是先学BIM"的争论很多，几乎一边倒的声音都是一定要先学专业知识，BIM只不过是个软件工具。但任睿旗帜鲜明地认为：工长类人才进来，要先学BIM，但不是在办公室里学软件、翻模，而是具体去实施一个项目的落地BIM工作，然后拿着成果去当工长。

他带过一个大学生，职位是安全员。机缘巧合让她去做BIM，要带着BIM下现场，去和业主、设计、施工单位直接对接。后来那个大学生和他说，跟自己同时进公司的同学，下班之后都很闲，只有她加班加点看所有专业的图纸，然后建模深化出图。一年的时间，她已经自己完成了一个近20万平方米的机电BIM落地，从现场扯皮到支吊架和末端的做法都能应对，现在现场有单位不能按图施工了，她就去现场判是非，定原则，这种成长速度按传统的方式是不可能实现的。

他认为，先学传统知识还是先学BIM，这话说出来其实已经把这二者放到了对立面，而实际上在有些岗位这二者是不矛盾的。建筑行业需要专才和通才两种人才，有些岗位需要的是专才，学习当然要专注，还要找一个好师傅带。而有些岗位需要的是沟通型的通才，没有什么师傅有时间手把手给你讲各种专业的知识，只能自己去学。

而干施工比起干设计，相对没特别大的技术难度，能脱颖而出的方法就是认真负责，多积累经验。之所以他敢这么说，因为他自己就是这么过来的，通过BIM他逼着自己去了解各个专业，一个个项目下来，他会去看储罐、球罐、风洞、钢结构甚至核反应堆的图纸，专业间的心理障碍对他就不存在了。

现场的传统工长以前经常不认可他带人的方法，下面的小伙子们面对工长，工长会说："你们 BIM 部门关了吧，来跟我跑现场。"可是只要跟了一两个项目，这些小伙子综合能力会变得很强，和各个专业的业主、设计都很熟，人家有什么问题都来找他们协调解决。

现在成都天府国际机场项目一大半的全职 BIM 人员，都已经成为专业工长，他们拿着自己的深化成果去落实到现场，也会拿 BIM 的理念去做工长的工作。

任睿说："毕业干施工，如果一直面对的是工人和交叉施工的现场，很多时候你所接触到的是行业标准的下限，说不清，理还乱；做 BIM 落地，你逼着自己去面对甲方、设计院，那是标准的上限，你要说服业主和设计按你的图纸来施工，只能用合规的方式。"

对于白纸一样的新人来说，一开始接触的人群会把你引向两个不同的方向，你的舒适区也会决定你的能力范围。太多次在和工长讨论问题的时候，他让工长开个其他专业的图纸，很多人计算机上连这些图纸都没有。而做 BIM 的小伙子为了解决机电的问题，会自然地打开装饰或钢构图，做好提资文件发给对应的设计师，在施工前解决掉一个个问题。

在施工这个人才充分竞争的行业，年轻人想快速成长，只能去做一些超纲的事，这是一个朴素到大部分人懒得信的道理。

最近他们和一家设计院交流学习，一起做点事。任睿的诉求就是带着这些做施工 BIM 的人，去学习设计流程的知识，让大家知道设计师在设计过程中是怎么思考和开展工作的，甚至希望 BIM 能去做不同专业设计师之间的沟通桥梁。实际上，在成都天府国际机场项目，设计师之间的很多提资数据就是他们帮忙校核的。他希望以后能有一个为业主服务的项目，能让他在设计阶段介入，以施工落地为目标，并且业主能提供足够的支持。

3. 授人以渔

时至今天，任睿在做这么几件事。

项目方面，他会支持很多具体项目的实施，全力帮他们做 BIM 落地的最后一步。

对内，他给自己的定义不是 BIM 人员，而更像一个公司流程和架构的咨询师，从 BIM 的角度配合信息部门，慢慢调整项目部实现数字化和信息化所需的架构和流程。要推进技术，需要去做一些和技术无关的工作。为了 BIM 人员招聘、转正、薪酬和发展这些事，他会给公司上上下下的部门找很多事情。以前公司 BIM 人员不能转正，他就去推进转正的事，现在又在努力解决团队薪酬的问题。

对外，任睿正在和几个小伙伴筹备出一本书，把他们在以往项目的经验和做法都分享出去。2020 年特别忙，他们希望在 2021 年能有一个初稿。他从来不觉得他们自己做的东西有啥高大上，BIM 就是把所有相关的图纸和规范拿来放在一起，把模型好好建出来，数据踏踏实实放进去，尽可能预见以后施工中会发生的问题，解决掉然后加快施工。

准备他们那本书的内容时，一位负责机电的同事谈到怎么讲管线综合，觉得出几个剖面图，来个三维展示说明一下就够了，结果任睿一个剖面图就写了一万多字，详细描述了看到这种系统该怎么弄，怎样做不规范，怎样能得到设计和甲方的认可，遇到哪些情况就可以开始向设计寻求修改和常规改法。

有个朋友说，你把这些东西分享出去，可能是个“炸弹”。

任睿说：“**我觉得这就是我的日常工作，没什么不能讲的。如果人家看了觉得我做得还不错，愿意来合作，那能给公司创造收益；如果学了去自己干，那大部分人能统一从一个起跑线开始去追求更好的技术，而不是吃信息不对称的亏又浪费几年；如果觉得我做得不好，那我也能知道自己水平不行，再去跟人家学习就是了。**”

任睿培养了很多年轻人，给他们开会的时候，只有一小半时间在谈技术，更多的是带着大家聊思想、聊方法论。

任睿说：“身边很多人知道，我其实是不想搞BIM的，但很多领导支持，让我们放手去做，我希望自己对得起这份信任。BIM中心的目标不是混下去，而是把实施BIM的体系建立好，最终超越现在的自己，然后去做些对企业更有价值的事情。”

任睿还是那个任睿，表面波澜不惊，内心忤逆传统。还是有人很喜欢他，很支持他，也还是有人很不待见他。

任睿说：“我没太大所谓的。”

4. 后记：书生与海盗

和任睿准备本节内容的时候，他讲了一段话，我想原封不动地转述给你：

“我是一个内向和不自信的人，所以和现在很多人一样自然选择了更适合自己的技术路线。

这么多年一直做的就是通过学习、交流和做项目，去验证自己的技术是否有问题。

我自己也是一个非科班、非传统培养模式成长起来的人，所以从一开始我就不认为现在建筑行业的运行模式、协作方式、分配机制本来就应该是这样的。

我认为，自己的工作不是直接去满足公司领导的具体要求，把重心放在做应用点、报奖和观摩工地上。而是通过满足项目的生产需求，更好地为业主服务，进而去满足企业的经营、管理需求。

最近在一个咖啡店，听到隔壁几位老板聊天说：**'现在做生意，不能靠忽悠了，都是实打实地做服务，做口碑。'**这话让我印象深刻。我理解各行各业都有两类赚钱方式，一类是靠信息不对称赚钱；另一类是知道他赚钱，但也还是会选择他。

我自己也在寻求一个家装项目，把工程中的 BIM 应用点、平台什么的全弄上去，想看看一个工程，从第一类变成第二类之后，完全透明化，各方到底会发生什么样的变化。BIMBOX 想写这篇文章，我也很开放的。前不久苏总那篇《学霸走上人生巅峰》的文章让我如沐春风，希望这个学渣自我救赎的故事，和我们公司的 BIM 理念及工作场景，能让你得到一些正面回馈就行了。"

本节并不是在歌颂任睿。甚至他说的一些观点，我们都不完全认同。**我们想呈现的是：**他对行业的数字化未来有一个坚定的信仰，有这么一个内核在，才让他有勇气去说一些忤逆的话，做一个鲜活的人。

前些天 VCTCN93 给 BIMBOX 投了一篇稿，我提醒他注意不要给身边的人造成不好的影响。他说："这篇文章我代表自己发声，这么年轻就失去了锋芒，岂不白活一场？"

当时看到这句话，我没有感叹年轻人不成熟，而是反思：做 BIM 本身，不就是在挑战传统吗？这样的工作，固守传统的人真能胜任吗？

后来有一次机会，我跟一个互联网大佬聊天，他说了一句话让我印象很深："互联网行业开荒时代，每一个职位都很奇怪，既没有学校设立的专业，也没有职场里的老师傅。所以那些真正做出改变的人，不是书生，而是海盗。"

在建筑业数字化这条路上，我觉得至少书生和海盗都能找到自己的位置。面对改变的时候，人们经常会想："这么做是对的，那么做是错的，因为我年轻的时候就是这么过来的。"可是世界变得实在太快，快到让仅仅十年前的经验就在现实面前一文不值。

善于思考 BIM 思维的 BIMBOY

本节给你讲一个关于雷神山医院的故事，选择一个“小人物”的视角，谈谈一个人的想法可以怎样改变，BIM 思维又是什么。

本节的主人公叫李文建，1990 年生人，却已是进入中建三局一公司八年的 BIM “老兵”。2020 年一开春，他参与了一件大事，还做了两件小事，这三件事永久地改变了他看待世界的方式，清晰地形成了他的信息化思维。

1. 一件大事：参与雷神山医院 BIM 工作

2020 年的春节对李文建来说，本应是安逸和幸福的。妻子怀上了宝宝，他的妈妈说好来武汉和他们一起过年团聚。可春节还没到，封城令下来，妈妈过不来了，家里做饭、照顾妻子、采购物资的担子都要由他一个人承担。

2020 年 1 月 30 日，大年初六，李文建接到了公司电话。作为中建三局一公司建筑设计院 BIM 中心主任，李文建临危受命，需要组织员工，在一天时间内完成雷神山医院大约 7.5 万平方米的建筑结构 BIM 建模工作，目标是通过模型检查建筑结构图纸问题，标注所有房间，辅助检查和模拟，后续还要配合机电、精装修进行 BIM 深化。

中午 12 点，李文建召集了 BIM 中心所有小伙伴，加上分公司临时报名的志愿者，组成了 7 个人的突击小队。所有人都隔离在家，有的人手头连一台笔记本计算机都没有，还是找人借来的计算机。

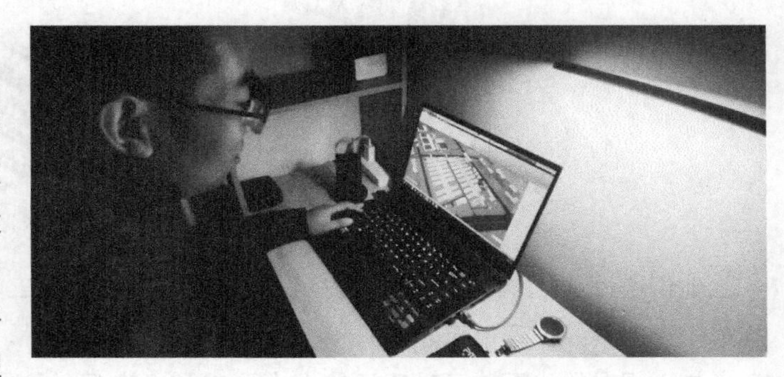

雷神山医院的 BIM，设计和施工双方达成一致，要用 BIM 技术来建立一个数字孪生医院，模拟还原这个医院的情况。中南院作为设计方，也在同时启动设计和 BIM 深化工作，两拨人就各自在家，远程协作。李文建的团队全程和设计院保持沟通，从中午到凌晨，设计方不断调整，整个模型已经经历了两次大的修改，大家手头的低配笔记本计算机已经不堪重负，每动一下都卡一秒。

凌晨三点的时候，医院模型核查完毕，团队完成了项目效果图和样板间的设计渲染。

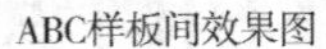

ABC样板间效果图

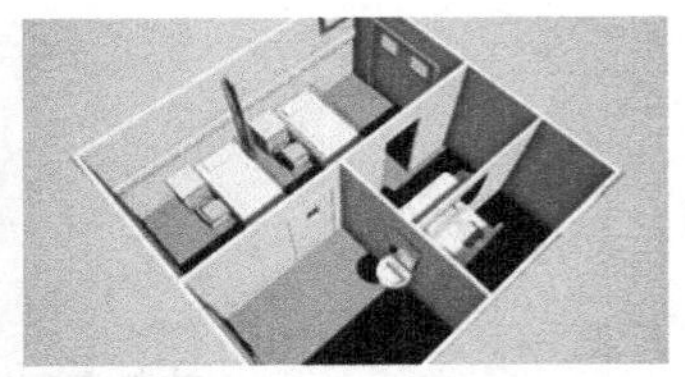

AL样板间效果图

第二天大年初七，项目模型从李文建他们手中完整交付给机电和精装修团队，大家一起进行下一步的深化。

这两年总会有人问：机电 BIM 可以解决碰撞和安装问题，土建专业那堆大积木块，拿 BIM 摞在一起能干啥呢？李文建他们用行动回答了这个问题：土建 BIM 也好，机电 BIM 也罢，想发挥出价值，都要回到专业里面去，面对实际的问题，提出服务于专业的方案。

雷神山医院面对的实际问题很多，最核心的一点就是：时间紧。所有问题都是围绕着这三个字展开。

雷神山医院要求 1 天出方案，3 天出施工图，10 天建成投入使用，整个过程设计和施工同步进行，因为设计院和施工方关注的领域不一样，所以不止做 BIM，而且设计和施工的 BIM 还要同时做，一起解决问题。

施工方中建三局一公司为深化设计做了哪些事儿呢？举几个例子来说。

（1）施工设计同步优化。

整个医院分为护理单元和医技区两种典型区域，其中护理单元的隔离病区和医护办公区尺寸规格都一致，可以按装配式的方法来施工。

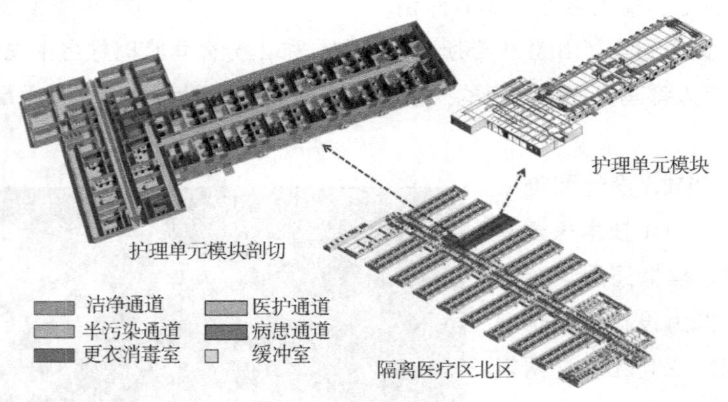

他们通过 AB 两种型号的箱式房进行组合排布，形成三个基础模块，再对三个模块进行拼装，构成一个完整的护理单元。

与之相对的，医技区对开间的大小要求和净高尺寸要求都大于护理单元，不能使用箱式房，而是要采用钢框架结构。这对现场施工的要求就高了，需要在不影响装配式护理单元区域建设的前提下，在面积1500平方米的工作面进行施工。

这样的钢框架架构，在传统的模式下，流程是设计院建模计算，绘制施工图，接着施工单位深化设计，绘制加工详图，设计院认可之后，由工厂加工，最后进行现场拼装。但这种模式不能满足雷神山医院“时间就是生命”的项目特点，这时候设计和施工需要考虑的不仅是“缩短设计流程”，还必须是“来得及造出来”。

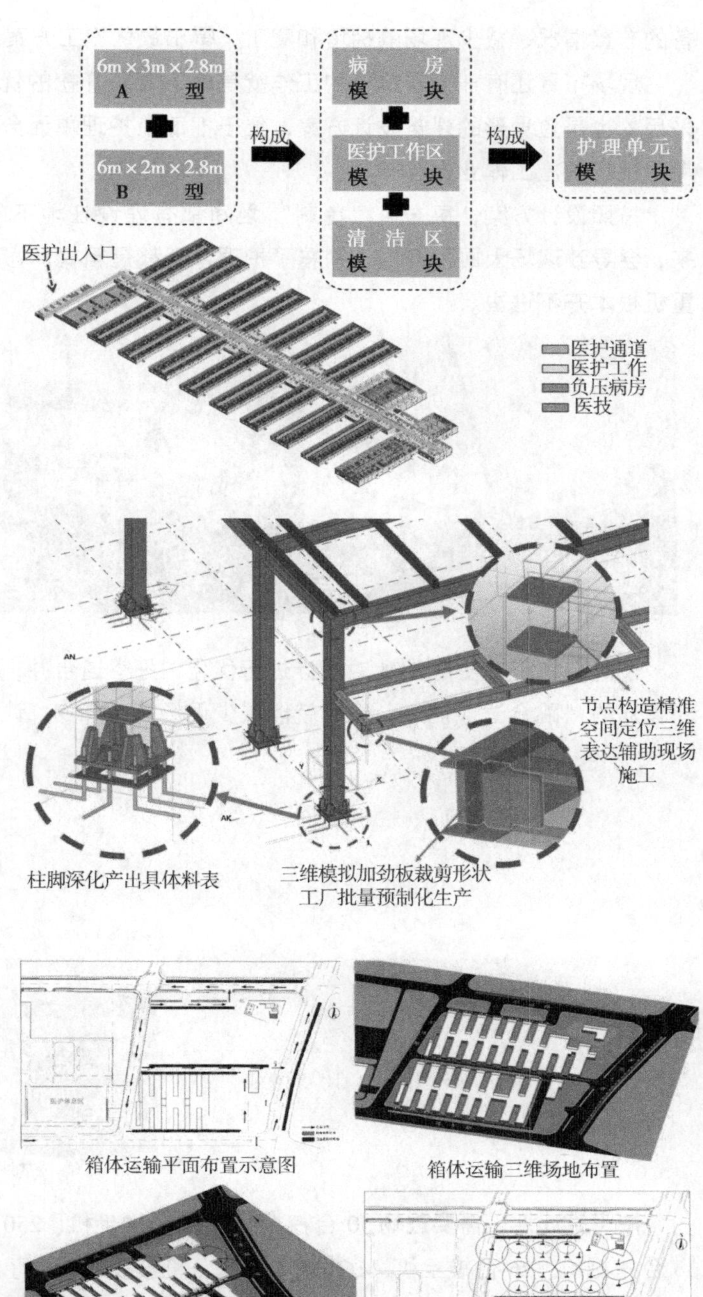

箱体运输平面布置示意图

箱体运输三维场地布置

箱体汽车式起重机三维场地布置

箱体汽车式起重机平面布置示意图

施工方的工程师必须考虑现材先用、制作方便，还得考虑能快速装运。这里的每一点都可能带来一次设计方案的大调整。钢结构BIM团队配合现场工程师，把这些内容考虑进去之后，用Tekla建立了钢结构模型，导入MIDAS进行结构验算，最终施工图和加工详图一次性完成，经过设计院认可就直接用于现场施工。整个流程同时完成，大幅度提升了效率。

（2）现场布置和管网优化。

10天建成一座医院，现场施工组织的难度可想而知，每天现场要进那么多材料，BIM模型要服务于管理人员，让他们通过漫游虚拟场地，不断沟通和商议，优化现场布置方案，提高工作面的展开速度。还需要模拟箱体汽车式起重机、挖掘机等机械设备的布置情况，减少现场的拥堵和窝工，得出最优施工方案。

现场布置还有一项很重要的工作就是地下管网开挖的优化。和火神山医院一样，雷神山医院采用的也是鱼骨形的建筑设计方案，便于把每个护理单元分开。作为设计方的中南院，很难实际考虑现场的施工作业面问题。

按照设计方案，每一道“鱼刺”之间都有埋设在地下的雨水污水管线，这样的方案施工起来，会导致现场大面积开挖，别忘了护理单元都是箱式房吊装，这样的开挖条件会导致汽车式起重机根本开不进去。

于是，施工方使用 BIM 对设计进行优化，把管道合并，优化为“隔一设一”的安装，进行室外管网的“跳仓法”施工，这样就能减少现场管道开挖，让汽车式起重机能够同时进场作业。

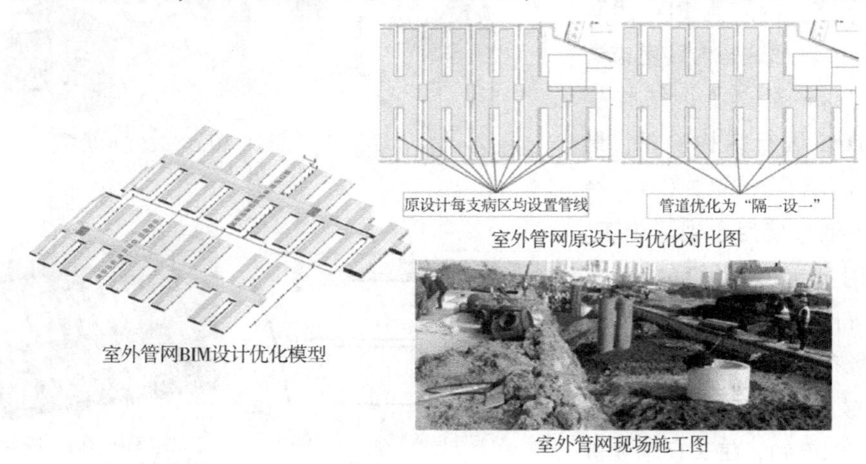

室外管网原设计与优化对比图

室外管网BIM设计优化模型

室外管网现场施工图

按照原计划，需要进场 50 台挖掘机、40 台推土机、250 辆渣土车，深化设计之后，实际进场 33 台挖掘机、26 台推土机、168 辆渣土车，机械投入减少了三分之一。

（3）混凝土基础设计优化。

医院必须考虑防水防潮问题，建筑和地面之间必须用基础垫起来，不仅起到防潮的作用，也给后续房间底部的管道安装预留出空间。

原本的设计方案，是采用全混凝土基础的方式，但考虑到施工工期紧张，又要支模板又要浇筑混凝土根本来不及。于是施工方优化出一种新的组合式基础，外围采用混凝土条形基础，内部采用梅花形布置H型钢基础，简化了施工工艺。

这一项工作，减少了3387立方米混凝土用量，减少了管道穿孔1036个，劳动力也节省了200工日。

在医护休息区，他们也做了类似的优化工作，把原方案混凝土条形基础替换成贝雷架和工字钢基础，把地面架高方便穿管。之所以这样替换，是因为这种钢架基础是施工方现有的可回收材料，施工起来速度特别快。

（4）屋顶结构优化。

火神山医院设计建造的时候，没有考虑做临时性屋面，箱式建筑内很多机电设备都直接暴露在外面；雷神山医院在设计的时候，采用了钢结构屋顶的设计方案。这样屋面斜坡方便排水，后期人也可以钻进去检修设备。

不过这种屋顶结构需要定制加工，施工工艺比较复杂，在临时工程中应变性比较差。考虑到武汉当地的钢管供应量比较充足，施工方用BIM重新设计了一种钢管彩钢瓦组合式屋面，用钢管作为主支撑架，槽钢作为檩条，彩钢瓦作为屋面板，四周用防雨布或彩钢瓦封闭，满拉揽风绳加固。

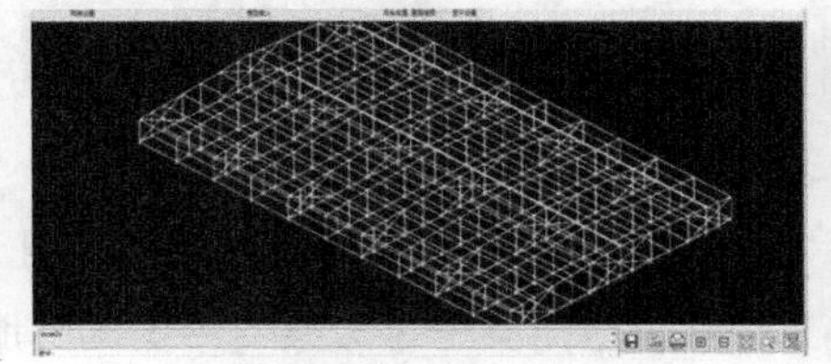
雨篷PKPM三维整体模型

雨篷剪刀撑搭设

设计周期短，这些结构都由施工方自己在BIM模型里完成，然后把模型导入到PKPM进行验算。

屋面安装的那几天，赶上武汉风雨很大，大家很担心屋面会不会被吹坏，那几天所有人都没睡好，还好，最后还是经受住了考验。

（5）采购方案改进。

设计院做出的很多设计，在施工时间上是合理的，但在这个特殊的项目里，正值春节期间，大家还会面临一个新的问题：材料买不到。

比如，医院的CT室需要特殊的钢板进行隔离，当时全武汉所有的钢板都用到了火神山医院，情况紧急，医院的院长就对他们说：如果实在不行你们就按图施工，我们多穿防护服算了。施工方说，那肯定不行，我们要保证医生的安全，于是舍弃了厚钢板方案，用加厚混凝土来代替。设计方在过程中并不负责采购、材料和施工，这些问题只有施工现场才能考虑到。

可对于雷神山医院来说，短短几天内要交付设计，现场变更那么大，设计和施工很多的知识是没有直接交集的，方案既要满足相应的设计规范，又要考虑快速建造和工作面展开，BIM 正是设计和施工沟通的桥梁。

人们经常说，项目时间紧，没时间精细设计，雷神山医院可以说是一个非常典型的反例。正因为时间紧，很多人都在异地，建模的时间比起沟通的时间来说，反倒是划算的。

雷神山医院从完成交付到投入使用，直到最终正式关闭，一共 81 天的时间，在累计运维的 67 天中未发生过一例感染，实现患者清零，圆满完成了抗疫任务。在整个过程中，没有谁是个人英雄，设计团队、施工一线团队和李文建的 BIM 团队，都贡献了自己的智慧。

除了上面讲到的施工深化，设计方还利用 BIM 模型确定了箱式装配体的固定模块化户型，提升了工厂预制加工速度。也利用 BIM 模型对医院进行了气流仿真模拟，研究特定室内布局、进排风设计和负压设置下，室内气流压力梯度分布，为整个建筑的结构体系设计提供了理论支撑。

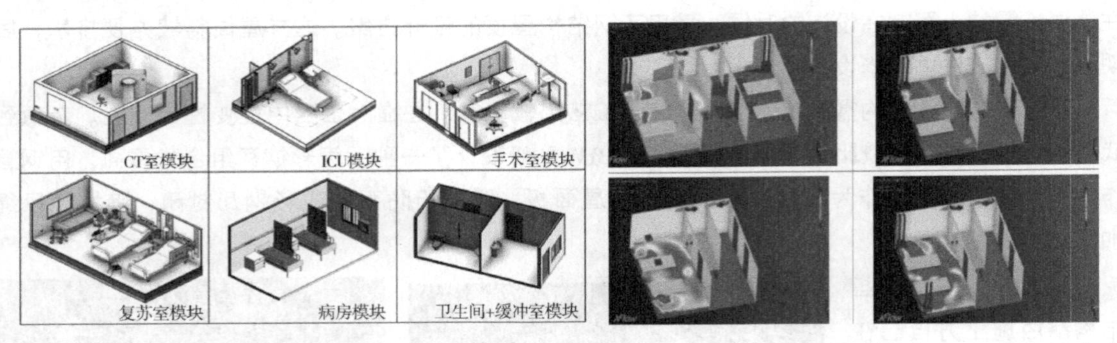

最终，这个项目由设计方和施工方分别牵头报奖，获得了第十一届“创新杯”BIM 应用大赛共克时艰贡献特等成果、2020 年第九届“龙图杯”全国 BIM 大赛综合组一等奖、中国施工企业管理协会工程建设行业 BIM 大赛建筑工程综合应用类一等成果、中国国际服务贸易交易会中国服务示范案例奖等奖项。

2. 两件小事：成为“信息化”志愿者

2020 年，李文建还获得了另一个奖。这个奖和工作无关，他和妻子一起，被评为武汉东西湖区“最美抗疫志愿者”。

封城之后，各小区也开始封闭式管理，一项很重要的工作就是测量所有居民的体温。区里面给每个社区发了统计表格，都是 Excel 表，测量体温的工作都是专员上门，量完了记录下来，回去手填表格。

上门测体温，李文建很担心交叉感染的风险，觉得这种工作方式不太好，于是找了一个在线填表的平台，“二次开发”生成了一个小程序。很多功能是平台要求付费才能开通的，他就以抗疫志愿者的身份打电话过去沟通，也得到了平台方的帮助，给他开通了一个月的付费完整功能。

李文建做出来的小程序，可以在线填写体温表，并把体温计实际显示度数拍照，作为附件上传成为佐证。

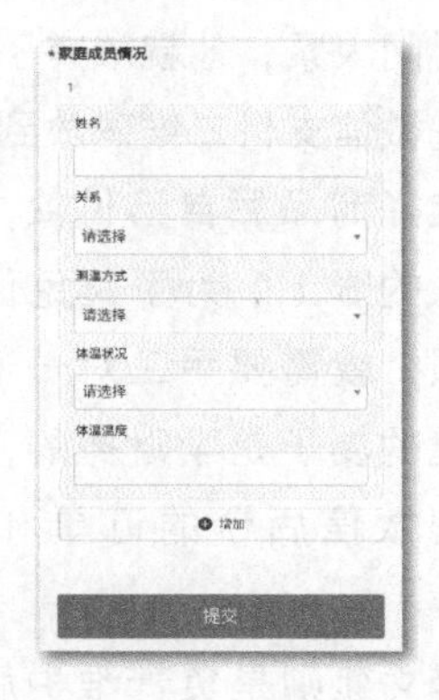

小程序前端是数据，后端直接对接到区政府下发的表格，完成自动填报。

他把这个小程序发到社区微信群，受到了社区重视，管辖下的三个小区很快就普及了这个小程序的使用，填报工作的效率一下子提高了，社区工作人员降低了交叉感染的风险，也有更多精力去做其他的事。

那时候武汉当地已经有人做出了健康码，李文建就总结思考，居民健康码属于个人承诺制，还不太完善，如果能把自己做的体温统计小程序的数据融合进去，可以增加健康码的支撑数据，进行大数据分析。

他还进一步想，给体温计拍照可以作假，如果是每天自拍一张照片，自动测量体温，数据就能保证真实可靠了，李文建还去网上搜到了一款红外硬件，插在手机上就能拍照测体温。

因为时间和资金的问题，他的一些想法最终没能实现，但这时候李文建的思考方式，哪里像一个每天面对工地的工程师，俨然就像是一名互联网产品人。

李文建随后正式报名了社区抗疫志愿者，又做了一个小程序。那时候，社区附近的大型商场和超市不再对个人开放，外卖软件不能用，超市平时使用的 APP 也因为不能点对点配送，停摆了。

于是，社区居民的生活物资只能由社区和志愿者们统一采购，再分送到户。社区网格员和志愿者只能手工做 Excel 表格，在微信群里接龙，或者上门统计每家的需求，收款之后要一家家核对，开车把物资采购回来之后，分发到每家的时候还要再核对一次，工作量巨大。

李文建就沿用前边的方法，又做了一款公益团购的小程序，把超市提供的物资套餐录入进去，社区居民只需要自己选好物资，再扫码支付。

李文建希望支付流程能自动计算商品的总价，像外卖平台一样自动结算付款，但过程中找了有赞，也找了腾讯，都需要提供很多的公益证明，才能给开放这样的接口。

时间太紧，他就放弃了这个方案，而是把微信支付二维码放到小程序里，居民选择商品后自己付款，付到社区负责人的账上。为了避免付款数字输入错误，就需要手工对一遍账。正好李文建的妻子是学财务的，就负责对账，把微信后台的订单和账单一一对比。

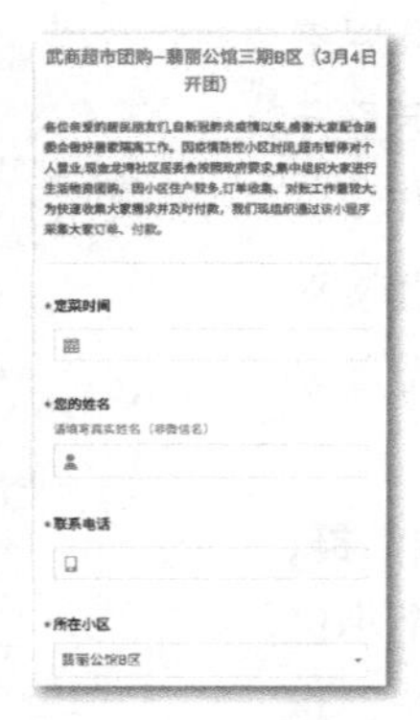

李文建则是负责维护后台，超市上新了哪些套餐和商品，就更新到后台去。因为后台能导出表格，采购回来配送也很方便。

为了帮助小区里年纪比较大的人快速上手，李文建夫妇给两个小程序都录制了操作视频，发到微信群里给居民去自己学习。最终，整个社区的三个小区都用上了他做的小程序，不用再上门量体温、收集团购信息了。

后来志愿者们在一起聊天，社区网格员还问李文建，是不是搞互联网工作的？他说自己是搞建筑的，大家都很吃惊，说他搞建筑的咋懂这么多互联网的东西？

他说，自己是在建筑业搞信息化的人。

后来，金龙湾社区把李文建推荐到区里，最终他获评东西湖区“最美抗疫志愿者”。

3. BIMBOY 眼中的 BIM 思维

李文建说，在行业待了这么多年，他越发觉得，BIM 不仅仅是技术，更是一种思维和精神。

有时候，他感觉自己像一个 BIM 布道者，但他希望带给身边人的影响，不仅仅是 BIM 本身，而是 BIM 带来的思考方式：一种拥抱信息、拥抱数据、拥抱互联网的思维方式。

互联网行业的思维内核是专注、极致、口碑、快，而李文建认为，BIM 思维的内核并不是精致的模型和华丽的效果，而是充分利用数据，提高效率，至少要懂得向那些沿袭多年的传统发起追问：**真的没有更高效的方法了吗？**

他觉得，BIM行业里的从业者，不一定要去学习所有软件的基本操作，但是需要思考怎样用新的手段，及时、高效地解决工程实际问题，辅助日常工作。

在这之前李文建自己家里装修，他找了一个装修设计软件，设计、出图、采购都自己来，也考虑了很多智能家居的布置，最后找了一个私人项目经理来施工。对他来说，这就是一个小型的EPC项目，这也是BIM思维在他生活中的具体应用。

有时候BIM不是去做什么令人吃惊的“大应用”，工作中、生活中的很多问题都可以用信息化的手段来提升效率，这种思维方式哪怕只用到一点点，也能创造价值。

两个人的十年往事

这些年，一群线上的朋友越混越熟，互相帮忙、互诉苦恼，有的成了项目里的伙伴，有的互相帮忙介绍工作，再回头一看，彼此都已经悄悄成长。

于是有了这么两段和BIM有关的十年往事，两种性格，两条道路，看完也许只是一道下酒菜，也许能给你点力量或思考。

1.

总的来说，戴路是一个挺幸运的人。高中时读了份报纸，写着我国宜居城市排行榜第一的是青岛，当时他想，将来有机会要是能去看看就好了。

2009年，戴路大学毕业进了中建五局，分配分公司的时候有广东公司和山东公司两个选择，因为怕听不懂粤语，就选择了山东公司。正巧就被分到了青岛的项目上，幸运地完成了高中时期的愿望。

来青岛的愿望是实现了，迎接他的却是艰苦的工地生活。他学的是路桥方向，第一个项目是青岛海湾大桥。

在青岛寒冷的冬天，戴路和同事穿着军大衣，坐在路边的石凳上等着收土石方，他问同事：“你说路人看到我们，能看出我们是大学生吗？”

带着一丝小骄傲从211大学毕业的戴路，在那一刻感受到了极大的挫败感。

很少有人能在毕业三年之内掌握自己的命运，有一份稳定的工作就算没辜负十年寒窗。

没用多久，戴路就在工地晒成了黑人儿，没有双休，白天在工地上呼吸漫天尘霾，晚上在户外体验零下 10 摄氏度的严寒，值完夜班回到不大的小屋子里，戴路心心念念的，就是找个机会离开工地。

这项目一干就是三年，2012 年项目结束之后，因为公司发展的原因，没有桥梁项目了，戴路又被裹挟着转到了房建项目。可毕竟自己是学路桥专业的，项目换了，连最基本的识图都成了难题。

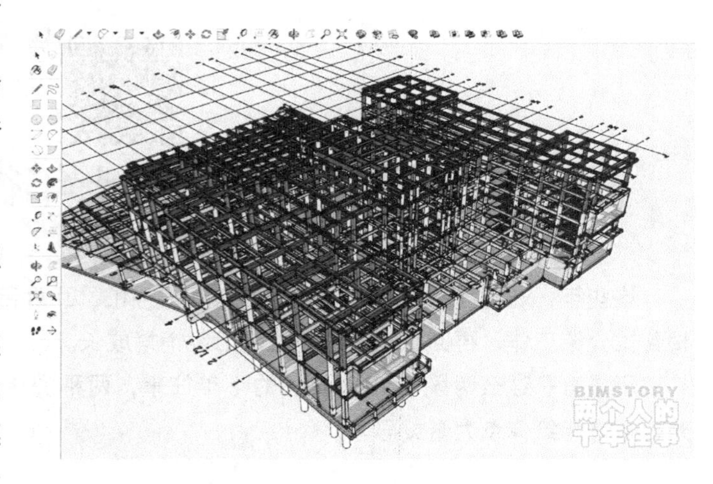

戴路一边跟着项目总工程师学识图，一方面想找个办法加强一下自己对图纸的理解。翻翻计算机，里面还装着几年前做毕业设计时候自学的 SketchUp，他就把图纸上的东西用模型建出来，让自己理解它们建起来长啥样。

有一次，中建五局的总工程师来项目上调研走访，大家开了个交流会。会上总工程师说，局里有政策，要大力推广 BIM 技术，还要办 BIM 培训班。当时戴路并不清楚总工程师所说的 BIM 是什么，会后上网搜索了一下，这不就是我自己正做的事儿吗？好像不太难呀。

于是，他找到师傅说："局里的 BIM 培训，我想去学习。"

2.

陈竹和戴路性格迥然不同，30 岁之前，他似乎从来没想过什么计划。

他建筑系大专毕业，毕业前半年没什么事，被安排到了二十三冶在长沙的工地。

到了工地也没有专属的职位，就跟在项目经理后边学习读结构图。如果他知道自己十年之后会被赶鸭子上架，成了不懂结构的"假总工程师"，这段时间他肯定会好好把结构知识搞明白。

可谁没年轻过呢。干了一年半，陈竹干腻了，谢过经理就辞职了。在接下来漫长的十年里，辞职似乎是陈竹的家常便饭。

2009 年中，一位贵州的同学给陈竹打电话，说他工作的设计院有些内部的私活儿，想找个帮手一起干，就把陈竹喊了过去。项目是农村宅基地自建房的设计图备案，每天就和同学两个人带着卷尺到农民家里量房子，回去画成图纸交差。

干了几个月，陈竹觉得这么干外包不是长久之计，挣钱不多也没什么提升，就跟同学告了别，拎着箱子回到了长沙老家。待了两个月没工作，又在网上投简历，进了一家装修公司，门槛很低，会画 CAD 就行。一问待遇有点惨，500 元的底薪 + 提成，但总好过在家待着。

入职的时候陈竹说："除了 CAD 画图，我可什么都不会。"

"没事，有人带你。"

于是公司一位姐姐，有项目就带着他，教他谈单、量房、画图，这些东西陈竹还是没太多想法，心想先把工资挣到手再说。可谁知道，就这 500 元的底薪都没挣到手。工资拖欠了三个月后，陈竹又辞职了。

那天他走在长沙的大街上，天气已经转暖，心里还是很凉。瞧自己这两年混这一手"烂牌"，就懂一点装修和 CAD，没圈子没人脉没正经工作，下一步可怎么办啊。

可是这人啊，别管步子是大是小，每走的一步，都算数。

3.

师傅答应了戴路，中建五局第一次 BIM 培训，项目部安排他去参加了。

2013 年的施工 BIM，也没那么多名堂，就是学 Revit 软件操作，十来天就基本掌握了。培训结束后，总部给每个学员布置了作业，要他们花五六个月的时间，去项目上用 Revit 建模，琢磨琢磨能用 BIM 做点什么。这次作业的成绩将决定培训班的最终考核排名。

培训会上，局总工程师对他说："好好弄，成绩优秀的话，会优先考虑晋升。"戴路就这么听进去了。回到项目，接着做技术，兼顾着完成作业。

那是一个博物馆项目，外立面是干挂石材幕墙，在土建施工时就需要把预埋件预埋在混凝土里，当时幕墙专业分包还没进场，可现场进度不能等，戴路就按照设计的预埋图，把预埋件放到土建模型里。

一对比，发现很多地方对不上，戴路就在模型里把预埋件调整了位置，出了一份图拿给土建施工队伍去定位，还导出了每个预埋件的详图和数量表，现场按照他提供的资料就开干了。

除此之外，戴路还顺便在模型中发现了很多设计问题，就着模型和设计确认一些专业接口的做法。能给现场解决问题，戴路觉得挺有成就感。很快几个月时间过去，他提交的作业拿到了最终考核的第一名。

2014 年 1 月，戴路结婚了，在武汉买了房，准备今后定居武汉。还在青岛工作的他想起了局总工程师承诺过的那句“优先考虑晋升”。于是过完春节，戴路就跑去长沙总部找了局总工程师和人力资源部，问能不能调到总部去专职做 BIM？不过总部当时没有相关的部门和岗位，此路不通。

局总工程师问戴路还有没有其他要求，戴路想了想，说能不能把他调到武汉的分公司，领导们合计了一下，答应了。不过没有直接到武汉，而是先到了湖北仙桃，干起了老本行路桥项目，一边做质检，一边搞 BIM。

本来总部没有职位，戴路也就认了，可没想到才到项目上不久，总部就设岗招了人。一次交流会上，总部负责 BIM 的人还给戴路浇了一盆冷水：“你们这模型都没建全，这么搞 BIM 不行啊。”

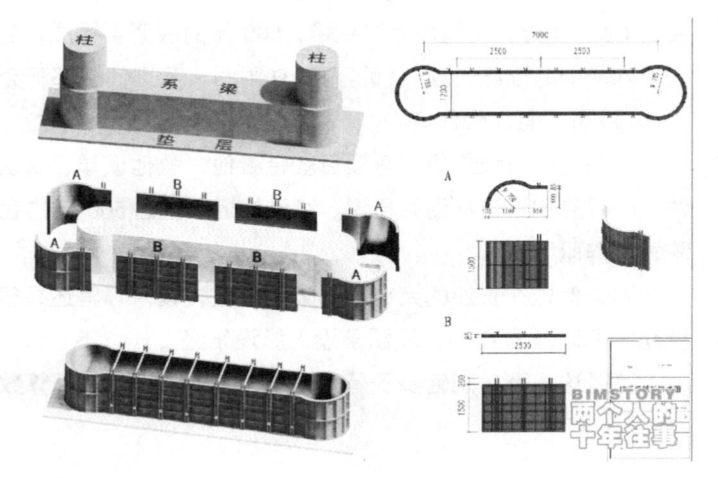

戴路在会上没吱声，心里实在是不痛快。

仙桃项目临近收尾的时候，戴路找到项目经理，那天他问了一个问题：“您建议我是继续走技术路线，还是专职搞 BIM？”领导毫不犹豫地说：“搞技术，BIM 现在没什么眉目。”领导还承诺说：“有机会，推荐你去武汉干项目总工程师。”

很快，在项目经理的帮助下，戴路来到了武汉的一个项目，当起了总工程师，起码在家门口，不用住在项目上了。如果一切顺利，可能就是从总工程师到项目经理的职业路线了。做施工的人，在成家之后能回到老家，还能住在自己的房子里，已经很不错了，戴路又被命运青睐了一把。

4.

戴路成家立业的第二年，陈竹和未婚妻同时辞职了，又是裸辞。

这之前陈竹换了两次工作。

因为那家底薪 500 元的装修公司不给发工资，干了三个月就辞职了。2010 年初凭着自己稍微懂点装饰装修的经历，陈竹入职了一家上市公司，接着做装修。底薪涨到了 1000 元，也正式给上了社保。

可女朋友对他这份工作不太满意。公司属性比较像做建材的，设计在里面的分量并不重，谈的都是小项目，一年要做 40 多个项目，干好了一个月能挣一万多元，干不好就是 1000 元的底薪。

那位女朋友是陈竹的大学同学，也是学建筑的，心里多少有点傲气。她觉得陈竹这份工作太不稳定，想让他进设计院谋一份稳定的差事。陈竹还是没太多想法，说：“既然你这么建议，那我就换呗。”于是2011年又换到了一家建筑设计事务所。

公司不大，一共七八个人，只做建筑设计，其他专业就和别的公司合作。老板是长沙本地人，经营能力很强，客户维护得也很好。陈竹很佩服这位老板，打算以后就跟着他好好干了，以后公司做大了，当个元老也不错。

可人生就是时不时要给你开个玩笑，稳定的工作找到了，女朋友却分手了。

消沉了一段时间，陈竹又认识了一个姑娘，是这家小公司的同事，名字叫杏，很好听，人也是简简单单的，俩人很快确定了关系。

2014年，陈竹带着杏逛街的时候收到一张卖房的传单，一成首付，俩人一合计，总价24万元的小公寓，首付3.6万元就能买下了。当时身上只有不到6000元的两人，刷信用卡买下了这套房，写了杏的名字。9月9日，两人领了证。

不过有件事经常让陈竹挺憋屈，公司的老板娘也和他们在一起上班，不是查她计算机，就是动不动怼一顿。杏挺委屈，陈竹夹在中间也很难受。

俩人一商量，他们决定辞职，然后去尼泊尔玩一圈。

过完春节，他们正犹豫要不要去，尼泊尔地震了，这下想去也去不成，一直耽搁到天气转暖俩人才改道泰国，玩了十几天。

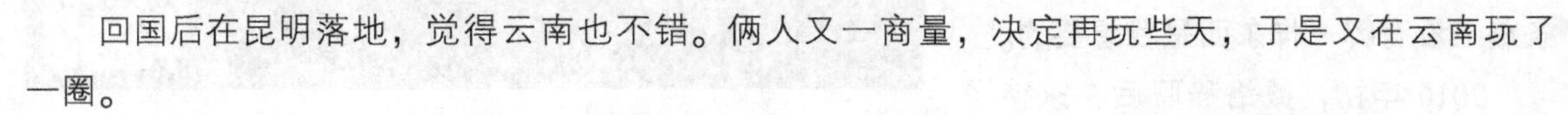

回国后在昆明落地，觉得云南也不错。俩人又一商量，决定再玩些天，于是又在云南玩了一圈。

回到长沙，俩人工作都还没有着落，陈竹想了想，跟杏说：“咱们把婚礼办了吧。”

于是结婚、怀孕，一切顺其自然。

辞职之前，有一次陈竹去合作的设计院，其中一位朋友和他提到了 BIM，说这三维设计的概念挺好的，陈竹心里就记住了这么个事。他有这么个特点：别人随口一说的东西，他不管用不用，先打个包记在心里。那时候他不知道这个小小的特点，会在后来逐渐积累，改变了他的人生。

5.

2015 年，戴路和陈竹一样准备辞职，心里想的却不是出去玩一趟，而是面对着人生的岔路口：**要不要彻底走上 BIM 的路。**

来到武汉之后，本以为守着家门口能迎来新的生活，可现实依然残酷。项目经理推荐他去的是一个市政项目，不仅没有双休，还要每天早上 7 点开会，晚上 10 点才能下班——这还是对普通员工的要求，戴路作为项目总工程师，回到家也消停不了。市政项目的施工都是在夜间，深夜一两点出了问题，接个电话就得出门。

没有喘息的时间，日子过得难受，戴路要憋到极限了，于是就又动了辞职的念头，但是辞职后自己能干什么呢？

他想，或许 BIM 会是一个选项。

比起陈竹前几年的随波逐流，戴路则要幸运得多，他总是能在希望的方向上撞到机会。深圳有个 BIM 交流会，邀请中建五局的同事过去交流考察。戴路身边一个竞争者都没有，唯一懂点 BIM 的就是他了。

接待他们的是香港互联立方的李刚，一行人参观了深圳平安金融中心、腾讯滨海大厦和香港理工大学。这一趟走下来戴路是真的打开了眼界，原来 BIM 还有这么多的玩法，什么施工模拟、成本管控，都是以前只会建模的他闻所未闻的。

回到武汉，又过了一段尘土飞扬的日子，戴路提出了离职。

约谈的时候，武汉分公司的领导问戴路，要不要换个岗再试试？**戴路说：“我想好了，在这里干，我感觉不到自己有什么成就感。也许有人干施工，就是想先干总工程师再发展为项目经理，最后当上分公司老总，但这条路上没有哪一样东西是我想要的。”**

2016 年初，戴路辞职后在家待了

三个月，一边照顾已经怀孕的老婆，一边焦虑地思考人生，甚至还动过创业的心思，后来入职了一家 BIM 咨询公司，工资待遇不高，但日子过得比以前要舒适很多，朝九晚五，有双休节假日，都是以前在工地上的他想都不敢想的。

这一年，戴路的女儿出生了，生活是变得安逸了，收入的压力却越来越大。

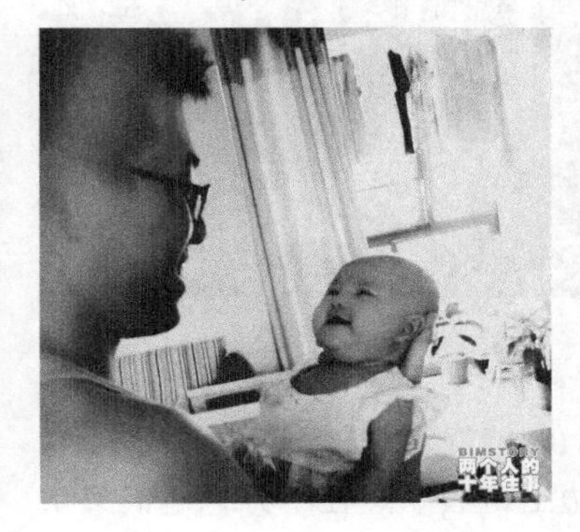

2017 年初，戴路等到了机会，中建三局总承包公司招聘 BIM 专岗，要求干过施工、懂 BIM，待遇比原来当总工程师还高不少，戴路的经历严丝合缝，简历投过去很快就入职了。

在青岛工作的时候，戴路就曾思考未来的路应该怎么走，当时的他觉得自己还没什么本事，去不了设计，也进不了甲方。在一次年度总结的会议上，他了解到中建三局是中建综合排名第一的工程局，总部又在老家武汉，当时他就想，如果只能继续干施工，能进三局的话或许还不错，没想到命运又让他如愿了。

6.

2016 年的陈竹，似乎跟幸运女神还没混熟。女儿在这一年出生，可两口子已经很久没有稳定收入了。

总待着也不行，没工作的时候，他就在网上看看能不能学点什么。看到一个 BIM 培训的消息，回想起当时那位朋友提到的 BIM，他就报了网上培训班，一共 100 课时，花了 10 天看完，又练了一个月，进京赶考。

快到年底的时候，改变陈竹命运的事总算来了。

杏有一位碧桂园的朋友和她说，碧桂园下面的腾越公司正在招 BIM 方面的人，她挂了电话就问陈竹："你学那东西不就是 BIM 吗？要不要去试试？"陈竹也觉得机会不错，考试成绩还没下来，就赶去广州面试，面试过程挺顺利，唯一的问题就是项目在马来西亚。

回家商量，杏的想法很简单：**"你要出去工作，就去吧，我带着孩子在老家上班，等着你。"**

马来西亚的项目是有名的森林城市，整个项目是在一座人造岛上，碧桂园是甲方，腾越是子公司也是乙方。

陈竹先上岛，后来等来了两个小伙伴，一个是英国伯明翰大学的硕士，以前是结构设计师，

另一个跟陈竹一样，之前从事建筑设计。整个项目就他们三个人搞 BIM，很快打成了一片。

工作刚开始，分配给他们的任务就是在现场做一些装配式深化，三个人聚在一起就时常合计着换个环境的事。正好有一次甲方给他们开会，说碧桂园这边要开展一些 BIM 建模的工作，比较缺人，让腾越安排点人来配合一下工作。三个人一听，正中下怀，就一起找到领导，说甲方要求我们一起合作做 BIM 的工作，合作是未来趋势。

领导挺支持，他们三个也挺高兴，换了办公环境，到甲方那边上班去了。在甲方，他们又认识了一个性格温和、没事爱写小说的朋友，叫区展聪。甲方要的建模量不大，区展聪在工作和文学创作之余也帮帮忙，陈竹跟小伙伴隔三岔五在下班后还能去碧桂园凤凰酒店的露天泳池游泳。

两个月很快过去，他们又被叫回工地。接下来的日子，陈竹三人跟顾问合作，顾问指导装配式的技术，他们用 BIM 结合前几个月积累的工作成果，做出了一套装配式施工指导的视频。

这时候公司在原办公室隔壁又租了一栋楼，需要做装修改造。陈竹听说这个事，觉得又是个机会，就跑去找了领导，他说："以前我干过几年装修，整个流程都很清楚，这事交给我们几个人吧。"

领导一听觉得不错，不用在当地找人了，就把他们调了过去。年底，陈竹顺利完成了新楼的装修任务。很快，公司把 BIM 和装配式都纳入到新的部门来做，陈竹和两个小伙伴彻底脱离了工地的板房，跟着部门领导住上了马来西亚的小别墅。

这段时间里，陈竹结识了很多优秀的人，聊天过程中听到了很多从来没有听到过的成长经历和见闻。跟这些人聊天，给陈竹打开了一扇新世界的大门，他突然意识到，一个人的生活可以是另外一副样子，建筑行业也有那么多新的模式。

毕业这么多年，陈竹才终于开始思考自己的人生。

7.

入职中建三局总承包公司的戴路，不用操心工地上的生产，就是专职搞 BIM。

当时公司的 BIM 处于野蛮发展阶段，标杆项目也不少，但没有形成体系。戴路入职第一件事就是配合直属领导做公司的五年 BIM 发展规划，然后选一个项目做试点，把 BIM 热火朝天地搞起来。试点项目选定了武汉大学体育馆，戴路被分配到了这个项目，担任 BIM 负责人。

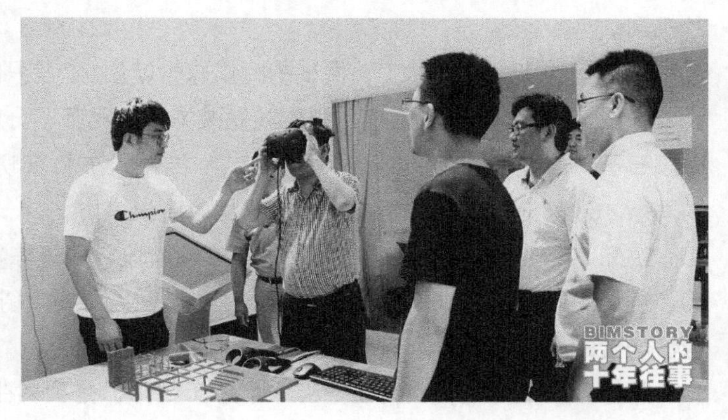

既然是试点项目，那就都要试一试，试过才知道好不好用。在日常一些基础 BIM 应用的基础上，还上了不少新技术，VR、AR、三维扫描、3D 打印一应俱全。

这个项目是第七届军运会的羽毛球比赛场馆，备受各界关注，经常有校方、承办方、政府领导前来参观，人来了，先带进 BIM 展厅，戴上眼镜看看 VR，这在 2017 年可是非常酷的事儿。

2017 年中，武汉建筑业协会在这个项目搞了一次场面很大的观摩会，戴路负责上台汇报授课。同事和戴路说：“多讲一会，时间还早。”戴路点点头，愣是站在台上讲了两个小时，居然下面还没人犯困。

观摩会举办得挺成功，戴路也借此机会，让更多的同行认识了自己。紧接着项目获得了龙图杯一等奖、湖北省 BIM 竞赛二等奖、武汉市 BIM 大赛金奖，给公司挣了不少面子。

项目干顺了，戴路的时间也充裕了，想着市政工程是自己的老本行，于是借着工作的间隙，顺便复习考过了市政一级建造师。

2018 年，戴路回到了公司机关，公司有 BIM 需求的项目越来越多，那时候，除去他和领导，整个 BIM 部门还有 4 个人，每个人需要负责一到两个项目，自主开展 BIM 实施工作已经变得不现实了，于是他们就开始找 BIM 咨询公司合作，自己的人负责管理。

这一年戴路做的事很杂，偶尔管一管项目上的 BIM 任务，还要编写一些 BIM 类的标准、指南，写几篇论文，配合公司投投标，一步一步地，他也就离传统的施工岗位越来越远了。

武汉大学体育馆的项目经理也和他聊过，希望他能回到传统岗位上去，人家给的建议确实很实在，但他觉得，既然选了这条路，就希望尽自己最大的努力，把 BIM 这件事搞到极致。

自己这一路走来，难得现在能有这样的机会，他想抓住机会去试一试。

8.

待在马来西亚的第二年，新的机会出现了。

当时另外一家建设公司进入马来西亚，也在森林城市，第二个项目刚刚开始招人，是森林城市第一个超高层的大平层豪宅项目，对装修要求比较高，而且甲方要求运用 BIM 技术。陈竹因为懂装修和 BIM 顺利通过了面试，对方开出了一份令陈竹满意的薪水，还提供了住在市区别墅小区的福利。

对方招的人是技术总工，面试的时候陈竹就说：“我只懂建筑、装饰和 BIM，不懂结构。”

面试他的经理说：“没事，那你就做装饰总工程师，分管装饰和 BIM，至于结构的事，你先顶一段日子，回头专门招个懂结构的人来。”结果，陈竹就愣是在项目上撑了好几个星期，懂结构的同事才过来把陈竹从结构施工的泥潭里解脱出来。

过完 2019 年的春节，项目开始进入装修阶段，属于陈竹的工作量上来了，装修算量、材料采购、进场安排、施工进度都要抓，买一个坐便器都要陈竹亲自去管。陈竹的心里已经慢慢接受了这份辛苦的工作，觉得拿人家这份工资，加加班应该的。

陈竹心里很清楚，项目让他当这个总工程师，是要对生产负责的，BIM 只是辅助，不能去挤压生产的事。

公司和甲方签了一个 BIM 的合同，但边界规定很模糊，说是要交 BIM 模型，但建成什么样、什么时间交付都不怎么明确。装修的时候，陈竹就自己琢磨，拿 BIM 出一个排砖图，忙不过来的时候就去和甲方的朋友区展聪说：“我搞不定了。”区展聪很好说话，跟他说：“那我帮你做家具吧。”

两人关系处得这么好，除了区展聪脾气好，也跟陈竹的性格有关系。他总是笑呵呵不紧不慢，该担的事都担起来不逃避，甚至到了跟甲方正面协商的阶段，也保持着很高的情商：大问题绝不妥协，小问题该妥协就妥协，骂几句就骂几句，给人家留个台阶。项目做下来，陈竹结识了很多的朋友。

这一年，陈竹的事业算是蒸蒸日上，可还是有两件事让他越发烦心起来。**一是在外面待了这么久，他还是不想一直干施工；二是自己常年在外，老婆一个人在家带孩子，吵架越来越多了。**

这么下去不是长久之计，陈竹又该做选择了。

9.

“这么下去不是长久之计”，2019年，戴路的领导觉得，不能一直把BIM工作外包了。

质量好的外包公司价格高，便宜的公司交来的东西还不如自己做。另外，外包做出来的东西都是人家自己的，复制一个结果过来也不知道中间的过程，他们希望有自己的团队，有自己的技术积累。

在给公司打了个报告之后，戴路他们开始正式组建自己的BIM团队。一时之间，“中建三局招聘BIM工程师”的消息在圈子里成为了热门话题。

陆陆续续公司的BIM团队人数已近30人，戴路也就要面临全新的挑战。最大的挑战是从技术思维往管理思维的转变，公司不再需要他去研究建模、学习各类软件操作，而是需要他去建立制度，建立标准，思考怎么提高服务质量，提升人员水平。

在BIM的浪潮里，戴路属于活得比较轻松的那一批。待在机关，生产的事不需要他管，也不需要操心去跑项目、跑回款，各个项目部都很积极主动地找公司来做BIM，有的是因为业主有BIM要求，也有项目经理主动要求做BIM的。戴路便有了更多时间去思考BIM，思考管理。

2020年，戴路已经不再没日没夜地蹲守工地，能够平衡工作与生活，能够有时间陪伴老婆孩子。

虽然偶尔想想，假如当年不搞BIM，继续做施工，也许有更好的发展，但他所幸的是知道自己想要什么，更愿意面对命运给的一次次幸运，和自己每一次的选择。

人没办法活出太多的样子，认真做好一件事，也许就能解释所有的事。

10.

因为异地的事吵到最凶的时候，老婆杏突然生病了。本来陈竹心里琢磨的是，如果能在马来西亚进入甲方，收入再高一些，工作条件能再好一些，就把老婆接过来，随便找份工作两人就能生活得很轻松。可职业生涯发展到这里，终于遇到了天花板。

不是运气，不是能力，也不是关系，而是学历。

2019 年，朋友推荐他去甲方，那边正要推 BIM 和装配式。面试结束之后，对方的总工程师和他说："你提的条件我都能答应，也很欢迎你来公司，但毕竟要走人力资源那一关，你的大专学历有难度。"

进甲方的希望破灭了，陈竹就跟领导提出辞职回国，老婆病了，他要回去照顾。在这边待了这么久，大家都成了朋友，临走的时候经理和他说："要不你先回去，不办离职手续，回去看看家庭的事能协调开，再回来。"

但陈竹还是决心离开了正在建设的森林城市。除了照顾家人，还要再解一个心结。

回国第一件事，陈竹就报名考试，希望能拿到一级建造师资格证书。学历上的差距，他希望用职业资格证补上，去不了甲方，也要去个设计院。从六月复习到九月，没能一次全过，考过三门，来年还要再考一门。证没拿到，工作辞了，老家还是那个老家，陈竹似乎是转了一圈，回到了失业的原点。

但人生不是一个扁平的圆圈，每个人都在旋转的华尔兹里悄然爬升。

不久之后，一位开设计公司的老朋友听说他从马来西亚回来，想拉他入伙一起搞设计。陈竹说，我可以出差，但公司要在长沙。那位老板给他开了一份满意的报酬，公司准备在长沙挂三块牌子，一家做装配式，一家做 BIM 咨询，一家做传统的设计业务。如果三年内发展得好，就申请甲级设计资质，下面的装配式和 BIM 咨询就作为辅助公司。

虽然公司办公室在长沙，但很多项目在外地，出差还是家常便饭。不过这两年的经历让他改变了很多，说出差，拎包就上路，说熬夜，大不了就买点护肝片。**出来做事，就不想什么累不累的，得对得起自己那份养家糊口的收入。**

毕业十几年，陈竹一直是走到哪算哪，无所谓的心态。可马来西亚的工作经历，让他见了太多的人和事，他适应了深夜里的加班熬夜，也学会了如何更好地与人相处，他感谢身边的人一次又一次地帮他，也明白成年人的世界里有些事别人帮不了。

陈竹说，回头看自己当年考那个BIM证书，可以说它没用，因为在那之后，再没有靠它改变什么机遇；也可以说它有用，它是我改变人生的一把钥匙。

他很少做计划，自学BIM、做施工、去马来西亚、认识了一系列人、见识了很多精彩、遇到天花板、回家考试再帮朋友开公司，每一步都是不可复制的偶然。

但回头想想，无论对人还是对事，真心去做了，像自己这样的人也能做好，即便是一些小小的偶然，人也会逐渐走上一条以前完全没有想象过的路。

故事还没结束，无论是他们两个人的故事，还是你的故事。

假如没有去搞BIM，自己的人生会是什么样？戴路和陈竹给了不同的答案。其实人生的选择又何止“搞不搞BIM”这么一个维度呢？

在生命河流的每一个分岔，总有人做出各种各样的选择，撞对了命运给的机会就是一段幸运，撞错了也不过是遍体鳞伤爬起再来。

凡是过往，皆为序章。我们或许殊途同归，或许遥帆相望。

第4章

商业：软件公司及其主张

BIM离不开软件，也离不开使用软件的人。在我们的第一本书《BIM大爆炸》中，介绍了Autodesk Revit、BENTLEY、ArchiCAD、Modelo、橄榄山、广联达BIM5D、鲁班BIM系列等软件，以及背后软件开发商的思路。在本书中，我们对以上谈到的内容不再重复，而是重新找来了新的软件、新的思路，以及那些使用不同软件的工程师的思想。

小库科技：建筑业终于被 AI 撬起一角

如果一个远方被论证为是最终的目的地，那究竟是什么在阻止大多数人前进？答案是对无法达到的恐惧。

IT 圈有这么个说法，只要一个操作每天被重复使用 10 次以上，就一定会有人开发一个程序，把操作数减到 1 次。与 IT 圈“遍地懒人”相对的，是建筑圈普遍的“勤奋刻苦”。

当代建筑大师雷姆·库哈斯说：“建筑行业往往需要花费大量的时间，这种速度对于目前的变革来说实在是太慢了。”

不过还好，这个行业还有一些人认为，在这个可爱又可恨的时代，我们不该掉队。2016 年，阿尔法狗击败李世石占据了所有科技媒体的头版，在人们或是欢庆或是悲叹的时候，贝尔拉格建筑学院毕业的何宛余在微博上写下：“建筑师这个古老职业正一步步走向 AI。”

那时的何宛余手里已经有了一个辅助建筑师设计的产品原型，但她觉得，一个单机版设计辅助软件并不是未来，未来属于互联网，属于机器学习。就在这一年，何宛余和她的贝尔拉格校友杨小荻，以及软件工程师李春，在深圳成立了小库科技。

2017 年，作为全球首家将人工智能技术应用于建筑设计领域的公司，小库科技成为腾讯人工智能加速器首期 25 家企业之一，拿到洪泰基金的天使投资。也是在这一年，小库先后发布了内测版和公测版。

在一片赞扬和批评声中，小库在 2018 年 6 月召开发布会，7 月企业版上线，8 月入选微软加速器第 12 期创新创业企业。11 月 13 日，小库个人版上线。

从 2018 年到 2020 年，我们每年都会关注这家公司的新品发布会，每年的观感和思考也不一样。本节会把三年的记录融合到一起，见证一家公司三年的进化和发展。在这个圈子里，这家公司很特殊，并不是因为它发展多快、融资多猛，而是它始终紧扣着这个时代最大的技术主题：人工智能。

1. 2018 年的小库

小库不需要安装软件包，直接在浏览器上登陆。进入智能设计项目，看到的是由百度地图提供的 2D 地理数据，选择城市，输入地点，后台方案设计的参考规范也会相应改变。

绘制或上传CAD后保存，就进入了3D模式。小库会根据地图信息自动生成周边的3D模型，对地块进行智能商业价值评估，靠近商业区和高人流区的地方会有更高的价值评分。

正式设计之前，需要定义用地指标，比如是否考虑山地、商业与社区是否分开、容积率是多少，还需要给它一些简单的参数作为边界条件，比如建筑限高、建筑密度、住宅和商业配比，这些参数一般是规划阶段就定好的。

接下来的工作是选择项目中可能用到的楼型。你可以靠系统智能推荐来选择楼型，也可以上传CAD文件来定义自己的楼型。

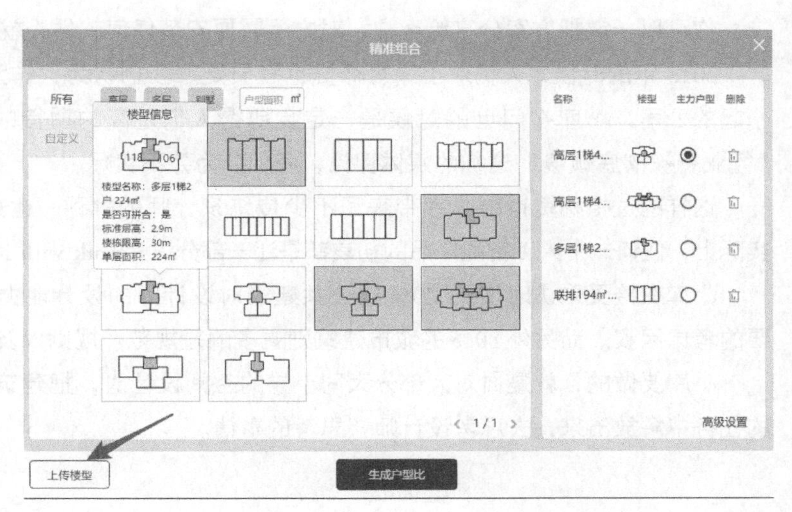

下面的计算就交给小库了。首先，小库会根据你输入的参数和楼型，给出几种推荐的楼型组合。每一种推荐都用饼图表示，你可以清晰地看到每种组合的户型比、楼型比、实际的容积率和利润。也可以进入编辑模式，调整不同楼型的数量，容积率也会实时变更。

选中某一个户型比，选择算法，系统自动生成排布方案。小库会在上万种可能的排布中，计算出十种左右的最佳方案，把那些不满足规范、评分较低的方案将被过滤掉。

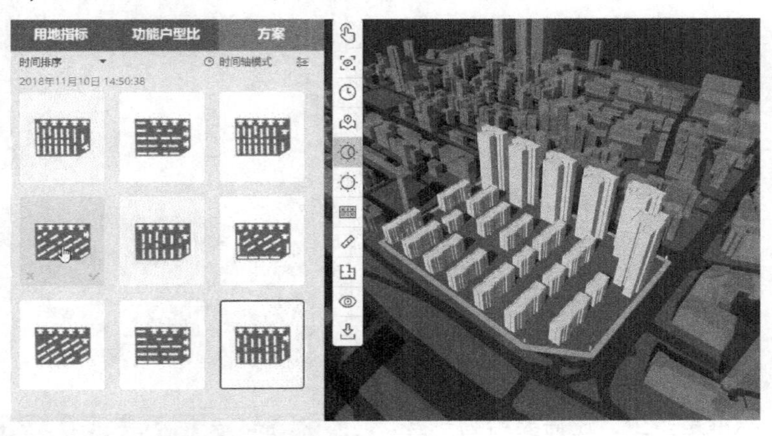

你可以查看每个方案的详细数据，还可以查看系统给每个方案的打分，包括视野、日照、间距等。

这一步体现的就是小库核心的 AI 技术，首先是通过卷积神经网络（CNN）算法进行海量方案的图像学习，建立大量的后台方案数据。然后，通过增强学习让这些方案进行对比，使模型不断自我进化，优选出货值最大、准确率最高的设计方式，从而实现对用户的智能推荐。

在编辑修改过程中，小库会实时监测退线、城市规范和日照等数据，一旦出现问题会马上标红提醒，对应的利润和容积率也会实时更新。

你可以一键把方案分享给客户，对方不需要安装任何软件，就可以在手机上查看你的方案。

2018 年的时候，人们对小库有称赞也有质疑。我们认为，作为首个把 AI 与建筑设计结合到一起的公司，小库在问世的时候是一定会博得人们过高的期待的。对于“设计师可以下岗了”“行业将被彻底颠覆”这样的媒体评论，我们认为并不实际。

这样的过格称赞也给小库带来了不少传统设计师的批评，比如“AI 设计的建筑没有灵魂”。实际上，任何一个人工智能产品的初衷都是让一部分人“work with it”，而不是“颠覆”和“替代”。

小库在接受采访时说：“20% 的公共建筑对设计师的设计能力有较高的要求，以设计作为主要的考虑因素。而另外 80% 的城市建筑则更多的是规范、规则以及其他非设计因素。”

小库要做的，就是面对大部分大同小异的空间设计时，把建筑师从查规范、算指标这样繁杂的任务中解放出来，去思考设计师该思考的事情。

2. 2019年的小库

2019年，小库科技在北京开了一场发布会，发布了几款新品，其中有小库开放版、KoolCAD、免费移动端KoolShare。

新版小库的功能定位是在地产行业利用大数据和深度学习算法，帮助设计师和地产人快速实现优质设计方案。

发布会上，小库CEO何宛余说到，经过一年迭代，小库整体产品定位从“创意、效率、协调”三个方面展开，对应六个明确的应用场景。

（1）查（Check）。

项目信息、设计前期规范查询，以及周边地区配套分布、建筑三维信息、楼盘价格、人口热力分布等信息的查询，用可视化的方式生成评估模型，帮助前策、设计和规划人员快速进行决策。

（2）做（Design）。

在设计环节，最大限度减少设计师的低效重复劳动：解读指标、选择楼型、空间排布、日照检测的传统工作流程，只需要输入项目指标，选择楼型，划分住宅、办公商业区域，就可以在后台智能生成数万个方案，根据学习经验和用户习惯做出智能推荐。

（3）改（Modify）。

无论是智能推荐的方案还是自主设计的方案，都可以随时进入修改模式，对每一步操作自动判断是否符合规范，实时更新指标数据，随时进行日照分析检查。

（4）核（Calculate）。

方案设计的时候，需要对面积、容积率、户配比等指标进行核算，还要用Excel拟合所有指标做成报表。建筑师其实并不喜欢也不擅长这些数据表格和运算工作。

小库可以根据配置不同楼型的种类和数量，帮助用户进行实时的配比规划，实时进行货值、利润、覆盖率最大化的测算。数据核查、指标更新与方案的设计、修改实时联动。

（5）协（Synergize）。

传统设计方式中，人们使用微信、qq、邮件彼此发送文件，每个项目都有非常多的文件和版本。

使用小库，设计团队的不同角色可以对方案进行权限分享和共同在线编辑。让设计行业也有了类似云端协同文档编辑的协作方式。

（6）出（Export）。

设计做完，工作还远远没结束，设计师还要出总图、做报表、做三维渲染、绘制分析图、写PPT汇报。

而使用小库完成设计后，你可以直接下载 CAD 二维图纸和三维模型，自动生成各种分析图和报表，企业版可以通过方案筛选一键生成 PPT。

介绍完功能定位，下面讲讲 2019 年发布的产品，开放版 KoolCAD。

2018 年小库发布的版本，AI 可以自动生成上万个排布方案，智能推荐多个近似最优解。不过从传统设计方式到 AI 自动设计，对于很多人来说是一个比较大的跨越，一开始使用很难预判前置参数和设定究竟会导向什么样的结果。

此外，在不少项目中，建筑的分区排布已经有了大致的规划方向，并不需要完全交给 AI 从零开始排布。

所以人们还是经常倾向于用尽量贴近传统的方式来做规划设计——勾草图、选户型、在一定预设的框架内排布建筑。

于是小库把查规范、算日照、测指标等重复工作抽离出来交给 AI，让它成为“设计助手”，把真正属于设计师的工作做成单独的功能——KoolCAD。

使用小库之前，可以手绘规划草图，使用 CAD 绘制的基地图，整理好容积率、限高、建筑密度等要求。在 CAD 里用文字标注周边建筑的层数和高度，小库就能读取这些信息，自动生成三维模型。

用浏览器打开小库，上传准备好的基地 CAD 图纸。选择项目所在省市，输入项目所在地址，拖拽地图，把 CAD 底图对齐到相应的位置。

CAD 文件里的周边地块和建筑会被小库识别，自动生成场地模型。如果 CAD 文件里没有周边地块，只要选对了位置，小库也会提供周边数据自动建立模型。

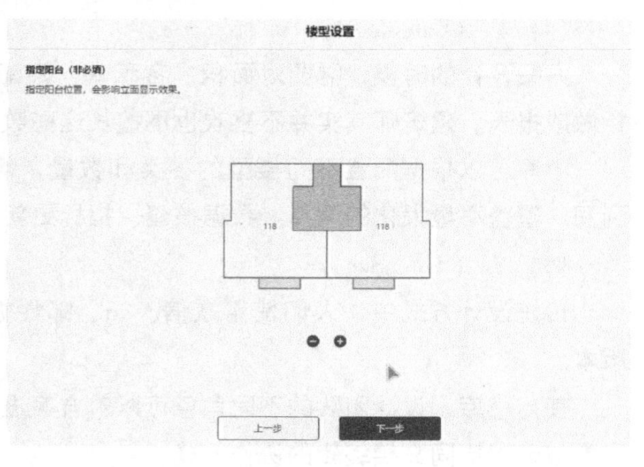

接下来，输入容积率、限高、建筑密度、业态配比等基本参数，以及楼型的参数、户型等用于小库做统计分析的数据。只需要简单点击几下，就能自动完成房间、阳台、核心筒和采光玻璃的识别。

下面就可以选择上传好的楼型，设置层数、摆放夹角等参数，像使用 SU 的构件那样，添加放置到场地中进行自由设计了。可以拖拽移动复制建筑，也可以快速批量进行排布。

随着每一步操作，小库都会对出入口、退线、限高、规范、日照、间距等进行实时监测，一旦出现异常，马上提醒，实时修改。

监视窗口则会对目标容积率等各种指标进行实时监测，让你随时知道自己的指标进度。也可以对选中建筑进行参数修改。

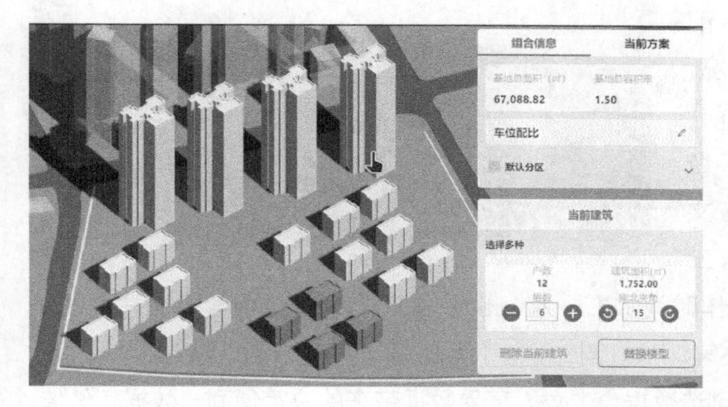

分析和查看视野评估、户型分布和日照分布，也不在话下。

KoolCAD 的设计方案和以往的 AI 自动生成方案是集成到一起的，你可以一边自己做，一边利用小库的人工智能算法，生成多套方案，和自己的方案做做对比，看哪里可以继续改进。

没思路的时候，也可以先让小库帮忙“探探路”，看看各种产品组合、参数配置、规划方向的可能性与可行性，再从它提供的方案基础上去做进一步的优化调整。

“无处不在的陪伴式设计”是 KoolCAD 给我们最深的感受，整个过程中设计师不需要做任何查阅和计算，唯一需要思考的是设计本身。

在方案的分享方面，小库了下了一些功夫。老版本小库可以把制作好的方案用链接分享给其他人，用微信或手机浏览器打开可以查看模型和效果。

这次小库上线了免费 App 客户端 KoolShare，显示效果更棒，可查看的信息更全，还添加了很多实用的功能。

进入项目，可以查看项目的经济指标、面积组成等数据，也可以查看项目周边热力图、价值评估分析、日照分析、户型分布图、视野评估。

通过长按建筑，可以查看建筑面积、户数、高度、层数等信息；长按地面则是查看容积率、户型比例、楼型比例等指标。

为了快速查看景观效果，可以一键添加景观植被，在晴天、雾天、雨天、线框图、卡通图等效果之间随意切换，也可以一键制作漫游动画。

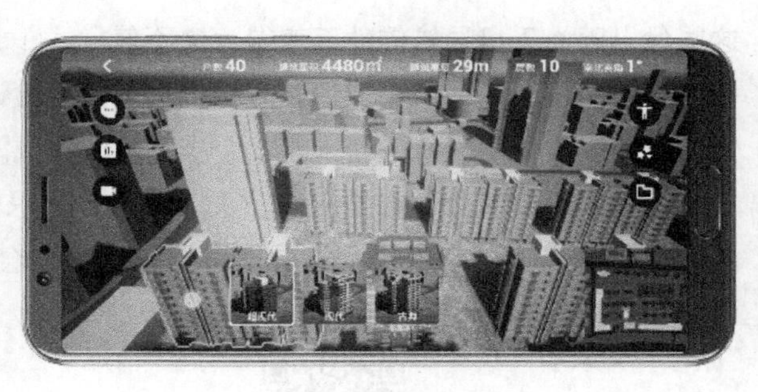

任意位置添加标注，其他人可以实时回复，所有手机端标注，都会同步到云端，给设计者反馈意见。

KoolShare 的定位显然不是“最终交付”，而是“过程沟通”。设计师把几个过程方案发给团队、领导和客户，让他们随时拿出手机，查看项目的大致效果和指标参数，快速提出意见，反馈给设计师进行修改。

这一年观察下来，我们觉得小库进化的每个功能都瞄准一个非常清晰的目标：为地产行业的投标和设计争取时间。

一名设计师，接到领导发来的任务，配合甲方做一个地产项目的投标，周边情况、当地规范完全不清楚，怎么办？放到以前，查规范、排 CAD、算日照、方案对比、做 PPT，至少两个通宵。现在用小库，准备文件，输入参数，排布楼型，方案比选，人工修改和成果输出，再用 APP 分享，所有工作时间加在一起，也就两三个小时，所有机械枯燥的工作全都交给 AI 去做，人只需要做把控做决策。

建筑业数字化面临着一个窘境：很多人创造数据，少数人享受数据带来的决策便利。数据有价值，但贡献数据的人和使用数据的人，不是同一群人。人们不愿意牺牲自己的时间来为他人贡献数据。

小库给出的答案是：数据取之于民，用之于民。

AI 的迭代需要数据喂养，这两年小库的产品迭代，必须有庞大的数据支撑。用户的每一次楼型定义、每一次方案修改和选择，都训练着后台的算法，让它给出更加精准的判断。

设计师通过使用产品，贡献出数据，经过算法迭代，变成更好的产品再还给设计师。

人们的另一种担心，来自于人工智能对“经验”的价值替代。很多老司机看到年轻人开车用导航就感到很生气。有句话经常被老司机挂在嘴边：太依赖导航，万一哪天手机没电了、没网了，看你怎么办？

时代的进步不会让这种担忧成为现实——共享充电宝随处可见，导航公司会提供离线地图，我们没有因为没电或断网而无法导航，反倒是老司机经常尴尬地驶入无法预测的拥堵路段中。

不过我们知道，老司机到底为什么生气。他花了很多年把一座城市的路线记得滚瓜烂熟，而这些付出因为手机导航软件而变得一文不值。

这正如很多设计老手的愤怒一样——多年经验让他们能花上 8 个小时完成新手 20 个小时的工作，而新工具让刚入行的新人用 2 个小时就能完成。

可惜，时代的变迁就是这样。人工智能产品只是做好一个“司机”的“导航”，让自己给出的“最优路线”越来越快、越来越精准，至于你会不会去使用它，会不会在意变成老司机眼中“依赖导航的路痴司机”，留给时间去选择。

3. 2020 年的小库

2020 年是小库产品升级迭代的第三年，小库在以往的基础上进行了全面的优化，新增加了 92 个新功能和 31 个城市的规范，城市数据比上一年又增加了 377 万条，可以帮助大家更准确地去做

基地的整体分析。

作为一款AI产品，得益于用户的持续训练，小库变得更加“聪明”了，方案优品率也提升了37%。

2019年，小库收到了来自用户的4300多条建议，其中呼声最高的建议是希望在自动生成楼宇排布方案的时候，将原来比较封闭的AI生成过程做得更开放，让专业建筑师可以更好地介入方案的设计。

于是，小库团队做了很重要的升级，最终在用户动机与产品动机之间探索到一种更加平衡的方式，在原有的“一键式生成”基础上，叠加了“操控式生成”。

2020年的版本，已经稳定更新的功能分为几个大方面，分别是智能规划、智能单体、小库装备，另外还有智能审图功能，截止到本书定稿的时候还正在进行测试和改进，故本书内容不做过多赘述。

（1）智能单体产品。

这部分主要是对以往强排业务的功能更新，不仅有效率提升方面的迭代，也有面向传统设计和BIM行业的转变。

使用闪电草图，你可以在楼型库中筛选建筑的类型、楼型、梯户，得到自己需要的楼型，建筑的层数、层高、朝向也能自定义设置。把备用的楼型添加到已选楼型列表里，便于以后使用。

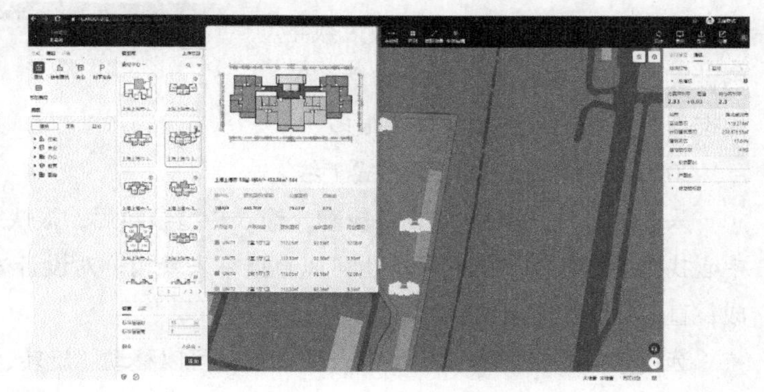

把选中的楼型直接拖拽到分区区域，就可以自动生成楼型排布，修改相关设置或调整分区方案，楼型方案会自动实时更新。在编辑界面下还能设置建筑的表皮，表皮的颜色能实时进行调整，使模型看起来更加真实直观。

利用智能测算功能，可以计算不同方案的各种组合指标，新版本的小库大幅度减少了参数填写量，把更多的关联指标交给算法。

使用智能测算在输入户型参数、户配比数据后，就能得到相应的楼型组合测算方案，可以存储不同的方案进行对比，也可以一键输出为Excel表格文件。

CAD联动功能可以让设计师更深度地介入到设计工作中去。装好联动插件，在CAD软件里面复制、删除、旋转和修改楼栋的位置后，开始同步，就可以在小库平台上看到修改后的方案和指标数据，同样在小库平台上修改方案也可以同步到CAD软件中，实现了数据的实时联动。

2020年的更新中，明显能看到小库对BIM这个市场的发力。更新了IFC格式导出的功能，在

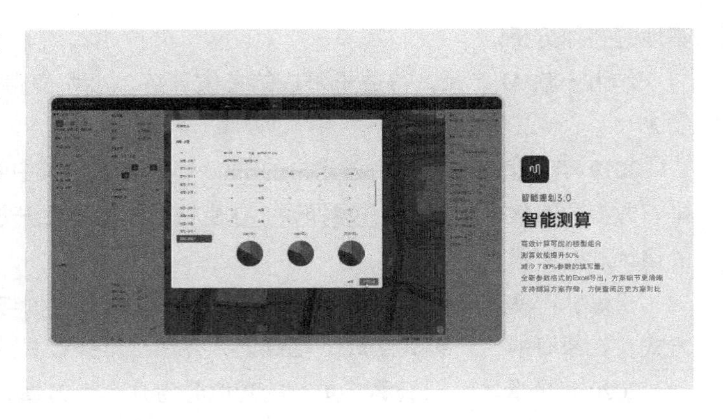

小库平台完成项目方案后，可以一键导出 IFC 格式的文件，到其他 BIM 软件里面打开进行编辑。

对于完成的方案设计成果，小库新增了超链接和二维码的分享形式，点击分享就可以把方案模型分享出去，计算机和移动端都能全视角进行浏览查看。

（2）智能单体功能。

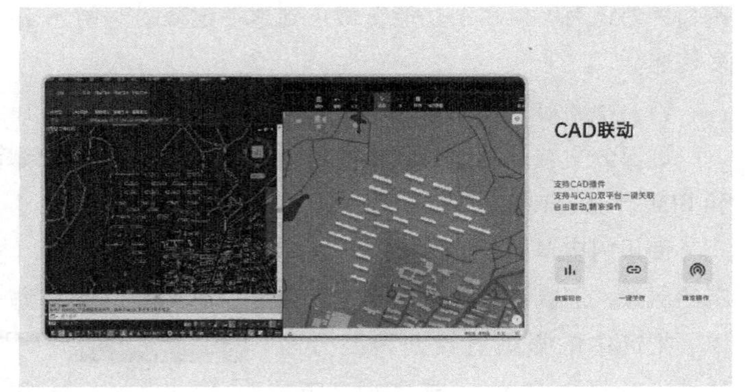

2019 年的发布会上，何宛余预告了一个新的功能，希望不只是在规划层面，而是在单体层面也能帮助设计师。满足一定要求的户型有多少种？这对于人类来说，可能是一个天文数字的排列，能否在上亿种可能中选出最合适的几种，这是老建筑师的手艺。但对于 AI 来说，这只是一个很大数字的计算。AI 最擅长的，就是穷举和智能推荐，而且比人类要快很多很多。

2020 年，这个功能已经正式上线。

只需要上传户型的 CAD 外轮廓，输入户型参数后，很快就能生成数十种的户型方案，在素材中心找到了心仪的户型轮廓，也可以直接拿来就用。对设计方案不满意，就再次调整参数重新生成，直至达到设计需要为止。

选中户型平面能查看户型的各项指标，可以移动、旋转、镜像、复制编辑调整户型。

打开编辑页面可以选择墙厚、绘制方式等参数，继续修改墙体，添加门窗比较简单，设定好参数后插入到墙体中就行。

确认好户型方案后，可以导出 CAD 图纸，就能继续后续的深化设计工作。

小库的户型库中包含有 1000 多种楼型平面，10 万多种户型平面和数百个核心筒样式类型，通过标签筛选，很快就能找到自己需要的设计素材，借助智能搜房功能，小库会贴心地给你推荐多种相近的户型，很大程度上节省了检索的时间。

智能单体并不是独立的功能，它生成的楼层平面不仅仅是一张矢量图，而是可以直接进入到规划设计环节，进一步自动生成为建筑单体模型。将楼型保存在素材中心的个人库中，可以直接在前面说到的智能规划模块中调用楼型，进一步做强排方案。

（3）小库装备。

小库装备是小库科技和忠实发烧友们共同打造的一些平台辅助类小工具，就像是手机应用商店里的应用，功能都很贴合设计师实际工作中的需求。目前主要有彩总智图、基地评估、车库智排这三款应用。

彩总智图在前期方案设计的时候还是非常实用的。

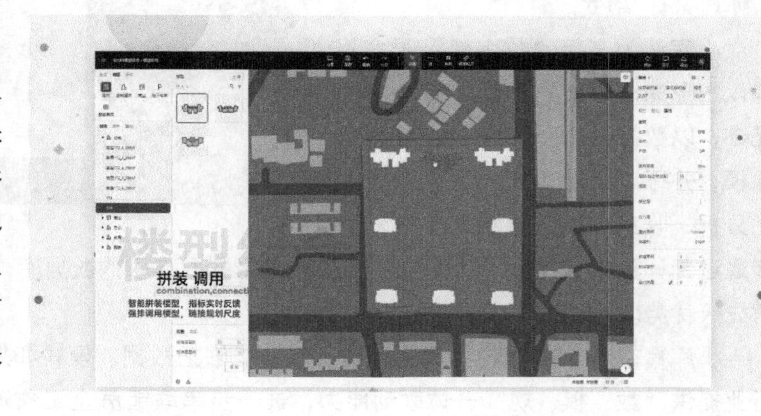

在 CAD 中画完总图后，直接上传到彩总智图中，可以快速生成多种风格附带景观的彩色项目总图。无论是特殊的地块形状，还是复杂的楼型组合，小库的深度学习算法都可以识别多种楼型排布方式，快速生成与之适配的景观方案。

为了适应不同设计师的偏好，彩总智图准备了国际风格、竞赛冷色、竞赛暖色、写实风格 4 种风格供设计师们选择。

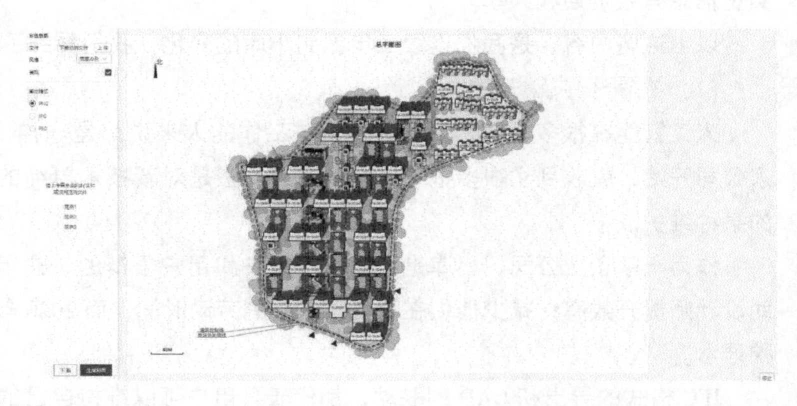

最终生成的彩色总图支持 PNG、JPG 及 PSD 格式的图片输出，如果设计师需要在生成的总图上添加或者修改内容，可以选择带有图层的 PSD 格式图片输出，将其导入 Photoshop 进行再创作。

使用基地评估功能绘制好基地范围后，可以自动生成基地所在城市的三维模型，有 3D 模式、标准模式和卫星图模式三种展示样式，3D 模式下支持正射和透视两种查看方式。

你可以根据需求，查看项目周边的多种数据和分析信息，包括基地周边城市资源分布、视域分析、周边商业辐射范围、潜在人群密度、周边小区楼盘均价等，让你快速全面地了解项目的周边情况。

小库除了楼型可以排，车位也可以利用车库智排功能实现自动排布，这是小库用人工智能在建筑设计领域的又一次延伸。上传项目基地总图的轮廓后，可以快速生成地库车位排布平面图。还能估算地库面积、车位数、单车位平均用地面积等指标数据。

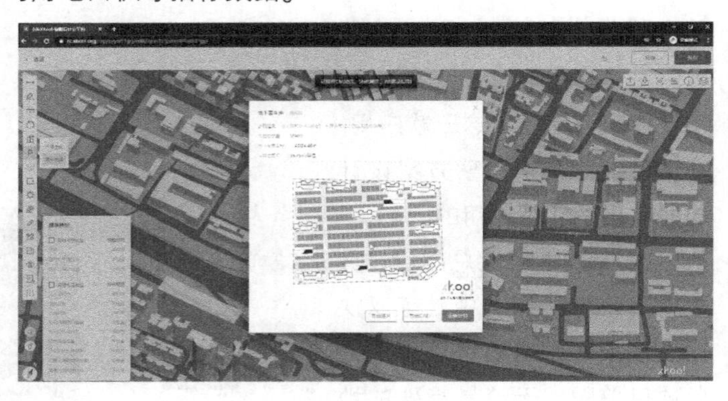

总的来说，小库目前进化的核心方向，在于它提出的“第三代建筑数字语言”，也就是智能云模 ABC（AI-BIM-Cloud）格式。

小库认为，新的数字建筑语言不是以图形来驱动，它强调以云计算为基础，以数据驱动为核心，以 AI 辅助建模，并可以随时调用大数据进行对比分析，收集来的数据结果可以进一步通过云计算与 AI 设计引擎对接，自家的图形搭配自家的数据库，无论是计算、同步还是分享都有先天优势。

小库希望以 ABC 语言为底层语言，未来能够把数据、模式和规范通过 AI 串联起来，为建筑行业提供“数、模、规”一体联动能力，进一步串联起房企工作流程的各个环节，打通数据墙、实现信息有效沟通和共享。

以上这些内容，是我们连续三年看到小库的变化，我们看到了这家公司发展的三个方向。

（1）在冒进中回归稳健。

人工智能在很多领域，对于从事传统工作的人来说都是一种“冒犯”，从我们第一年讲述这家公司开始，就收到了很多批评。这里面有一些是对新技术单纯的担忧，也有一些是对传统工作的某种维护。

作为一家创业公司，小库是不能也不该去和用户争辩的，去年他们就强调，人工智能只是辅助设计师提升效率，减少他们在重复工作中的劳动时间；而 2020 年这家公司更是用行动执行了这种理念。

IFC 格式的导出和 CAD 的联动，都代表着用户可以维持自己的设计习惯；而最重要的更新是在 AI 自动生成的流程中加入了实时的人为干预。

这个功能背后其实是对人们某种担忧的妥协：全都交给算法，只看结果，大家还是不太放心。

那么小库就从最开始纯粹由AI生成方案，结果出现的原因不明确，逐渐进化到人可以在任意阶段介入AI的生成，让设计过程变得更可控。

新技术面对旧习惯的时候一定会有冲撞，甚至会有冒犯，唇枪舌剑只能过嘴瘾，却不能解决企业发展的问题。怎样在技术和文化之间找到平衡，是每个创新者需要思考的问题。

（2）技术平民化。

这几年关于小库的另一个争议是，它的功能早已被实现。比如很多年前就有人用犀牛 + Grasshopper做出了智能强排的功能，最近也有人放出了自己利用AI自动生成户型图的成果。

不过，看待商业的时候，需要增加一个维度。我们常常以为一个技术被发明出来，问题就解决了。但其实技术发展史中很多伟大的创新，并不是第一个做出原型的，而是最终实现技术的平民化，把复杂的后台留给自己、把简单的界面留给用户。

爱迪生是第23个发明电灯的人，之前的22个人没有解决的问题有很多，比如价格太贵、寿命太短、使用太危险等。爱迪生真正的创举，是找到了价格低廉的生产工艺、整合了对应的输电网络、用保险丝解决了风险防范。

面对前面易操作的质疑，小库不仅没有把功能变得更复杂，甚至还大幅度简化了前端需要人操作的功能。但我们看到的不仅仅是工作时间这一个成本，小库的“技术平民化”，是通过提供一个更易操作的界面，把大家的研究成本给抹平了。

相比犀牛 + Grasshopper几百小时起步的学习成本，一个小库的新手甚至不需要看教程，自己就能研究明白。这也映射出这家企业的某种价值观：一项技术不应该是高手手里的玩物，而应该是绝大多数小白工作的伴侣。

是满足少数高手的钻研需求，还是满足多数小白的犯懒需求？每个人可能有自己不同的观点，但这几年我们看到投资方在传统产业和产业互联网之间，更认可后者。

（3）数据中台开始发力。

2020年BIMBOX在湖南省院做了一个演讲，谈到了企业的数据中台。

像字节跳动这样的公司，在推出“今日头条”APP的时候就开始大量收集用户数据，你的每一次点击、每一次关闭、每一次收藏，都让算法更了解你这个人，用户画像是这家公司的核心资产。

而当公司部门发现一个新的市场机遇，团队不需要从零开始研发，推荐算法是现成的，用户系统是现成的，甚至用户画像数据都是现成的。

于是，字节跳动的第二个爆款产品“抖音”横空出世。抖音在真正面市之前，已经孕育了好几年，孕育它的不是开发团队，而是字节跳动这家公司的数据中台。

我们看到小库的数据中台，在积累了几年之后开始发力，从智能强排到智能户型，再到智能车库的排布，每一个产品都不是独立开发，而是一系列成熟的算法加上不断积累的用户数据组装而成的。我们相信这仅仅是一个开始，未来也许会有更多智能的功能出现，验证我们的猜想。

中台就是一系列半成品模块，一系列未变现的资源能力，一旦前台发现了新的机遇和需求，它就能集中资源去占领高地。这一点，无论是科技企业还是传统企业，都值得学习。

低调凶猛的 Bentley

本节讲一讲 Bentley 这家公司和他们的用户，主要原因之一，就是大家对基础设施这个行业的数字化发展比较陌生，我们希望通过这家公司来给你讲讲大多数人视野之外的格局，谈一谈那些比单纯建模更重要的事情。

2019 年，Bentley 在北京、上海、深圳接连举办了三场 Going Digital 用户大会。整个会看下来信息量很大，我们选出这些演讲中最值得思考的两部分分享给你。

1. 迈向数字化：数字孪生技术发展

Bentley 软件公司首席通讯官 Chris Barron 讲到，2018 年 Bentley 年收入超过 7 亿美元，完成了 7 次收购，包括：岩土有限元计算软件 PLAXIS、行人仿真软件 LEGION、施工模拟软件 SYNCHRO、城市数字模型软件 Agency9、机器学习和物联网技术服务商 AIworx、交通标志解决方案 SignCAD、资产管理和 GIS 系统 ACE enterprise Slovakia。

自 2014 年以来，Bentley 在研发和收购方面的投入已达到了 10 亿美元。这些动作让 Bentley 的数字化边疆拓展到城市规划、机器学习、物联网、GIS、企业资源规划等领域。

中国已经成为 Bentley 非常重视的市场区域。2018 年中国区收入增长超过 20%，2019 年的全球基础设施年度光辉大奖赛获奖机构，中国最多，远远领先于其他国家。

这次大赛的决赛入围项目包括宁波舟山港主通道公路、江西省信江八字嘴航电枢纽、江苏海上风电场、华能宁夏大坝电厂等。主要使用 Bentley 的 Open Buildings Designer、Substation、ContextCapture、LumenRT、Navigator、OpenPlant、OpenRoads、ProjectWise、ProStructures 等软件，进行项目的三维建模、视觉表达、协同数据管理等工作。

Bentley 一直在构建一个庞大的基础设施软件帝国，它唯一的方向是：坚信基础设施行业的数字化是不可逆的趋势，并致力推动它尽早实现。

所谓顶层讲愿景，中层讲方案，底层讲技术。当人们面临局部困难的时候，喜欢诉诸技术解决方案，而当你把目光聚焦在整个行业和时代的时候，愿景和战略才是核武器。

为实现行业数字化的愿景，Bentley 用一系列的技术软件，撑起了两个核心技术策略：通用数据环境 CDE 和数字孪生 Digital Twins。

通用数字环境 CDE 解决的是数据从哪里来，放到什么地方。

基础建设行业的数据，有些来自于概念设计和深化设计（比如 OpenRoads、ProStructures）；有些来自于测绘信息和实景建模（比如 OpenCities Planner、ContextCapture）；有些来自于地质资料和建模（比如 PLAXIS、gINT）。

人们通过这些工具，实现了用三维和数字解决功能层面的技术问题。

这些藏在广大工程人员的计算机里、来自不同软件、没能被有效使用的数据，被 Bentley 称为“暗数据”。

Bentley 通过 ProjectWise 和 AssetWise 把工程信息和资产信息汇集到一起，统一格式、统一管理。但是，把鸡蛋放到篮子里还不够，还要把它们做成一道好菜。

数字孪生 Digital Twins 解决的是数据到哪里去，发挥什么作用。

项目的三维模型、实景模型、设计数据、分析数据、地理信息，汇总到一起，不应该仅仅交付给极少数的管理者进行决策辅助，而应该形成一个开放、安全、可查询的数字世界。

数字孪生的字面意思很简单，我们要在计算机里创建一个建筑物的动态副本。人们可以通过持续勘测实现多源同步，也可以实现项目的预测和性能优化。而它的难点也正在于此：

我们要复制建筑的哪些细节？怎样把整个流程中所有人的“局部复制”工作整合到一起？怎样让庞大的“暗数据”保持更新和统一？我们要把这些细节用在什么地方？

Bentley 在数字孪生领域的探索，给出了一些基础建设行业的数字化工作目标建议：

1）通过数字孪生的“陪伴成长”实现精确施工、变更同步。

2）提供建筑物可预测的性能。

3）在大型基础建设项目实现概念创新。

4）项目检修数字监控。

5）灾后重建分析。

6）洪灾风险评估和漏损分析。

7）结合物联网和 IT 的大型项目运营。

而为了实现这些目标，Bentley 提供的是一系列下一个时代的工具。

2. 数字孪生模型和新平台

硬件层面，Bentley 从桌面端到服务器，再到云服务；软件层面，从二维图纸到三维模型，再到数据驱动；工程信息层面，则是由 CAD 到 BIM，再到数字孪生理念。

我们在日常生活中已经不知不觉体会到了云服务的便捷——手机联系人很久没丢失了、照片可以存在云盘、多人一起写作可以使用云文档。工程项目的云服务，技术细节听起来要复杂一些，但基本原理是一样的：云端有一个底层数据平台，提供数据存储、计算等资源，然后在此基础上开发云服务应用。

这些应用在用户手中收集数据，根据业务需求对数据进行处理，最后将结果返回到不同的应用端。

Bentley 的数字孪生云服务应用叫 iTwin Services，它的底层数库平台为 iModel。

最早的时候，Bentley 是以 MicroStation 为基础平台，开发出一系列的 BIM 软件，再通过 ProjectWise 把这些软件创建的数据整合到一起集中管理；而在下一个时代，数据会继续从 ProjectWise 流入云端的 iTwin Services，数据在这里得到统一的管理、转换、显示和分析，再分发到不同本地软件里，给不同的人实现不同的功能。

比如工厂运营产品 PlantSight、三维协同软件 Navigator、增强现实设备 HoloLens、数据分析工具 Power BI，甚至是普通办公软件，在以前的工作流程中都是从本地用户或局域网用户获取数据，而现在则是直接从云端的 iTwin Services 获取数据。

这大大提高了数据流转和更新的效率，减少了数据在本地的流失与浪费。

Bentley 为行业数字化建造所做的努力不仅限于发布一款新产品。在发布了 iTwin Services 之后不久，Bentley 宣布，将 iTwin 的基础开发包 iModel. js 向所有人开源，源代码托管在 GitHub 上，并在 MIT 许可证下分发。任何人都可以基于自己对项目数字化的理解，使用它开发适用于自己的云平台，用于模型和数据的管理。

我们在介绍 Bentley 的文章中，对它的产品和市场策略打了一个比方：

Bentley 更像是苹果公司，为一小部分高要求的人提供 MAC 系统；而 Autodesk，更像是微软公司，为大多数人提供易用便宜的 Windows 系统。而这一次宣布 iModel. js 开源，就相当于一贯封闭的苹果系统，突然宣布开源——任何人都可以基于它开发适合自己的程序。

企业可以选择成熟的 ProjectWise——iTwin 服务，也可以基于 iModel. js 自行开发数字平台，这无论对于 Bentley，还是整个行业，都是艰难又让人欣喜的跨越。

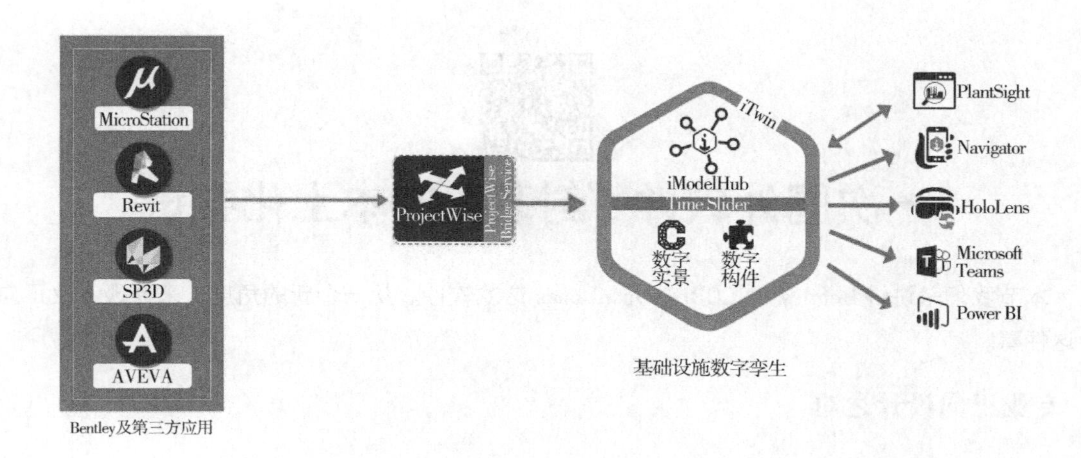

3. 总结与我们的思考

基础设施行业数据该去哪里、发挥什么样的作用，会是今后几年最前沿的课题。这里面不仅仅是软件和工具的问题，更多的还有人与人之间关系的问题、责权问题，以及行业既有流程和管理方式的问题。

中国基础设施行业的数字化有一个内在矛盾：数据的实际流向是自下而上的，需要依靠一线技术人员的付出；而“数据该怎么用”是自上而下的，需要靠顶层设计，一线人员不可能去设计它，甚至不会特别关心它。

在时间轴上看，“数据该怎么用”应该是在数据收集之前就设计好的，这样才能对数据收集的标准提出要求；而目前大多数项目是先把数据收集到管理层，该怎么用，到时候再说。

要解决这样的矛盾，我们的行业还有很长的路要走。

公正地说，Bentley 的探索还远远没有达到终点，但我们欣喜地看到，它跳出了应用层的范畴，向一个更远的愿景起航。

会议听下来，我们最深的感受就是，在 BIM 和数字化在很多地方饱受争议的今天，有人依旧怀着“数字化是行业必然未来”的愿景在认真做事，深耕在基础设施领域，扮演不可替代的角色。

重要的是，他们只是一步一步向前走，不高歌，也不悲壮，该挣钱挣钱，该贡献贡献，该研发研发，该收购收购，十年过去一眼回望，已然是了不起的巨人。

我们觉得，这种发生在很多人不熟知的世界角落里，另一群人的相聚和分享，也许会随时间流失而被遗忘，但这种正向生长的感受，是我们最想记录下来，讲述给你的。

一次国外软件“封装”的本土化尝试

本节我们来讲讲 Bentley CNCCBIM OpenRoads 这款软件。从一个新的角度，来谈谈专业正向设计这件事。

1. 专业正向设计之难

正向设计这两年有点被说烂了，主要是它引起了很多传统设计师的反感：“你用三维建模软件设计叫正向设计，难道我用 CAD 画图就叫逆向设计了？”

正向设计和逆向设计的概念来自于工业领域，二者唯一的区别是“设计之前有没有实物样品存在”。没有样品，从概念，到图纸，再到生产，全部从零完成，叫正向设计。

制造之前已经有样品，照着样子复制出它的内外结构，叫逆向设计。

不过，“正向设计”这个词在我们这个行业里被提出来，多了一种特别的意味，它的对面并不是传统二维设计，而应该叫“拐弯设计”。

在二维时代，我们的方法是先有概念设计，然后设计图纸，再用图纸施工。有了模型需求之后，理论上应该是从概念设计到模型，从模型直接出图纸，再把建筑盖起来。

建筑业“正向设计”流程

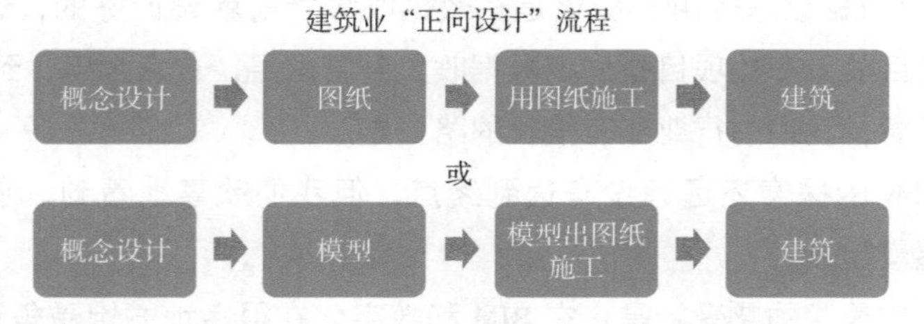

第一种方法用了很多年，没出什么大问题；问题出在了第二种方法。

有了 BIM 技术，项目不仅要图纸，还要模型，后来还进一步要数据。这下乱套了，于是诞生了“拐弯设计”。图纸用 CAD 完成；要模型了？那就翻模；模型和图纸不一样？再改图纸；还要数据？那就手动输入数据。

建筑业“拐弯设计”流程

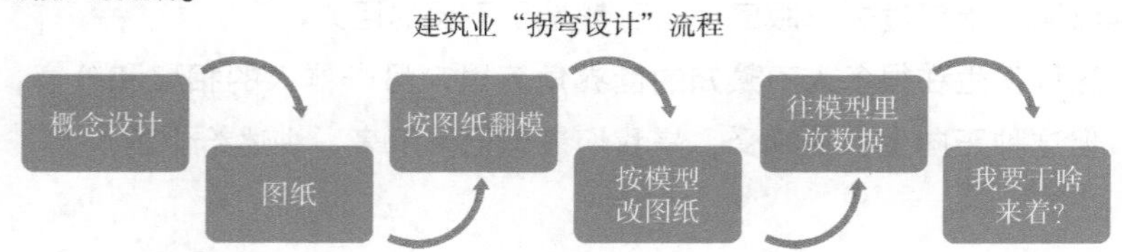

每拐一个弯，都是一场灵魂的折磨。

你一定经常看到这样的问题或“秘诀”：

1）双曲桥墩的模型怎么建啊？

2）巧用栏杆扶手制作道路分隔线！

3）模型出图格式不符合要求怎么办？

到底是什么导致设计师这么折腾？软件不好用、标准不统一？这些问题追到底，可以用一个概念来解释：知识封装。

它的意思是把那些需要反复使用的知识，封装成一个模块，供人们调用。

封装是需要成本的。拿CAD图纸来说，它是一种抽象，抽象就意味着把知识打包封装。设计师用几条线代表一个构件，只有受过专业训练的人才能看懂这几条线代表什么。关于“这个构件是什么”的知识，被封装在绘图者和读图者的脑袋里了。

封装的成本，就是人们对规范的学习成本。

后来有了三维设计软件，从3DS MAX，到SketchUp，可以通过三维显示，让不会读图的人也能看懂设计。这是把读图者的学习成本封装到三维成果里了。

这种封装成本也很高。这些软件什么模型都能建，但越专业、越复杂、越异形的东西，付出劳动就越多。什么拉伸、放样、弯曲、挤压、切片等功能，听着就头疼。

后来BIM来了。Revit当年横空出世，想建墙模型的时候，就去点“墙”，想画一个柱子，就去点“柱子”，而不必学习那些最基础的建模命令。这又是一次知识封装。我们把基层建模知识封装给软件，设计师只要知道“我要创建一堵墙”就可以了。

但Revit的“封装”工作，针对的是墙梁柱板管线这样的建筑结构。

到了基础设施行业，如果你使用这样的封装，用楼板画路面、用栏杆画道路分隔线，就等于回到了“用弯曲命令画柱子”的3DS MAX时代。

人们希望把越来越多的东西封装到一个盒子里——图纸、模型、数据、信息、标准，甚至是协作和管理。如果封装的工具不变，封装的成本就只能由设计师承担，或者由第三方来帮忙。这就是工具跟不上需求的时代里，正向设计之难。

BIM建模就好比搭积木，每个行业需要的积木不一样。如果你的项目只包括常规的构件，这是没问题的，但在专业区分比较细的特殊领域，Revit却没有针对不同行业，定制不同的“积木”，这就导致很多定制工作需要设计师自己去完成。

而Bentley公司的思路是，用专业的软件做专业的工作。使用Bentley软件的人，最大的感受就是“分得细”，这样的好处是几乎没有与本专业无关的功能。

本节我们就是从这个视角，来介绍Bentley针对道路工程BIM设计的一款软件：CNCCBIM OpenRoads。

对于不懂这类专业设计的人来说，可以了解到路桥建模与建筑建模的流程有什么区别；对于使用过建筑建模软件来“凑”道路模型的人来说，可以了解专业软件到底在哪些地方提高了效率。

最重要的是，我们希望通过本节的内容，把“知识封装”这个审视工具的视角告诉你，或许能给你的工作和选择带来帮助。

2. CNCCBIM OpenRoads 是什么？

目前，Bentley 的主要软件都统一命名为 Open 系列——铁路设计使用 OpenRail Designer；建筑设计使用 OpenBuildings Designer；工厂设计使用 OpenPlant。

只有这款软件前面加上了 CNCCBIM，什么意思呢？这得从一家设计院说起。

Bentley 最初用于勘测、道路、土方工程、地下综合管网等设计的软件叫 PowerCivil，后来经过改版升级，推出了 OpenRoads Designer。这款软件在中国有一位重要的用户，中交第一公路勘察设计研究院有限公司（以下简称中交一公院）。

这家始建于 1952 年的设计院，在国内交通领域占有非常重要的地位。2016 年，中交一公院采购了 Bentley 的软件，用于路桥、隧道、市政工程等基础建设项目的 BIM 设计。

国外软件在易用性和数据互通方面有着先天优势，但也有一个明显的短板，就是设计、标注、出图等标准和国内标准不一致。使用国外软件的人，都需要在统一建模标准、建立模型库方面下很大的功夫。

中交一公院并不是买一批软件搞个培训，就交给基层自己去做项目，而是从上到下都非常重视 BIM 技术本土化的研发，这样的行为也在某种程度上打动了 Bentley。

2016 年 9 月，Bentley 公司一行四人来到中交一公院，就公路市政交通领域 BIM 技术研发签订了一份战略合作协议。双方决定集中资源，共同推进路桥市政 BIM 技术发展。

Bentley 向中交一公院开放了 OpenRoads 技术的软件工具包（SDK），后者也尽最大努力，把本土化知识注入到产品开发上。两年之后的 2018 年 9 月，中交一公院和 Bentley 联合发布了全新的道路 BIM 设计软件，也就是今天的主人公：CNCCBIM OpenRoads。

关于这次合作对于行业进步的价值，放在后面再说，我们先按照一个道路工程项目的流程，带你看看它的主要功能。看下面内容的时候，请记住“知识封装”这个概念，随时思考一下，相比于自己现有的工作流程，哪些东西被封装起来了？

3. CNCCBIM OpenRoads 工作流程

（1）工作空间和工作集。

一般企业采购 CNCCBIM OpenRoads 都会是团队协作使用。在多人协作项目里，软件把设计文件和工作空间托管到协同管理平台 ProjectWise 中。

而工作空间，就是软件调取资源的集合。比如标准、线型、字体、材质、图表、标注样式等，都存储在这里。

使用 CNCCBIM OpenRoads 的设计流程是：地形处理→路线设计→路基路面设计→图表自动生成。

（2）地形处理。

道路项目中的现状地形是精确设计的依据，CNCCBIM OpenRoads 通过使用多种数据类型来理解现场条件。软件可以直接使用各类测绘数据，比如全站测量、GPS LiDAR 和点云格式的数据，也可以通过已有 DWG 图形文件创建数字地模。

针对国内标准，中交一公院开发了便于使用的地形特征定义，选择好模板，颜色、间距、线型、图层等都会直接套用。

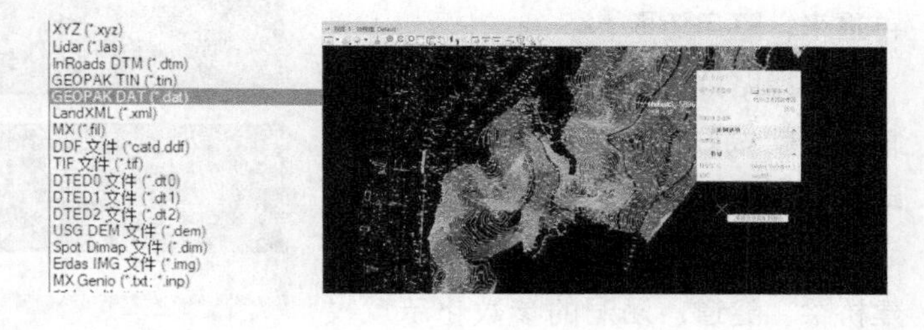

除了常规的地形创建方式以外，软件还支持倾斜摄影拍摄的实景模型的提取和编辑，后期可以通过道路模型对实景模型进行裁剪和遮罩。

（3）路线设计。

参考建立好的地形数据或者实景模型，就可以开始路线设计了。你可以利用软件的土木精确绘图功能，通过积木法或交点法，精确设计路线。软件包含了公路、市政路线设计规范，在进行路线设计过程中让你有据可依。

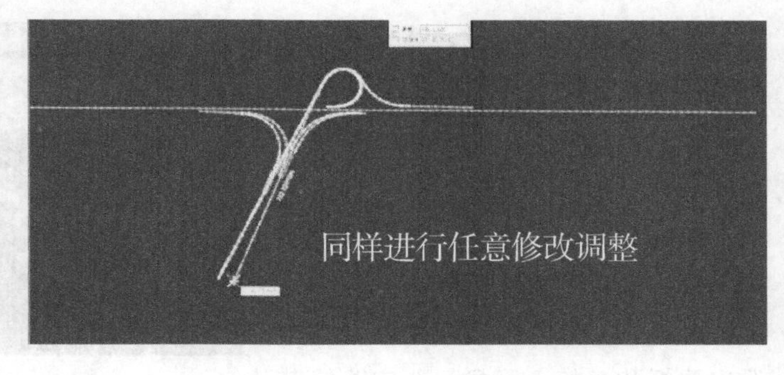

CNCCBIMOpenRoads 有个很好用的“设计意图”功能，利用它，可以构建不同元素之间的联系，对象创建的方式和位置会打包存储，如果修改了某一元素，所有相关元素都将基于存储关系自动更新。比如，定义了匝道和主路之间的几何关系，每次调整道路的时候，匝道也会随之变化。

你可以随时打开纵断面视图，修改道路与地形的拟合。一个纵断面里可以有多条竖曲线，激活不同的竖曲线，道路的三维模型也会实时发生变化，可以方便方案比选。

（4）路基路面设计。

目前的道路还是三维曲线，接下来需要把横断面应用到路线上，才能成为三维道路模型。CNCCBIM OpenRoads 提供了强大的横断面模板功能，模板中包含国内常用的路面、分隔带、挡土墙、绿化带、排水沟、路肩、边坡等组件。

选择你需要的，组合到一起，就能生成特定断面模板，完成路基、路面的设计，而不需要一个个去建模。

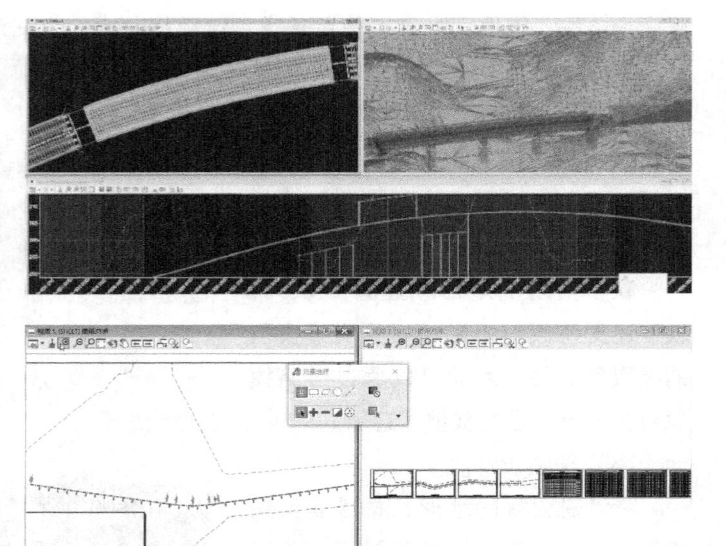

当然，用户也可以在日常工作中，不断积累自己的模板库，不需要每次再重来，随用随取。

选择路线，再选择断面模板，道路模型就做好了，还会与地形模型自动求交，生成放坡。不同截面的道路之间可以设置自动过渡。可以快速创建桥梁、隧道、涵洞的参数化示意模型，在后期的出图过程中可以自动批注。

（5）图表自动生成。

到这一步，对于很多设计人员来说，工作还远没有结束，而对于 CNCCBIM OpenRoads 的使用者，后续的工作就太简单了。

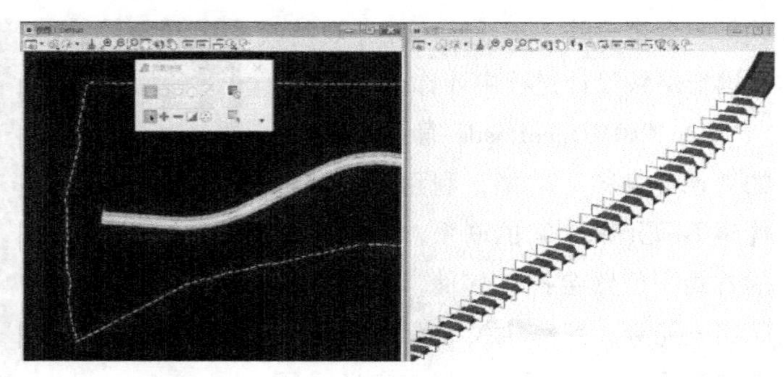

使用路线标注功能，选择不同的标注风格，就能全自动实现路线的标注批注。选定路线，软件自动分段、自动切图、自动绘制平面图。

图纸可以自动排版，自动套用指定图框，自动进行图纸编号。

纵断面，自动切图绘图，自动排版出图纸和表格。同样，选定路线范围，横断面自动分图、剖切，自动批注，自动计算填挖量。特征点的高程、断面放坡、地面线全部自动生成。

软件自带打印组织程序，自动生成图纸目录，统一管理需要打印的图纸，可直接一键批量打印。项目中所有的报表，包括直线曲线表、桩坐标表、用地表、土方表等，可以根据选择的风格自动生成。

4. BIM正向设计的未来

CNCCBIM OpenRoads 的功能和流程简单说这么多，总结一下它的优点。

1）支持多格式地形导入，也支持三维实景模型。

2）针对路桥专业的工作流程，让设计师用习惯的方式推进工作。

3）深度定制符合国内道路工程的工作空间。

4）符合国内标准的自动化标注系统。

5）简便的出图流程、专业的工程图纸。

6）全自动化专业出表。

7）自动生成图纸索引，批量打印。

当然，还有 Bentley 所有产品共有的几个特点：

1）大体量模型支持能力强，降低了硬件门槛。

2）基于相同底层架构，文件格式统一，跨专业直接互用数据。

3）利用 ProjectWise 托管标准和模型，项目协同设计悄然完成。

整个评测的操作中，我们有两个比较大的感受：

（1）“建模”工作不“建模”。

整个流程是对传统二维设计的优化，而不是颠覆或替代。

大部分操作都还是在平立面视口完成，设计师可以尽量少去花心思去想“这个模型该用什么技巧建起来”，甚至在很多环节比二维设计还要简单快捷。

（2）“出图”工作不“画图”。

一键标注，一键出图，一键出表，一键打印。

“全自动”当然不可能是天上掉下来的，开发者提供的标准化空间管理和预定义组件，以及软件使用者的自我定制与协同管理，才是高效率的支撑。

正如我们开篇所讲，所有便利来自于“知识封装”——有对工作流程的认知、有开发经验、也有本土化设计知识。你看到的所有简单，都因为有人帮你封装了复杂。

BIMBOX 认为，CNCCBIM OpenRoads 不是一个“商业化插件”这么简单。

从开发主体上来看，这是一次设计机构深度参与的合作。

本土化标准和构件库方面，拿出来的都是设计院多年积累下来的“硬货”。中交一公院之所以重视它，原因在于看重标准的普及。

英国 NBS 报告里多次提到政府部门和设计研究机构对推进数字化建设做出的努力，他们不会简单发布一本人们不会执行的标准，而是直接把标准植入到软件工具里。

中交一公院对行业的洞察和远见就体现在这里了。

再看 Bentley，也是用实际行动证明这不是浮在表面上的合作。

一方面是向用户开放 SDK 并提供全面开发支持；另一方面，CNCCBIM OpenRoads 不是作为第三方插件存在于市场中，在国内 Bentley 将它作为交通行业的 BIM 平台推向市场，甚至取代了原来的 OpenRoads Designer。

这也是国外软件厂商为在中国实现落地，很有诚意的努力。

本节的内容，谈到了“拐弯设计”，谈到了软件商与设计院的合作产品，谈到了设计工具的本土化实践，也谈到了统一软件和遍地插件的不同思路。

希望我们多次提到的“知识封装”，能让你在今后观察行业的时候，多一个视角。

长路漫漫，我们在这个时代讨论信息、数据的管理，这些东西该怎么封装？是封装到一个盒子里还是多个盒子里？封装的成本和工作由谁来承担？

把知识封装起来的功夫，才是我们成为霸主的理由，不是吗？

城市级别的基础设施，面对的都是大问题

每当被问及“BIM 该怎么推行”这个问题，我们总会提到：Bentley 公司和它在基础设施行业中的用户，是这个时代非常重要的研究样本。本节我们谈两次会议的观感，但重点并不在 Bentley，而在于基础设施行业的用户。

首先是 2019 年 Bentley 在新加坡举办的纵览基础设施大会，BIMBOX 受邀参与了这次会议。

回国后，我们花了一个月的时间整理资料和思路，尝试回答以下问题：

我们到底为什么要使用那些新技术？今天学这个，明天学那个，难道只是为了创新而创新吗？

1. 什么是暗数据和数字资产？

这几年我们在阅读国外 BIM 文献的时候，对于“Assets”这个单词总觉得很陌生，因为在国内谈及 BIM，我们会谈到设计流程、谈到施工管理，却很少说数据本身是一个“资产”。

会议上，Bentley 的 CEO Greg Bentley 谈到了公司 35 年来软件和理念的发展变化，从一开始基于 MicroStation 的 2D 图纸，到 2.5D 的 GIS 数据，再到 3D 的 BIM 数据，一路走到今天 4D 的数字孪生数据。

人们一直以来都在使用软件生产成果，关注的始终是交付的图纸或者模型，而工程师们生产这些成果的过程却被丢在硬盘里，这些静态的数据被称为“暗数据”。Bentley 希望把这些暗数据也纳入到交付成果里去。

数据整合并非一次性的结果，而是被时间轴贯穿在整个设计、施工和运维周期里的。顺着这个时间轴向未来，可以对建筑和城市的性能表现做分析、预测；顺着时间轴向过去，可以追溯问题的根源从而寻求答案。

通过这样的整合，工程师的价值不再仅仅是贡献图纸，他们贡献的数据本身也是有价值的资产。

全生命周期信息管理在基础设施领域和民用商用建筑领域有一个很大的不同：基础设施造出来，不只是为了盈利，而是要满足特定的功能。它的信息管理就不仅仅是为了节省成本、提高效率，而是要帮助人们去解决问题。

在这个层面上，对过程信息的管理不仅是必要的，也是实在的。

在2016年的 ARC 战略论坛上，人们讨论 IT 技术和 OT 技术的融合，IT 就是信息技术（Information Technology），OT 则是指运营技术（Operational Technology）。当时 Greg 提出，这个图景中还缺少了重要的一环：ET，也就是工程技术（Engineering Technology）。

在这个信息闭环中，IT 技术反映了项目的实际情况，比如地形环境、水域信息等；ET 技术反映了工程师对环境的改造，比如开山挖洞造建筑，并对改造结果进行分析和模拟，看能否达到人们希望的目的；OT 则反映了人们对环境改变的结果进行管理的情况，也就是运维信息。

ET 要进入行业的数据闭环，需要用到模型数据、分析数据和实景数据。

下面分别看看 Bentley 在这三条路线上做的事。

（1）建模工具方面。

以往的 Bentley 系列软件名字众

多，发展到 2019 年，总算是把建模软件梳理成比较清晰易懂的“Open”系列。这些跨行业的软件工具都是基于 MicroStation 开发的，文件格式都是统一的 DGN，跨专业数据交换不存在问题。

不过，大方向的统一并没有让 BENTLEY 的软件集群变少，相反，很多细分的专业领域还有很多工具，比如专门用于通信塔专业的 OpenTower、专门用于车站的 OpenBuildings Station Designer、专门用于水文水利专业的 OpenFlows 等。可以说基础设施领域有一个细分专业，Bentley 就有一个软件与之相对应。

（2）分析模拟方面。

在基础设施行业，单纯交付一个信息模型、一份图纸，已经远远达不到要求，于是 BENTLEY 研发和收购了很多软件，不断扩充分析模拟的工作。

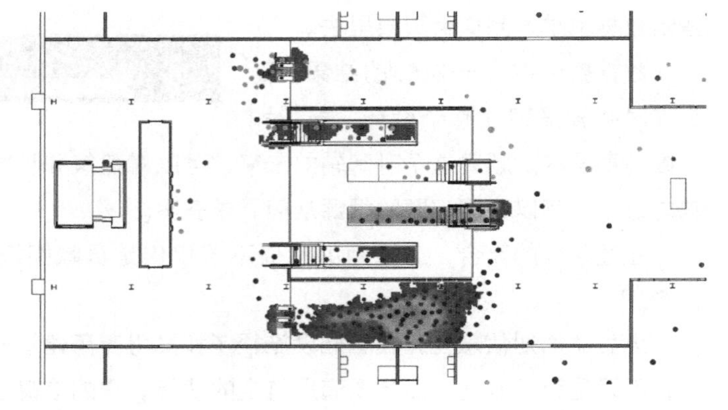

比如，使用 LEGION 和 CUBE 软件分析车站的车辆和人员疏散情况，使用 OpenFlows FLOOD 确定洪灾的影响等。

Greg 举了一个基于 LEGION 产品的例子，使用行人模拟工具在车站模型中进行验证，可以很早发现行人出现拥堵的位置，这样工程师在设计初期就可以调整出入口的布局。在以往的工作流程里，这样的问题也许会在车站正式运营很久之后才能发现。

（3）实景建模方面。

数字城市是这几年的热词，不过在计算机里从零打造一座数字城市太理想化了，对于 99% 的地区，怎样把已有的环境信息、已经建成的建筑复制到数字世界里，才是数字城市的重点工作。

2016 年以前，Bentley 用拍照作为主要的实景数据采集方式，再利用 ContextCapture 把照片合成 3D 场景。2017 年在体系中加入了激光扫描技术；2018 年加入了热成像技术。

2019 年 Bentley 针对更加精细的城市数据采集，进一步加入了移动测量（Mobile Mapping）技术。

为此，Bentley 做了两个动作。

第一是和生产施工勘测硬件设备的 Topcon 共同成立了新公司 Digital

Construction Works，新公司的全部员工都是来双方调派的数字化施工专家。这一步打通了移动数据采集的硬件环节。

第二是收购了三维和移动测绘软件商 Orbit GT。这家公司提供的服务，是把图像数据、点云数据和三维测绘数据集成到一个平台上统一处理。这一步打通了不同格式实景数据的管理。

这两步棋走得都很准，目前 Bentley 的用户可以使用车载测量设备采集更精准的城市三维模型。Greg 在现场演示了只用无人机拍摄的传统方式（上图左）和无人机 + 移动测量技术（上图右）的精度对比。

未来的数字城市建造者手中会有更立体的武器：天上飞的扫大面，地下跑的抓细节。

我们谈到了模型数据、分析模拟数据、实景模型数据，这样大量的数据放到哪里去？怎样被所有人用起来？

2. 数字孪生：把鸡蛋放到篮子里

以前，Bentley 是用一系列的 BIM 软件创建数据，再把这些数据放到 ProjectWise 里集中管理。现在到了云计算时代，数据会继续从 ProjectWise 进入云端，数据在云端得到统一的管理、转换、显示和分析，再分发到不同本地软件里，给不同的人实现不同的功能。

这一整套服务，就是 Bentley 2017 年在新加坡宣布的数字孪生（Digital Twin）战略。

数字孪生这个词最近被谈得很热，但我们没必要把它神化，Bentley 执行副总裁 Keith Bentley 在演讲中说，数字孪生源自一个简单的理念：如果我们能把现实世界中的实体复制到数字世界中，就能利用数字世界中的“孪生兄弟”去做很多有价值的事。

人们可以利用它来查询信息，可以对建筑物的性能做分析，可以向前追溯看看问题出现在哪里，可以利用信息做未来重大决策的支持。

理论上听起来很简单，但实际中的数字孪生是典型的知易行难。有用的数字孪生和真实建筑应该是双向同步的，建筑物每天都在发生变化，它的数字兄弟也不应该是一次性的交付物。

如果一个数字孪生不能跟随真实建筑一同变化，那么它不仅没有价值，甚至会带来危险。

然而，在过去的很多项目中，往往最难的正是这个双向同步。如果把所有的同步工作——包

括建造过程中的变化和运维过程中的变化——都交给专员手动更新，投入的时间成本会趋近于无穷大。

目前，通过尽可能打通底层数据，以及不断纳入新的硬件和软件，把大量数据的采集工作交给传感器、无人机和移动测量仪，人们可以尽量简化数字孪生的同步工作。这正是前面我们讲到的 Bentley 做出的努力。

不过，软件商提供的是数字孪生的生产工具，而数字孪生模型本身还是要使用软件的人自己生产。关于如何建造自己的数字孪生模型，Keith 给出了两点建议：

（1）尽量开放。

拥有权限的人应该可以在数字孪生模型里随意获取自己想要的数据，比如路桥设计师可以在设计阶段获取交通分析数据，一个数字孪生模型不应该仅仅为决策者服务。

（2）保持灵活。

两年前我们能使用的同步工具很少，大量工作需要人来完成；目前我们有了一部分自动采集数据的技术，数字孪生模型的制作比以前简单了。

但这不是终点，我们无法想象两年之后会有什么样的新技术问世，也无法想象模型会和哪些新系统对接，如果我们把数字孪生模型限死在一套固定平台和方法里，就对未来失去了弹性。

Bentley 开放 iModel. js 的想法正源自于此。你可以用它来制作属于自己的数字孪生模型，也可以请软件开发商帮助你开发新的流程，甚至不需要告诉 Bentley 你正在拿它做什么。

iTwin 能提供的服务远不止这些，会议上我们见到了针对业主的运营分析工具 iTwin Immersive Asset Service，云端分析工具 AssetWise 4D Analytics，针对线性工程的分析工具 AssetWise Linear Analytics，和西门子合作的数字工厂管理工具 PlantSight 等。你不必记住这些工具的名字，只需要知道它们是基于云端、针对不同行业的专用工具就行了。

在云时代，Bentley 保持了单机时代的开发习惯——永远不会用某一款软件去满足大众的普遍要求，而是不管客户在一个多细分的领域，也会专门为他们开发独立的程序。

既然 iModel. js 是开源的，人们就可以不仅限于使用现成的工具。

Bentley 业务发展副总裁 Adam Klatzkin 在会议上介绍了两个基于 iModel. js 开发的第三方服务。

VGIS，一个基于增强现实技术的 BIM 和 GIS 展示应用，它能利用 AR 技术，把 BIM 和 GIS 数据展示在真实的工地里，从而简化现场工作，减少错误和延迟。

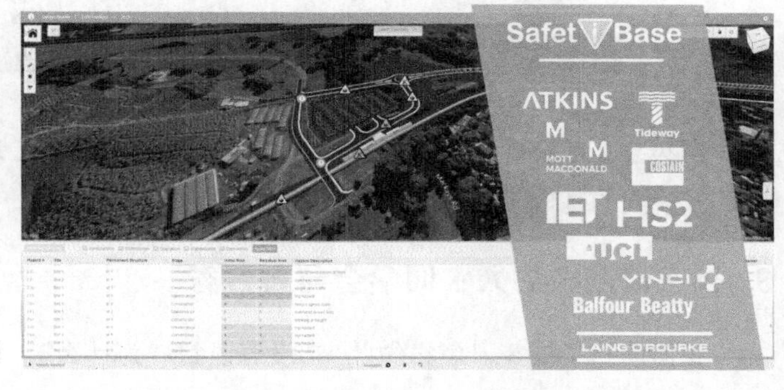

Safeti Base，一个开源软件，目标是评估建筑的健康和安全风险，这个软件正在通过 iModel. js 与 iTwin 服务建立连接，让建造者更有效地了解项目的健康安全风险。

在数字孪生领域，Bentley 和微软的合作也很值得关注。双方在三个层面展开了合作。

软硬件层面，Bentley 在 2018 年收购的 4D 施工模拟软件 SYNCHRO，专门为微软的混合现实眼镜 HoloLens 2 代开发了沉浸式互动的 SYNCHRO XR 。通过这套解决方案，施工方和业主可以借助混合现实技术，在眼前直接呈现任务、施工进度等信息，也可以通过手势和模型进行实时交互。

云服务层面，微软的 Azure 是全球占有率仅次于亚马逊 AWS 的第二大云计算服务，ProjectWise 是 Bentley 引以为傲的协同管理平台。

Bentley 宣布推出 ProjectWise 365 版本，基于微软 Azure 的数据环境，并且与 Microsoft 365 全面集成，后者的文档协作功能可以在 ProjectWise 365 中无缝使用，同时微软 SharePoint 和 Power BI 的分析功能也被集成到工程项目中，打通了 BIM 数据和可视化的屏障。

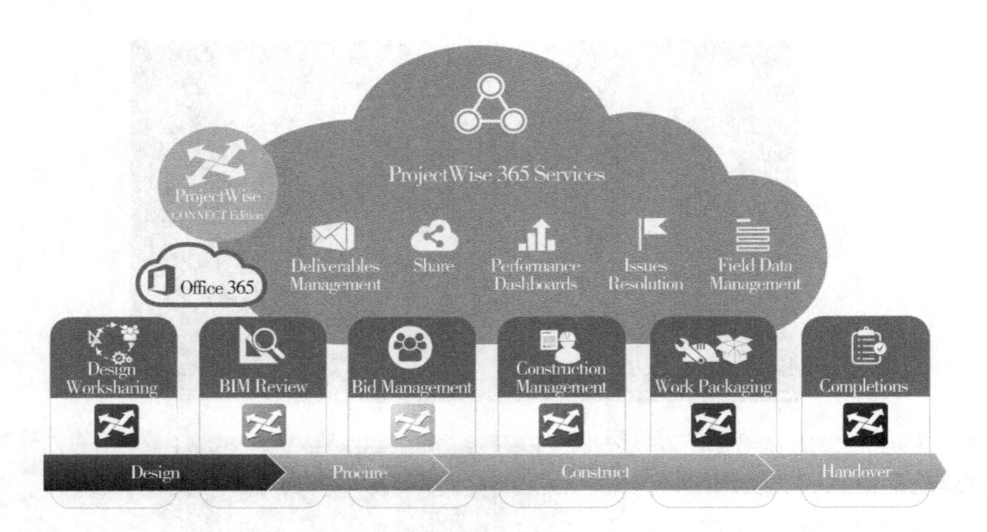

这次会上还看到了很多科技和数字的应用，但我们先介绍到这里，把话题拉回到人上，谈谈我们了解到的基础设施圈子和其他圈子有什么不同。

3. 技术浪潮中的人：同学会与舞台秀

我们谈到了很多“怎么做”，却没有谈到“为什么”。说到底，人们为什么要使用这些技术?

首先，基础设施有一个特点，就是非常庞大。

一栋居民楼设计出来，哪怕是一个出租车司机都能对它评论几句，而一个水电站设计出来，没有任何一个人敢说对它的全部功能了然于胸。个人和大型设施之间的巨大差异，让基础建设行业的从业者们产生了天然的敬畏之心。哪里会出问题？还有哪些地方需要优化?

使用数据和不使用数据，在这个行业简直是两种人。深圳高速工程顾问有限公司的董事长蔡成果在大会上说：“数字化不仅改变生产方式，更改变商业模式。”

传统的人工获取数据变成了现在的自动数据采集，传统的人工传递变成了现在的数字传导，传统的专家决策到现在的数字模型决策，如何保障数据的真实和准确，以前靠管理，现在靠科技。

是的，我们的行业很落后。是的，每年都有一大票新技术涌入我们的视野，但把技术拿在手里，我们就无敌了吗？不是的。

ADDO AI 的创始人，人工智能专家 Ayesha Khanna 在会议上发表了关于智慧城市和人工智能应用的演讲，她说，人们希望把各种技术堆砌到一起，形成强大的工具，然后手握这个工具去寻找问题。不客气地说，这么想从一开始就错了。从技术出发去思考，从来不是正确的方式。我们要做的是放下技术，先去看看城市有哪些问题，再从问题本身出发，去寻找解决它的办法。

这就来到了本节内容的重点：问题。

有一位朋友问我：“中国BIM推广的障碍在哪里?”我回答说：“你不能这样泛泛地问，这就好比问：‘开汽车的人都过得怎么样?’当你把所有人扣上‘使用BIM’这项帽子的时候，会误解他们是一类人，面临的是相同的问题。”

而事实不是这样的，很多人并没那么关心BIM怎么推广，而是关心岗位中具体的问题。而正是因为关注的问题不一样，才让每个人成为不一样的人。

这次大会Bentley举办了基础设施年度光辉大奖赛颁奖典礼，来自全球的54个项目入围决赛。

在和获奖者的对话中，打动我的不是项目堆叠了哪些最炫的技术，而是他们面对着什么问题，又是如何从问题出发去思考的——能拿起棍子没有什么了不起，看到高处的果实并思考怎样摘下它，才值得学习。

在访谈的时候，成都市政工程设计院的杨志勇说：

“成都正在建设一个智慧城市系统，中心城区420平方公里和GIS数据关联到一起了，智慧城市建设要求我们做的BIM模型能集成到系统中去。

有些小型市政项目要求做BIM模型，对目前的设计施工来说，周期很长，模型完成时，项目已经动工了，那么这时候BIM模型拿来做什么呢?

再进一步说，作为一个设计师，智慧城市和我设计的工程有什么关联呢?

我们的项目不是独立存在的，而是和整个城市发生关联。比如我做市政排水项目，要从大尺度范围分析，计算哪些地方是易淹区，这样分析的结果才是准确的，而智慧城市系统刚好可以提供这样一个城市级的分析平台。

如果没有这样一个不断更新的智慧城市平台，在有限的设计时间里，我们的分析往往只关注了一条道路、一个街区本身，这样的分析结果是非常局限的，不能解决城市排水的根本问题。

所以智慧城市系统为我们提供了一个持续更新的城市全要素基础数据平台，能在短时间内满足我们所有的基础数据需求，供设计师使用。

而它的底子正好是我们的BIM模型，而且底子要打实，数据必须是真的。”

中交水运规划设计院科技开发中心BIM研究室主任王帅这样说：

“2019 年我们的做的是水运工程，这种项目最大的特点是类型又多又复杂，包括港口、航道、枢纽建筑、修造船水工结构等。

我们的堆场项目有道路设计，码头的引桥有公路设计，港口的船舶有机械设计，油码头有输油管线设计，海关检查和仓库有建筑设计，地下又有类似城市管网的设计。我们很像是各个行业融合在一起，又有自己的特色。

这些不同的设计领域，遵循的不同的规范，使用不同的软件，工期要求又非常紧张，带来的问题就是交界面非常多，我需要通过一些手段来保证在限定时间内高质量完成大量的交接要求。

在这种情况下，我首先要考虑的就是怎样通过一个平台把这些不同来源的数据整合到一起，这不是为了锦上添花，而是非做不可。”

这次大赛有一个特别的获奖者，Class of Your Own 的创始人 Alison Watson，作为一位母亲，她关心着一个更大的问题：我们的孩子不知道我们在建筑背后做什么，当我们谈论数字的时候，他们看到的是脏兮兮的工地。

她说：“当我的孩子抱怨为什么要学习数学的时候，我不禁思考，如果年轻人都嫌弃我们的职业，如果我们都不愿让孩子去学建筑，那么城市的未来由谁来设计?”

她接下来的行动就是创办了 Class of Your Own，一个面向 11 到 18 岁中学生的教育机构，专门利用数字工具和 3D 建模软件向孩子们传授工程技术知识。

演讲中，她说：“我们以为自己对基础设施的理解比孩子深刻，而孩子们的学习能力让我感到惊讶，感谢现在优秀的数字工具，他们能跳过很多需要长年积累的知识，把他们疯狂的想象力发挥到设计中去。”

这次大赛，她带领着来自四所学校的学生一起参赛，作品是他们为自己的城镇设计的超级高速公路交通系统和车站：DEC Hyperloop。

Bentley 为这个团队颁发了特别荣誉：推动知识进步奖。颁奖典礼上，当几位孩子盛装站在舞台上，全场几千人为他们起立鼓掌。这既是属于他们的荣耀，也是感动每个人的未来。

当天晚上颁奖开始前，所有参会者正装站在大厅里，手中端着红酒或啤酒，三五成群互相聊天，很多人都是多年来一直参会的老友。我穿梭在人群中，看到几乎每一个软件经理、开发工程师都和他熟识的用户站在一起，探讨某个具体的行业问题。

那一刻我忽然想明白很多事。

为什么无论单机时代还是云时代，Bentley都要开发如此种类繁多的软件？

因为他们知道不同的用户面临着不同的具体问题，使用OpenRoads的路桥用户和使用OpenRail的铁路用户，需要解决的困难是不相同的。

为什么Bentley的软件卖那么贵，在基础设施领域还是稳占霸主地位，以至于花得起10亿美元持续投入研发和收购？

因为对于基础设施这样的大行业，要解决的是大问题，行业外看来天价的软件成本，对于行业面临的问题来说，可能就是九牛一毛。

Bentley和他们的用户，彼此之间是几乎唯一的选择，他们被基础建设这个充满大问题的行业绑定到一起，形成了彼此依赖的利益共同体。

我最深的感触是，很多行业大会走下来，感觉像是“舞台秀”，台上光鲜亮丽秀技术，台下焦虑无比找出路。而这一场更像是“同学会”，人们忙碌一年，回来聚聚，聊聊对方在解决什么问题，能帮上什么忙。

在这次会议上，我看到人们面对的问题并不比外界少，我也看到数字城市、数字孪生还远远没有达到理想的终点，但我没有听到一个人提及“焦虑”这个词。

我们在开篇中说，Bentley是这个时代良好的研究样本，并不是特指它昂贵复杂的软件，而是这家公司和它的用户组成的解决问题的系统。

4. 后续：大基建的“大BIM”

前面的会议一年之后，2020年8月，我们在线上看完了Bentley公司组织的在线技术峰会，重点关注了一些基础设施项目的BIM技术应用，来验证上述的思考。

当我们谈模型的时候，说得更多的是虚拟空间里的三维模型，实际上“模型”这个词出现得比三维要早很多很多。当我们分析和解决大问题的时候，无论是人群模型、经济模型、管理模型，都需要对复杂的现实世界做一个数学建模，才能把它抽象到我们能掌控和理解的范围里来。

模型是对真实世界的一种主观抽象描写，代表正规化的思考，允许我们做精致的推演，从而获得精确交流、解释、判断、设计、预测、探索和采取行动的能力。

下面我们再举两个项目的例子，来谈谈模型这个东西在“Bigger Than BIM”级别的应用。

第一个项目是巴基斯坦 SAPT 集装箱堆场与房建工程。

这个项目占地面积 30 公顷，建设范围基本涵盖港口工程所有项次，包括自动化集装箱堆场、道路、给水排水、电气、综合管网、辅助建筑物、铁路等。项目工程分区块交工，现场施工繁杂，交界面多，时间节点要求紧；项目还涉及多种语言的交流。

该工程已经到了二期，是巴基斯坦第一个自动化集装箱码头工程项目，地处“中巴经济走廊”和“一带一路”沿线，具有特别重要的战略意义。

项目主要的挑战是项目团队之间的沟通。他们要借助可视化技术的全景展示和二次开发，解决海外 EPC 项目多语言交流障碍问题；还需要解决构件标准化程度高、重复性大、BIM 建模耗费时间长的问题；最终要解决港口项目因综合性强，碰撞问题突出、频繁设计变更问题。

巴基斯坦 SAPT 集装箱堆场与房建二期工程

中交水运规划设计院有限公司

项目团队在不同的需求点使用不同的软件，最终整合形成数字化资产，为自动化堆场建设和后期管理运营提供了基础条件。比如：

1）利用 MicroStation 和 OpenRoads Designer 完成堆场和道路工程模型的创建；利用 ProStructures 实现了水工结构和土建结构的配筋建模。

2）利用 OpenBuildings Designer 实现了辅助建筑物模型的搭建。

3）利用 OpenRail ConceptStation 实

现了铁路的方案设计。

4）通过 ProjectWise 协同设计平台和 LumenRT 可视化，提高跨洋沟通效率。

在这样复杂的项目里，他们最核心的需求就是“数据整合”，这么多不同专业的模型和数据，通过统一的格式放到一个平台去。最终这些数据不仅要为建设服务，还要为运维服务。

第二个项目是解决重大民生问题的九江智慧水务平台项目。

数字化在九江智慧水务平台中的应用

长江生态环保集团有限公司

上海勘测设计研究院有限公司

九江地区是中国长江大保护工程的四个试点城市之一，主要工作内容包括改善水环境、减少水灾害等。同时，它还是长江中游重要港口城市，水系复杂，经常发生大暴雨洪水等灾害。

这个项目总投资为 77 亿元，建设期 3 年，工程涉及污水厂、配套管网、水生态修复、河道整治、枢纽工程、泵闸海绵大道生态化改造等。项目面临建设范围广、专业多、工作量大、参与方复杂、协调管理难度大等挑战。

项目要解决的问题太多，我们单拿出一个问题：城市级别的洪水治理，该怎么分析？这个问题需要拆成三步来一一解决。

（1）解决地形数据来源问题。

洪水治理这件事，光靠几栋房子的模型肯定是不行，整个地区的地理信息数据才是关键。

在传统的大型项目里，要对大片地区进行数字化建模，就需要地形测绘数据。但设计方要拿到这些数据，需要协调各个政府部门，甚至需要付费，而且拿到的数据还不是最新的。这就给模型建立的源头造成了困难。

这时候无人机 + 倾斜摄影技术就可以派上用场了。他们使用商用无人机，对整片区域采集图像，再使用三维实景建模软件 ContextCapture 把照片数据处理成可以缩放的实景数据。

光是一个三维实景模型还不够，还需要基于这个三维实景的底图，在最短时间内低成本地提取出最新的地形数据。

（2）解决过程分析问题。

这一步他们使用的是 OpenFlows FLOOD，一款专门的洪水建模软件。

因为用的是同一家公司的软件，上海勘测设计研究院可以把 ContextCapture 计算出的实景数据无缝导入到 OpenFlows FLOOD 里，然后只需要简单的步骤，就可以建立起水力模型，模拟河流流动、地表径流、城市洪涝。

利用建立好的城市洪水淹没模型，他们可以分析不同暴雨工况下，城市淹水情况，也可以分析导致淹水的瓶颈点，提出解决方案，快速对比多种不同方案的效果。甚至进一步模拟不同的事件，进行洪灾风险和预警系统的评估。

（3）解决模拟结果的交付和积累。

传统的洪水分析方法，也是通过建立数学模型来做洪水分析，不过呈现的结果是二维的，哪里是易淹区、发生灾害的结果等数据都是专业的图表，这在给城市级别的管理者呈现结果的时候就很不直观，只有专业人士能看得懂。

他们把 OpenFlows FLOOD 模拟数据和 ContextCapture 实景数据整合到一起，导入到三维可视化软件 LumenRT 里，以 3D 的形式将城市积水情况呈现出来，可以实时显示降雨深度的变化，也能看到不同防洪方案下建筑淹没到什么高度。

这样，规划设计人员就能很直观地分析淹水区域的重要性和可能的灾害损失，快速对比不同方案的效果。

最终，防洪数据会和整个项目的其他数据一起，进入到一个更大的管理平台。项目的三维模型、实景模型、设计数据、分析数据、地理信息，汇总到一起，不应该仅仅交付给极少数的管理者进行决策辅助，而应该形成一个开放、安全、可查询的数字世界。未来的工程人员，既是数据的贡献者，也是数据的使用者。

讲完这两个案例，再讲讲我们的两个思考。

（1）软件商的差异化竞争已经愈演愈烈。

前几年我们想到Autodesk、Graphisoft、BENTLEY，探讨的都是它们的建模软件好不好用、价格差多少，而BIM发展了十几年下来，你会看到每一家公司在不同行业的差异越来越大，尽管在局部战场上还存在着同类软件的竞争，但“在不同领域做最好的软件”已经成为一个新的竞争常态。

在Bentley的几百款软件里，绝大多数都是针对特定行业开发的专业性软件，它们根植于MicroStation的三维图形，发展于Bentley持续的研发和收购，像OpenFlows FLOOD这样隔行都不知道怎么用的软件已经越来越多。

在Revit用户争论比较多的数据传递和格式交换的问题，在Bentley用户这边也从来不是问题，一套格式随便用，确实是省心。

（2）BIM行业在向“去BIM化”发展。

这一点越是大型的项目越明显。你可以看到智慧城市、数字孪生等概念越来越多出现在人们的视野里，而BIM正在往后退，在后台做一个基础数据的贡献者。

从软件商的视角来看，BIM三个字母已经越来越难以撑起大型项目的数字化需求，像我们本节谈到的一带一路项目数字管控、洪水数字治理等，你会明显感觉到，传统的“工具级BIM”在这些需求面前已经显露出疲态。

公众号“JOYBIM”发布过一篇文章，讲述了18年的BIM发展史，里面说到了一个很重要的观点：

没有“BIM”，建筑行业还是要面对各种新名词新技术，为了更往前迈一步，建筑行业到头来还是要将自己的生产对象数字化，“BIM”的出现只是把建筑行业各个业务与信息技术和工具相关的内容整合到了一个名词里。

BIM并不是一出生就注定背负这么沉重的东西，只是我们这个行业数字化的手段太少，BIM作为行业里几乎唯一能对外产生接口的技术，承载了一个时代变革的诉求。

在这个崇尚数字的时代里，人们希望把所有复杂的、大型的事物都数字化，变成20英寸的显示器能装得下的东西，这本质上来源于人类对未知的掌控欲。

每一个软件商、每一位工程师都在这场数字化的洪流中，被裹挟着进入下一个时代。所有人都在这变化莫测的时代寻找一个抓手，或是固守传统，或是拥抱未来，而观察这个时代的商业和人，也是一件非常有趣的事。

MagiCAD：机电深化设计中的算法探索

本节介绍的是一款很多做机电 BIM 的人熟悉又陌生的软件。说熟悉，是因为群里经常听到有人提起，说陌生，又有不少人只知道个大概，却不了解详细的功能。这个软件就是 MagiCAD。

MagiCAD 是由芬兰普罗格曼公司开发的，后来这家公司被广联达全资收购。那时候它只有风、水、电几个辅助设计的模块，后来国内的开发团队在原有软件的基础上，又开发了支吊架、管线综合、二维出图、机电算量几个模块，有上百个功能，软件目前已经更新到 2021 版本。

简单来说，MagiCAD 是一款基于 Revit 二次开发出来，专注于机电专业设计和施工的 BIM 软件。

大家在做机电 BIM 项目的时候，按照由浅到深的顺序，会做以下这些事情：

1）展示三维模型。

2）调管线综合、出施工图。

3）绘制型钢支吊架或综合支吊架。

4）机电专业算量。

5）机电构件预制。

6）系统校核计算。

7）模型信息录入。

MagiCAD 主要就是围绕着这些工作展开的研发，归类一下就是对应机电工程师 BIM 工作的四个主要场景，分别是模型的建立、机电深化设计、支吊架设计、模型提量。

在广联达收购 MagiCAD 之前，它自带了风、水、电专业的建模功能，还附赠了通用功能模块和原理图模块，不过这几个模块不是我们要说的重点，下面的机电深化模块和支吊架模块，是收购之后根据国内标准和工作流程深度定制开发的，我们回到机电工程师几个最高频的业务场景里，看看大家平时怎样进行工作，使用 MagiCAD 又是怎样工作。

1. 机电深化业务

在做机电深化设计的时候，逃不开的是六个主要的环节：先是分专业机电建模，再做碰撞检查，查出问题后进行管线综合调整，然后和土建专业联动开设洞口、添加套管，再进行机电安装净高分析，最后出图指导施工。

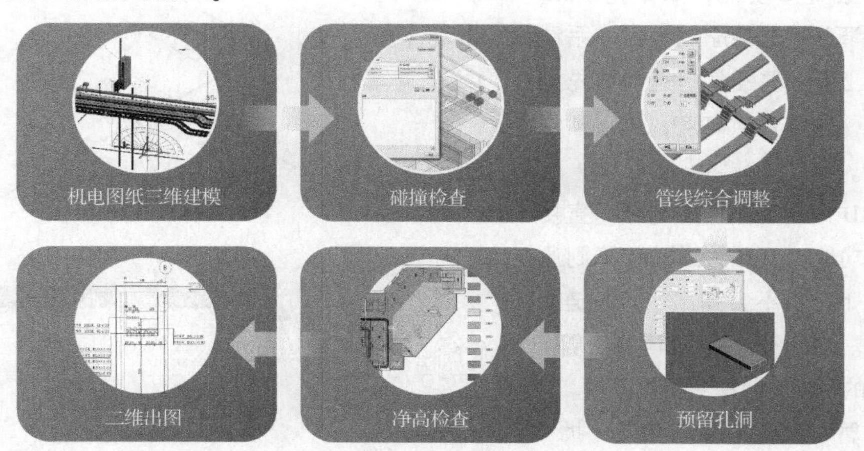

一般大家用 BIM 实现这个流程，主要是用 Revit 把管线布置好，用 Navisworks 做管线碰撞，到了后续几个步骤，就只能手工操作了，尤其是预留孔洞和出图，效率很低。

MagiCAD 机电深化模块的全部功能，主要是围绕以下几个环节来展开。

（1）碰撞检查。

碰撞检查功能很多软件都有，常规的软硬碰撞检查、碰撞点反查定位、导出检查报告一般都有，就不展开说了。

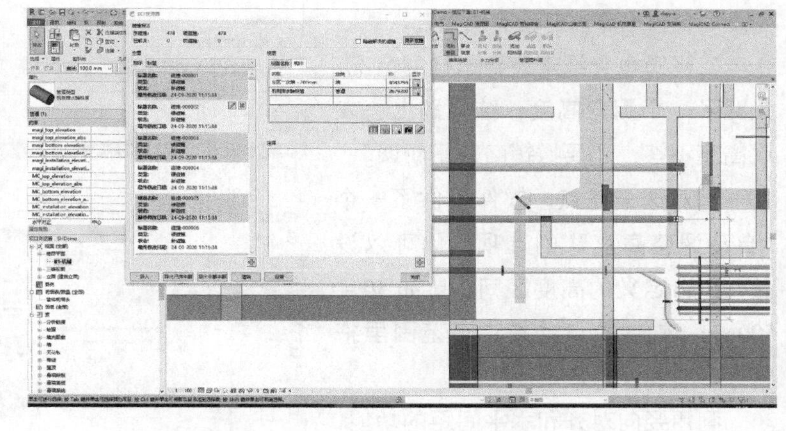

MagiCAD 的碰撞检查有一个亮点，就是可以开启实时碰撞检查。不少人正式做碰撞检查之前会先肉眼过一遍。开启“实时碰撞”选项之后，相当于打开一个肉眼检查辅助功能，可以在绘制管道的过程中，实时显示管道之间、管道与土建是否碰撞，碰撞点交汇处会用颜色做一个三维填充。

实时碰撞会随模型自动更新，比如墙上开了洞、管道翻了弯就不显示了。这个功能也可以和预留预埋、高程调整、管线交叉等功能组合起来使用。

（2）调整管线。

这部分功能主要是提高工程师调整管线的效率，这项工作也是最耗时间的。针对这个工作的插件不少，我们说说它比较突出的亮点。

比如管线升降功能，如果用 Revit 原生功能来调整，只能手动打断，手动连接；市面上有一些插件也是需要先把管道给打断，调整管道高度，再用插件做自动连接。

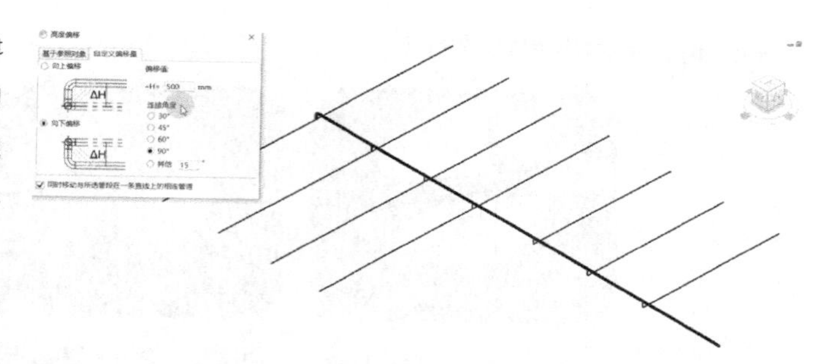

MagiCAD 做到了不需要打断，直接调整升降的功能，而且管道即使降到原来的标高以下，也不会弹出“反向连接”的错误。对于有多根支管的主管道进行调整的时候，效率会提高不少。

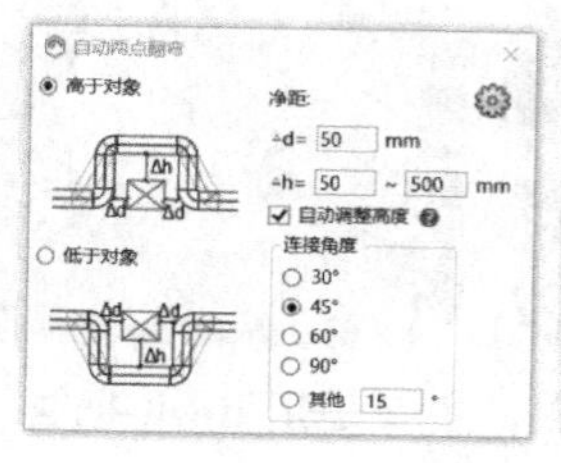

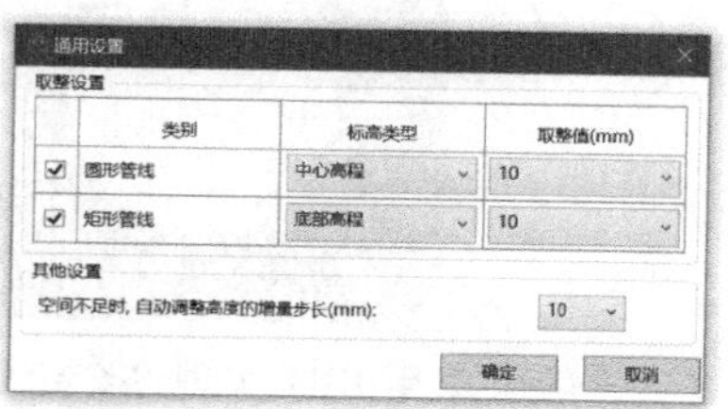

对于支管，也支持多选管道，批量参数升降。

调管线最常干的事就是翻弯了。MagiCAD 2021 版本针对高度偏移、单点翻弯、两点翻弯等功能做了比较大的提升，可以选中翻弯的参照对象，设定水平和垂直方向的躲避距离，调整连接角度后会根据算法自动实现翻弯。

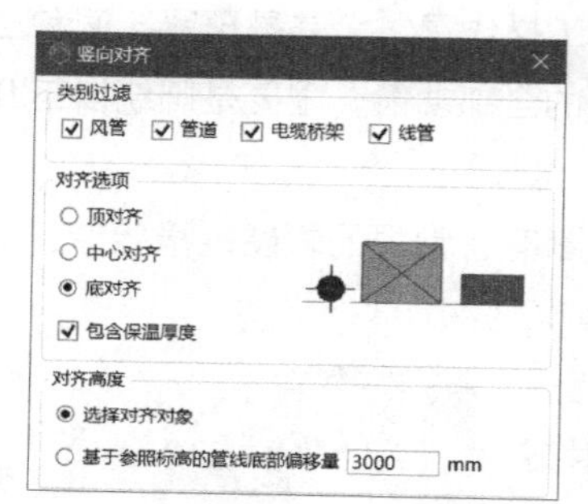

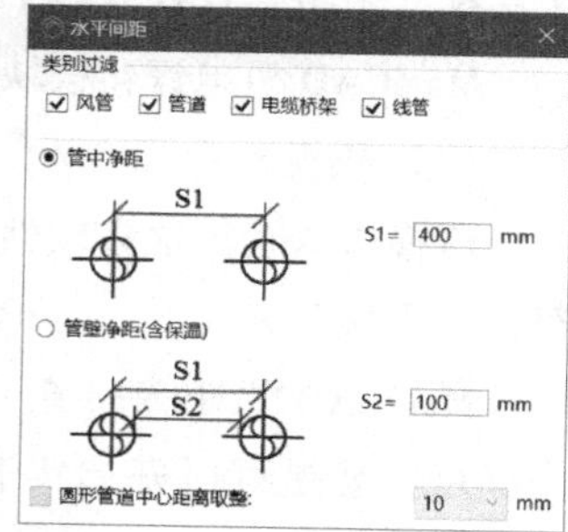

工程师也会经常遇到这样的情况：设置了一个翻弯高度，结果翻上去发现高度不够，还要撤销回来重新调。

针对这个痛点，软件提供了一个“自动调整高度”的选项，你可以设置一个自定义的高度区间，比如 50～500mm，软件会自动在这个范围里把管线调整到没有碰撞。

利用竖向对齐和水平间距的功能，也能批量把管道在竖向和横向安排在正确的位置。

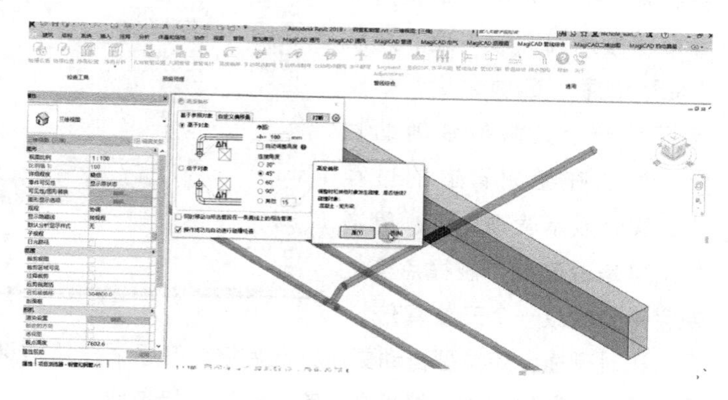

我们测试的时候发现，在新发布的 MagiCAD 2021 版本中，还增加了碰撞报警功能，如果管线在调整过程中和其他对象发生了碰撞，软件会提示用户继续还是撤销操作，在碰撞检查之前就预先避免二次碰撞。

有些专业管道有放坡的要求，MagiCAD 也做了这个功能，可以和土建专业发生关联，勾选“智能放坡”选项，可以设置管道和梁板之间的距离，避免管道在放坡的过程中和土建打架。

（3）预留预埋方案。

早期的机电 BIM 主要是在本专业内部减少错误，这些年越来越多的应用是机电专业和土建专业结合，通过机电 BIM 模型反过来给土建模型做深化，比如开洞、预留方案等，这些已经成了机电专业 BIM 实打实产生价值的点。

不过如果靠纯手工开洞、出图，效率真的是跟不上，甚至不少项目就因为跟不上工期和变更干脆不做了。

软件原来有墙体开洞的功能，MagiCAD 2021 版本里，在这个基础上加入了基于中国规则的自动开洞套管功能，使用频率也比较高。

你可以设置开洞和套管规则，筛选自动生成洞口和套管的范围。设置好之后，软件会根据你选定的范围自动在土建模型上开洞，并放置好套管。

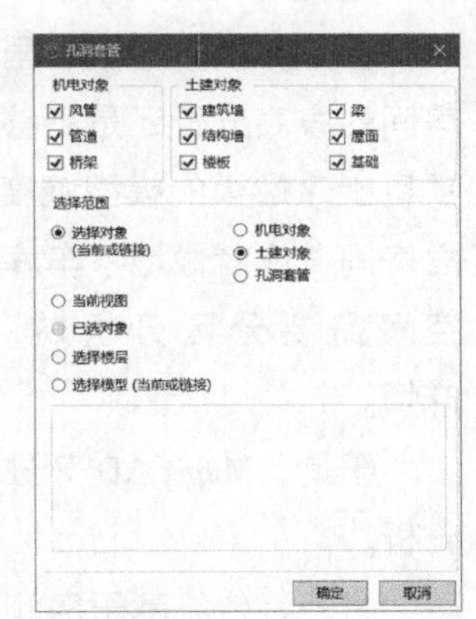

为了指导施工，出孔洞图也是比较耗时间的工作，很多现场做完机电深化，没人愿意出大量的孔洞图和套管表格，主要是因为效率太低。

MagiCAD 预留孔洞图的功能就是专门针对这件事来设计的。只要设置好标注的样式和避让规则，MagiCAD 可以全自动生成洞口、套管的平面图和剖面图。

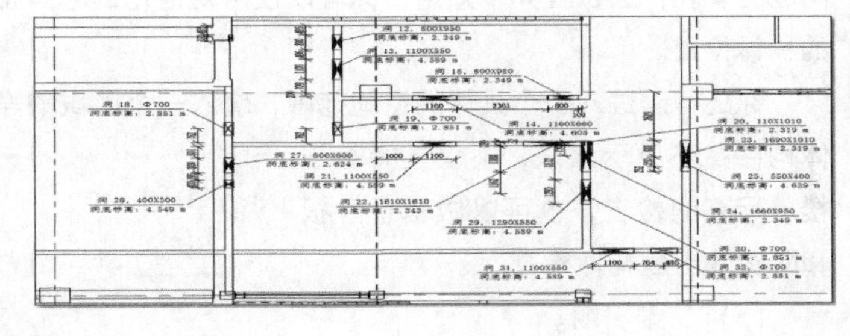

平面孔洞图能自动标注洞口的尺寸位置，MagiCAD 2021 版本，只需要点击一次，就可以实现标注的自动避让，很大程度节省了孔洞图的标注时间。

如果项目里已经生成了套管，就可以一键自动生成对应墙体的洞口和套管立面图，洞口的尺寸标注和定位也是自动生成的。

布置完成之后，可以自动提取套管统计表，套管的类型、公称直径、穿管尺寸等都自动生成计算。这个比较适合现场的对比审查工作，检查哪些洞口开得有问题。

机电专业做 BIM，现场变更频繁是最大的痛点，每次变更所有图都要重新出一遍，确实很难受，软件通过自动化就能实现，可以给工程师更多的时间去做那些更有意义的事。

（4）净高分析。

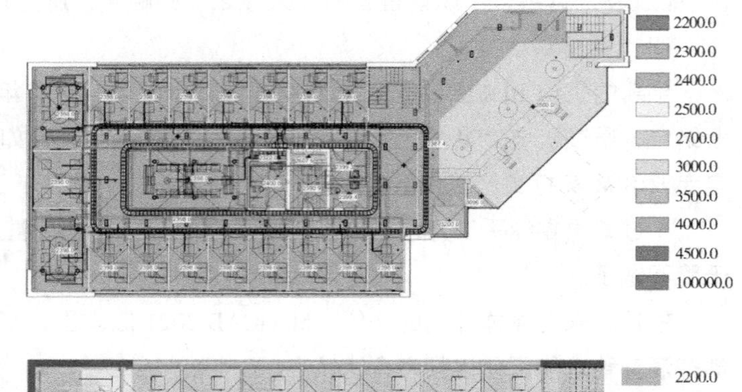

净高分析也是越来越多项目要做的工作，主要是在管线安装之前，解决管道影响吊顶标高的问题，分析做好了能省去后期大量的麻烦。

这件事用 Revit 原生功能也可以做，不过需要自己加参数，做过滤器，比较难搞。目前也有插件可以做净高分析，不过很多插件只能基于房间和空间来做分析，这一点 MagiCAD 也是可以做到的。

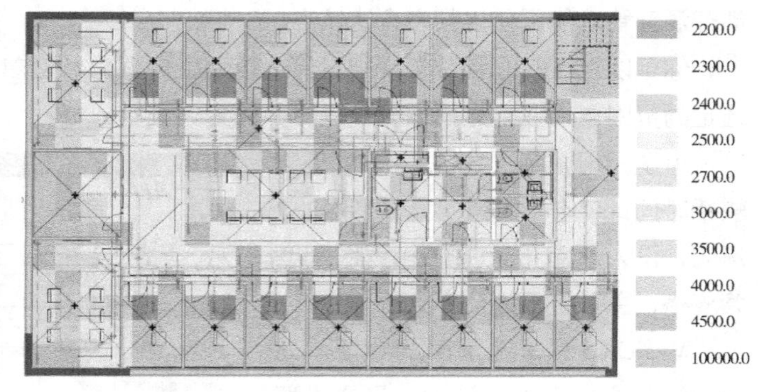

但是，在实际项目里，光有基于房间的净高分析还是不够，因为很多项目土建翻模的模型精度太差没法建立房间，或者像地下车库这种大开敞空间需要分区分析的，就会比较麻烦。

于是，MagiCAD 又进一步开发了更细致的净高分析功能，你可以手动划出任意一片区域来做分析。

另外，传统基于房间和空间的分析结果，在一个房间区域里只会反馈一个数值，但具体净高问题出现在什么位置并不知道，你可以使用网格化的净高检查，在一片区域里找到真正影响净高的具体位置。

你还可以进入一个具体的空间范围，输入一个区域的净高期望值，软件会把不符合净高的具体构件高亮显示出来，不仅支持基于楼层标高的检查，也可以做基于升板和降板的土建构件检查。

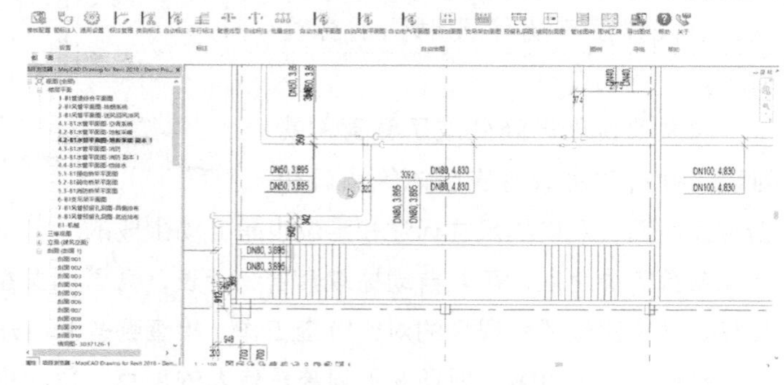

（5）二维出图。

管线综合调整好，出一份图纸给施工用是必需的步骤，传统的做法是用平面图来表示管道。目前 MagiCAD 可以对全专业实现自动标注，2021 版

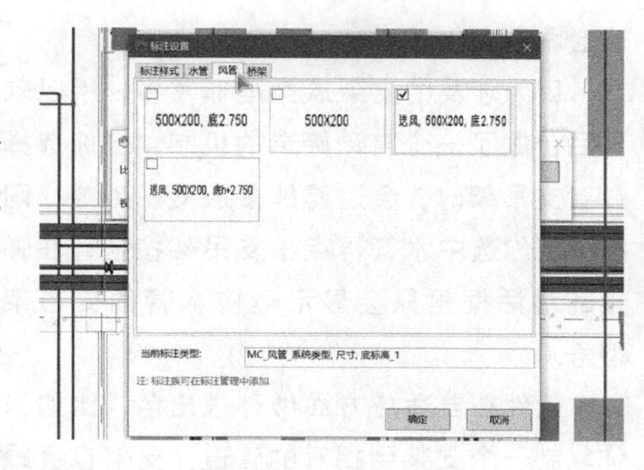

中可以实现风管、水管和桥架平面图的自动标注、自动定位和自动避让，这又能进一步节省时间了。

光是平面图还不够，多专业管线综合平面图所有管道叠在一起看不清楚，这时候就需要出一些截面的管道剖面图。

一个项目动辄就需要几十甚至上百个剖面要生成，让工程师一张一张去剖切、标注就太浪费时间了。

MagiCAD 的二维出图自动化模块可以帮助提高这项工作的效率，它可以自动出管道剖面图、支架剖面图，选中多个剖面，设置好标注类型样式，就可以批量生成做好尺寸标注和专业标记的剖面图，也可以自动生成局部三维视图。

如果你希望图纸能够标准化一些，用出图模板预设好线型、颜色等参数，也可以使用软件提供的模板配置，按照国标图集的规范要求出更标准的图纸。

2. 支吊架业务

现在需要做管道支吊架深化设计的项目越来越多，尤其是空间比较狭窄、管道又特别密集的项目。传统的做法是设计师自己建族，一点点在项目里拼装，支架比较复杂的时候，做起来就很费劲了。又因为支吊架属于钢结构构件，它的校核计算对机电工程师来说也是一个很高的门槛。

支吊架模块让你能从支吊架的布置安装，到安全校核，再到统计出量和装配图纸，最后辅助现场打点安装，进行一个完整的流程。

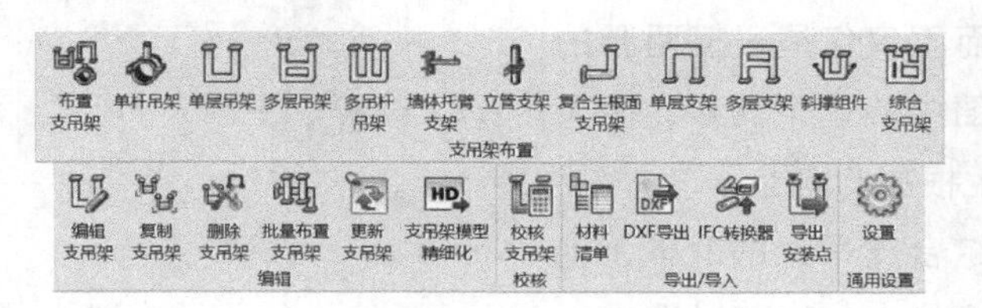

（1）支吊架布置。

MagiCAD 提供了一个产品模型库，支持抗震支吊架、室内管道支吊架、电缆桥架、风管支吊架等相关国标图集中的标准族库，以及喜利得、慧鱼、双龙盛等 12 个支吊架厂家的第三方库。

你可以根据自己的需求，选择生成单杆吊架、单层或多层门式支架、多吊杆支架等规格型号的支吊架。

选中相应的按钮，选择单根或多根管道，在弹出的对话框里选择相应的支架样式，再调整型材尺寸等参数，支架就自动生成了，管道对应的管卡尺寸会自动生成，管道直径发生变化时管卡也会跟着变化。

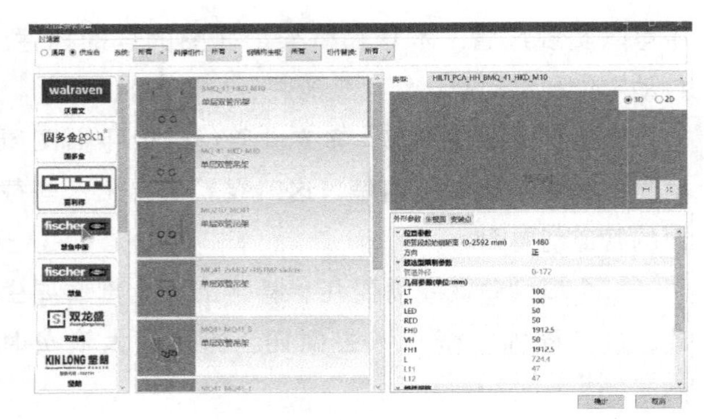

因为涉及的支架族类型非常多，所以软件后台做了一个自动筛选的机制，当你选择单管支吊架时，会过滤掉多层支吊架族；同样，当你选中水管再点击支吊架按钮，在弹出的对话框里只会显示适应水管的支吊架型号。

软件在自适应方面做得很出色，比如当你复制一个支架到拐弯的管道，支架也会跟着扭转；复制到楼板变标高的地方，也会自适应改变生根点的位置。

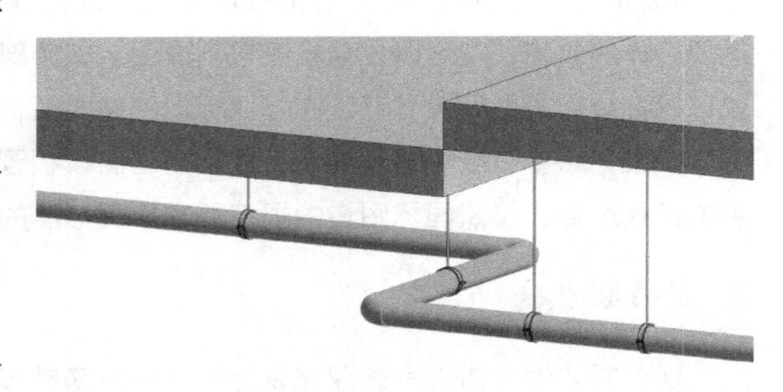

在批量布置支吊架的时候，可以设置支架间距和阵列数量，如果勾选了跨管件阵列，同样能顺着管道拐弯的方向自适应排布，自动识别楼板高度改变生根点。

对于抗震支吊架需要的斜撑组件，也可以向已有支架上任意添加，斜撑会自动识别安装位置和生根点，不需要手动对齐。

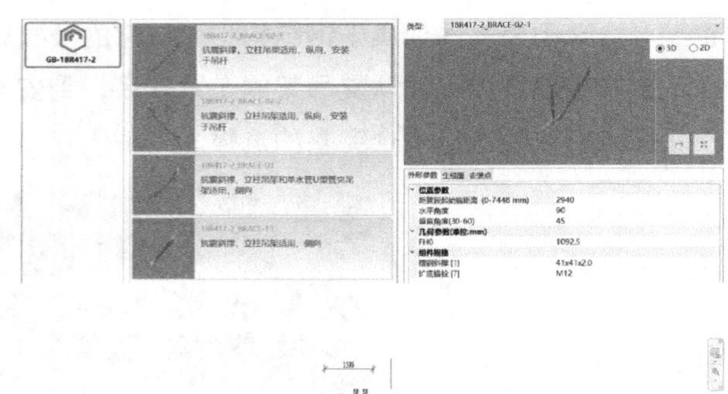

MagiCAD 支吊架功能的一个亮点是布置综合支吊架，这种产品最大的特点就是能应对各种复杂的情况，而不仅仅是三横两竖的门式支吊架。比如下图中的这个支架，因为空间原因，横杆都要生根在侧墙上。

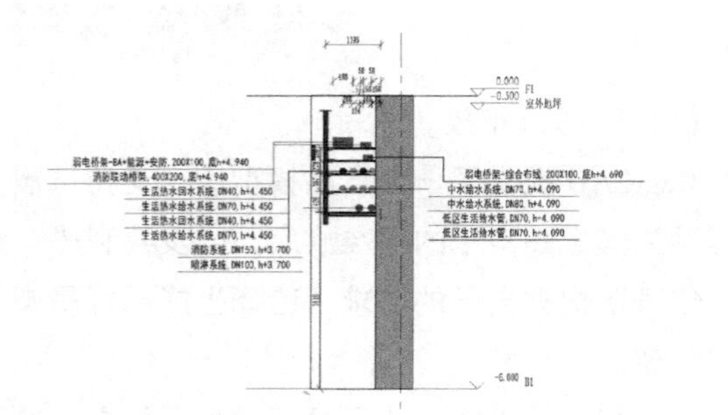

所以实际上绘制综合支吊架的时候，就需要构件有很强的适应能力。你可以选中一副已有的支架，在上面任意添加组件，组装出任意形式的支吊架来。

选中相应的支吊架组件，可以设置吊杆和管道的距离，就可以自动生成吊杆，后续管道移动，竖杆也会保持这个间距做相应的调整。

对于还需要调整的模型，你可以勾选支吊架模型自动更新，这样管道发生移动的时候，所有配套支吊架也会跟随自动调整。你也可以关闭自动更新，在需要的时候手动更新支吊架。

为了节省计算资源，MagiCAD 默认绘制的支吊架是低精度的，很多细小的零件会略去不显示，如果你需要更详细地展示支吊架，软件也提供了支吊架精细化功能，把已经绘制的支吊架批量替换成高精度的模型。

（2）支吊架校核计算。

目前行业里绘制支吊架，安全验算是一个痛点。完善的计算一方面可以保证支吊架的结构安全，另一方面也能通过替换过度安全的构件来提升经济性。不过支吊架相关的计算规范很多、计算步骤复杂，这些都让很多工程师对这项工作望而却步。

对于型钢支吊架，MagiCAD 的校核计算做得比较好，主要也是因为相应的计算规范比较完善。目前软件的计算依据是 GB 50017—2017 钢结构设计规范，选中一副支吊架，点击校核支吊架，在弹出的窗口中，竖向荷载、水平荷载和地震荷载都可以自动计算，针对每一个竖杆和横杆计算抗弯强度、抗剪强度、挠度等项目，也会对生根点的受力情况进行复核。

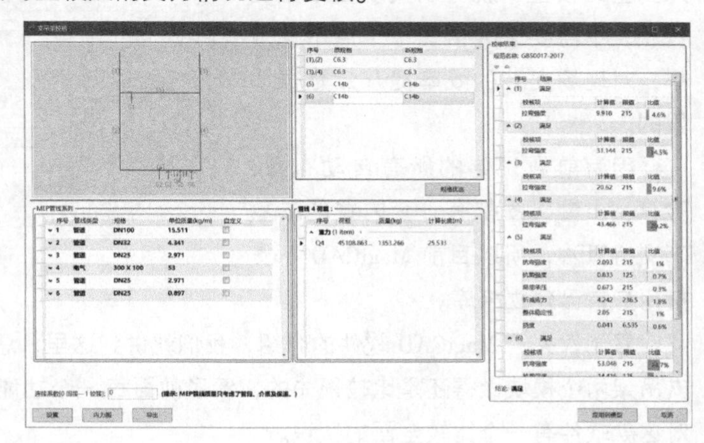

校核计算也可以帮助工程师进行支吊架优选，计算结果可以实时显示材料利用率百分比，不满足要求的换大一号的型材，过于安全的换小一号的型材，也可以让软件根据受力情况自动优选。

MagiCAD 2021 版本，加入了云端支吊架计算功能，功能更专业了一些，多了膨胀螺栓、焊缝和生根钢板的计算。计算完成之后，会生成一份完整的计算书，提交给设计师作为留底。

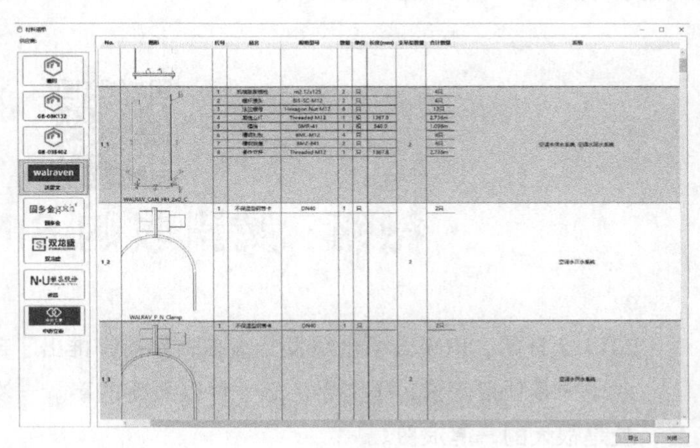

不过，对于品牌商提供的支吊架，目前还不支持计算校核功能。支吊架厂商的计算书目前还都把持在每家厂商的手里，计算标准目前国内也没有相对完善的规范，这一点更多的不是技术原因，而是商业上的原因。

（3）支吊架材料清单。

支吊架绘制和计算完成后，比较重要的一步是出清单，这样才可以真正指导采购和现场安装。

用 MagiCAD 制作的支吊架，可以自动生成所有支吊架的清单，每一种支架型号会自动生成一个缩略图，再对每种零件做长度和数量的统计，方便现场施工下料。

如果需要统计整个项目的型钢总用量，也可以不按支吊架型号区分，直接生成一张型材用量总表。

（4）加工图纸和安装点。

最后一步，就是给项目中所有支吊架出一份加工详图。你可以在出图设置里修改出图的支吊架对象、涉及的管线专业，也可以选择断面图、侧视图和轴测图等形式。

软件会把项目中建立的所有支吊架批量导出为 DXF 图纸，自动生成带编号的总图，以及每一套支架带材料表的详细图纸。

对于现场使用全站仪定位打点的项目，软件也能自动生成所有生根点锚栓的打点位置坐标，把坐标信息输入到全站仪里，就可以实现自动定位打点，不需要工人再一个个点手工放样，对现场安装的效率提升还是很明显的。

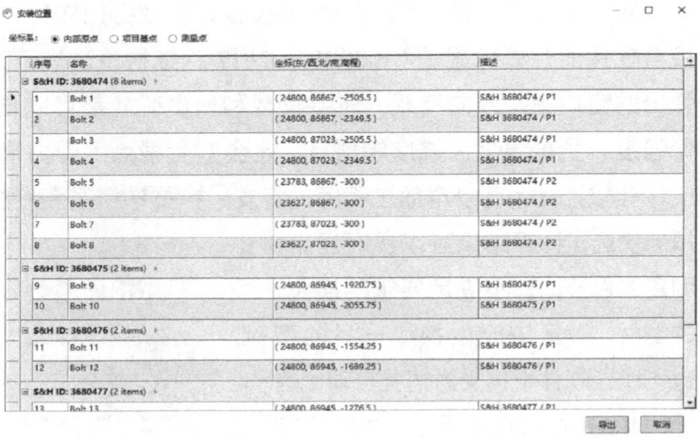

安装位置

坐标系：内部原点 项目基点 测量点

序号	名称	坐标(东/西,北/南,高程)	描述
S&H ID: 3680474 (8 items)			
1	Bolt 1	(24800, 86867, -2505.5)	S&H 3680474 / P1
2	Bolt 2	(24800, 86867, -2349.5)	S&H 3680474 / P1
3	Bolt 3	(24800, 87023, -2505.5)	S&H 3680474 / P1
4	Bolt 4	(24800, 87023, -2349.5)	S&H 3680474 / P1
5	Bolt 5	(23783, 86867, -300)	S&H 3680474 / P2
6	Bolt 6	(23627, 86867, -300)	S&H 3680474 / P2
7	Bolt 7	(23783, 87023, -300)	S&H 3680474 / P2
8	Bolt 8	(23627, 87023, -300)	S&H 3680474 / P2
S&H ID: 3680475 (2 items)			
9	Bolt 9	(24800, 86945, -1920.75)	S&H 3680475 / P1
10	Bolt 10	(24800, 86945, -2055.75)	S&H 3680475 / P1
S&H ID: 3680476 (2 items)			
11	Bolt 11	(24800, 86945, -1554.25)	S&H 3680476 / P1
12	Bolt 12	(24800, 86945, -1689.25)	S&H 3680476 / P1
S&H ID: 3680477 (2 items)			
13	Bolt 13	(24800, 86945, -1276.5)	S&H 3680477 / P1

导出 取消

因为前面说到的所有自动布置、验算、出量出图都有一套内置的参数来支持算法，所以目前 MagiCAD 不支持用户自己建立族库。

好了，关于 MagiCAD 软件的介绍，我们就讲到这里，总体来说，国内团队开发的机电深化和支吊架两个模块做得还是比较领先的，看了前面每一个功能的介绍跟传统做法的对比，希望你能对这款软件有一个比较全面的认识。

微瓴：腾讯收购 BIM 云平台

2019 年开始，BIM 云平台爆发，很多软件商都推出了自己的云平台。

对于很多项目来说，采购平台是一件很头疼的事。一次性投入大，万一功能不适合自己的项目，就是很大的一笔浪费。

谈到BIM云平台，云技术是最基础的功能了。从技术角度讲，云技术分三个层面。

第一个层面叫IaaS（Infrastructure-as-a-service）：基础设施服务。它说的是物理上的机器，我们在上面部署一层管理系统，主要管理这些机器。

第二个层面叫PaaS（Platform-as-a-service）：平台服务。它是针对行业的应用，包括数据存储、用户管理、授权管理等功能，企业买了这个服务，是作为底层数据管理的应用来存在的。

第三个层面叫SaaS（Software-as-a-service）：软件服务。这是用户直接看到、直接使用的层面，也就是具体到每个用户使用平台时看到的那些具体功能，比如任务协同、查看信息等。

对于云平台的使用者来说，有一个需要考虑的问题是，图形以什么方式展示、数据以什么形式、储存在哪里。

我们日常看到的BIM云平台，主要有三条技术路线：

第一是浏览器渲染。这里主要有两种开发方案。

1）通用性强的WebGL，它是在使用者的浏览器上渲染三维模型的绘图标准，它的显示主要占用本地资源。数据可以部署公有云，也可以部署私有云。

2）专业厂商开发的平台技术，比如Autodesk Forge，Trimble Connect等，这些是大厂自主研发的平台，渲染方式也是本地浏览器进行模型渲染，后台只处理数据，需要注意的问题一个是版权和盗版的问题，一个是数据存放地的问题。

第二是全部模型在后台渲染，你在终端看到的是通过网络传输渲染出来的一帧帧图片，这对本地浏览器和显卡的要求很低，用手机也能观看大模型；不过对服务器、网络传输速度要求比较高，需要注意大模型、多用户访问时的稳定性问题。

第三是使用客户端，脱离浏览器，而使用一个需要安装的软件来单独渲染模型。它的好处是支持更加真实的显示效果，缺点是不能直接用浏览器打开。

每一种技术路线都有明显的优缺点，所以，当你选择平台时，一定要先搞清楚，这个平台走的是哪条技术路线？有没有版权风险？是否适合自己的应用场景？

不同企业在采购平台之前，还需要考虑的一个问题是：是把自己的业务流程向平台看齐，买来就用；还是根据已有的流程，买来引擎再二次开发成企业平台。

这同样有各自的优缺点，比如通用性更好的平台可以快速推进，而买引擎开发可以在业务层面有更强的灵活性。

我们花了很长时间拜访各界人士，收集了大量的建议，又花了很多天把参加测评的平台从头到尾试用了一遍，还认认真真做了一份8个平台的对比评测。因为评测内容过于详细，就不在此占用篇幅了，如果你感兴趣，可以扫这个二维码去看一看。

本节我们借着云平台这个话题，说一说互联网公司的行动。

2020年3月25日，腾讯云大学在线学习中心上线了一个小型“发布会”，向行业正式发布了腾讯云微瓴BIM协同平台。

BIMBOX全程观看了这场直播，以下就讲讲我们了解到的情况，以及我们自己对“腾讯入局BIM”的看法。对于看了这场直播的读者，我们也尽量讲一些大家可能不知道的东西。

也许你看到这消息的第一感觉是：腾讯怎么对BIM下手了？腾讯微瓴又是啥？

我们在本书的《阿里巴巴的智慧城市棋局》中还会讲到阿里巴巴在智慧城市的布局，那么你应该已经想到，腾讯不可能眼看着阿里巴巴在建筑行业“插小旗”而不为所动，布局与竞争从几年前就开始了。

阿里巴巴在2016年4月开创“城市大脑”概念，以杭州为试点开始实践。实际上就在2016年，阿里巴巴和腾讯的智慧城市之争就已经正式拉开了帷幕，腾讯已经和16个城市签下智慧城市合作协议，阿里巴巴的“互联网+城市服务”战略也已经在12个城市上线。

为了和阿里云的“城市大脑”对标，腾讯提出基于云的解决方案叫“WeCity未来城市”。2019年7月，腾讯云以5.2亿元中标长沙城市超级大脑项目，紧跟着，WeCity发布会在北京召开。

腾讯产业创投有限公司已经投资了奥格智能、翌擎科技、天阙科技、聚铭网络、飞渡科技等公司，几乎清一色都是智慧城市相关项目。

根据《全球智慧城市支出指南》，IDC指出2019年中国智慧城市的投资规模已经突破250亿美元。

事实上，一个市场已经形成，无论人们觉得好或者不好。这样的规模和增长率，是任何一个大公司都绝不会错过的机会。

这次我们要说的腾讯微瓴在2013年就已酝酿起步，起初是作为自家的物联网类操作系统，安装在腾讯总部大厦里，在这样的火热行业背景下，它就从幕后走到前台，进入了众人的视野。

2018年11月，中国建筑物联网高峰论坛上，腾讯云副总裁王涛介绍了这套适配智慧建筑场景的物联网操作系统。他提到，微瓴是腾讯的技术出口，在智慧建筑里担当信息枢纽，提供存储、计算、分析、微信开放接口等基础能力。

2019年3月，深圳腾讯云地产生态大会，腾讯云微瓴作为核心物联网操作系统首次正式亮相，主要应用集中在停车、安防、办公、物管、人脸识别等场景。

2020年3月，重庆住建委发布《2020年建设科技与对外合作工作要点》通知，其中特别提到了推广腾讯微瓴智能建造平台。

简而言之，你需要了解的背景知识就是：微瓴是腾讯云在智慧城市的竞争版图上，以物联网操作系统为核心，整合大数据和人工智能的解决方案，背靠腾讯，来头不小。

下面我们就来介绍一下它发布的 BIM 协同平台。

在直播介绍一开始，腾讯微瓴高级产品经理罗晓晓就开宗明义地表示：微瓴平台的定位不同于 BIM 行业里专业复杂的管理平台，腾讯要做的是适用于移动互联网时代的轻协作产品。“腾讯不是来颠覆，而是来合作”，这个产品定位在整场直播中被再三提及。

从平台的登录界面，我们能读到两个重点信息。

（1）第一个信息是登录画面左下角的“Powered By 大象云”。

这个技术平台背后的公司叫大象云信息科技有限公司，也是在 BIM 轻量化平台这个领域耕作多年，2016 年在线云平台产品上线，2017 年拿到亚商资本的千万级投资。

2019 年大象云就已经官方宣布和腾讯微瓴合作，并在中国国际智能产业博览会上亮相。商业合作不多说，重点来说说它的技术特点。

国内大多数 BIM 轻量化平台使用的都是 WebGL 技术，它的特点是把模型渲染工作放到客户端浏览器上，对网速和服务器性能要求相对低一些，但是对本地算力的要求比较高。

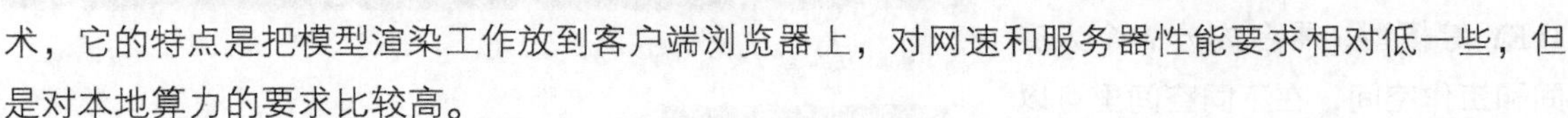

而大象云用的技术叫 SME，不同于 WebGL，它的做法是把渲染的工作放到服务器，再把渲染结果连同数据传输到客户端，与 WebGL 正相反，它对客户端性能要求比较低，不过对服务器和网速的要求比较高。

在模型体量不大、使用配置比较好的 PC 端、网速也不错的情况下，一般的使用者不会感到什么差异。但是在模型体量比较大的情况下，使用 WebGL 或者使用 SME 就是一个二选一的过程：大量数据的运算负担是放在服务器和网络传输中，还是放在本地浏览器中。

所以你看，并没有一项完美的技术，人们在选择技术的同时也是在做一种取舍。

对于使用 WebGL 的厂商会认为，更多用户选择在计算机上使用，性能问题不大，所以更多照顾了服务器负担和网络传输的稳定；而大象云的选择，则是希望用户在网络稳定的情况下，用更好的服务器性能来照顾那些拿手机看大模型的人。

从这一点上来看，大象云选择和腾讯合作是非常明智的。首先和大企业合作，服务器负担不会成问题；其次，腾讯这样的企业比传统企业更重视移动端开发，用网速换性能的云渲染本身就符合“云”的理念。

值得一提的是，这种差异只在模型体量很大或者手机性能一般的情况下才会体现出来，BIMBOX实测下来，对于 Revit 自带案例这样体量的项目，云渲染和 WebGL 渲染无论在 PC 端还是移动端的体验上完全没有区别。

（2）登录界面看到的第二个信息，就是 QQ 和微信直接登录。

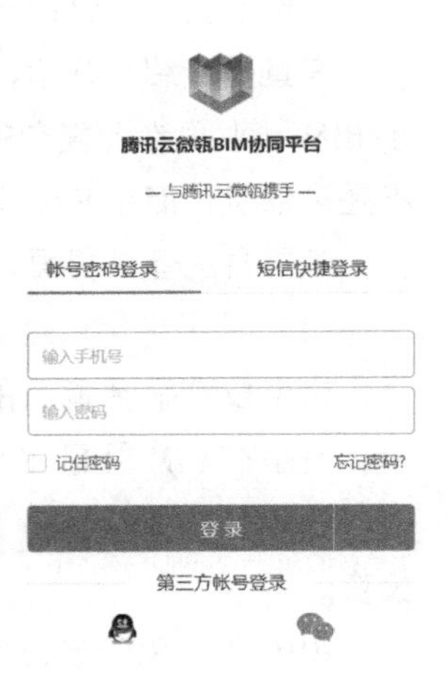

这背后的技术没啥难度，但你能看到腾讯入场任何一个领域，都攥着一个杀器：自然流量。因为 QQ 和微信的用户基数太大了，拥有这两个账户已经成了一种默认而自然的行为。

尽管在 BIM 这样一个小领域，还远不至于让腾讯把这么大力度的流量支持和圈子保护留给微瓴，但对于协同这项工作来说，微信和 QQ 直接查看和回复消息，小程序直接打开模型，不需要安装 app，可能会成为很强的竞争力。

实际上，直播中罗晓晓就强调，微瓴平台会接入企业微信沟通和腾讯会议沟通，把文字和视频这两种远程协作方式正式接入到腾讯自家的体系中去。

关于平台本身的功能，如果你很熟悉轻量化协同平台，就会发现从技术角度看，并没有什么失望，也没有特别大的惊喜。

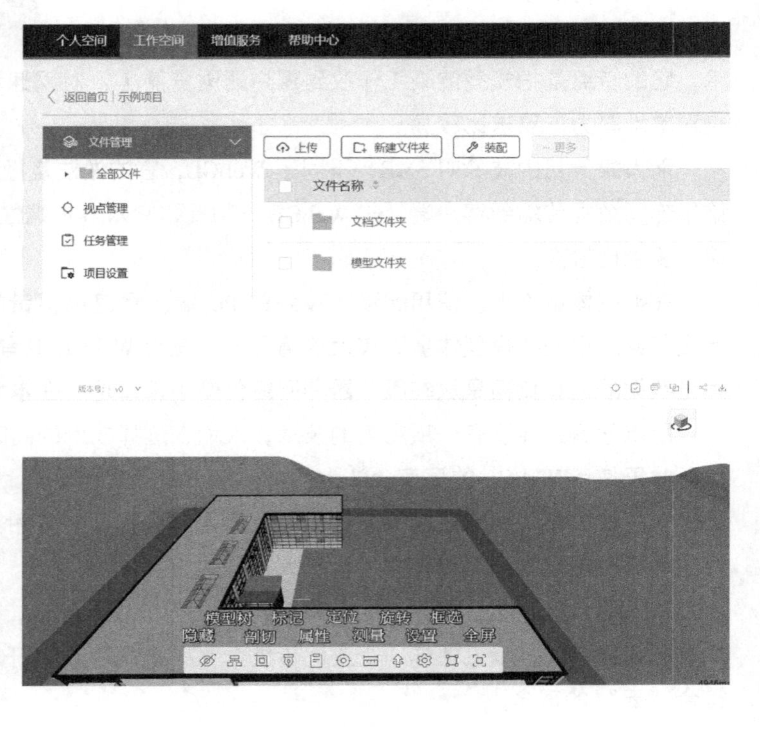

平台通过插件导入 Revit、BENTLEY 等模型，平台内分为个人空间和工作空间，在不同空间里可以创建项目，被空间和项目隔开的人员，无法看到其他文件。空间中也会看到视点管理、任务管理，已经存放文档和模型的文件夹。

针对不同项目角色，可以给各种人员编辑不同权限，只能在权限范围内进行操作。

载入模型后，可以在主界面看到一排按钮，分别是隐藏构件、模型树、剖切、绘制标记、属性、定位、测量、旋转、图像设置、框选和全屏。

通过视点功能，可以创建一个

视角，加上标注，也可以把视点分享给别人。

右侧有任务和评论功能，可以发布任务、指定人员、限定截止时间，也可以添加相关附件。可以给视角或者构件添加关联文档，比如图纸、模型、标准、照片等。

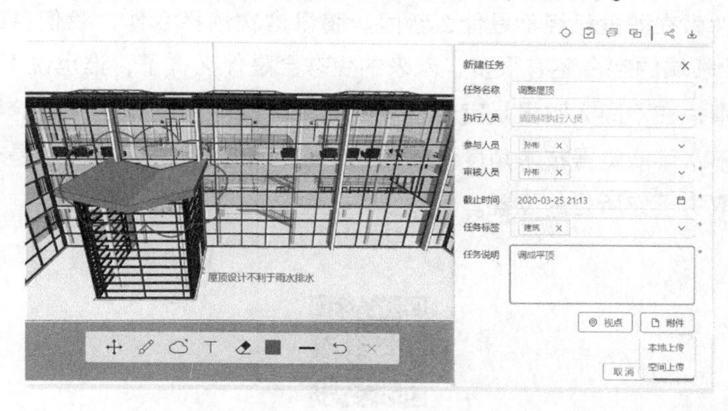

模型分享的时候，可以选择链接分享或者短信分享。也可以设置提取码和有效期，有点像百度网盘的分享设置。

综述一下使用微瓴平台的流程：设计师使用专业软件建模，通过插件导入到云端，其他成员在云端共享和查阅文件，通过企业微信和腾讯会议进行沟通讨论，再通过任务分配和追踪完成远程设计协同。

如果你之前用过协同平台，看了这些功能，可能会觉得没有太大惊喜。事实上，和其他协同平台比起来，微瓴在技术上并没有拿出爆炸性的颠覆创新，甚至在功能上做了一些减法，比如碰撞检查、模型版本对比这些功能都没有做进去。

直播的时候，对用户提出的一些功能上的问题，微瓴从技术和商业两个定位来回应。

技术定位上，他们没有做一些没必要的功能，因为开发的时候做了考察，比如在线碰撞检查，他们认为这属于伪需求，真的做出来放到那，也不会有用户在轻量化平台上做碰撞检查这么个应用场景。

商业层面，微瓴的定位有两个重点：第一，不碰企业的管理业务；第二，专业模块和行业内合作。

直播中再三强调，腾讯入场不打算颠覆，也无法颠覆传统行业，尤其是涉及建筑企业复杂多变的管理流程，比如各种报批和采购业务，而是单纯地专注在协同这一点上。

协同这个词换个说法就是沟通。直播里说，这次疫情让很多企业开始注重远程沟通的重要性，他们也是在这个时间点把远程沟通的理念作为重点，少开会，少扯皮，少出差，提高沟通效率，就是微瓴想着重做的事。

而在功能上，微瓴也是专心做好内容管理、可视化、协同这么三件事，牢牢把控自己作为数据中心的位置，至于更多的专业模块，则是希望行业内更多的专业人士和企业加入到腾讯生态系统里，由专业的人去做更专业的开发。

关于这场直播，我们就讲这么多。

巨头入场，这件事在圈里已经不是什么新闻。腾讯这次选择合作，我们自己也远远谈不上什么“被颠覆”，专业领域的空白还有很多，未来的生态会是什么样子，谁也说不好。

同样这么一件事，在不同人眼里是完全不同的消息，你可能觉得这又是跨界打劫，可能觉得对行业发展是件好事，可能觉得技术角度没啥新意，也可能觉得协同平台就是个伪需求——这没有什么对错，完全取决于你所处的位置。

游戏公司 Unity 进军轻量化平台

我们发现越来越多的领域和 BIM 接壤，也有越来越多的公司开发了 BIM 相关的产品，本节我们要说的是老牌游戏开发平台 Unity，以及它专门为 BIM 开发的软件 Unity Reflect 。

熟悉游戏的人肯定对 Unity3D 不陌生，是由 Unity Technologies 开发的一款综合游戏引擎，人们通过它可以在 PC、手机等平台创建三维游戏、建筑可视化、实时三维动画等互动内容。其中，最像建筑软件的游戏《城市：天际线》就是用 Unity 引擎开发的。

在 2014 年到 2015 年，国内就有一批人不满足于常规建模软件的交互展示功能，把

目光投向了Unity这样的产品，开始研究游戏引擎的非游戏应用，比如地产项目VR、虚拟施工、消防模拟等应用。

这些应用的本质，都是开发一个游戏。既然是游戏，交互界面的自由度几乎就是无限大，模型用的则是BIM模型。

不过，那时候对于建筑行业的人来说，有两道关卡让很多人还没来得及学开发就被拦在了门外。

（1）建筑模型导出的问题。建模软件的模型面数很多，它本身就是通过降低渲染精度来提升流畅度，模型通过各种中间格式导出很麻烦不说，导出到游戏引擎之后还要经过各种LOD和减面的优化。

（2）信息导出的问题。BIM模型如果希望到游戏引擎里实现更高级的应用，必须要把信息带过去，否则就和3DS MAX建的模型没区别了。那时候大家开始研究不同的方法，用导出类CMyExporter、用中间格式的插件、用IFC，非常折腾，而且好不容易导出的信息，也很难直接关联到模型构件上。

这两个大麻烦，就导致那个时代大多数游戏引擎的应用就是模型面数少、不需要BIM信息的虚拟看房等轻项目；真能把信息玩转的只有极少数人，而且因为开发周期长，这种应用都是在项目的后期才做，不可能在充满变数的设计阶段就介入，否则应用还没开发完，原模型又改了。

时代变迁，随着BIM的普及度越来越高，软件开发商们也愿意把民间自己鼓捣的东西研发成官方产品，这也给非专业开发的建筑人提供了更轻松的方案。

2019年拉斯维加斯的Autodesk University大会上，Unity公布了与Autodesk的合作计划，计划实现Unity与Autodesk产品之间完全数据互通，在2019年下半年启动首个合作项目。

本节要说的Unity Reflect（以下简称Reflect），就是在这样的背景下诞生的。通过它，即便没有任何编程知识，也可以一键把模型连同信息转换成Unity 3D模型。

使用Unity Reflect有两种流程，一种是无须开发的协作和展示流程，另一种是自由度更高的开发流程，我们分开说说。

1. 流程A快速协作和轻量展示

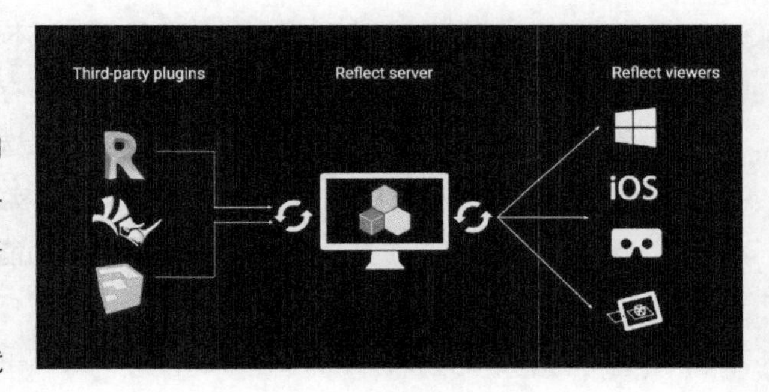

这个流程非常简单，就是把建模软件的模型和数据通过Reflect一键同步到本地服务器，再分发到各种PC端或者移动端的查看器上。

只需要在建模软件上安装Reflect插件就

行，目前官方支持的软件有 SketchUp、Rhino、Revit 三款软件，其中 Revit 支持 2018 到 2020 版本。

安装插件后，就能在 Revit 里找到 Unity 面板，功能很简单，就是一个 Export View（导出）按钮、开始同步按钮和停止同步按钮。

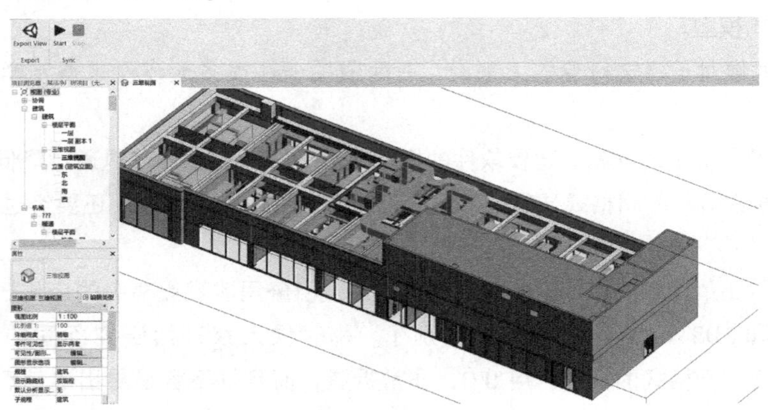

同步完成后，模型和数据就储存在服务器上了，在网内运行单独的 Reflect Viewer 查看器就可以选择项目，查看具体的 3D 结果。

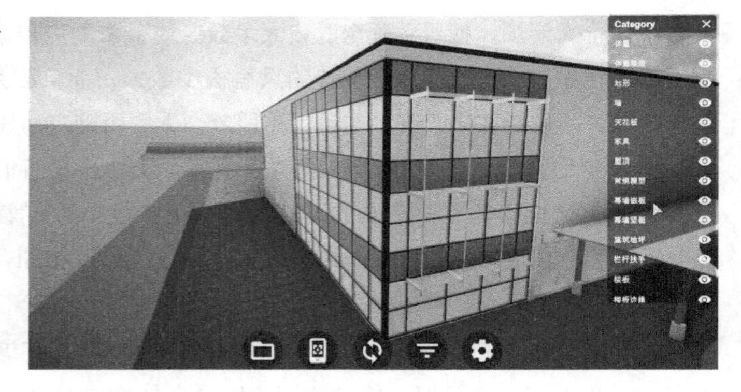

利用 BIM 信息过滤器，可以按照不同的族类别和构件类型筛选显示的构件。

Reflect 的一大特色是多模型同步协作。如果把“多用户”和“渲染”作为两个维度来划分，市面上常用的软件可以分成两类，一种是支持更好光影渲染的单机软件，另一种是注重协同工作的平台类软件。

Reflect 则是尝试在这两个领域完成一次跨界。不同专业的设计师可以把各自的模型推送到同一个项目里，这些模型会被 Reflect 集合起来，统一存储到一个服务器上。你可以在服务器端管理不同人员的访问权限，也可以在 Reflect Viewer 里筛选显示不同专业的模型。

任何一个导出到项目里的模型文件都可以开启实时同步，在原始文件中做出的任何修改都会自动同步到 Reflect Viewer 里。结合多模型合并的功能，就可以明显提升跨专业联动修改模型的效率了。

除了 PC 端的查看器，你还可以使用 ios 和安卓手机端查看模型，也支持 HTC VIVE 的虚拟现实查看方式和苹果 ARKit 增强现实查看方式。

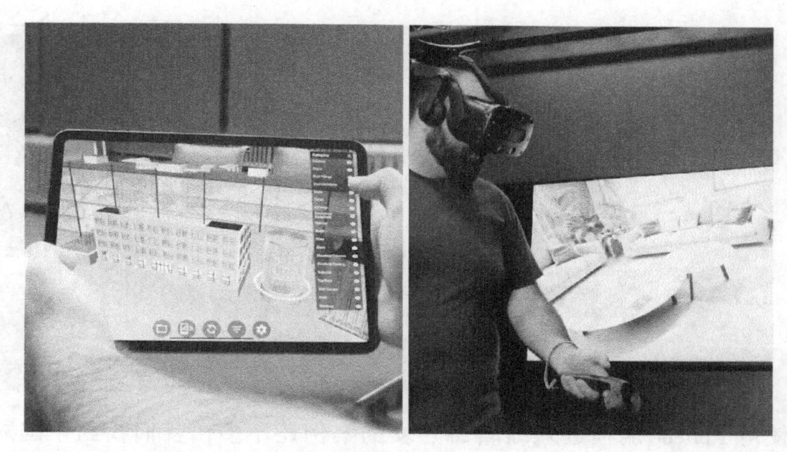

总体来说，这个流程突出的两个功能就是快速同步和多模型协作，不过可以扩展的功能并不太多。它主要是给设计师使用，用最简单的方式把模型转化成漂亮美观 VR 或者 AR 的程序。

一开始我们说 Unity 是游戏引擎，主打的功能是自由度更高的开发。所以，如果你想解锁更多的功能，就需要进入第二种流程了。

2. 流程 B 应用程序开发

这个流程和第一种流程的区别，就是在模型进入 Reflect 服务器后，不直接进入终端查看，而是先进入 Unity Pro 编辑器，基于模型开发更多的功能，再打包成应用程序，给不同的设备使用。

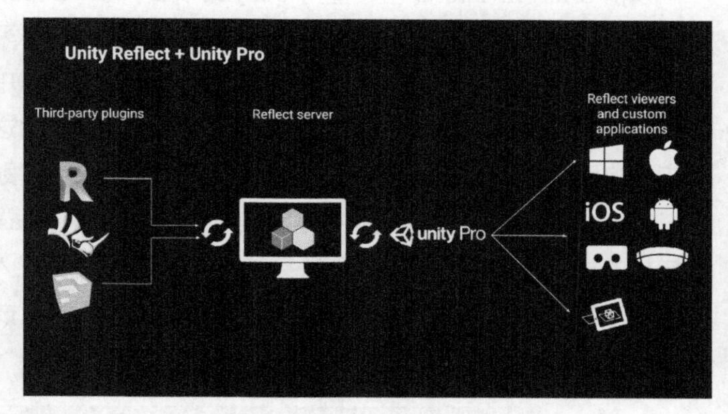

Reflect 和 Unity Pro 编辑器是两个独立的软件，使用 Reflect 不一定要安装 Unity Pro 编辑器，我们前边说的第一个流程里单独使用也是没问题的，不过和 Unity Pro 编辑器结合使用，可以开发出更多功能的 3D 应用来。

前面我们谈到，懂开发的人很难处理 BIM 信息，这个流程中的 Reflect 环节目的就是破除很多中小型开发团队的障碍，免除了频繁造轮子的投入。

BIM 数据通过 Reflect 进入 Unity Pro 编辑器后，可以发挥的空间就大多了。你可以给项目添加Unity 支持的任何功能，比如粒子系统、天空盒、自定义 LOGO、增加交互功能、自定义 UI、构建基于 WebGL 的查看器等。还可以利用 Unity 的可扩展平台把程序无缝部署到 AR 或者 VR 可穿戴设备上。

目前国内使用 Reflect 流程进入编辑器开发的案例还不多，我们找到了国外一个案例供你参考。

SHoP Architects 是美国纽约的一家公司，Uber 洛杉矶总部就出于他们的设计。

这家公司在 Reflect beta 版测试的时候成了内测用户，他们通过 Reflect 和 Unity Pro 编辑器创造了各种定制 AR 和 VR 应用。其中的代表作是在布鲁克林的最高建筑 9 Dekalb 项目中使用的增强现实程序。

以前 SHoP Architects 也一直用 Unity 给项目开发 AR 应用，不过在项目实施阶段，BIM 模型经常发生变化，每次变更都需要花上好几天重新走一遍导入和优化的流程，制作 AR 的速度跟不上设计的迭代速度。Reflect 内测刚一发布，他们就觉得这种开箱即用的流程简化太实用了。

接下来就是他们擅长的开发工作了。比如，他们针对这栋建筑所有的外立面嵌板，开发了现场安装追踪的 AR 程序。这个程序的开发并不神秘，甚至很简单。

在 Revit 所有嵌板的属性中，都有一个叫作 Panel Status（嵌板状态）的参数，用来追踪每一块嵌板的施工安装情况。这个参数会被 Reflect 拾取，并导入到 Unity Pro 编辑器里。

接下来设定一个脚本，根据参数的不同取值，给不同嵌板赋予不同的颜色，代表每块嵌板是正在生产、正在运输，还是安装完成。

接下来就是把这个简单的应用输出到 ios AR 应用，在 iPad 上可以在任意角度查看虚拟建筑中所有嵌板的状态。因为 AR 程序是可以交互的，设计师可以点击任意一块嵌板，左上角就能显示它目前的状态。

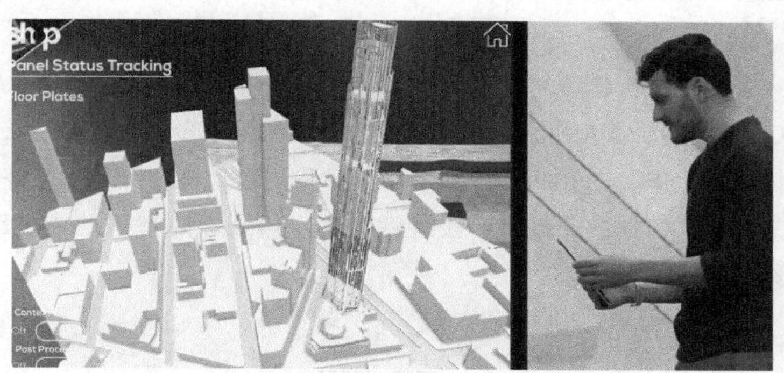

SHoP Architects 的 AR 部门负责人 Adam 现场演示了这个程序的开发流程，看上去很炫酷的 AR 应用，实际上只用了不到 5 分钟就完成了。

除了这个程序，团队还通过 Unity 为项目施工现场开发了专门的 AR 程序，把设计和施工更好地结合到一起。施工人员可以把 iPad 对准需要安装柱子的位置，屏幕上就会显示柱子的虚拟模型，点击屏幕就能看到它的参数和安装说明。

屏幕对准施工场地，会显示对应位置的轴号、即将施工的模型和设计说明，也可以查看现场物料堆放是不是合理。

程序里的主要构件绑定了图纸文件，只需要点击构件，就会弹出对应的 PDF 图纸，安装人员不需要去翻阅纸质文件，就能随时查看安装要求。

这个案例还仅仅是 Reflect 内测阶段所能做到的事，结合中国目前的情况，我们觉得未来会有两种走向：

一种是像 SHoP Architects 这样，给单个项目开发专用 AR 程序的团队会越来越多，能为项目提供更好的服务。

另一种是有人会像开发一款通用游戏一样，基于 Unity 开发出面向公众的 BIM 应用程序。目前国内基于 WebGL 开发的轻量化平台很多，未来也许会出现很多基于游戏引擎的好工具。

Reflect 还在快速迭代中。在 Reflect 更新计划里，我们看到将会针对不懂开发的设计师、工程师更新很多现成的功能，包括快速设计、设计评审等。如果你对基于游戏引擎的 BIM 软件感兴趣，Reflect 值得你持续关注。

以见 AR 软件的施工现场落地尝试

AR（增强现实）技术在建筑行业里成了新兴的热门应用，我们在《BIM 大爆炸》中的文章《VR，AR，MR | 虚拟和现实的盛宴》里也详细介绍了 AR 技术。

几年过去，技术的发展日新月异，我们推荐的国外 AR 软件也从 Augment 过渡到了 Augin。这两个软件都可以免费用，不过因为服务器在国外，网速经常比较慢，而建筑行业的 AR 应用一定要经历模型上传和下载的流程，用起来就有些不舒服，而且国外的开发者也没有深入到国内的真实应用场景，不少人尝鲜以后就不知道下一步该做什么了。

一直有人问我们，AR 技术在国内这么火热，有没有拿得出手的国产 AR 应用软件？增强现实技术在工程领域，除了报奖，有没有更深层次的应用？我们也和大家一样，不满足于让这个技术只发挥浅显的作用，一直想找到一家靠谱的国产 AR 开发者。

本节既谈到软件，也谈到案例应用，我们一起看看建筑工程和 AR 技术目前结合得怎么样了。

本节介绍的这款软件是让 AR 技术在建筑领域落地的产品：以见科技 · BIM + AR 施工助手。软件出于要为模型赋予信息属性的考虑，目前主要支持把模型导入到 Revit，再上传到平台进行管理。

操作平台主要分为用来管理模型的 Web 端，和用来实现 AR 功能的移动设备 APP 端两个部分，下面分开讲讲。

1. 模型管理 Web 端

进入 Web 端管理后台，首页是项目的内容看板，这里能看到项目模型的基本信息，项目进度情况，现场验收出现的问题和进展等。

在项目管理页面中，可以查看上传模型的状态信息，进行模型的上传、下载和删除操作。打开二维码配置、进度管理、相机配置、材质管理页面，都可以在网页端浏览模型，还可以改变模型剖切、缩放、平移、旋转等基本查看方式。

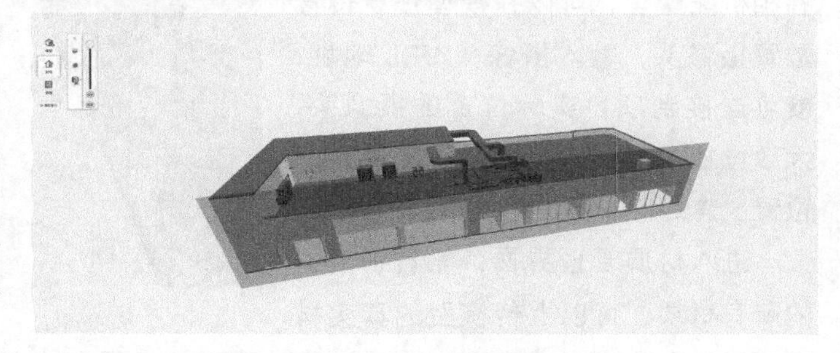

将文件拖拽至上传区域，就能把模型上传到平台。在同一个项目中分专业上传模型后，平台会自动将各专业模型整合到一起，也可以使用筛选器分专业显示。

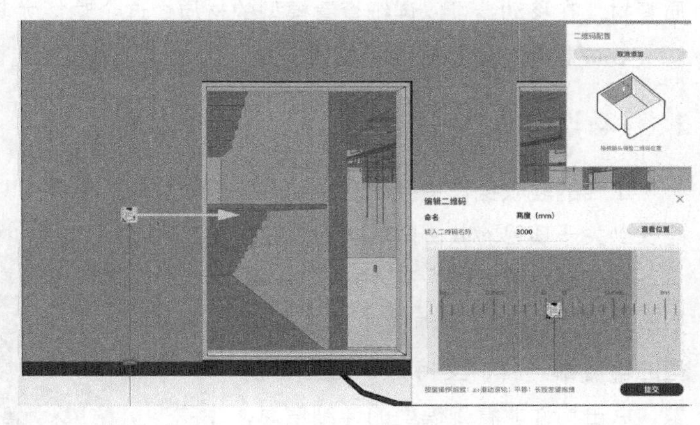

在二维码配置界面，可以将二维码放置在模型的任一平面上，放置成功后还有微调操作，可将二维码的位置放置得更准确。确定好放置位置后，会自动弹出放置二维码位置的定位图片并生成二维码的 PDF 文件。

如果需要关联施工进度，可以打开进度管理界面，编排项目的进度计划，再把模型构件挂接到计划上。构件可以按工程的不同阶段显示或者隐藏。有逾期的构件会红色高亮显示，提示需要做出调整。

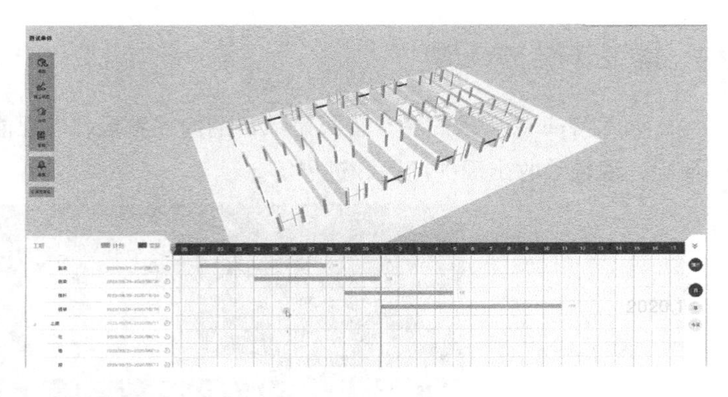

可以详细看到逾期的项目、计划排期和已逾期的天数，点击逾期的工期，会弹出显示逾期的对话框，点击构件名称还能快速跳转到对应的构件。切换到截止页面，会显示未来 5 天内将要结束的工期计划，帮助你提早做出工期安排。在演示模式下拉动进度线，可以浏览项目的进度计划。

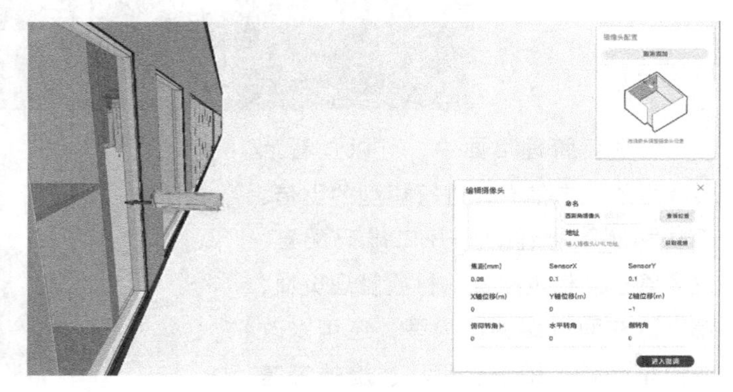

使用相机配置功能，可以配置网络监控摄像头，远程监控施工状态。在相机配置里，可以在模型任意位置放置摄像头，输入摄像头 URL 地址，就可连接到项目实际位置的摄像头，大致位置放好后，也可以对摄像头的位置、焦距等参数进行更精细的调节。

进入材质管理界面，能看到模型的所有材质，可以上传模型的真实材质素材，在移动端可以详细查看模型的材质。这个功能尤其适用于精装 BIM 模型，可以很大程度解决 BIM 模型中材质显示丢失的问题，让设计师的装饰选材方案能够在现场完整还原。

2. 移动设备 APP

工程的验收操作主要是在移动端完成，登录后除了可以看到和网页端一致的项目信息外，还能找到关于项目验收协同的功能按钮。

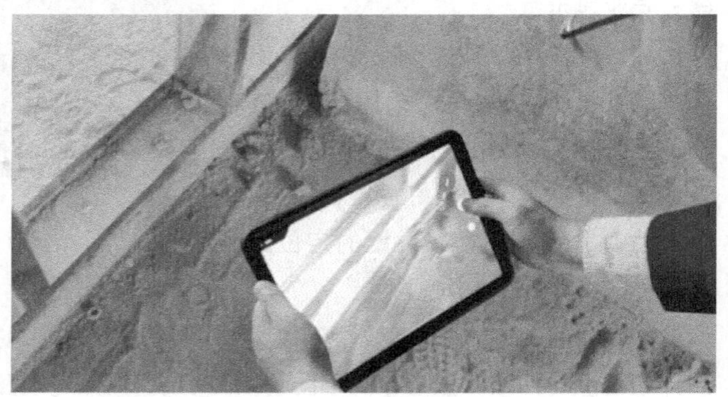

在移动端放置模型有 3D 和 AR 模型两种模式，在这两种模式下查看模型的功能都一样，支持分专业查看模型，点击构件能看到模型的详细信息，也能调整模型的透明度，隐藏任意构件，并对模型进行拍照记录。

在 AR 模式下放置模型，有二维码定位和两点定位两种放置模型的方式，这两种方式都能很准确地放置好模型。

AR不能只有旋转和查看功能，要有实际应用才算得上落地。这个软件最突出的是对项目的验收协作功能。

在模型界面下，可以把有疑问的构件添加一段文字标注，并选择发送给你的同事来确认。报验的时候，选择有存疑或者有错误的构件，添加上文字说明，还可附带一张图片，提交后会进入到验收分类目录下。

展开屏幕下方的报验箱，可以看到模型的验收信息，点击放大按钮可快速跳转到对应构件。打开报验箱，里面有项目所有的报验信息，勾选需要汇总的报验信息后，输入需要发送的邮箱地址，对方就可以收到根据验收条目生成的PDF版验收报告。

3. 项目实施案例

一路测试下来，我们觉得BIM + AR施工助手基本做到了，对于一般现场用户，只需要扫描二维码，就可以在现场看到1∶1叠加定位的BIM模型。

下面再介绍一些使用这个软件在建筑工程中的落地应用。

（1）工程项目AR展示。

工程项目建设过程中，业主和上级主管部门组织的参观和检查活动都是少不了的。但是项目怎么展示是个难题，现在采用AR的方式，可以放置AR模型，让大家更直观地感受到项目的完成情况。

（2）AR指导施工放线。

在传统的施工生产过程中，放线一般需要使用全站仪，还要两人进行配合，进行多次尝试打点，才能准确定好点位，往往打一个点就需要几分钟，一个部位放完基本半天的时间就没了。而在我们看到的一个工厂项目承台放线施工中，将AR模型定位在施工现场中，可以直接依据承台构件的尺寸边界快速地打点连线，一个承台三分钟就放完了，一个小时就可以把全部 20 几个桩完成。

（3）AR 辅助施工验收。

通过在现场放置 AR 模型与现场实际构件比对，施工管理人员一眼就能检查出构件是否按照设计规划准确布置，验收起来非常轻松。通过模型在现场的还原，也能提前发现设计存在不合理的部位，及时反馈给甲方和设计院做出调整，这样就避免了可能出现的设计变更和返工，将问题解决在发生之前。

（4）AR 辅助钢结构施工。

在一个钢结构厂房施工中，施工人员使用 AR 模型，辅助钢结构进行构件定位安装，避免了钢结构构件的漏装、错装，保证了钢结构安装的完整性。对于像土建预埋套管和钢结构完整性这类数量多、分布广、细节繁复的验收工作，BIM + AR 施工助手的比对验收做到了一目了然，很大程度提高了验收效率，不用再去烦琐地翻图纸，同样也提高了验收的可靠度。

（5）AR 辅助机电工程安装。

在机电管线安装前，项目管理人员使用 AR 模型，可以很方便地对工人进行直观的施工交底，便于施工人员理解各专业管线排布位置，安装要求。验收时同样可以使用 AR 模型与实际安装完成的管线、设备进行对比，尽早发现安装的偏差，能避免单个错误对后续工作造成的连环影响，甚至避免“牵扯太多”“来不及改了”这类无奈承担损失的情况。

（6）AR 指导装饰工程施工。

现在很多业主都比较注重项目装饰装修的效果，前期在设计方面投入了很大的人力物力。但是如果施工人员没有很好地理解设计的意图，完工时可能就还原不出设计效果。把 AR 模型直接叠加在现场真实的施工环境中，便于施工人员了解不同的部位该做什么样的造型、使用什么样的材质等细节问题。避免了完工时项目各方因理解不同而导致的尴尬局面。

（7）BIM + AR 施工助手帮助项目运维。

在工程已经完工，项目进入运营使用的时候，AR 同样可以发挥很大的作用。在现场将 AR 模型调出来，物业管理人员可以准确地找到隐蔽的管线，不用查看图纸，就可以获取到设备的参数信息，更便于物业设施的维护管理。

4. BIMBOX 观点

这几年，我们经常能看到国内外 AR 公司破产的消息。这和技术、资金、市场等因素都有很大的关系。那是不是 AR 技术不行了呢？在 BIMBOX 看来，一个新技术能不能活下来，取决于能不能和现有的工作、生活和业务场景结合到一起，单纯为了技术应用而应用的方向，过了新鲜劲，一定是不能长久的。

单纯地看 AR 技术，它的本质就是通过算法，把三维模型、二维图像甚至文字信息投射到现实世界中去，核心要解决的问题就是投射哪些东西，与现实世界发生什么关联。

在娱乐业，AR 从前些年的口袋妖怪 Pokemon Go，到现在拍短视频给脸上加个小装饰，都找到了它的应用价值，而在建筑行业，却一直停留在报奖的阶段。

从我们之前推荐 AR 软件大家的反映来看，很多企业看到 AR 是一个好技术，但是不少 AR 应用却只做到了模型投射，却并没有帮助企业用户找到方向，投射什么信息、投射之后该做什么，都要靠企业自己去琢磨。

而我们看到 BIM + AR 施工助手这款软件的开发商以见科技，不仅解决了技术研发，也确实深入到了施工现场，帮助用户建立了应用场景，像施工放线、验收、机电和装修都是拿起来就能用的功能，这一点值得点赞。

对谈晨曦：从算量到云平台，国产软件的 Revit 生态圈

BIMBOX 和晨曦科技董事长曾开发做了一次访谈对话，他是一个老建筑人，也是一个老程序员，做施工入行，自己写程序起家，一路创办了一家 200 多人的软件公司。

让我们感受比较深的是他对于 BIM 行业的视角，比如对于 Revit 这个生态圈、对于造价人员和 BIM 的关系，都有自己独特的见解。两个小时的访谈做下来，尽管大多数谈到的都是关于创业和产品，但也许能给你提供一些思路上的拓展。

BIMBOX 提出了六个问题，以下是我们整理的访谈主要内容。

1. 曾开发和晨曦

曾开发在福建工程学院毕业，那时候建筑人才很缺乏，毕业半年就成为了项目经理。

20 世纪 90 年代的项目经理很多事情都要自己做，包括预算和决算，做的时候就发现纯手工来完成这个工作太慢了，他就自学了编程。1996 年，他写出了自己的第一款计价软件。福州审计局认为他做的东西很实用，1997 年就卖出了第一单。他也很快被公司调到了福建省第二建筑工程公司经营部做副科长，专管工程预决算的事情。

大家在外面越来越认可曾开发做的东西，他就在 1998 年成立了工作室，隔年成立了晨曦科技（以下简称晨曦），这家公司一直做到了现在。

早期的程序都是他自己写的，也培养了不少年轻人。晨曦从一开始，就很注重人才，一开始公司没钱的时候，很多企业不愿意在人上面花钱，中间有一段时间他需要自己去想办法赚钱，反过来养程序员。

一直到 2005 年，自己一路带出来的年轻人能接手工作，曾开发就把公司交给他们，放手去房地产行业谋了一份职位。一方面是完成自己一个做甲方的梦想，另一方面也想去行业的上游看看。

早期晨曦一直主要做计价软件，整个福建省的体量还撑不起来算量的业务。2007年左右，他们代理了斯维尔软件，一直到2011年，因为各种原因放弃了合作。

原来福建一共有九家公司在做预算软件，大部分都是个人开发者，晨曦则是从公司成立一开始就不断招人，赚来的钱主要是培养队伍搞开发，后来同行慢慢地都不做了，他们后来就把自己的计价软件做到整个福建的土建、市政、园林等专业里去了。

直到现在为止，到福建省，大家用的软件界面都还是当初曾开发设计的，大家已经习惯了。

到2009年的时候，曾开发基本上已经完全放手晨曦这边的事，管理和开发都交给年轻人。

2014年是个很重要的年份，曾开发看到了BIM这个方向。

那时候他认为，无论是传统CAD的方式，还是算量建模的方式，在方向上都会落伍。在民用建筑领域，90%的BIM人用的是Revit，在这个平台上做算量应该是将来的方向。他们希望将来设计院模型建好了，有一个插件放进去直接出量，不用再建一次模型，就会很省事，于是在2014年就把研发的重点放在了这个平台的二次开发上。

2016年，曾开发从房地产公司回到了晨曦。转了一圈，他从施工，到软件开发，再到几年做业主的经验，对建筑业的需求有了很深的了解，软件该怎么做，心里有了更清晰的思路。

2016年底，基于Revit的算量产品开发出来了，刚发布的时候还比较粗糙，后来一步一步慢慢成熟起来。同时公司进行了股改，曾开发释放了20%多的股份给员工。

一路走到现在，他从施工走到业主，对建筑信息化有了越来越多自己的想法，程序员写的东西他偶尔还是会看一看。

2. 晨曦的自我定位

曾开发是一个技术型的人，公司也一直比较注重产品。现在晨曦有200多员工，140多人是开发人员，对技术的投入一直比较大。

在技术领域，他们比较专注的是信息化和成本这两个方面，整个晨曦的队伍里面，最注重培养的是工程师和软件工程师双专业人才，这一点对建筑行业的软件研发很有好处。

公司的老员工很多，很多人都是在公司工作20多年的。不过晨曦也有自己的短板，就是营销比较差。这几年也一直在补自己的这个缺点。

建筑工程算量计价方面的公司，全国比较有名的有五家，广联达是老大，还有鲁班和斯维尔，后来的就是晨曦和品茗。

晨曦对自己的定位很清晰，就是在行业里和广联达对标，希望做市场的第二家。也确实在很多地方和项目里与广联达竞争，当然市场也希望有第二家选择。

因为算量软件投入的人力物力非常大，有一个行业老大在那儿，所以很少有人敢碰这个业务。他们投入了巨资，曾开发甚至给公司下命令：无论如何要把算量这个堡垒攻下来。

从技术角度来看，各家软件商对于算量的精准度都差不多，大家都是一直在提高算量工作的效率。

采访时曾开发对我们说，现在他们能比较有信心地说，基于 Revit 这么庞大的一个平台，晨曦能做到和广联达的速度差不多。实际上这样的对比已经做过很多了，龙头的几家算量企业走到现在，在准确率上来讲已经是相差无几，否则也早就做不下去了。大家主要是选择的方向不同，广联达选择的是建立算量模型，他们是选择用 Revit 建立的 BIM 模型。

比如说钢筋，他们希望这个模型建出来是实体模型，除了算量还可以干别的事，可以指导施工，实现自动下料。基于 Revit 的算量，最难搞的就是钢筋，这方面他们做了很多的技术突破，做到了行业领先。

3. 与 Revit 的关系

晨曦也有自己的自主算量图形平台，功能相对来说是弱一些的，推广起来需要巨大的人力物力，所以并不作为主推的产品，放在那里做一个技术备份。

现在民用建筑 BIM 基于 Revit 的主要市场已经形成，不过严格来说，他们的软件并不是基于 Revit 的，因为在数据方面开发了自己的中台，从 Revit 模型中读取尺寸和交叉的数据，再把数据拿到中台里来处理，Revit 是他们拿来做图形显示和数据收集的前台。

举个例子，比如两个构件要互相切，那谁去切谁，这个就影响最终的量归到哪一边，这一点靠 Revit 本身的运算是做不到的。他们的做法是：只要你的模型建得准，软件只读数据，放到中台去算规则，谁该切谁不是 Revit 说了算，是算法说了算。

以前有行业里的前辈，制定了很多建模规则，有些规则写得特别细。但曾开发并不是很认同这个方向，Revit 有强大的功能，比如梁和柱子自动会连接，而很多建模规则为了算量，要求建模人员不能让它们相连。

再比如，做预算的时候规定，0.3 平方米以下的洞口不扣减。这个规则是怎么来的？是原来图纸精度达不到那么高时候的一种妥协，是为了省事去掉的，现在为了算量，再特地把 0.3 平方米以下的洞口删除，这就违背了 BIM 精细化建模的初衷了，等于是开历史的倒车。

曾开发一直觉得，这些都不应该是建模人员去解决的事，应该拿算法来解决。BIM 技术的发展是走在算量规范的前面的，我们不应该让 BIM 为了算量去做建模方面的牺牲。

晨曦目前做到的是，只要模型是准确的，不要把 1 米的柱子建成 2 米，其他的扣减规则由软件来做，工程师按实体去建模就好了。

市面上也有产品做 Revit 算量，不过用的是 Revit 本身的功能，晨曦的选择是做自己的算法。将来如果有了其他的建模软件，大家离开了 Revit，也可以随时跟进。不过短期内，曾开发觉得这个现象还不太可能发生，几家国外的建模软件在各自的领域都站稳了脚跟，再有一家新的企业来融合所有的领域，把建筑、结构、市政、钢结构都做好，还要在商务上取而代之，这很难。

他对我们讲：“在文字处理领域，国内有 WPS，它是一个文字处理软件，功能比较单一，做了这么多年也没能完全取代 Word。而一个三维的 BIM 软件，要处理空间结构和复杂的信息，这个要重新做出来取代现有的软件，确实很困难。”

Revit 并不是一个完备的软件，很多功能不够用，不过它的好处是开放 API，大家在上面做各种程序。这就有些像安卓系统，它胜在开放。所以在他来看，Revit 并不是一个软件，更像一个生态系统，在它上面生长出很多的企业，形成了一个开放的市场。

比如晨曦在土建钢筋算量方面做得好，那这一个方向他做领军；而其他领域有其他的领军来做，大家不断完善这个平台，这个是市场的力量。

当然，曾开发也表示，相信我们国家的图形软件一定有崛起的那天，但还不是现在。他的计划就是在这段时间内，把晨曦做大做好，让大家有一个选择。

4. BIM 与造价人

采访中我们问曾开发：“造价人员不愿意建 BIM 模型，这个问题您怎么看？”

曾开发对这个问题的看法是：BIM 人员本来就要建 BIM 模型，这一点是没问题的。算量人员确实是这样，他们习惯了建算量模型。大家用软件的目的是降本增效，短期内他们是不能去影响大家的工作方式的。

你要让原来所有做算量的人都来学 BIM，这不现实。大家习惯建算量模型，符合他的习惯，另外就是学习 Revit 有成本。对于咨询公司来说，他们比较愿意去尝试新工具，因为 BIM 的未来比单纯的算量咨询更广阔，所以他们现在和咨询公司合作会比较多。

对于设计院，曾开发在很多场合与设计院的同仁聊天，他们提到一个概念叫存量设计师和增量设计师。现在从二维走到三维，需要年轻人出来用新工具。

现在很多高校都开设了 BIM 相关的课程，很多年轻人走进设计院是具备 BIM 能力的。曾开发在福建和西安拜访过几个设计院，他们很多 35 岁以上的设计师都是存量设计师，用他们的经验为项目服务；而设计院要往前发展，就不能只有存量设计师，为了工作进度和学习成本，他们会启用 35 岁以下的增量设计师去做三维建模设计。

那么未来随着增量设计师越来越多，用 BIM 去做设计的人群形成了，BIM 模型已经有了，那大家直接在上面算量就好了。

另外是施工单位这个领域，这次他们在云南建投也遇到这个情况了。施工领域做 BIM，第一波是为了建模好看，做管线综合，有很多咨询公司帮忙去做；到了第二波 BIM 发展，他们看到很多建筑公司主动去做 BIM 模型。他们也看到一些比较大的造价咨询公司，也开始配备一些 BIM 人才做技术储备。

曾开发也被问过这样的问题："为了算量买了你的产品，不是还要再买一个 Revit 吗？"他的回答是："如果单独是为了造价，那真没必要这么做。而是说你本来就要用 BIM 的时候，我们的软件给你一个能做算量的选择。"

曾开发认为，这里面有一个时间过程，一个年轻人成长起来的过程。现在确实是有这样的冲突，可说到底，他们是赌一个 BIM 的未来，BIM 的未来不是替代算量，而是在更高的维度进入市场。而 BIM 在中国的未来，比国外的应用场景还要多，他是看好的。

他觉得，包括晨曦在内，很多 BIM 圈子的企业是在互相帮助，每家都在努力把自己的产品做得更好，最终让整个生态圈产生更高的价值，大家再从中获益。如果靠一家去推 BIM，这太难，而是大家用自己最擅长的领域去满足整个社会前进的需求。

5. 产品线的拓展

目前晨曦的产品，在算量方面主要是土建算量、钢筋算量、还有设备安装算量。土建和钢筋是最成熟的，设备安装专业最大的问题来自于建模。

安装专业的末端模型很多人都不会去建的，太烦琐，比如开关、插座、灯泡、小管线、电线等，算量可以算得很快，但把要算的东西都建出来太慢。所以他们也在做这方面的工具，尽量去提升大家建模的效率，行业里像鸿业这样的公司也在做类似的工具，不过现在的安装专业还没有到很高效的程度。

基于 BIM 的算量，很大程度是基于建模效率的。工作的目的就是降本增效，如果翻模的效率高了，那大家才会选择你。于是他们也做了很多建模工具和翻模工具，比如钢筋辅助建模的工具，因为确实 Revit 原生功能建钢筋模型体验太差了。

实际上，钢筋建模产品特别受欢迎，这个方向很难，也基本没什么人做。

后来他们觉得，光是辅助大家建模还是不够，就又做了智能翻模的产品。图纸进来，帮助大家自动识图，把模型建起来，包括钢筋的数据读进来辅助翻模。在技术上，他们给自己的智能翻模定位是作为一个独立产品，但是在商务上，所有买算量产品的他们就赠送。

虽然花了很大的精力去做这个工具，但主要是为了提高用户效率。但也不是说，做这个产品就完全是为了算量服务的，它也有自己的独立价值。

所以总体来说，用算量产品的，他们赠送这个工具，帮助提高建模效率，让他们更愿意用 Revit 模型去算量，而单独来看他们也愿意去推翻模的产品，现在也在和不少咨询公司合作，他们也在用。

2019 年，晨曦也做了施工全过程管控平台，因为原来他们做计价，其实就是为了成本管控。随着开发的深入和客户的接触，晨曦也发现成本管控是一整个链条，这个链条就是投资管控，它需要一个平台。

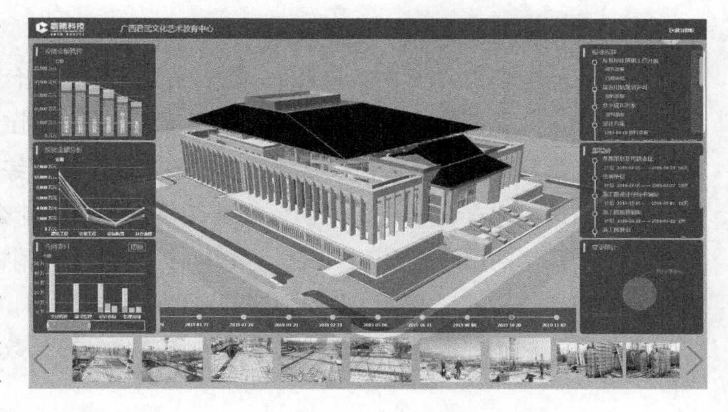

他们从计价起家，发展到现在希望能为这个链条服务。整个公司的目标是为了投资管控做一个系列的产品，平台产品咨询公司用得还是挺多的，主要偏向施工管理，也有施工单位找他们来做。

平台方面，他们的选择是不做封闭的开发，从生态圈的考虑开放计量平台，甚至和一些其他平台的开发厂商合作，只要找他们的，都愿意把算量的数据接口放开，把算量结果开放到其他平台。

甲方也好，施工单位也好，他们的需求是整条链，但如果其中一个环节有人做得更好，只要数据能接上也行，所以这方面晨曦还是希望活在生态圈里。

6. 将来的计划和打算

从现在国内的市场格局来看，龙头老大是广联达，全线产品几乎都有，对于其他公司来说确实不太好过。曾开发说，晨曦自己还好，因为投入最大的开发阶段挺过去了，如果现在才开始投入开发，那没有几千万元的投入是不行的，做出来万一社会不接受损失就大了。

目前全链条的产品，算量和翻模比较成熟了，全资的管理平台因为个性化不强，所以大家都能用，咨询公司用的管理平台还需要在个性化方面继续开发迭代。另外全资的管理平台，他们做到了好用，但还需要做到好看，在视觉 UI 的方面还要继续下功夫，因为市场上毕竟对好看还是有需求。现在和光辉城市合作做渲染，用谷歌地图做 GIS，也欢迎业内的企业和他们合作。

最后，关于未来，曾开发表示坚信两件事：

第一，BIM 是行业未来的方向，中间肯定有各种各样的问题，技术方面也好，人的方面也好，但这个大的趋势他是坚信的。

第二，他坚信开放的生态，每一家企业做好自己最擅长的事情，把那些困扰技术推进的问题一点点解决，最终大家都有一个更好的未来。

7. BIMBOX 观点

最近，关于 BIM 的未来，Revit 到底是不是一个好平台成为大家的热议话题，我们也看到各种冲突的观点。一个不争的事实是：Revit 经过这些年的发展，确实有很多地方不满足大家的要求，甚至会降低工作效率。我们作为软件使用者，也不应该两手一摊，来一句“我也没办法”。

从另一个方面，Revit 本身的问题，以及它进入中国的水土不服，也在一定程度上造就了三个市场：培训、咨询和二次开发。

如果你问我们，关于 BIM 与 Revit 的未来，应该会是什么样的？我们认为，未来从来不是一群不相关的人“预测”出来的，而是一群深度相关的人创造出来的。这就好比谁也没办法预测明年中国会诞生几个长跑冠军，只有那些备战的运动员和教练们才可能把金牌给抢下来。

有句话说，你永远不要听一个企业家在公开场合说什么，而是要看他们把资金投到哪里去。晨曦把未来几年的赌注压在 Revit 上，用 200 人的研发和销售力量去维护 Revit 的生态圈，同时也通过数据中台的开发来做风险备份，这就是他的选择。

而真正的未来，也永远没法被普通人预测，而是被无数人真实投入的选择造就出来的。

Revit 以外的世界：从 ArchiCAD 说起

2020 年出了一个新闻，25 家建筑事务所给 Autodesk 联名写公开信，痛斥后者价格高、更新慢。圈子里的讨论也是沸沸扬扬。很多人说，行业被 Revit 绑架了，甚至是 Revit 阻碍了 BIM 的发展。本节我们和一位老朋友 VCTCN93 用长文对话的方式，来说说这件事。

他切入的点是我们在《BIM 大爆炸》里介绍过的 ArchiCAD，用另一款软件的视角来审视 Revit 的问题，和大家谈谈锁死和绑定这件事；我们则是站在行业观察的角度，谈谈自己对这件事的看法。

毋庸置疑，Revit 对 BIM 世界的影响是举足轻重的，是当下 BIM 世界当之无愧的绝对霸主，大有战国末年强秦的风范。那么作为 BIMer 的我们，该如何评判 Revit 对整个 BIM 生态的影响？或者说 Revit 作为一款工具，它究竟做得好吗？

好与不好，是一个相对的概念，没有对比，就没有伤害，只有用过了其他的工具，你才能客观评价你手上的工具。曾经沧海难为水，除却巫山不是云。

用得多了，看得多了，有了对比，你才能对一件事物，做出相对客观的评价。

作为一个曾高强度用过 Revit、ArchiCAD、BENTLEY 等 BIM 软件的基层 BIM 从业者，我想用一个由微观到宏观的视角，让你对一款 BIM 软件有一些基本的认知，从而也让你拥有其他 BIM 软件的视角，做出客观比较，最终找到自己对于这个问题的答案。

我看待软件的基本价值观是：直到目前为止，还没有任何一款真正能让所有用户都觉得心旷神怡的 BIM 软件，更普遍的情况是各有各的亮点，也各有各的缺陷，用户最好基于自身的实际需求去做选择。

由于图软（Graphisoft）在最新发布的 ArchiCAD 24 中，不仅把祖传的图标焕然一新，还上线了一个名为 Param-O 的插件，把改革之刃伸向了限制 ArchiCAD 发展的瓶颈——GDL。

这一系列的举措，都让我感受到了图软求变的决心，以及 ArchiCAD 将要迟来的春天。所以，ArchiCAD 就成了这次我想要描述的对象。

我希望本节不但能让你具备从 ArchiCAD 看待其他软件的视角，更能够让你找到对于这个问题的答案。

为了便于理解，文中会将 ArchiCAD 中参数化构件（parametric object）与 Revit 中的族（Family）混合使用。

1. 什么是 ArchiCAD

为了方便不熟悉 ArchiCAD 的读者理解，我先简单对它做一个介绍：

ArchiCAD 是匈牙利的图软公司于 1984 年，以一帮建筑师为主体开发的一款虚拟建筑（Virtual Building）软件，它提倡 OpenBIM 概念，提出了 BIM 的通用信息交换格式 IFC，号称是最快的 BIM 软件。

正如名字中的 Archi 所指，它小而精于建筑，由于在开发初期被苹果创始人 Steve Jobs 看好，并给予了很多技术上的点拨与指导，所以它也是目前唯一一款原厂支持 MacOS 的 BIM 建模软件，目前的主要市场集中在日本与欧盟。

2. 什么是 Param-O

在 Param-O 的官网上，它是这样介绍自己的：

使用 Param-O，你便可以不再使用 GDL 创建 ArchiCAD 参数化构件。

它是一个极易上手的、基于节点的创造工具，其结果是与 ArchiCAD 完全兼容的参数对象。

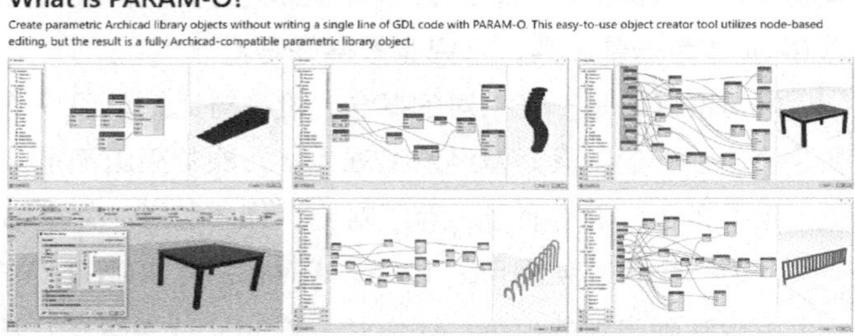

一言以蔽之，它就是一款类似 Grasshopper、Dynamo 的可视化编程工具，用来做 ArchiCAD 的参数化构件，相当于 Revit 中的族。

多年来，在 ArchiCAD 的系统里，你必须学习和使用一种叫作 GDL（Geometry Design Language）的编程语言才能做最基本的参数化构件，不过现在，他们把这门语言可视化了，建筑师终于可以不用敲代码，连连电池，就能做“族”了。

从官网给出的例子，和我自己上手体验来看，虽然这种方式依旧存在一定的学习成本，但是相比以前，绝对是值得称赞的伟大进步。

要知道，ArchiCAD 曾因为 GDL 语言极为高昂的学习成本，使得一线工作人员基本不可能有做族的能力，企业除了盲目地在网上寻找，基本搞不出能满足自己要求的族库。连最基本的参数化构件，尤其是国内本地化构件，一直都相当匮乏，甚至出现了国内某位高手在多年前做好的图例库，一直持续跨版本用到今天的匪夷所思局面。

```
2   ! DEMO CODE FOR SYNTAX HIGHLIGHTING
3   ! it serves no other purpose than showing styling
4
5   values "part" 4, range (5, 10], step 0.5, custom
6   if not(gs_gutter) then lock "part"
7
8   dim stHangerPos[6]
9   dict eps
10  eps.angle = ACS( 2*PI - len)
11
12  hotspot2    0,  B/2,    unID    unID = unID+1
13  CALL "m_DSProfiles"
```

反观 Revit 中建模加参数的直观做族方式，它能让人人会做族，人人有族用。同样这些人生产的族，也反哺了 Revit 生态，成了 Revit 的弹药库，为 Revit 的发展推波助澜。

所以我曾说，GDL 的做族方式，就注定了 ArchiCAD 一定是款二流软件。如今看来这个定论终于要被打破，曾经作为 ArchiCAD 的用户的我，十分的高兴。

我非常期待看到 ArchiCAD 生态中能够借助 Param-O，迅速涌现出一批数量不大，但是质量很高、能满足大部分人日常需要的流行构件库，企业也能够通过 Param-O 定制出符合自身需求的构件，让 ArchiCAD 的构件生态丰富起来，让大家能够跟多年前那位高手的无私奉献说一句谢谢和再见，然后转身迈入“小康阶段”。

3. 温润的 ArchiCAD

基于之前的使用经历，我对 ArchiCAD 是颇有好感的，即便时隔多年，很多细节已经不太记得，但我也依稀能回忆起那份温润之感。

我不想像参考手册一样，告诉你每个功能怎么用，而仅仅抽出一些我作为一个实际用户，在日常使用中被它打动的特性，把它们讲述给你，让你感觉到这款软件究竟有什么气质。

（1）建筑师思维。

如果说 Revit 是程序员思维主导的软件，那么 ArchiCAD 就绝对是建筑师思维主导的软件。

例如，参数在 Revit 中是优先级极高且有重要意义的存在，你需要通过精准的参数控制，才能够实现精准的模型控制。

这从逻辑上来说无懈可击，但在实际上却很难落地。因为建筑师在开始设计作品的时候，根本做不到那么的精准，他们更需要的是便利的调整和即时的反馈，以便在设计中尝试更多的可能性。ArchiCAD 这种不但支持参数控制，更支持任意修改模型的设计，就会显得更加人性化。

除此之外，Revit 中充斥着族、族类型、子类型、实例等面向对象编程的概念，不用好它们就会让软件不好用，而在 ArchiCAD 中，则基本不会让你去面对程序员才需要思索的难题。

（2）工作流的设计。

导航栏（Navigator）在 ArchiCAD 中也是个能反映其建筑师特质的地方，其主要分为四个部分：Project Map、View Map、Layout Book、Publisher Set。分别对应着建筑师日常工作中的建模（画图）、图面处理、布图、发布四个步骤。

这四大板块贯穿着整个设计流程，并且可以逐一映射，几乎不需要重新学习新的知识，仅仅是改善建筑师原来的工作体验，并提高效率而已。

（3）运行速度快。

或许是被单核软件折磨得痛彻骨髓，作为号称速度最快 BIM 软件的 ArchiCAD，流畅性也给我留下了极为深刻的印象。

这个快很难演示，就是直截了当的流畅，如果一个模型连它都无法流畅显示，那其他的软件基本就卡到了连环画的程度。之前 BIMBOX 在三大软件对比的文章中有提到具体的数据，在此不再赘述。

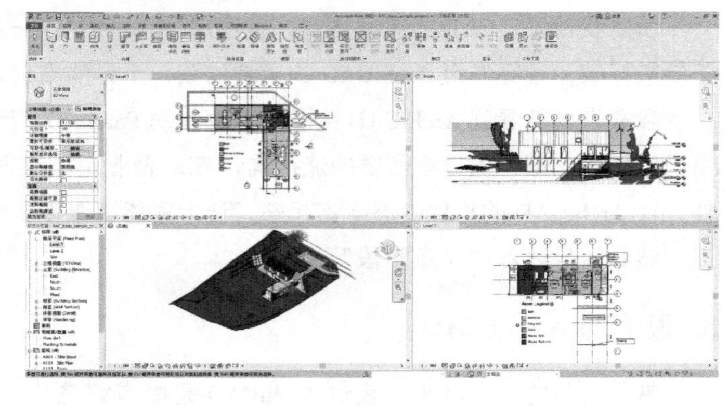

ArchiCAD 的流畅，除了优化之外，也和它软件设计的机制有关。它不像 Revit，每做一次调整都需要逐个渲染文档中存在的每一个视图，ArchiCAD 只会渲染你当前打开的这一个视图而已。这极大地提升了软件的运行效率，但也给 ArchiCAD 带来了两个问题：其一是每切换一个新的视图都会卡一下（重新渲染），其二是无法正常多视图建模。

随着多核 CPU 的发展，到了 ArchiCAD 19 版本，图软公司针对这个问题发布了预测式后台处理功能（Background Updating），就是用多核 CPU 比较闲置的那几个，在后台计算其他视图，这样既不影响当前视图中的操作，又能保证切换时的流畅。

（4）多软件协调。

Graphisoft 是小公司，这就注定了它资金、技术实力，甚至产品线，都难以和 Autodesk 这种巨头匹敌。关东六国如何对抗强秦？合纵。

联合集体的力量，方能在市场中占有一席之地。ArchiCAD 对于其他软件兼容是十分开放的，它是 BIM 圈使用通用交换格式 IFC 的发起者，也提倡 OpenBIM 的概念，不求身家大而全，而是想联合一批专业的厂商，让它们做好自己最专业的事情，数据互通，成果共享。

图软自己牵头开发了 Rhino-Grasshopper-ArchiCAD Connection 这款插件（现在叫 Toolset），就是一个成功联合他人力量的案例。

它不但实现了自己 API 的脚本化，更是让 Grasshopper 平台上千万款优秀的插件为自己所用，实现了 1+1>2 的效果，加上它对 Rhino 原生模型无缝的支持，更是大大弥补了自身建模能力的不足。

（5）图形与模型。

与常识相反的，ArchiCAD 并不追求绝对的图模一致，很多图元在 ArchiCAD 中都有两种显示模式。图形意义上的显示（比如纯粹的二维符号）、模型意义上的显示（也就是三维实体的剖切或投影），甚至二者混合显示，用户可以根据不同的需求来设置自己的图面，出图的阻力会小很多，定制十分自由。

这一点也和 Revit 用户经常为了出图而必须建一个实体族的工作心态形成鲜明的对比。

（6）BIMX。

BIMX 官网是这样介绍自己的：简单似游戏的现场设计与演示工具。

无须二次开发，仅仅需要在 ArchiCAD 中做一点简单的设置，你就可以实现 BIM 模型（不仅仅是 ArchiCAD 模型）的图模互动，测量与漫游，甚至简单的 VR 等。你可以使用自己的计算机、手机、平板等电子设备，给客户做汇报演讲、去现场指导施工等。

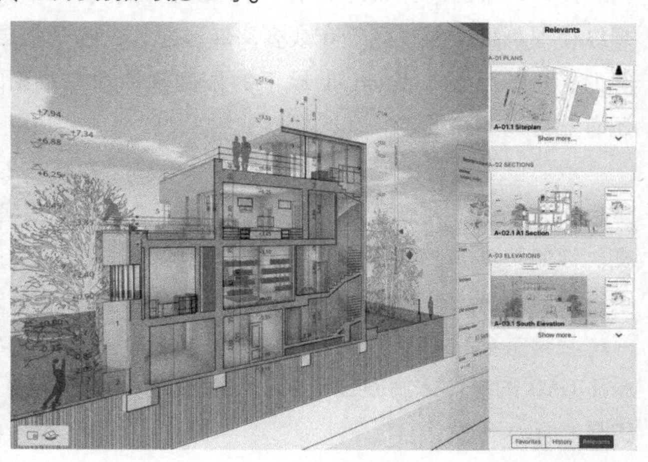

BIMX 是一个把模型和图纸揉在一起的混合成果，你可以点击平面图生成 3D 视图，然后在其中漫游，也可以在 3D 视图中直接观看对应剖切面的图纸。为图纸表达服务这件事，可谓贯穿在 ArchiCAD 所有功能设计中，哪怕是在一个小小的移动端展示功能上，这也是我前面谈到的建筑师思维所在。

又由于 ArchiCAD 不强制性要求图模一致的原因，即使使用 pdf + SketchUp 模型，你都可以做出 BIMX。

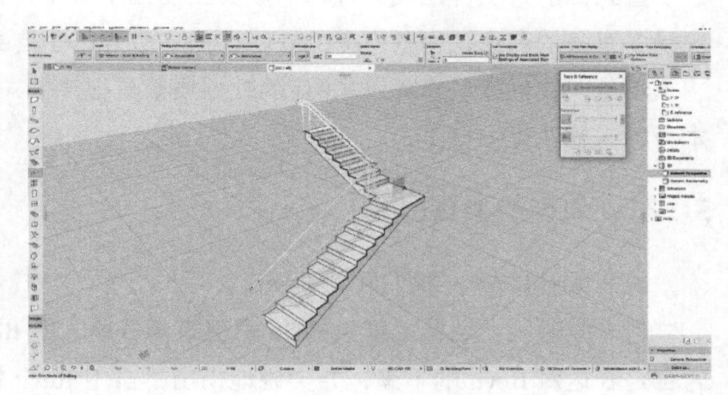

不知是否是因为 Steve Jobs 指点过的原因，我总觉得 ArchiCAD 的设计美学和苹果有共通之处，是一款十分优雅的软件。整个材料优先级系统，还有很多小功能，都会让人眼前一亮。

当你使用空格键激活魔棒功能，程序就能自动捕捉到你想要的线和被线围合的区域，帮你自动完成构件的安置。

还有模拟设计师画笔的画笔集功能，类似于格式刷的吸管与注射器功能等，都是十分贴心的常用小工具。

4. ArchiCAD 的缺点

纵使 ArchiCAD 有很多令人印象深刻的优点，不过它也有其自身的一些缺点。

虽然 ArchiCAD 24 解决了 GDL 这种痛点，但可视化编程也绝对不如 Revit 做族直观和方便，在参数化构件的缺失问题上，图软或许还需要经过一段时间，才可以将这个问题彻底解决。

ArchiCAD 官方虽然在本地化和推广上做出了诸多努力，但或许是出于体量限制和人手不够的原因，他们的营销能力依旧不能称作完美。我曾线下参与过 ArchiCAD 官方举办的推广活动，氛围良好，官方人员热情专业，给了我不少的帮助；但也曾在 ArchiCAD 中国的官方服务群待过非常长的一段时间，工作人员除了每天机械地群发当天的网络培训内容，对群基本是处于完全不管的状态，问问题没人回，官方人员对发帖内容也缺乏管理，导致这个群里除了广告之外，常年死寂。

此外，秦国的伟大之处不在于“灭六国，合天下”，而是“书同文，车同轨”。OpenBIM 的思想纵使很美好，但毕竟厂商众多，牵涉甚广，各有各自身的情况与利益考量，其动员力量和整合能力，是不可与在 Autodesk 旗下的系列软件相提并论的。要打破诸多限制实现真正的 OpenBIM，还有非常远的路要走。

最后就是资料的匮乏，国内有且仅有一个非官方的 ArchiCAD 的论坛保持着不错的活跃度，质量也十分不错，大多数的资料都是出自这里的创作或者搬运，可毕竟人数在 Revit 用户面前不值一提。你如果真的在实际使用中遇到了什么问题，除了自己去找英文资料，基本没有人能够帮到你，很容易陷入苦海，这也是在你使用 ArchiCAD 推进项目的过程中，需要注意的风险。

我常常会在习惯了 Revit 的逻辑之后再上手 ArchiCAD 的时候，怒骂 ArchiCAD；也会在习惯了 ArchiCAD 的操作之后回去用 Revit，感慨 Revit 着实不行，说明这两款软件的综合体验在我心中其实是半斤八两的。

直到目前为止，还没有任何一款真正能让所有用户都觉得心旷神怡的 BIM 软件，更普遍的情况是各有各的亮点，也各有各的缺陷，用户最好基于自身的实际需求去做选择。

不过，我依然认为 ArchiCAD 的软件质量是很高的，但上面提到的其他因素的影响，远比软件本身的问题要可怕得多。

5. 苦秦久矣的 BIM 圈

说完 ArchiCAD，我们回到 Revit。

前一段时间，世界上顶尖的 25 家建筑事务所，给 Revit 的开发商 Autodesk 送去了一封公开信，内容是表达对 Revit 的不满，并尖锐地指出了当下 Revit 性能低下、更新迭代优化幅度小、软件费用开销上升幅度太大等诸多大家早已心照不宣的问题。

当矛盾一旦公开化，就基本是到了不可调和的地步了，绝非一朝一夕的问题，实在是苦秦久矣。

作为被 Revit 牢牢绑定日常工作的中国 BIMer，其他姑且不论，但大家对 Revit 性能方面的体会，一定也十分的深刻，这个单核软件过于死板的参数架构和低劣的图形性能，不仅难以满足方案的前期构思和复杂形体的方案设计，即便是做到项目后期，但凡遇到调整和改动之处，也往往会牵一发而动全身，移动一个构件都需要等待数秒，工作时间浪费在毫无意义的等待上，痛苦不堪。

这些现象并不是 Autodesk 没有意识到，更不是故意不修正，而是自 Revit 诞生起，它基本架构的缺陷，就注定了其会有这些问题，即便是被巨头 Autodesk 收购，Revit 基因里自带的东西也无法改变。

只是今日的 Revit 和刚刚诞生时的 Revit 相比，其功能完善度和产品影响力已不可同日而语，Autodesk 已经凭借着自己顶尖的营销技能，把 Revit 售卖到了全世界，不会舍得重新来过，全世界被 Revit 绑定了日常工作的 BIMer 也不会容忍 Autodesk 对 Revit 进行随意改动。

6. Revit 之外的世界

我十分反感被某一款工具、软件锁死自己日常工作，因为这样你只能被动地接受软件带给你的一切：功能只有它能做到你才可以做到，体验只有它好用你就舒服，它难用你就只能忍受。倘若有朝一日它不能再使用了，你是否又有足够的准备，来保障你的工作、你的成果、你的生活？

“放弃幻想，准备斗争”，这从来都不是一句空话，当下技术的瞬息万变，都可能随时让你我的生活受到剧烈的影响。

建筑圈的 ArchiCAD，VectorWorks，大型项目的宠儿 Bentley 全家桶，机电专业还有 MagiCAD 与 Rebro等，都是不错的 BIM 工具，并且它们在不同的领域都有各自不同的专长，各具特色与优点。

不过由于市场策略不同、营销手段的高低，甚至问世时间的先后，它们的市场占有率和影响力，在部分领域或许能和 Revit 争夺个来回，但综合影响力均不可同 Revit 相比拟。

七国连年混战，百姓民不聊生；但秦国一统之后，紧接着就施行暴政。你支持秦国一统还是支持百家争鸣，其实并不重要，但是手上保有选择的权利，做好两手准备，却是尤为的重要。

如若你想有两手准备，或者是想提升自己工作的体验，甚至是单纯地想尝试一下，你都可以去了解除了最常用软件 Revit 之外的 BIM 软件。

给自己多一重保障，不要让巨头垄断你的工作和生活。

7. BIMBOX 观点

VCTCN93 的文章就转述到这儿，最后我们补充一个视角，谈谈 BIMBOX 自己的想法。

前阵子，老孙手里的一台 iPad 主板坏了，于是突发奇想，要不趁机换一台安卓平板玩玩？

网上查了查，比起同等价位的 iPad，安卓平板屏幕更大、性能更好、机身更薄。正要下单的时候再一查，又打了退堂鼓，安卓平板除了厂商自带的 app，绝大多数软件都没有高清的 HD 版，取而代之的都是手机适配版，要么只能占半个屏幕，要么就等比例放大，画面模糊，字体变大，根本忍受不了。

究其原因，是广大的安卓 app 开发者不愿意开发安卓 HD 适配版。为啥不愿意开发？因为用户量少，赚不到钱。为啥用户量少？因为 app 太少……

反观 iPad 生态，开发者要么赚足流量，要么开发付费 app 赚足钱，加上用户量大，就愿意去开发独立的 HD 版本，让用户体验更好。于是，开发者和用户组成的生态就互相锁定在 ios 系统里了。

我们说回到中国的 BIM 市场和 Revit，仔细想想，我们真的是被 Autodesk 给绑定了吗？不尽然，那如果我们不是被厂商锁定了，是被什么锁定了呢？还是生态。

你想找个参数化电梯、水泵，能找到的格式都是 . rfa 吧？你想考个 BIM 证，得用 Revit 考吧？

想找个工作，招聘信息里写着熟练使用 Revit、有证优先吧？甲方招标书上白纸黑字写着 .rvt 格式，写着信息录入要求，你得拿 Revit 录入吧？

Revit 形成的生态还远不止于此，甚至我们认为，BIM 能在中国养活这么多人，恰恰来自于 Revit “难用” 的原罪。

因为它的原生功能不够好，甚至可以说是提供了一个开放 API 的半成品平台，所以诞生了一大批开发公司，他们能通过二次开发赚到钱、养活一群人，当然会拥护这个体系；而很多 BIM 界先驱，当年啃着外文资料学 Revit，建族、分享、出书、卖网课，正是因为它难用才有琢磨的成就感，也正是因为它的 “难用” 才让传统人员不屑上手，给一群愿意尝鲜的人留出了一条活路。

于是，在这群先驱走过的路上，留下了无数学习资料、数以万计的族库，也在这条路上，长出了由传统企业、培训机构、二次开发公司、咨询公司、地方政府、研究专家等组成的奇特生态。

这个生态走到今天，你说是 Autodesk 计划之内的吗？我觉得至少不全是，否则早就如法炮制到 Civil 3D、Infraworks 去了。

你说，这个生态好吗？说实话，可真不怎么好，甚至是乱象丛生。可你说它容易打破吗？也真是不容易。

我们不说外部生态，就说设计院和施工单位的内部生态。和 VCTCN93 交流本节内容的时候，我问他 ArchiCAD 和其他专业协同，有没有问题？他说他用 ArchiCAD 做完建筑，交付给其他专业，用 IFC 转格式没出现问题。

我又问了另外一位在施工单位做机电设计的朋友，用 IFC 格式的建筑做机电设计，有没有问题？他回答说：“不行，因为我们要用 MagiCAD 做管线深化，需要往墙上自动开孔做套管实现现场加工图，土建模型必须是 .rvt 格式这个洞才能开，要不你建筑师来帮我开孔?”

我一直给朋友建议，如果你的工作流程里，三维建筑设计只需要一个工具，那 ArchiCAD 作为工具绝对是首选；如果你的下游或者甲方需要 .rvt 格式文件去做进一步的工作，也许会遇到困难。

未来几年，ArchiCAD 有没有希望破这个局？VCTCN93 讲到的 Param-O 是一个很大的希望，但我们觉得还需要实现三件事：

（1）有一批勇士（或者图软公司本身），利用 Param-O 开发出足够有质量的参数化构件，解决先有鸡还是先有蛋的问题，让市场形成一个种子生态。

（2）有一批勇士（或者图软公司本身），做出足够好的学习资料或课程，让普通人能低成本地解决应用问题。

（3）图软公司一直倡导的 OpenBIM 理念，被市场广泛认可，要么能和已有的 .rvt 格式文件兼容，要么如 VCTCN93 所言，其他所有软件互通，形成一个鼎力的软件生态。

当然，还有一种可能，就是对现有生态实在忍不了的人越来越多，干脆不做 BIM 了。

未来会怎么样，谁也不知道，但我们的观点依然是：未来不是喊出来的，是人的行动创造出来的。

第5章

深水：BIM的信息和编码

读这一章，你需要一点勇气，因为大概率来说，它可能离你的工作比较远。但据这些年我们的观察，所有能真正把BIM做大做强的企业，都逃不过数据信息应用这一道关，而要让计算机批量处理数据和信息，编码又是绝对躲不过的。

本章尽量用浅显的语言，说一说BIM信息编码的来龙去脉，也谈谈国内实际应用中人们的思考和解决方案。

空间基因：建筑信息编码简史（一）

从本章开始，我们用几节的篇幅来讲一个比较大的话题：**建筑信息编码**。

2018 年 5 月 1 日《建筑信息模型分类和编码标准》（GB/T 51269—2017）正式执行，很多人还是有一肚子的问号：编码到底是什么？能干什么用？为什么一定要编码？用模型不行吗？编码标准的执行和我有什么关系？未来会影响哪些领域？

即便是对编码稍有了解的人，也对它有两个比较深的误解。

误解一：编码就是给建筑物的构件上“身份证”，给墙、柱、梁、板等物体赋予 ID，统计用量时会比较方便。但翻看《建筑信息模型分类和编码标准》的时候，会发现里面还有项目阶段、工作成果、工具，甚至是参与角色的编码，这些可不是建筑构件啊，为什么也要编码？

误解二：编码标准是给软件开发商用的，和普通设计师没关系，只要等软件开发好直接用就行了，编码会自动附在模型上。理论上是这样，但越来越多大型企业的项目或海外项目，已经明确要求在提交设计内容时按照某某规范进行编码，而软件的“自动编码”功能还遥遥无期，这又该怎么办？

下面就逐步剥开建筑信息编码这个“大洋葱”，说清楚它到底是干什么用的，北美三大编码体系和英国的 Uniclass 是怎么回事，我国的编码体系是什么情况，新出的分类和编码标准该怎么使用，最后还会说到，面对工程项目的编码需求，应该使用什么样的工具来完成工作。

1. 编码到底是什么？

所谓编码，就是“用通用性的符号来简化某些含义”。人类的语言就是一种编码。比如，“天上那个早上出来傍晚落下去的金色火球”就是个很长的含义，英语用“**sun**”这个字母组合来表达它。中国就用一个圆圈中间加个点来表达它，后来这个符号演化成汉语里的“日”字。

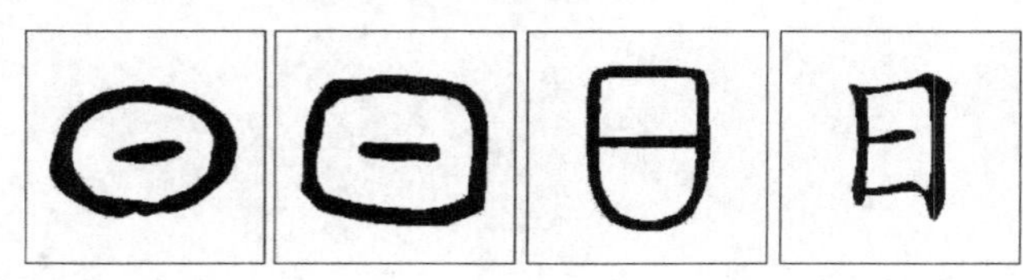

不同地区使用不同的语言，这在人类文明发展的几千年里都没有出现大问题，文明互相接触的时候可以互相学习对方的语言。一个人脑子里同时装下“太阳”

“sun”“お日さま”几个符号并不会出现混乱。

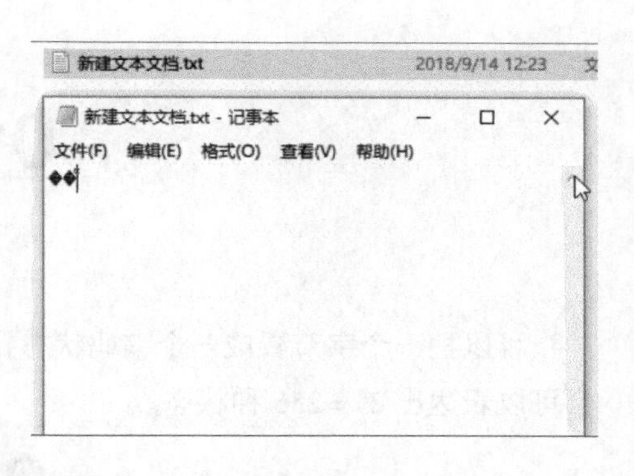

但到了计算机发明出来、人类进入数字化时代的时候，麻烦就出现了。说建筑信息编码的时候，一个大前提就是用计算机进行编码。换句话说，就是把自然语言编写成计算机可以读取的数据，这样的数据才能自动进行计算和分析。所以要说清建筑信息编码，就得先来说说人类进入数字化时代碰到的麻烦，以及我们是如何解决它们的。这件事还真没想象得那么简单。

在Windows 10版本之前，任意文件夹新建一个txt文档，输入“联通”两个字，保存关闭，再打开的时候，原来的两个字变成了奇怪的乱码。

这个诡异的现象，就是人们解决计算机编码问题遗留下来的一个小尾巴。我们后面再来回答这是怎么回事。

2. 从语言到数字

计算机一开始被发明出来是用来做算术题的，它通过内部很多小开关的打开和关闭两种状态，来表达不同的数字和运算规则。所以计算机只能处理两个数字：0和1。一切数字都必须转化成二进制才能计算。十进制是逢十进一，二进制是逢二进一，十进制的3转化成二进制就是11。

十进制		二进制
0	→	0
1	→	01
2	→	10
3	→	11

每一个小开关的0或者1的状态，叫作比特（Bit）。

仔细一想，会觉得有点怪：计算机面对一大串0和1的时候，它怎么知道哪里开始、哪里结束、哪里断开呢？比如下面的二进制数字，如果把它理解成一个数，换算成10进制就是72：

01001000 → 72

而如果把这串数字从中间断成两部分，就分别表达4和8两个数：

01001000 → 48

为了解决这个问题，人们就强制计算机每次都处理8个连在一起的数字，不能断开，这8个比特组成的一个最小计算单元，就叫字节（Byte）。

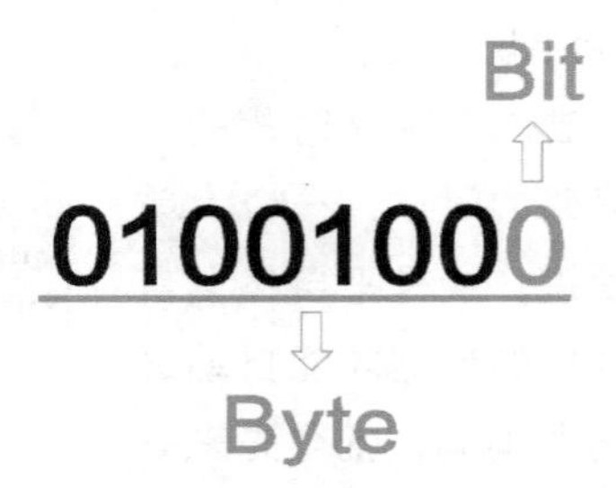

可以把一个字节看成一个编码状态，每一位有两种可能（0 和 1），一共 8 位，不同的排列组合可以表达出 $2^8=256$ 种状态。

01001000

2^8=256种组合

人们发现，这么多种状态不仅可以表示数字，还可以把英文字母和一些特殊符号囊括进来。这样，计算机就不仅可以处理数学问题，还可以处理文字了。

不同字节状态具体代表哪个字符，需要统一口径。1968 年，美国国家标准学会就制定了一套标准，规定所有字节第一位统一为 0，只用了 8 位数的后 7 位，也就是 $2^7=128$ 种组合。

01001000

2^7=128种组合

前 32 种是控制字符，让计算机执行一些特殊指令，比如 00000000 表示空字符，00001010 表示换行。从第 33 种组合开始，后边的字符分别代表英文字母、数字或一些特殊符号。比如 01010011 代表大写字母 S，00110000 代表数字 0。这样，英文单词 Sun 就可以变成三个 8 位数的字节，被计算机理解了。

S	u	n
01010011	01110101	01101110

这套标准叫作美国信息交换标准码（American Standard Code for Information Interchange），简称 ASCII 。

后来，计算机从美国传到了其他国家，像法国或德国等国家的语言里还有一些非英文字母，ASCII 编码方案就不够用了。不过没关系，ASCII 第一位统一都是 0，只用了 256 种组合中的前 128 种。这些国家就在 ASCII 的基础上，从第 129 种组合开始扩展自己的编码体系，把新增的符号定义为 1 开头的字节，这样就把 ASCII 的容量扩充了一倍。这些国家扩展的规则是不一样的，同样一个字节，在阿拉伯语和俄罗斯语的 ASCII 扩展中代表不同的字母。

阿拉伯语：گ

10010000

俄罗斯语：ђ

大家基本上是各用各的标准，有得用总比没得用强，也还算开心。**但也有其他人不开心。**比如中国，常用汉字有几千个，加上生僻字和少数民族语言符号有几万个，区区256种组合怎么够用?

没办法，我们只好自己开发一套编码规则，不使用8位的单字节，而是使用16位的双字节来表达一个符号。这样我们就有 $2^{16}=65536$ 种组合可以用了。

11001000 10011000

2^{16}=65536种组合

中国的编码标准从最早的GB 2312，一直发展到最新的GB 18030，从几千个常用汉字扩充到几万个符号。为了解决中英文混合问题，GB系列编码也必须向下兼容ASCII编码。

GB编码标准规定：**凡是以0开头的字节，都被认为是ASCII编码中的英文字符，凡是以1开头的字节，就告诉计算机还没完，得把下一个字节也算进来，组合起来表达一个中国特有的字符或符号。**

比如“S型人格”编码就是下面这样：

S 型 人 格

01010011 11010000 11001101 11001000 11001011 10111000 11110001

不过，这种**双字节**中文字符和**单字节**英文字符并存的编码方式，会带来一个新麻烦：使用GB系列的编程人员需要万分小心，一旦弄错了一个字节，很可能后边跟着的所有文字就全错了。

比如“S型人格”的二进制编码，如果把第一个字节中的第一位0替换成1，其他不变，即便只错了一个数字，也会导致一串编码全部错误。这种情况在单字节的ASCII里是不会出现的。

S 型 人 格

01010011 11010000 11001101 11001000 11001011 10111000 11110001

有 腿 烁 错误

11010011 11010000 11001101 11001000 11001011 10111000 11110001

如果说编程上的容错性可以通过辛勤的本土工程师来解决，那更大的麻烦还在后面。

3. 霸气的“终极语言编码”

到这个时候，世界上的编码体系已经很混乱了。

非英语国家对 ASCII 码用各自的方法扩充，同样的字节代表不同的符号，中国这样的国家还用单双字节混编。这对于跨国软件公司和互联网发展都是非常不方便的，使用软件或访问网站，必须事先安装对应地区的编码系统，否则就会出现乱码。

这时候国际标准化组织 ISO 站出来说，**由他们来制定一个大一统的编码规则。**这套编码规则俗称 Unicode，囊括了地球上所有文化的符号。

ISO 的做法很暴力：除了对 ASCII 向下兼容，其他编码统统废除，重新编。

16 位的双字节编码只能组合出 6 万多种可能，要做到大一统也不够用。没关系，再加位数，加到 32 位的四字节编码，排列组合高达 42 亿种，这下没问题了。

不过，旧麻烦的解决总是会带来新麻烦。

首先就是储存效率问题。对于欧美国家来说，本来用一个 8 位字节能解决的事，为了兼容其他语言，硬生生地要用双字节甚至 4 字节来编码，比如 ASCII 中字母 S 的编码是“01010011”，到了 Unicode 里就要把前面的空位用一串 0 补足。

S

ASCII 01010011

Unicode 00000000 00000000 00000000 01010011

这样，本来用 1 个字节存储的 ASCII 文件，变成 4 字节的 Unicode 编码之后容量就会变成原来的 4 倍。**更大的问题是网络传输问题。**在 Unicode 编码发明的时候，网速还是很慢的。如果一次传输 4 个字节，效率就是单字节的 1/4。所以 Unicode 编码在当时遭到了英文国家的强烈抵制。

为了解决这个问题，人们又发明了 Unicode 编码转换格式（Unicode Transformation Format），简称 UTF，来规定 Unicode 编码的储存和传输方式。它分为 UTF-8、UTF-16、UTF-32 等，顾名思义，UTF-32 表示一次传输 32 位、4 个字节，UTF-8 就表示一次传输 8 位、一个字节。其中，UTF-8 效率最高，最为常用。

既然 UTF-8 是一次传输一个字节，计算机怎么知道当前这个字节是完整表达了一个含义，还是后边还跟着其他字节呢？

UTF-8 是变长度编码，根据符号在 Unicode 中所在的编码位置，定义了不同的字节长度模板：如果一个符号在 Unicode 码中占前 127 位，只需要一个字节就能表示，对应的二进制是 0 开头的 8 位数字，那就直接传输这个字节，并在这个字节结束，不需要前面再补 0 了。也就是说，英文语言使用 UTF-8 和 ASCII 是一模一样的。

Unicode 00000000 00000000 00000000 01010011

UTF-8 01010011

ASCII 01010011

位数增大，一个字节不够用了，就套用双字节模板：**第一个字节以 110 开头，第二个字节以 10 开头，告诉计算机，这两个字节需要组合起来共同表达一个符号。下图中浅灰色的部分就是强制规定的模板数字。**

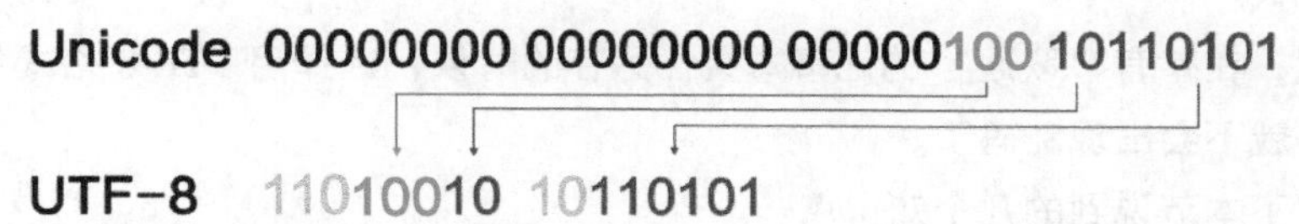

位数继续增大，两个字节也不够用了，就再套用三字节模板：**第一个字节以 1110 开头，后面两个字节还是以 10 开头，告诉计算机，这是一个三字节组合的符号。**

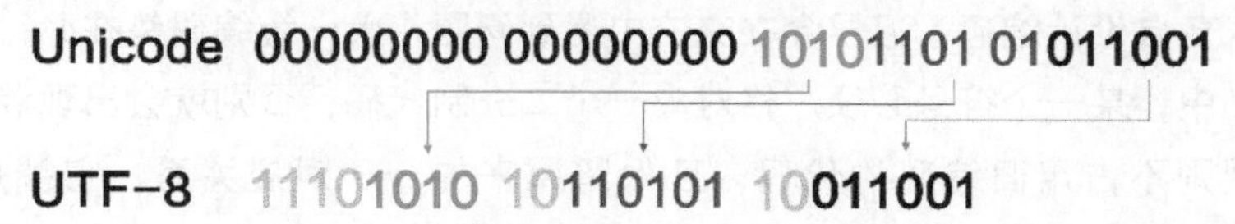

以此类推，四个字节的模板就是：第一个字节以 11110 开头，后边再跟着三个以 10 开头的字节。

这样，就解决了不同语言之间编码兼容的问题，又解决了低位数编码的传输效率问题。

当一个文件以英文为主的时候，UTF-8 的效率非常接近 ASCII。不过对于中文来说，汉字用 GB 码只需要两个字节，到了 UTF-8 里却需要用 3 个字节来表达（因为上图中浅灰色的模板数字占去了 4 + 2 + 2 = 8 位），所以纯中文的网站用 UTF-8 比用 GB 码传输效率要低一些。

但前面我们说过，GB 码中英文混排的时候，会因为弄错或者丢失一个字节，导致后边的所有文字全都错误。而 UTF-8 在多字节组合的时候有一套严格的模板，中间一个字节出现了错误，乱码不会扩散，比 GB 码多了容错性的优势。

此外，使用 UTF-8，其他国家的人不需要安装中文编码规则，也不会出现乱码。所以国内的新网站更偏爱使用 UTF-8。因为 UTF-8 和 GB 码两者是完全不兼容的，所以一些老牌中文软件和网站出于转化成本的考虑，还是沿用 GB 系列的编码。

说到这儿，我们就能解释前边那个记事本“联通”两个字乱码的现象了。记事本在打开一个文档的时候，不会问你是用什么格式储存的，而是通过你输入文字的代码来“猜”它的编码格式。

在我们输入中文的时候，记事本默认使用的是 GB 编码，我们看“联通”两个字对应的 GB 码：

联　11000001 10101010

通　11001101 10101000

注意看浅灰色部分，是不是和 UTF-8 的双字节模板正好一模一样？所以默认保存再打开的时候，记事本通过这两行代码，猜测这个文档用的是 UTF-8 格式，而 UTF-8 和 GB 编码是不兼容的，于是就出现了乱码。

你可以试试，在存有“联通”的记事本文件另存的时候，选择用 UTF-8 格式保存，或者多打几个字，再打开就不会出现乱码了。

下面总结一下本节说到的几个知识点：

1）计算机无法理解自然语言，需要转化成二进制编码。

2）英文和数字在转化的时候效率最高，只需要用到 8 位的单字节编码 ASCII。

3）不同地区各自设计编码，迟早会在交流中遇到问题，大一统编码势在必行。

4）编码规则中，某一个符号必须严格对应一个二进制代码，否则就会出现混乱。

5）新编码规则不占用旧编码的代码，且保留原来的一一对应关系，它就是向下兼容旧编码的。

6）新编码如果不兼容旧编码，就会产生替换成本，从而引发一系列历史遗留问题。

7）为解决一个麻烦创造新的编码，经常也会带来新的麻烦。

8）编码的简洁高效与可扩展性，往往不可兼得。

下一节，建筑信息编码就要正式登场了。你不妨先思考一个问题：

如果编码只需要考虑语言兼容的问题，为什么光是北美地区就先后出现了 Masterformat、Uniformat、Omniclass 三种建筑编码体系？比起语言编码，建筑编码是不是有更复杂的问题需要解决呢？

空间基因：建筑信息编码简史（二）

上一节说到计算机对自然语言的编码，以及人们怎样解决编码中遇到的问题，本节开始介绍建筑行业的信息编码。上一节留了一个问题给大家：

如果编码只需要考虑语言兼容的问题，为什么光是北美地区就先后出现了三种建筑编码体系？比起语言编码，建筑编码是不是有更复杂的问题需要解决呢？

要回答这个问题，先来看看2018年新执行的标准名字：《建筑信息模型分类和编码标准》。你看，虽然说完了编码，却还有个重要的东西没说，那就是分类。

语言编码Unicode虽然会按照一定规则对编码进行分类，比如把同一个国家的语言字符放到一起，但这个分类对人们并没有太大的影响。我们来看另外一个例子：生物的分类。

1. 食肉动物和圆形耳朵的动物

目前，人类已经命名的生物有170多万种，这个数字还在以每年1.5万种的速度增长。科学家预计，地球上的生物可能有1亿种以上。可以想象，如果把1亿种生物的名字和编码毫无规律地写进一本词典，对任何人都是没有意义的。

于是人们开始对生物进行分类。早期的分类比较粗糙，中国的李时珍把生物分为植物和动物，植物分为草、谷、菜、果、木五种；动物分为虫、鳞、介、禽、兽五种。随着被发现的物种越来越多，生物的分类越来越细致，分类的层数也越来越多。

现代分类方法把生物分为域、界、门、纲、目、科、属、种八层，每一层都包含多个更低层次的分类，越是低层的同类相同点就越多，只有最底层“种”才对应着实际存在的生物。就像是计算机里的文件夹，一层一层地展开，只有最后一层里才有实际的文件。

比如，猫就属于：真核生物域、动物界、脊索动物门、哺乳纲、食肉目、猫科、猫属、猫种。

这种像树一样展开的分类方法，叫作结构化分类，也叫线分类法。用这种分类方法进行编码，有以下几个好处。

（1）操作更人性化。比如研究猫科动物的人，可以在“猫属”这个小类别里把猫编号为1，虎编号为2，不需要考虑和犬属里面狗的编码会不会冲突，也不必花心思去研究犬属的编码。

（2）扩容性好。新发现一个物种，只需要把它按照一定特点放到相应层面的分类里，按顺序

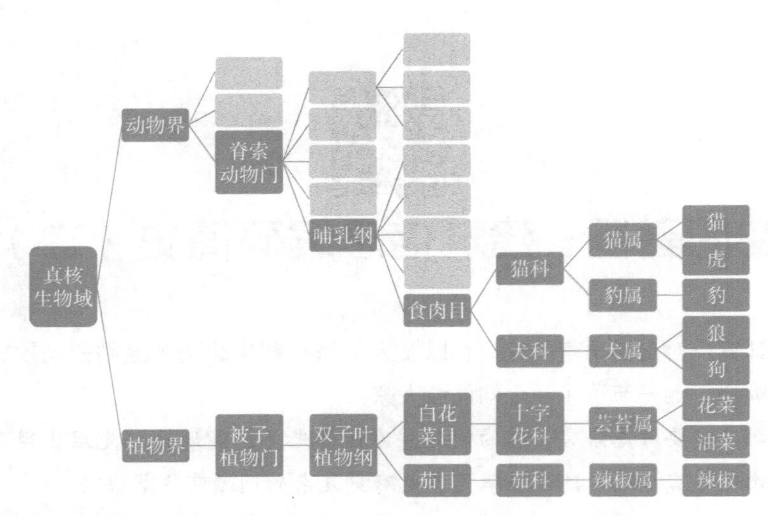

往下编码即可，对其他分类的编码没有影响。实在需要的话，可以在某一层重新创建一个新的分类。

（3）编码的检索非常高效。你要查找猫，只需要知道猫大概属于哺乳动物这一个纲，就可以完全忽略其他的域、界、门、纲里成千上万的物种，搜索量大大减少。

（4）数据可以分级管理。比如，一个专门研究食肉类动物全球分布情况的专家，可以在“目”这个层面调取“食肉目”，它自然就包含了里面猫科、犬科等所有动物，而不需要再往下逐层查找。

现代动物的分类已经很统一了，但并不能满足所有人的需求，尤其是分级管理。对于一个研究食肉动物的专家来说，这种分类方法当然很好，但如果一个人专门研究所有“圆形耳朵的动物”，就得自己去很多类别里查找再汇总，就会觉得这个分类方法不怎么好用。

通过这个例子可以看出，像文字编码这种很少需要人类参与的活动，对分类的需求比较低。工程师不需要记住所有文字的编码，只需要事先选好一个编码格式，每个文字使用的时候自动调取就行了。而像生物研究这种需要人类深度参与的体系，对分类的要求就很高。

2. 建造者的分类方法

建筑业是一个需要人深度参与的行业，而且不同层面的人所需要的数据完全不一样。有的人负责采购物资，有的人负责规划工序，有的人负责招标投标，有的人负责投资战略。如果把所有建筑信息一股脑丢给他们，就等于是什么都没给。

所以，建筑业的编码同样需要按层次分类。不同分类方式对不同需求的人来说，也有好有坏。我们先请出第一个建筑信息分类编码标准——Masterformat 。

1963 年，美国建筑规范协会（CSI）联合加拿大建筑规范协会（CSC），共同发布了 CSI 建筑规范格式，目标是用于项目档案管理、造价管理和编写组织规范。到了1978年，这两个协会又对它进行了修正，颁布了Masterformat第1版。

我们不看发布者对它的功能定义，先看看它是如何给建筑信息分类的。最早的Masterformat一共有16个分类，主要是按照工种工艺和材料来区分。

代码	分类	代码	分类
01	总体要求	09	装饰工程
02	现场工作	10	建筑配件
03	混凝土工程	11	设备工程
04	砌体工程	12	室内用品
05	金属工程	13	特殊施工
06	木材和塑料工程	14	运输系统
07	保温防水工程	15	机械工程
08	门窗工程	16	电气工程

早期的Masterformat小的分项一共也就160多种，所以不需要多层分类，总共就两层，在大分类下就是一层具体的项目。每个小项由五位编码组成，前两位代表它所在的分类，后三位是对自身的编码。

比如，第三类混凝土工程进一步分成了九个项目，分别是03300现浇混凝土、03400预制混凝土、03900混凝土修复和清洁等。

03 混凝土工程	
03050	基本混凝土材料和方法
03100	混凝土构成和附件
03200	混凝土用钢筋
03300	现浇混凝土
03400	预制混凝土
03500	水泥铺装层
03600	灌浆料
03700	大体积混凝土
03900	混凝土修复和清洁

这个版本的Masterformat主要是面向房建项目，一直维护到1995年。后来，很多新的产品、材料和工艺涌入建筑业，机械和管道越来越复杂，也有越来越多的市政和工业项目需要编码。这些新的信息都无法编排到Masterformat 1995版里面。

于是在 2004 年，CSI 发布了 Masterformat 2004 版，把原来的 16 个类别扩展为 50 个类别，又把这 50 个类别归纳到六个分组里。这六个分组分别是：招标投标与合同需求、通用需求、设施建设、设施服务、场地和基础设施、工艺设备。

从 2010 年开始，CSI 每隔一到两年对它进行一次更新，一直保持着六个分组、50 个大类别的基本框架。目前最新版本是 2018 年 6 月版。新版的 Masterformat 虽然列出了 50 个分类，但并没有对所有分类进行编码，比如 15～20、29～30、36～39 等大类都是空的，留给未来扩展用。

招投标与合同需求组			
00	招投标与合同需求		
通用需求			
01	通用需求		
设施建设组			
02	现场条件	03	混凝土工程
04	砌体工程	05	金属工程
06	木材、塑料和复合材料工程	07	保温防水工程
08	门窗工程	09	装饰工程
10	建筑配件	11	设备工程
12	室内用品	13	特殊施工
14	运输系统		
21	消防设施	22	管道
23	暖通和空调	25	综合自动化
26	电气	27	通讯
28	电子安全和保安		
场地和基础设施组			
31	土方工程	32	外部改造
33	市政工程	34	运输工程
35	港口和航道工程		
工艺设备组			
40		41	材料加工处理设备
42	加热、冷却、干燥设备	43	气体、液体处理、净化和存储设备
44	污染和废物控制设备	45	特殊行业制造设备
46	水和废水处理设备	49	发电设备

新版 Masterformat 编码的分层也更加详细，编码共分为三组，每组两位数，高层类别的后几位

编号用00补位。比如“03 00 00”代表最高层的第3类，混凝土；“03 20 00”代表混凝土大类里面的第20小类，混凝土加固。

其中第二层的编码比较特殊，当第一位不为0，第二位为0的情况下，可以多展开一层，比如“03 40 00”预制混凝土，可以进一步分为“03 41 00 结构预制混凝土”和“03 45 00 建筑预制混凝土”。

第三层编码需要进一步分类的时候，就在后边加一个点，然后补两位扩展编码，比如“03 11 13”现浇混凝土成型，可以进一步细分，“03 11 13. 16”是其中的混凝土支护分项。

这样，Masterformat就形成了最多五层的树状线性分类。

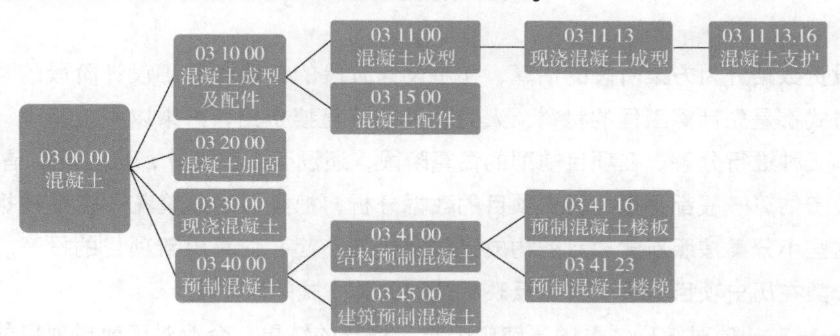

就像前面我们举例的生物分类一样，Masterformat采用这样的分类方法，能够带来操作人性化、扩容性好、检索快速，以及数据分级管理等优势。

前几个优点比较好理解，这里重点说一下树状分类法的第四个优势：数据分级管理。

比如把Masterformat用作工作流程管理，那么高一层的任务就可以包括低一层的所有任务，当每个负责较低层次的人员追踪并提交任务进展的时候，高一级别的任务也就可以自动进行数字化追踪。

如果把Masterformat用于成本计算，也可以通过逐层分解来实现数据的管理。负责混凝土用量的人只需要在03 00 00这一个大类里计算人材机料，而不需要在意其他层次的类别。比他负责的层次高的人员，可以了把他的数据直接拿来用。

实际上，欧美和中东地区的很多项目，虽然项目形式各不相同，但工程量清单、招标投标文件、项目执行规范的编排，采用的都是Masterformat体系，文件编制后可以用计算机进行管理，也方便不同项目的数据互通。

从前面的内容可以看到，Masterformat是把一个建筑的建造过程拆解成不同的工序、材料和设备，然后再把这些拆解好的项目分门别类进行编码，所以说Masterformat是面向工种和材料的编码方式。这一点要记住，后面还会和其他编码方式做比较。

3. 远不是终极解决方案

在生物分类的例子中最后说到，现代的生物学分类方法对于研究食肉动物的专家来说很好用，但对于专门研究所有“圆形耳朵的动物”的人来说，就不怎么好用。同样，面向工种和材料的 Masterformat，对于建设单位来说已经很好用了，但对于其他人，如投资方或设计师，就不是很友好了。

来看看对于这些人来说，建筑信息编码都用来做什么，以及用 Masterformat 来完成这些任务的缺点。

（1）投资估算。

项目的投资数据分为方案阶段的估算，初步设计阶段的概算和施工设计阶段的预算。概算和预算的计算方式都是先计算工程的材料、人力、设备等直接费用，再乘以相应费率计算得到，可以按照材料和工种进行分解。在项目前期的估算阶段，还没有细部设计，这些费用是算不出来的。

甲方的投资估算一般都是根据历史项目的数据分析，把类似的建筑花了多少钱拆解成小的分类，然后把这些小分类按照新建项目的构成比例组合到一起，估算出新项目的投资。每一个被分解出来的小分类在历史项目的投资占比反映着这种分类方式的敏感性。

Proffenberger 在一项对编码体系的研究中公布了这样的结果：企业对已建成项目的投资数据进行分析的时候，Masterformat 体现出的敏感性比较低。比如办公楼项目，混凝土占整个工程投资比例为 2% ~32%，砖石为 0 ~20%，金属为 0 ~21%，木材为 0 ~38%。

这就意味着：这个项目木材多一些石材少一些，那个项目可能就没使用砖石，每种材料都在一个很大的范围里波动，这在估算新项目的时候误差就会很大了。

除了对单个项目的估算，对于长期经营活动中数据的积累和分析，Masterformat 也显得力不从心。

（2）对设计的指导。

在方案设计和估算完成后，就是初步设计和深化设计。如果方案阶段使用的是面向材料和工种的分解，数据就很难指导深化设计。

对于设计师来说，只能按照项目的构成和使用部位来做限额设计，如楼板总面积、柱子的总体积等，如果把这些数据都融在一起，就没有意义了。比如估算阶段预计混凝土使用量为 2 万立方米，木材使用量为 20 吨，然后告诉设计师，按照这个限额来进行深化设计，设计就无从下手了。

美国建筑师学会出版的《建筑师使用手册》也说道：“面向材料和工种工程的投资分解和编码体系，不适合项目设计阶段的投资控制。”CSI 在一开始颁布 Masterformat 的时候也说了：目标是用于项目档案管理、造价管理和编写组织规范。

（3）动态成本控制。

工程投资是一个动态过程，甲方的投资是分批给乙方的，打完地基给一笔钱，起完标准层再给一笔，不同的分包结算也是动态的。

比如预算中有“C40混凝土墙”这个分解项，但这一项可能分布在地下和地上的各个楼层。Masterformat很少考虑施工先后顺序带来的任务安排变化，因此对工程任务组织和分解表达不够充分，也就很难符合动态成本分析的需求。

再比如，同样的混凝土材料和工种，在预算里可能分布在不同的分包合同里，在对比概预算和结算来支付工程款的时候，把所有材料融在一起的Masterformat也会带来一些冲突。

在这里需要强调一下，这几个缺点，只要有人工介入，虽然麻烦一点，也都是可以解决的。而说一个编码体系的分类方式是否好用的时候，所指的一定是用计算机进行编码，并自动进行数据计算和分析。

上一节已经讲了，想通过自然语言的介入，对一个已经定义好的编码规则进行扩容，一定会带来体积大、效率低，甚至编码冲突的问题。所以，当一个编码体系的分类方式明显不适合一类人的时候，更好的办法不是在原有基础上修补，而是设计一套新的编码体系。

当然，为了解决一个麻烦而创造一个新编码体系，也很可能会带来新的麻烦。投资方为了解决这几个麻烦，该如何设计新的编码体系？又会带来哪些新问题？这就是下一节要讲的内容。

空间基因：建筑信息编码简史（三）

前两节说到编码需要考虑计算机识别问题、语言兼容性问题，以及后期扩容带来的麻烦；也说到建筑信息编码除了要解决一物一码的问题，还需要考虑信息分类的问题。

Masterformat是一种面向材料和工种的建筑信息分类方法，建设单位使用它进行任务分解、成本计算、招标投标的时候都挺好用。但到了投资方和设计方的手里，材料和工序这些小类目，在方案估算、限额设计、动态成本控制几个方面，就不那么好用了。比如在项目方案阶段，利用历史项目里“混凝土或者木材总用量”来估算新建项目，会有很大的偏差，而像“钢材用量限制为2000吨”这样的指标也没法用作限额设计。

投资人和设计师所关心的，是建筑的**物理组件**。比如，地下工程和地上工程的投资分别是多少，有多少根柱子多少道梁。他们并不太关心造出这些物理组件具体要购买多少原材料、用什么方法来建造。在这种思想背景下，面向建筑构造元素的分类方法就应运而生了。

早在 1973 年，**美国建筑师学会（AIA）**就按照建筑物组成元素的分类思路开发了一套编码体系，当时命名为 MasterCost。同时，**美国总务管理局（GSA）**也开发了一套类似的编码体系。

这两个组织一个是代表建筑师的，另一个是负责政府投资采购的，正好是 Masterformat 不太适用的两种人。后来双方达成一致，把两个标准整合到一起，命名为 Uniformat。不过这个编码标准一直没有成为“国标”，而是作为一个参考体系来使用，有点类似我国的行业标准。

1989 年，为了提升建筑行业的管理水平，**美国材料试验协会（ASTM）**以 Uniformat 为基础，制定了一套分类标准，标准号为 E 1557。这套标准对 Uniformat 进行了大幅度的改进，为了表明它和最早美国建筑师协会（AIA）发布的 Uniformat 同源，把它命名为 Uniformat Ⅱ。目前它的最新版本是 2015 版。

1995 年，美国建筑规范协会（CSI）和加拿大建筑规范协会（CSC）也对 Uniformat 进行修改，发布了自己版本，并一直维护更新。它的最新版是Uniformat 2010 。注意这个 Uniformat 后面没有“Ⅱ”。

我们介绍了好几个 Uniformat，国内经常把这几个编码体系弄混。在这里你只需要记住，现行的 Uniformat 有两个版本，一个是ASTM 发布的Uniformat Ⅱ，最新版是 2015；另一个是CSI 和CSC 发布的Uniformat，最新版是 2010。这两个版本都是从AIA 和GSA 联合发布的最初版 Uniformat 发展而来的。

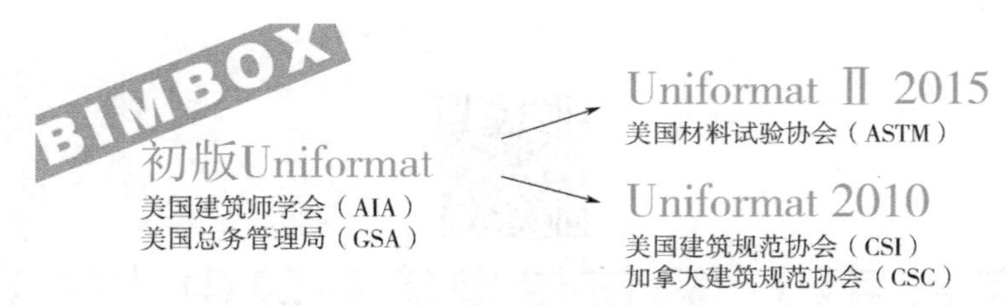

这关系还真是很容易搞混，连一些软件商都弄错了，ArchiCAD 的开发商图软公司，直到 2017 年还在官网的扩展包下载里把这两者混在一起发布。经过用户反馈，图软公司到 2018 年才把它们分开发布。

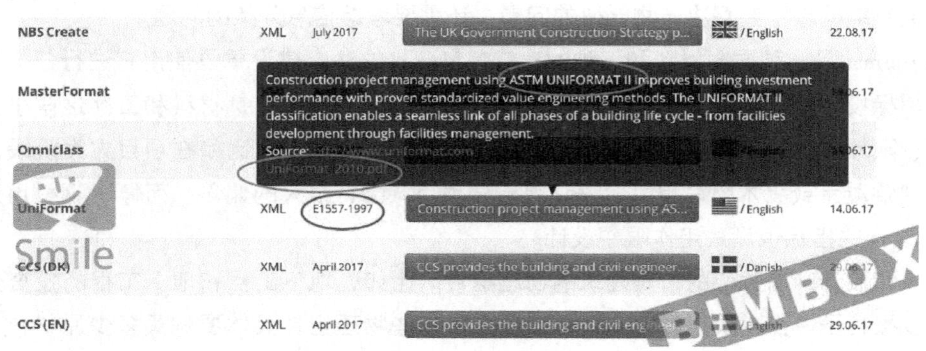

ASTM 与 CSI 的编码的整体分类和结构看上去还是比较像的。不过在后续的延伸思路上，两者有着非常大的差异。

这两份标准大分类上是一致的，都采用树状线性分类，面向的也都是建筑的物理组件，而不是材料和工种。按字母从 A 到 G 把建筑物构件分为七大类，作为编码的第一层**主要元素组**。注意，**CSI 版比 ASTM 版要多出一个 Z 类别：一般要求**。

Uniformat 第一层：主要元素组

A	基础结构
B	外封闭工程
C	建筑内部
D	配套设施
E	设备及家具
F	特殊建筑和建筑拆除
G	建筑场地
Z	一般要求（CSI 版独有）

编码的第二层**元素组**和第三层**单独元素**，都是由两位阿拉伯数字组成，分别对上一层元素进行进一步分解。在继续分层的时候，两套编码开始出现明显差异。

比如，ASTM 版的 A 项基础结构，分解为 A10 基础和 A20 地下室两类，A10 进一步分为 3 类，A20 进一步分为 2 类。

ASTM 版 Uniformat Ⅱ 2015 前三层分解

第一层	第二层	第三层
A 基础结构	A10 基础	A1010 一般基础
		A1020 特殊基础
		A1030 底板
	A20 地下室	A2010 地下室开挖
		A2020 地下室墙体

CSI 版的 A 项基础结构分为 A10 基础、A20 地下围护结构、A40 底板、A60 地下室排水工程、A90 基础结构相关活动等 6 类，这就比 ASTM 要细了一些。第三级分类也比 ASTM 版的更多。

这两者的编码顺序也有一些区别。通过对比可以看到，ASTM 版的第三层 A1030 底板，在 CSI 版被移动到了第二层 A40，并且进一步分解为标准底板、结构底板等 5 类。

CSI 版 Uniformat 2010 前三层分解

第一层	第二层	第三层
A 基础结构	A10 基础	A1010 一般基础
		A1020 特殊基础
	A20 地下围护结构	A2010 地下围护墙
	A40 底板	A4010 标准底板
		A4020 结构底板
		A4030 板底基槽
		A4040 底板基坑
		A4090 底板附属构件
	A60 地下室排水工程	A6010 建筑地下排水
		A6020 地下排气
	A90 基础结构相关活动	A9010 基础结构开挖
		A9020 施工排水
		A9030 基坑支护
		A9040 土壤治理

到了第四层，两种编码就连格式都不一样了，ASTM 版是在第三层后面直接跟两位数字，而 CSI 版则在第三层后面先加一个小数点，再跟两位数字。比如同样是 A1010 一般基础，ASTM 版细化到第四层可以是 A101001 墙基础，而 CSI 版细化到第四层，就是 A1010. 10 墙基础。

	第二层	第三层	第四层
ASTM 版	A10 基础	A1010 一般基础	A101001 墙基础
			A101002 柱基础和桩帽
CSI 版	A10 基础	A1010 一般基础	A1010. 10 墙基础
			A1010. 30 柱基础

下面最重要的区别来了：ASTM 版的 Uniformat 到了第四层分解就结束了，但 CSI 版的还做了**第五层分解**。

在 CSI 官方文档里，给出了第五层分解的两种用法：自定义编码扩展和与 Masterformat 相结合。

对于自定义编码扩展，可以在第四层编码后面加一个小数点，再加自定义码，从而进一步区分第四层的元素使用什么工法、材料。比如，在第四层墙基础后面加“. CF”代表连续基脚，编码为 A1010. 10. CF。这个 CF 是可以自定义的，可以是字母或数字，只要内部不出现编码冲突即可。

CSI版第五层扩展：自定义方式		
A	基础结构	第一层
A10	基础	第二层
A1010	标准基础	第三层
A1010.10	墙基础	第四层
A1010.10.CF	连续基脚墙基础	第五层

我们说第五层是进一步区分第四层的元素使用什么样的工法和材料，“工法”“材料”是不是很耳熟？这不是Masterformat的工作吗？

Uniformat是由CSI和CSC开发的，它们也是Masterformat的发布者。

这就要说到CSI版Uniformat第五层的第二种扩展方式：与Masterformat结合。

例如，你可以像下表一样，对A1010.10墙基础做第五层的扩展，直接在编码后边加上“.03 40 00”,这个编码在Masterformat里面代表“预制混凝土”这种材料。这样，两个编码结合，就代表“材料为预制混凝土的墙基础”。

CSI版第五层扩展：Masterformat扩展方式		
A	基础结构	第一层
A10	基础	第二层
A1010	标准基础	第三层
A1010.10	墙基础	第四层
A1010.10.03 40 00	预制混凝土墙基础	第五层

这样做有什么好处呢？比如在初步设计阶段，整个基础结构A大类已经确定采用预制混凝土，但里面的小类柱基础是预制还是现浇还没确定。那就可以在A大类里面，把所有的小分类都跟上Masterformat编码“03 40 00”，也就是预制混凝土，唯独把柱基础这一项的第五层空下来。后续在进行深化设计的时候一查找对比，就能马上知道这部分的设计还没有确定。

A1010.10.03 30 00	墙基础：预制混凝土
A1010.30	柱基础：待确定
A2010.10.03 30 00	地下室围护墙结构：预制混凝土
A4010.10.03 30 00	标准底板：预制混凝土

实际上，CSI版的Uniformat里，就在每一个编码后边详细地写上了相关的Masterformat编码，供用户在第五层扩展时选择使用。这一点，是ASTM版没有做的。

前面我们说 CSI 版比 ASTM 版多出的大分类 Z：一般要求，也正是逐条对应 Masterformate 里面“一般要求”这一大类的。这个大类在原本的 Uniformat 里是不存在的。

A1010.10 Wall Foundations	Masterformat
Continuous Footings	
Cast-In-Place Concrete	03 30 00
Foundation Walls	
Cast-In-Place Concrete	03 30 00
Precast Concrete	03 40 00
Unit Masonry	04 20 00
Treated Wood Foundations	06 14 00
See Also:	
Subdrainage Systems: *A6010.*	

现在，可以看看 ASTM 和 CSI 在思路上的本质差异了。总体来看，ASTM 版本的 Uniformat 相对独立，它发布这个标准的目的就是解决甲方进行估算、设计方进行限额设计时的需求。

我们在讲 Masterformat 的时候，说到 Proffenberger 在对编码体系的研究中公布的结果：企业对以往项目的投资数据进行分析的时候，使用 Masterformat 进行估算，混凝土占整个工程投资比例是 2% ~32%，砖石是 0 ~20%，金属是 0 ~21%，木材是 0 ~38%，**分项浮动大，估算敏感度低。**

而使用 Uniformat Ⅱ 的构件分解法进行估算，对同样的项目进行分析，基础工程一般占整个工程总投资比例的 2% ~4%，地下结构为 5% ~7%，地上结构为 14% ~21%，**每一大类变化范围都很小，估算敏感度就很高。**

从这个层面上来说，ASTM 已经做得足够好了，实际上现有工程项目里选择使用 ASTM 版 Uniformat Ⅱ 的甲方和设计方还是很多的。而与 ASTM 版相比，CSI 版的 Uniformat 则明显更往前走了一步，那就是：**建造过程中各方使用不同的代码，该如何进行数据互通?**

如果甲方按照 Uniformat 的构件思路来拆解项目，乙方根据 Masterformat 的材料和工法来拆解项目，那他们看的一个是物理结果，另一个是实现这个结果的方法，在各自的领域并不会出现问题，而一旦他们的工作需要衔接，就只能从头开始编码。

这个转换工作至少要进行两次：甲方用 Uniformat 做估算，乙方用 Masterformat 做建造，项目交付后甲方再用 Uniformat 做运维管理。

而 CSI 的努力，就是让甲方和乙方能够在衔接编码工作的时候，顺畅地相互兼容。它的目标不是解决单点问题，而是最终指向一个更大的命题：**建筑全生命周期管理。**

阶段	前期规划	初步设计	深化设计	招标	采购	建造	运维
进程	概念成本计划	详细设计和产品选择	详细设计和产品选择		价格发现	购买和变更管理	物业管理
编码格式	Uniformat	Uniformat / Masterformat	Masterformat	Masterformat	Masterformat	Masterformat	Uniformat

回顾 CSI 开发 Uniformat 的时间点——1995 年，在那之前的一年发生了一件事：**国际数据互用联盟（IAI）**成立，旨在推出一个全生命周期和全产业链所需要的标准。这个标准就是后来的 IFC，IAI 后来就成了大名鼎鼎的**buildingSmart**。而 IAI 的领头发起人，就是大家熟悉的 Autodesk

公司。

历史就是在这个时间点被串了起来，编码从一个满足人们统计造价的基础需求，开始在一个角落里开出一朵新的小花。十年之后，它会长成一棵人们从没听说的大树，用一种新的方式，代替传统的Excel表格来承载它原本的数据母体。这颗还在萌芽的种子，就叫BIM。

最后留一个问题给你：ASTM版的Uniformat Ⅱ一直更新到2015年，而CSI的Uniformat明显有更大的野心，但为什么只更新到2010年？这些年CSI去干什么了呢？

空间基因：建筑信息编码简史（四）

前面我们说到了这么几件事：

1）编码是针对计算机的，我们需要对信息进行分类，再转换成计算机能理解的语言进行管理。

2）线分类法（或树状分类法）是一种按不同层次进行信息分类的方法。

3）美国的Masterformat和Uniformat都是线分类法，前者是乙方思维，后者是甲方思维。

4）Uniformat有两个版本，ASTM的版本专门针对甲方和设计师，而CSI则是把Uniformat和Masterformat统一到一起管理，尝试让甲方和乙方在编码中实现某种程度的互通。

上一节的最后，我们留了一个问题：ASTM版的Uniformat Ⅱ一直更新到2015年，而CSI的Uniformat明显有更大的野心，但为什么只更新到2010年？后来CSI去干什么了？

回答问题之前，先思考这样一个问题：现在，你的手里有两套编码方法，一套像是搭积木，说的是物理构件，比如建筑中一共有200根柱子；另一套像是捏橡皮泥，说的是材料，比如一共用了200吨水泥。两套编码方法用的都是树状分层的分类法，谁也没法归类到对方的某一个层次中。那么，如果你是CSI，该怎么把它们融合到一起？

通过前文的生物分类，来回看一下线分类法的基本原则。

原则一：上一层要完全包含下一层，不能出现无关的其他小类别，比如"哺乳纲"这个大类里必须包含所有的哺乳动物，但绝不能出现"油菜"。

原则二：不同类别里不能有重复的项目，比如狼被归类到犬属，那豹属就不能再出现狼了。

现在拿出"猫"这一个最小的分类来进一步举例。假设猫的颜色有"黑"和"白"两种，尾巴有"长"和"短"两种。如果想给猫进一步分类，首先把它分为黑猫和白猫两类。

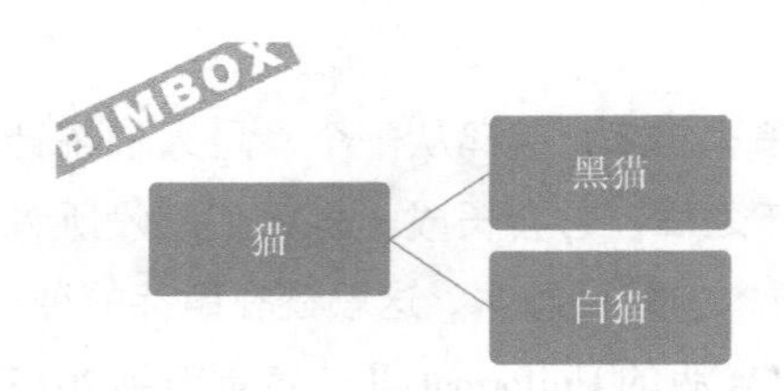

目前来看暂时没什么问题。下面，该把“长尾猫”和“短尾猫”放到哪里呢？放到任何一个小类里肯定不行，否则就违背上面说的第二条原则“不同类别里不能有重复的项目”了。

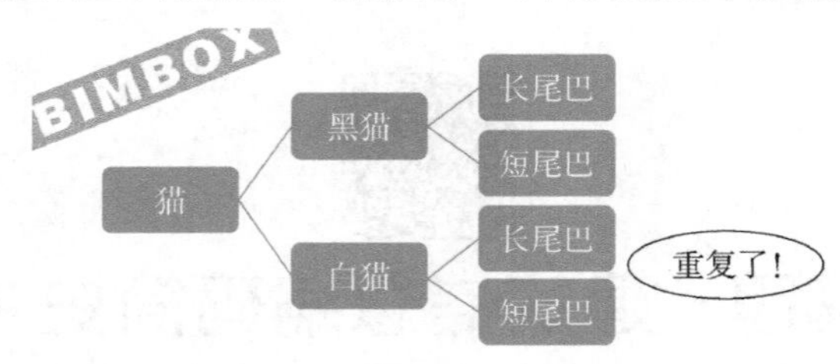

还没完，如果再加入一个新的特点，比如“大眼睛”和“小眼睛”，那就更麻烦了，为了不出现重复，可怜的猫学家也许只能把这几个特点排列组合，勉强做这样的分类：

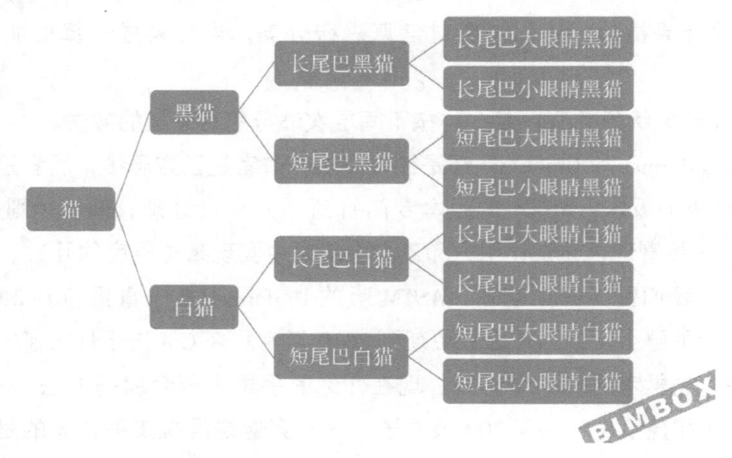

这样麻烦的分类，确实也很无奈，但还有更重要的。

用线分类法分解体系的时候，有个重要目标就是“下一层所有数据加起来正好是上一层的数据”，比如黑猫和白猫的数量求和，就是所有猫的数量。但如果我们想知道所有**大眼睛猫**的数量呢？不好意思，按照这样的方法，“大眼睛猫”分布在黑或白、长尾巴或短尾巴的各个小分类里，很难简单求和统计。

换言之，毛发颜色，尾巴长短，眼睛大小，这几个特点本来是平行的，并没有谁比谁更重要，而我们随便把颜色分在了第一层，尾巴的长度分在第二层，眼睛大小分在第三层，显然对于那些只关注眼睛大小的猫学家来说是很不公平的。

这就是线分类法的坏处：随着被描述物特征的增加，编码数量会急剧增加，并且哪个特点该排在更高的层级也更难界定。

一旦你想把这样的编码用于建筑全生命周期管理，就会出现大麻烦。比如简单的一堵墙，从设计到建成运维，会涉及很多要素：功能、组成材料、参与角色、施工阶段、工作结果、维护情况等。

想象一下，如果需要给这样的描述单独编码："结构设计师设计的、正在施工的、需要安装防水层的砌体外墙"和"施工方设计的、施工完成的、需要拆除的预制混凝土隔墙"，那编码手册一定厚得谁也拿不动。

回到猫的例子，其实完全可以把互相平行的"特征面"单独分组编码，互不干涉。需要的时候，在对应的特点组里挑出特定的编码，组合到一起就行了。比如，黑色、短尾巴、大眼睛、猫，被分别放到四个不同的编组里，拿出来用"+"号组到一起编码就是："A01 + B02 + C02 + D01"。

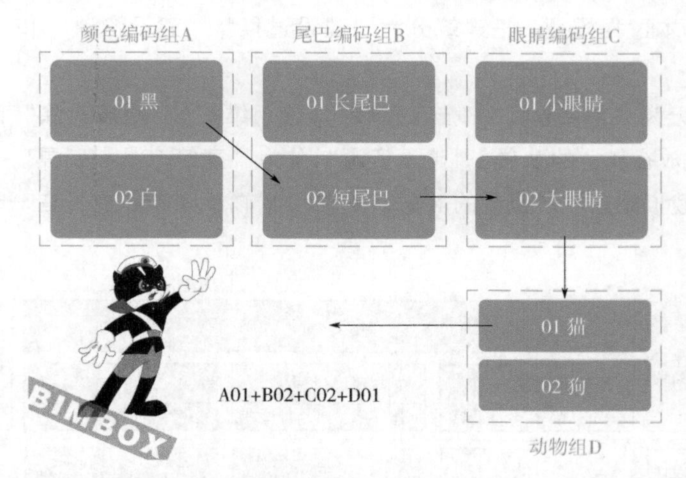

这样做的好处显而易见：因为每一个分类组都是独立平行的，互相没有从属关系，不用担心编码会重复；要增加新的特点，只需要在相应分组添加编码，对其他分组不影响。

这就是区别于线分类法的另外一种方法：面分类法。

现在可以回答上节留下的问题了：CSI放弃了把Masterformat和Uniformat强行拼凑到一起，而是使用新的编码标准Omniclass，目标是在从建设到运营的全周期里进行统一的编码，采用的就是面分类法。

说到Omniclass，我们就不得不说说现代的集成信息管理。

无论是Masterformat还是Uniformat，面向的都是看得见摸得着的"物质"，这些东西参与的过程，叫作建筑周期的**物质过程**。把这些物质编码放到计算机里，当然可以做一些计算工作，如造价预算、招标投标、限额设计等。

但整个建筑的生产和使用过程中，还有很多其他的要素，如空间、参与的人、工作成果等，这些要素参与的过程，叫作建筑周期的**信息过程**。缺少这些东西，是不能对整个建造过程进行“信息化管理”的。

信息化的本质，就是要把项目的人、材、机、物、信息、组织等对象集成到一起进行动态的管理，同时积累企业的知识库，最终将知识转化成新的生产力。不夸张地说，从线分类编码到面分类编码思维的进化，就是建筑行业从传统管理到现代信息化管理的分水岭。

早在 1993 年，一份编号为 ISO/TR 14177 的技术报告《建筑业信息分类》，就指出原有编码体系的分类范围不能涵盖建筑业的各方面，是不完全的体系。这份报告定义了一些新的建筑分类对象，如设施、空间、设计构件、工项、产品、辅助工具、建设活动等，为现代建筑编码体系奠定了基础。

1996 年，ISO 发布了一份重要的标准：ISO 12006-2，对 ISO/TR 14177 进行了扩充和完善。它首先提出了一个基本过程模型，把建筑分为“建设过程”“建设资源”和“建设成果”三个大分类。

“建设过程”分为“前期设计”“施工安装”“使用维护”“报废拆除”四个阶段，在下图里我们把这四个阶段放在**灰色的 Y 轴**；“建设资源”分为“建筑产品和工具”“建设代理”和“建设信息”，下图里我们把它放在**蓝色的 X 轴**。X 轴和 Y 轴不同项目交叉在一起，就形成了相应的“建设成果”。

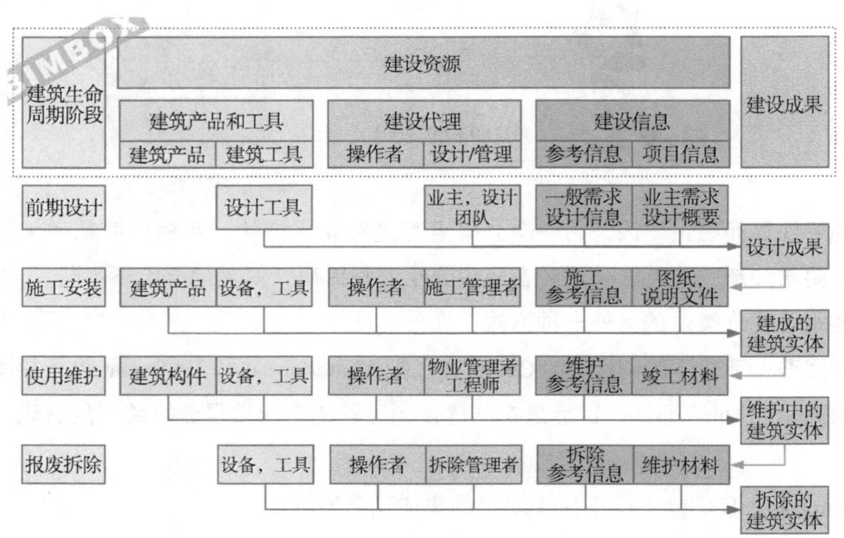

此外，每个阶段的建设成果，又可以把信息导出到下一个阶段，作为项目信息来使用（绿色箭头）。

上图代表了建筑行业的一个过程模型："**在特定的建设过程，投入特定的产品、工具、人和信息，形成特定的成果，并将信息流向下一个阶段**"。

基于这个概念框架，ISO 12006-2 给出了一张更加详细的面分类推荐表格。

ISO 12006-2 中的推荐表格

表格	分类原则	实例
A1	建筑单体（按形式分类）	建筑、桥梁、隧道
A2	建筑单体（按功能分类）	办公楼、医院、火车站
A3	建筑综合体（按功能或活动者分类）	交通综合体、商业综合体
A4	空间（按围合程度分类）	开敞空间、半围合空间
A5	空间（按功能或活动者分类）	办公空间、娱乐空间
A6	设施（按功能或活动者分类）	教育设施、体育设施
A7	元素（按功能分类）	梁、柱、门窗
A8	设计元素（按工作类型分类）	承重墙、隔墙
A9	工作成果	填方、挖方、钢筋工程
A10	管理过程	人事管理、财务管理
A11	建筑生命周期阶段	设计、施工、运维
A12	工程阶段	可行性研究、方案设计、招标
A13	建筑产品	结构产品、仪器设备
A14	建设工具	计算机、脚手架
A15	建设机构	业主、建筑师、工程师
A16	建设信息	图片、报刊、网络信息
A17	属性	形状、尺寸、重量

注意，之前讲 Masterformat 和 Uniformat 的时候，也列了这样一个"大分类"的表格，但都是线分类法，每一个大类彼此完全无关。

而在 ISO 12006-2 的面分类法里面，每一个大分类的表格虽然也是独立的，但可以在每一个表格中选取不同条目，通过交叉重组编码，来共同描述建筑的某一个构件或状态。比如，施工 + 门窗 + 半围合空间就等于"正在施工中的带门窗半围合空间"。

后来，美国建筑规范协会（CSI）就是基于 ISO 12006-2 标准，牵头制定了 Omniclass 。这份由建筑业 17 个组织共同起草的编码标准从 2000 年开始制定，历经六年才发布了 1.0 版。

Omniclass 采用面分类法与线分类法相结合的方式，共有 15 张分类表，每张分类表内部采用线分类法，代表着一种建筑信息的分类方法。

Masterformat 和 Uniformat 是两种分类方法，可以像橡皮泥那样按照材料来看待建筑，也可以像积木一样按照构件来看待建筑。

也正因为这个原因，CSI 并没有放弃这两个标准，而是把它们融合到 Omniclass 里，其中，Uniformat 被用于组织**表 21：元素**，Masterformat 被用于组织**表 22：工作成果**。

Omniclass 中的表格

表格	与 ISO 12006-2 对应	表格	与 ISO 12006-2 对应
11 按功能定义的建筑实体	A2 A3 A6	32 服务	A10
12 按形式定义的建筑实体	A1	33 学科	A15
13 按功能定义的空间	A5	34 组织角色	A15
14 按形式定义的空间	A4	35 工具	A14
21 元素（基于 Uniformat）	A7 A8	36 信息	A16
22 工作成果（基于 Masterformat）	A9	41 材料	A17
23 产品（Revit 使用的表格）	A13	49 属性	A17
31 阶段	A11 A12		

CSI 开发这几个编码标准，是着眼于一盘更大的棋：建筑业信息化。而 CSI 接手 Uniformat 的时候，正是 BIM 诞生之时。

从上表你可以看到，作为 BIM 行业龙头企业 Autodesk 的旗舰产品 Revit，原生携带的 Omniclass 编码也仅仅是“**表 23：产品**”这一项，这也印证了“Revit 不等于 BIM，更不等于信息化”这个观点。

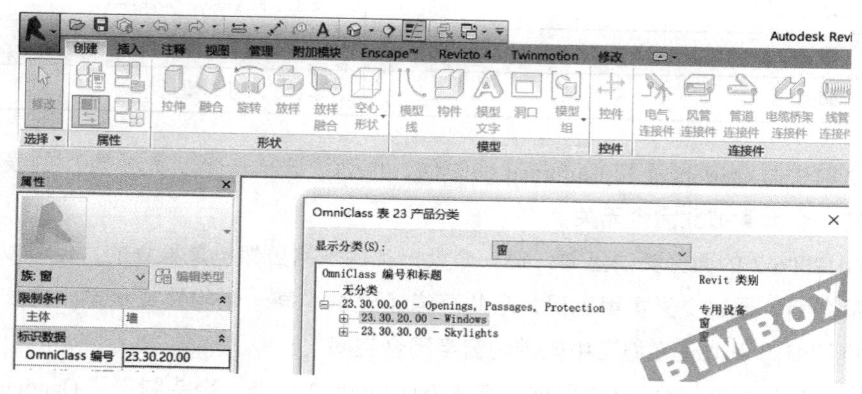

回到 Omniclass，它的每一个分类表内部使用的都是线分类法，对信息进行逐层编码。前两位表示编码所在的表格编号，从第三位开始表示分层，每层用两位阿拉伯数字表示。每个具体编码至少有 8 位，不足 8 位的高层编码用数字 0 补足 8 位，最多可以有 7 层 14 位数字。

Omniclass 编码示例（以表23为例）

表格编码	第一层	第二层	第三层	第四层	第五层
23-15 00 00	内部和表面产品				
23-15 11 00		空间划分产品			
23-15 11 11			固定划分		
23-15 11 11 11				石膏板固定隔墙	
23-15 11 11 11 11					金属框架石膏板固定隔墙
23-15 11 11 11 13					木框架石膏板固定隔墙

比如在上表里，“23-15 00 00”表示在“表23：产品”里，属于第一层的“内部和表面产品”(第二层和第三层用4个0补位)；“23-15 11 11 11”表示第四层的“石膏板固定隔墙”。它可以再向后扩展到第五层，11表示金属框架，13表示木框架。

和ISO 12006-2一样，Omniclass规定了用“+”号来表示多个表格之间的编码组合。比如把“石膏板固定隔墙”的编码，和“建筑经理办公室”的编码，用“+”号连接起来，23-15 11 11 11 + 13-23 23 11，就可以表示“带石膏板固定隔墙的建筑经理办公室”。

除了“+”号，Omniclass还提供了另外三个符号。

“>”和“<”是比“+”号更高级的符号，它不仅代表了把两个编码组合到一起，还表示它们的从属关系。

用中文来举例说明：比如“工程师+灯”，别人很难理解是“设计了灯的工程师”，还是“被工程师设计的灯”。那就可以用“工程师>灯”来表示想编码的主体是工程师。如果想表达的主体是灯，但由于一些原因一定要把“工程师”摆在前面，那就可以用“工程师<灯”来编码。

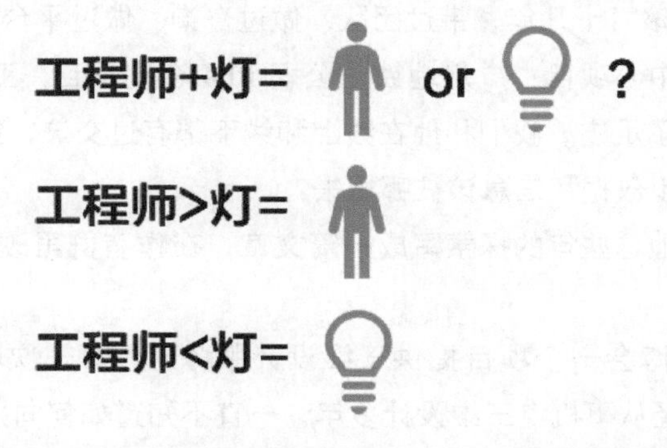

“/”表示在一个表格里定义一个连续的编码段落，“/”前面和后面的编码分别是段落的开始和结束，主要用于数据筛选。比如要查找所有“电气和建筑智能化”内容，那就可以用这个符号

来自定义查找范围。

23.20.11 / 23.40.11.13

筛选查找两段编号之间的内容

现在知道了“面分类法”对于现代建筑信息管理的重要意义，也了解了 ISO 12006-2 和 Omniclass 的前世今生。更重要的是，看到现在的 BIM 对于“建筑全生命周期信息化管理”这个大命题来说，还远远不够，要走的路还很长，机会也还很多。

下次如果有人计算机上只装着 Revit 和一套不支持编码的协作平台，就来告诉你他搞定了建筑全生命周期管理，就这样反问他：**“你的管理信息是怎么编码的？用的什么编码格式？Revit 只默认携带 Uniclass 或 Omniclass 的表 23，对于其他 14 张表格涉及的信息内容，你是怎么解决的?”**

到此，编码故事的北美之旅就告一段落。后面会回到国内，看看我国的现状和未来。

信息编码：BIM 应用的真正深水区

我们连续讲了四节的理论知识，下面讲点实际应用。本节的分享内容来自上海水石建筑规划设计股份有限公司 BIM 中心负责人、上海 BIM 推广中心专家库成员金戈，网名叫铁马，是不是很霸气?

金戈在 BIM 行业摸爬滚打十几年，带过团队、做过咨询、做过平台研发、参编过上海 BIM 数据标准，在梅赛德斯奔驰中心项目、广州地铁总公司 BIM 咨询项目、亚特兰蒂斯水上乐园项目、北外滩改造项目等都留下了足迹。我们和他在线上和线下都有过交流，经常讨论的一个问题就是：BIM 走了这么多年，下一步数据和信息该往哪里去?

这次，金戈就专门把他这些年的探索写成一篇文章，在作者群里改了三稿才最终完成，以下是他的分享。

2008 年，我在上海世博会一个项目提供三维设计服务时，第一次听到别人把三维模型说成“BIM”。在这之前，我已经从事机电三维设计多年，一直不知道如何向别人介绍自己的工作。

2010 年时，我第一次参加一个 BIM 活动，听到大家在讨论模型。我当时就提问：“我已经能创建一个很好的模型了，后面需要做什么呢？难道做个模型就是 BIM 吗?”当时，没有人能答复我。以后好多年，这个问题一直困扰着我。我一直在探索一个问题：BIM 的终极是什么？该如何实现它？

2014 年，我进入上海一家国企，系统接触了各种 BIM 资料，算是入了 BIM 的门，尤其是其中的欧美书籍和文献，让我受益匪浅。下面是我个人觉得非常有价值的一些资料。

《BIM 手册》，宽泛定义了 BIM 的概念，以及未来发展。其中对未来发展的预判，现在看几乎全部都应验了。例如，业主在合同条款中要求 BIM，制定标准的工作在全面进行等。

《业主方的 BIM》，制订了一个评分标准来说明企业引入 BIM 技术的深度，从技术、流程等六个角度，用定量打分的方式来分析。

《FM 经理的 BIM》，别被书名误导，这本书不是讲如何利用 BIM 来做运维，它通过很多案例来说明一个项目从施工延续到运维需要哪些事。

《BIM 实施指南》，具体阐述了一个项目完整实施 BIM 的各种要素，虽然很多地方不适合我国国情，不过提供的思路很值得学习。

《BIM 协作系统研究》，详细介绍了 BIM 协同平台应该具备的功能，以及美国市场上协同平台的功能打分，对国内平台开发很有价值。

《COBie 应用指南》，其价值在于让我这样的 IT 小白能明白 COBie 是什么，它其实不是什么高深的东西。

《ISO19650》，这本标准介绍了一种系统性实施 BIM 的路径，有些东西和《BIM 实施指南》想法是一致的，如需求导向。每个项目业主确定需求了，然后根据需求展开 BIM 应用。但是，国内很多项目是没有需求的，就是政策要求用 BIM。

以上资料，我基本都翻了十遍以上，逐渐对 BIM 有了越来越深的认识。建筑工程的前辈希望能学习工业领域的三维设计方式，通过计算机技术，实现建筑工程的虚拟建设，从而实现整个项目建设的可控，减少各种浪费。

但是，在翻遍了国内外各种案例后，我发现这是个美好的梦。或者说，BIM 还停留在理论阶段。在实际案例中，我还没见到一个项目能实现上图中所展示的：项目各方围绕着 BIM 实现信息共享，从而提高项目质量等。

应该说，很多项目实现了 BIM 的一部分，主要是几何信息的优化，提高了设计图纸的质量。在《BIM 实施指南》中，详细介绍了 BIM 常规的 25 个应用点，也很值得大家学习。

于是，如何实现 BIM 模型，特别是非几何信息的共享，成了我想要研究明白的题目。下面是我走过的研究道路。

1. 创建数据标准

首先，什么是非几何信息？非几何信息应该包括哪些内容？在几乎所有国家的定义里，BIM

都应该包含几何信息和非几何信息。我们还是比较容易地应用了几何信息，也带来了一些价值。那么非几何信息呢？我很少看到有项目应用。

《COBie 应用指南》里有这么几句话："COBie 标准的目的是随着工程进展，当项目团队在创建数据时就以 BIM 为载体获取它们，并在项目全生命周期内进行安全共享和更新。从承包商角度看，COBie 就是将当前的纸质材料转换成便于操作的在线数据。"

在参考了 COBie 的相关资料后，我和我的团队，自己编制了一份数据标准。其实所谓的 COBie 标准，就是一个独立的、设施设备从设计到运维数据的结合，里面包括命名、编码、空间、价格、系统等。

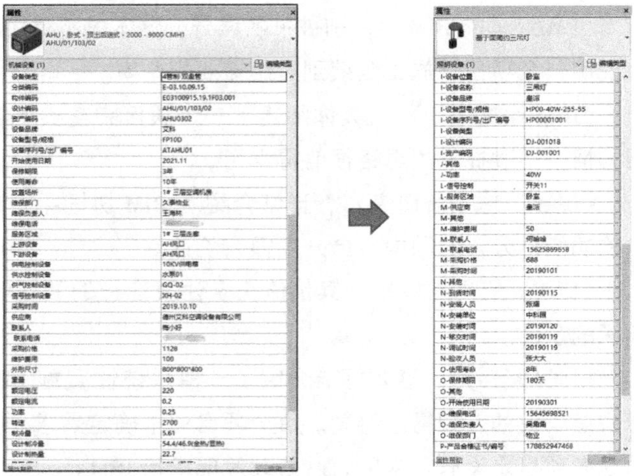

我们第一次编制的时候，把参数简单地分为两类：**技术参数和非技术参数**。技术参数主要包括各种数值型参数，如长度、宽度、高度、风量、水量等；非技术参数主要包括各种文本型参数，如设计人员、施工人员、维保人员、工艺工法、控制开关、联系电话等。但是把这些参数随意混杂到一起录入到模型中，发现太乱了。

后来，我们做了改进，把所有数据分为八个大类，重新导入模型后，发现一下子清爽很多，就一直沿用到现在。这八个大类分别是：身份参数、尺寸参数、设计参数、关联参数、商务参数、产品参数、施工参数、运维参数。

2. 数模分离管理

有了一份可以用的数据架构后，怎么和模型结合呢？

对数据的主流管理方式，我了解的有两个：一个是国外提出的 IFC 标准，包括上海交通大学、清华大学等高校在研究；另外一个是黄强老师提出的 P-BIM，是一种基于数据库的管理方式。这两种方式目前都是在理论阶段，市场应用还不够成熟。

我们首先测试了一下 IFC 和 Revit 的联动，把一个集合了多种构件的 Revit 模型导出为 IFC，再重新导入 Revit，发现各种数据丢失严重。如下图所示，原来 360 个构件只剩下 286 个。

另外，一半模型的几何数据可以编辑，另一半模型的几何数据无法编辑。几乎所有模型的非几何数据都有部分丢失，甚至全部丢失。

后来，把另外几个 BIM 建模软件生成的模型导出 IFC，再导入 Revit，也出现类似的情况，几

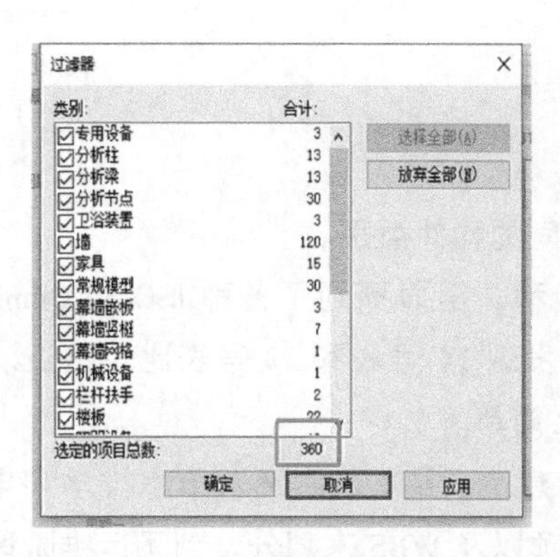

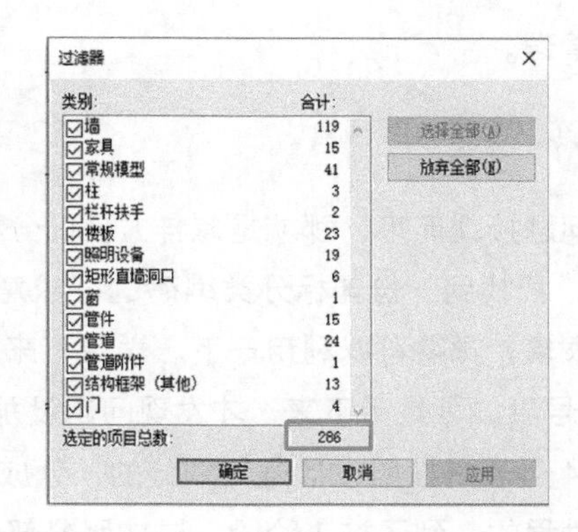

何数据基本存在但是无法编辑，非几何数据大量丢失。

我们没有多少IT人员，也不想花时间去研究到底是什么原因导致了数据丢失。**从应用的角度看，IFC这条路暂时走不通。**

那么，该如何实现数据管理呢？带着这个问题，我们开始研究各种资料。正巧，在《FM经理的BIM》这本书里，有类似的文字提醒了我："BIM的数据资料可以通过传统数据库的方式来管理。"既然IFC不行，我和团队成员开始尝试数据和模型分开管理，暂且称之为数模分离。而最简单的数据库就是Excel。

在讨论本节内容的时候，@小耳朵猫酱说了这么一句话："数模分离的本质就是，改变依赖模型带数据的模式，把编码作为挂接图形的风筝线，独立存储和处理数据，并且可以通过工具，在轻量化Web/客户端组装。"我认为她的说法是对数模分离既专业又通俗的解释。

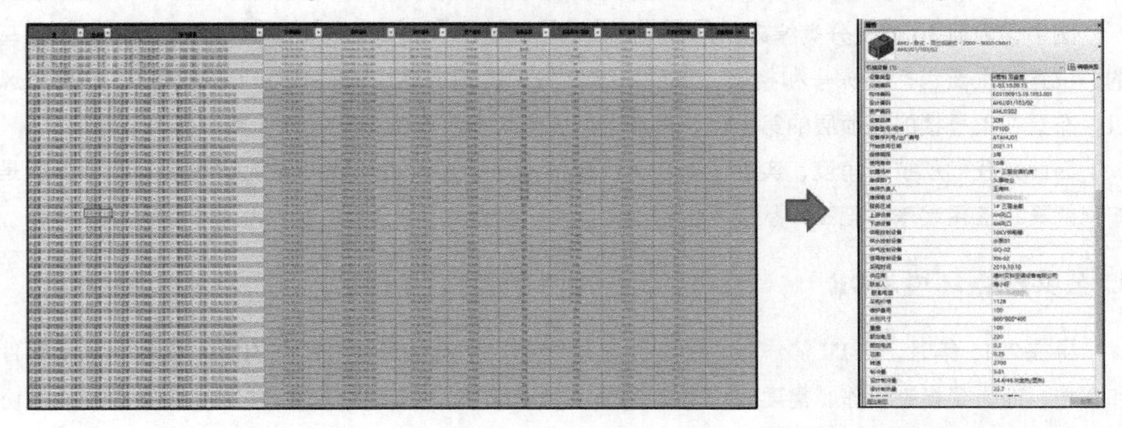

确定了数模分离这个逻辑后，接下来就是大量试错工作了。我们团队开始大量测试各种BIM软件，包括国内的和国外的。

2015年，我们找到了解决方法，可以把Excel表单中的数据批量导入模型。数模分离第一步，也就是线下表单和模型分开管理的路径算是通了。但是，这还不够，我们的目标是实现基于Web

端的轻量化管理。

3. 构件编码

第三个问题接踵而来，那就是怎样方便区分不同的构件类别。

2016 年，我找到一份国标分类编码的征求意见稿，里面提到了各种 ISO 和 OmniClass 的编码逻辑和元素表单，觉得可以利用一下。学习下来，发现 14 号表和 30 号表比较接近。当时就先直接照搬了 14 号表。可是用下来，才发现问题没那么简单。

首先，14 号表是按照**设计逻辑**划分的，分成了建筑、结构、暖通、给水排水和电气。而我们的数据是**全过程**的，到了施工阶段，要按照分部分项以及 WBS 来划分；到了运维阶段，要按照资产管理的角度来划分，14 号表就不适用了。

另外，一些设备的划分会混乱。例如泵，同样一个产品既可以用在空调水泵，也可以用在给水排水泵，会重复出现，这可是编码的大忌。

在多次试错后，我们放弃了 14 号表和 30 号表，按照自己的逻辑来进行编排，设备参数的管理能保持一致的，就归为一类，编排参考了国标 8 位数字的方式。

但是，光是有分类编码只能确定某一个构件的种类，无法定义它的唯一性。所以我们在分类编码基础上，又编制了构件编码。如下图所示，就是我们构件编码的一个案例：

WR03401606	01	RF01	001
分类编码	规格编码	位置编码	序列号

图中，前面 10 位是分类编码，是参考国标自己编写的；后面的规格编码是根据设备种类编写的，位置码主要包括楼栋号和楼层，最后是流水号。案例的这个编码代表了：型号 01 的离心风机，布置在 1 号楼的屋顶层的第一台。基本上可以实现每台设备的唯一性，类似身份证号码。

因此，我们从技术角度，实现了非几何信息的批量处理，也和模型实现了对接。下一步就是如何能真正应用起来，把工作从线下搬到线上。

4. 公共数据环境 CDE

早在 2015 年时，《BIM 协作系统研究》已经提到了这样的话：“现有的协作依赖于电子邮件和文档，而为了模型协作，需要一个复杂的公共数据环境（CDE）。CDE 方便对模型数据执行协作操作，涉及用户管理和支持用户需求的功能。”

而在新发布的《ISO19650》中，对 CDE 有了更加清晰的介绍：“CDE 解决方案同时包含管理信息载体属性和元数据数据库的功能，也具备向团队成员发布通知的功能，且能维护信息处理的审核轨迹。”

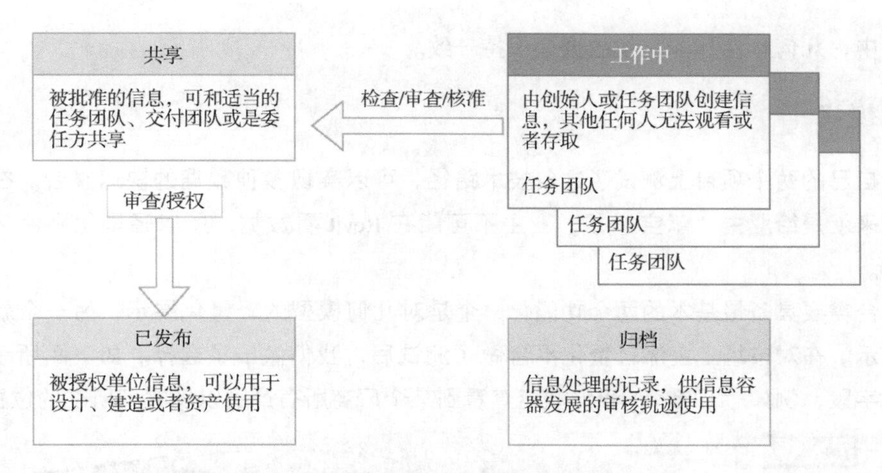

第四个问题就到了如何创建 CDE，解决非几何信息的共享问题。

2019 年，BuildingSMART 大会在北京召开。我参加了这次大会，结识了不少业内同行，也学习了不少的 BIM 知识和来自欧美的新技术。其中一款在线产品，让我联想到了 CDE。

接下来的情况，又是老套路，不停地试错。终于可以实现我心目中的 CDE 了。

在这个 Web 产品里，可以实现分类编码一键上传，然后每个构件都可以分配到相应的编码下面，挂接属于它自己的一套数据标准。我们为每个构件编写了详细的数据标准，用户可以在平台里直接调用设置好的构件。同时，所有项目参与方可以基于 Web 端，在线输入每个构件需要的信息，也可以分享他人的信息。

至此，我们实现了从数据分类到数据标准，再到数据共享的过程。

5. 标准共享

一开始，我们是纯从技术角度来探索几何模型和非几何数据的分开管理，这个过程为困扰我的两个问题提供了新的解决思路。这两个问题分别是：

◆BIM 的本质是资源共享，可是很多公司都在分别建族，然后出现大量的重复劳动。

◆业主在要求项目交付模型的时候，无法明确交付模型携带的信息到底是什么。

第一个问题，其实有不少人在做。网上可以搜索到很多类似的族库共享网站，有些还在更新，有些已经逐渐隐退。我认为这些族库软件都比较相似，而且缺少对非几何数据的管理能力。第二个问题，目前我们没有找到任何其他公开的产品能实现。

我们的计划是，把所有能找到的各个类别的族，都加载我们的数据标准，然后放到在线平台，免费共享给大家。

基于以上共享的数据标准，各位 BIMer 就可以实现给业主交付携带数据的竣工模型了。当然，企业也可以在这环境下定制属于自己的编码和标准构件库。如此一来，就可以保证企业所有项目的三维模型中，几何构件和非几何数据都保持一致。

6. 数据可视化

我们在自己的两个项目上测试了这条技术路径，可以实现多种数据的快速整合。在有了数据之后，接下来就是给业主“献宝”了。业主不可能在 Revit 看数据，所以轻量化平台又进入我们的研究范围。

这个平台需要具备最基本的两个功能：一个是对几何模型的轻量化展示，另一个就是对非几何数据的展示。在对市场上主流轻量化平台做了测试后，我们做出了选择。如下图所示，当我们点选某一个字段，例如“厂商”，我们就能查看到某个厂商所有产品以及它们所在的位置。

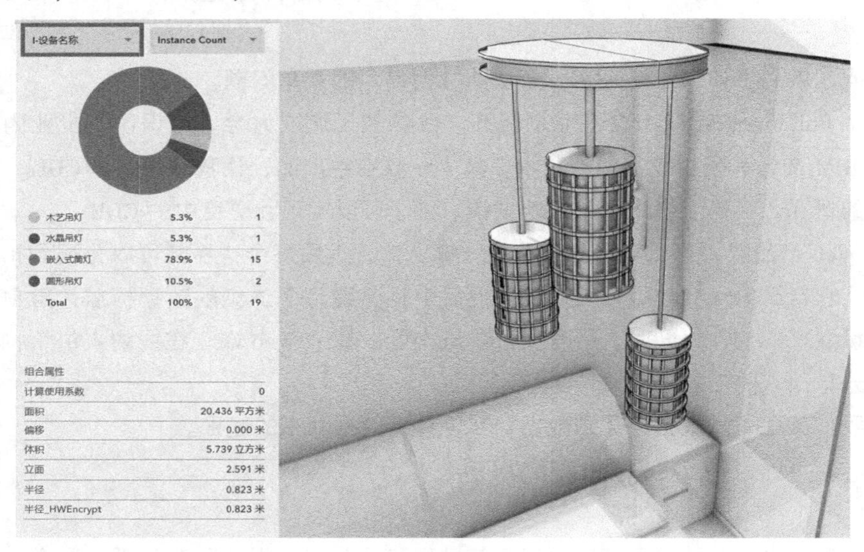

7. 数据分析

接下来是最高级的一步，就是数据分析。我们千辛万苦去收集建筑构件的数据，就是希望通过数据分析来优化设计、施工和运维的各项工作。

在这个领域，几乎没有任何资料可以参考，只能靠自己摸索。其实单纯的数据分析还是有软件可以实现的，我们已经做了尝试。但是，我们希望的是能够做基于模型的数据分析。在我们看各类数据分析图的时候，能同步联动我们的模型；当我们分析出来某个设备的问题时，能在模型上同步高亮显示。

以上是我们团队在非几何数据管理这条路上的探索，结合实践，我再抛砖引玉补充几个应用场景，给大家做一下参考。

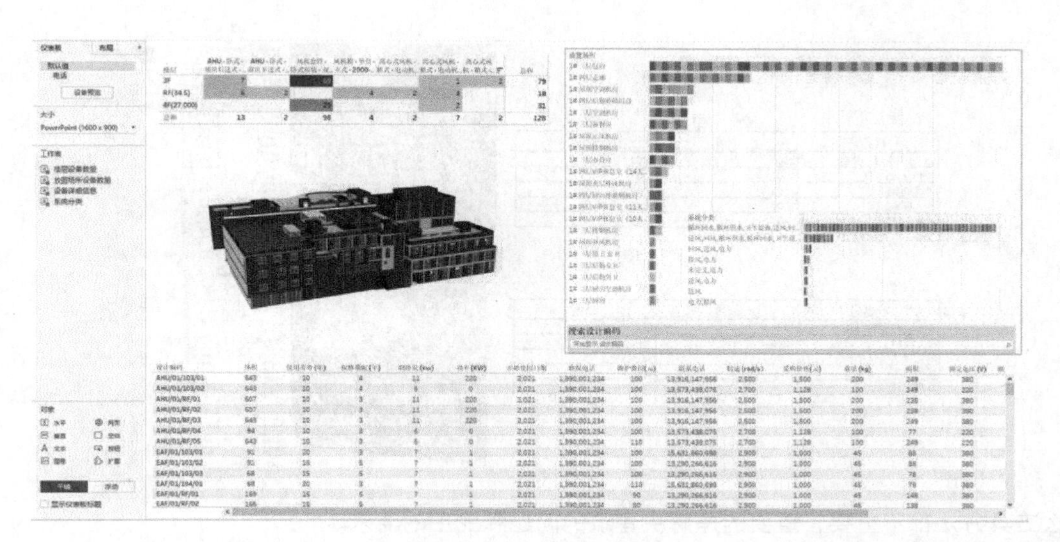

（1）在项目结束时，交付一个含数据的竣工模型用于运维系统。目前，我们和一家国有地产公司合作一个运维项目，后续还有八个类似项目都要上运维平台。第一个项目做得很痛苦，因为当时各类设备的数据都没有收集，后续通过总包和各个供应商去收集的时候，前后用了好几个月。如果把这些工作分配到各个供应商手里，其实每家的工作量就不大了。但是，这就得要求业主在项目前期就要规划好这个数据标准。

（2）生成集中采购清单。因为每个设备构件都有空间和类型的属性，业主在采购时，可以快速根据区域来形成明确的各类设备清单，也能看到每个设备所在的位置。

（3）通过数据实现模型批量修改。不管是在Excel表还是Web端，都可以对所有数据进行快速批量修改，其中也包括几何数据。例如：两个房间的门，原来都是2.1米宽，现在其中一个要改成1.8米，只需要在表单里批量修改，再刷新，模型也就会跟着修改好了。

最后，我想说说写本节内容的原因，还有我个人一路走来的感受。

在英国的BIM LEVEL 2中，对BIM的定义说得很清楚，就是需要同时共享几何模型和非几何数据。但是，我们目前能看到的所有BIM案例都是对几何模型的应用，针对非几何数据的应用几乎没有案例。既然大家都说数据是未来，那我们就想试试看，能否摸到建筑数据的门槛，看看里面藏了什么。

IFC可能会成为终极的数据标准格式，但是肯定不是现在。对于我们做工程的人来说，我们需要解决问题，而不是停下来等，所以我们会不停尝试。也许，有一天IFC可以成熟应用，那我们还是会回到IFC这条路上来。当然，也许我们会在数模分离这条路上一直走下去。

现在大部分圈内人都认可BIM的本质是建筑信息化。但是，很多人过于追求各种高大上的IT技术，而忽视了一件事。建筑信息化是先有建筑再有信息化。建筑是本，信息化是术。所以，用

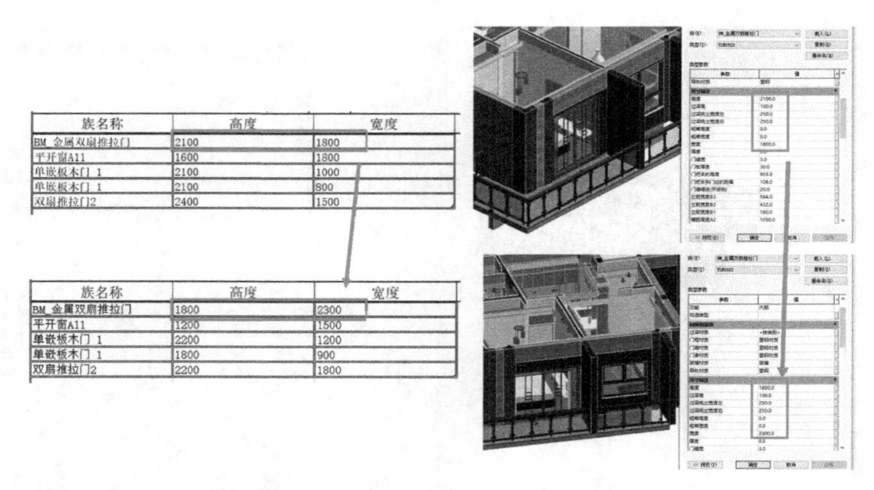

族名称	高度	宽度
BM_金属双扇推拉门	2100	1800
平开窗A11	1600	1800
单嵌板木门 1	2100	1000
单嵌板木门 1	2100	800
双扇推拉门2	2400	1500

族名称	高度	宽度
BM_金属双扇推拉门	1800	2300
平开窗A11	1200	1500
单嵌板木门 1	2200	1200
单嵌板木门 1	1800	900
双扇推拉门2	2200	1800

什么工具方法都不重要，重要的是解决建筑的问题和业主的需求。

以上仅仅是一家之言，如果你也在摸索类似的方法，欢迎相互探讨。

BIMBOX 观点

在 BIM 圈里，数据应用是一个很棘手的话题，谈远了不接地气，谈近了困难重重。首先在数据传递这一个环节，人们都没有达成统一的意见。尤其是 IFC 这个领域，更是很多群里会争论的东西。

有人觉得 IFC 是一条死路，应该早点抛弃另寻他路；也有人觉得 IFC 本身没问题，有问题的是软件；还有人觉得 IFC 和软件都没问题，有问题的是人的水平。这里面不单单是技术之争，也有商业之争，甚至是信念之争。

金戈说了一句话："我们并没有很多 IT 人才，IFC 出现了问题，这是我面临的实际情况，我暂时解决不了，但我不能等，得继续往前走。"缺少 IT 人才，是国内很多企业的实际问题，但我们不能说，企业缺少 IT 能力，就别搞 BIM 了。行业里有负责讲故事的人，也有专门琢磨大问题的人，既有面对传统问题的人，也有追求创新的人。每种人发表观点，其实都是站在自己看待行业和世界的角度，追求一条可行的实施路径，抓自己面前的那只"老鼠"。

而我们最支持的是这样一种人：他们有行动的勇气，也有分享的善意，把事情做出来，再把自己解决问题的方法写到文字里讲述给别人，这比简单持有一个不容辩驳的理想要困难得多，也可敬得多。

BIM 全生命周期：一条尚未填平的路

我们之前用了很长的篇幅，讲解了 BIM 的编码体系。了解之后发现国内的编码体系很杂、很乱，而且和它相关的还有设计、施工、运维等业务中存在的问题，其中包括“全生命周期管理”这样的理念问题，甚至很多环节 BIM 推进不下去的症结也藏在这个深不见底的黑洞里。

因为我们在讨论“全生命周期”这样的大问题时，很少会钻到一个编码的小细节里去，但正是这些细节里的“小蚂蚁”，一点一点啃出了这条路上的一个个坑。

所以本节我们虽然是继续讲 BIM 编码，但真正的话题是它背后的一系列问题，这些问题导致了各路专家理念的冲突、导致了理论研究和一线操作的割裂。

1.

我们先简单回顾一下，之前关于编码的内容都讲了些什么。

编码的存在意义，是人类进入计算机时代，信息在不同语种、不同行业、不同软件之间传递，需要一套统一的二进制规则。

建筑信息编码的重点不在于代码本身，而在于分类，因为不同角色对建筑元素的分类方法是不一样的。投资人和设计师关注建筑的成品物理组件，而施工单位更关注工序的分解和实现这个物理组件的方法。

美国的 Masterformat 和 Uniformat 都是**树状分类法**，前者是乙方思维，后者是甲方思维。简单的树状分层分类会带来很多的问题，随着特征的增加，编码数量会急剧增加，并且哪个特点该排在更高的层级也更难界定。

后来出现的**面分类法**在一定程度解决了这两个问题，它是把互相平行的“特征面”单独分组编码，互不干涉。需要的时候，在对应的特点组里挑出特定的编码，组合到一起就行了。Revit 软件里集成的 Omniclass 就是面分类法。

看完了这些知识，你会不会有种感觉：**好像除了满足一下好奇心，这些东西知道了也没什么用。**

你这么想就对了，大多数设计师和工程师，确实是不需要编码知识的，正如我们每天都用键盘打字，却根本不需要知道汉字背后的 UTF-8 和 GB 编码规则一样。这些编码已经由软件编写好，你在前端使用功能时，对编码应该是无感的。

不过，这里用文字编码来打比方，有个很大的问题。文字的编码历史中，先后出现了 ASCII、GB、Unicode、UTF 等不同的编码，人们都是选择“当前最好的编码”，而不是等一个完美的编码。

时至今日，我们能使用各种文本软件而不需要操心编码的问题，正是因为文字编码的迭代已经基本完成，全球大一统都没啥问题了。而我们的建筑编码，还远远没达到这一步，**我们还是活在编码不断更替、不断竞争的时代里，我们所使用的软件自带的功能，也还远远没达到业务的要求。**

所以在有些情况下，人们还是要求助于编码，有时候是自己编，有时候是抄现成的。

2.

下面先举几个例子，来看看他们为什么要用编码，再回来看一个大问题：不同的人说的建筑信息编码，有时候根本不是一个意思。

案例一

前文段晨光讲到他在参与法兰克福一个大型项目的案例时，其中一项很重要的工作，就是把机电专业在墙和楼板上预留的洞口在建筑模型上表达出来，这样建筑师才能出正式的施工图。

这里的难点在于，机电工程师用的软件是 Tricad ，而建筑师用的是 Revit 。这些洞口还不是一次性挪过去就行，每一层建筑都需要前后开几次会才能把洞口位置确定下来。整个项目下来，洞口转移的过程需要重复将近 1000 次。

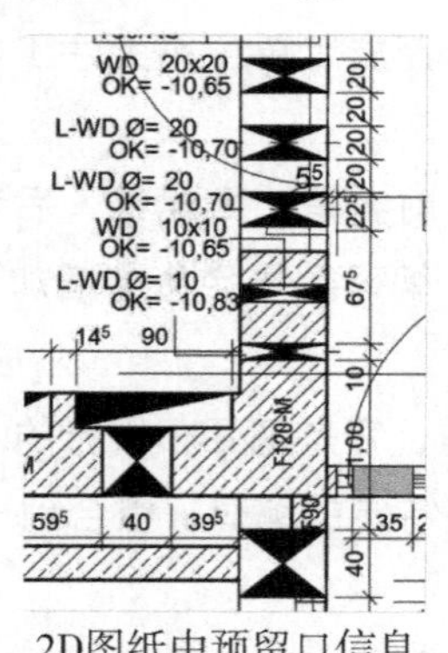

2D图纸中预留口信息

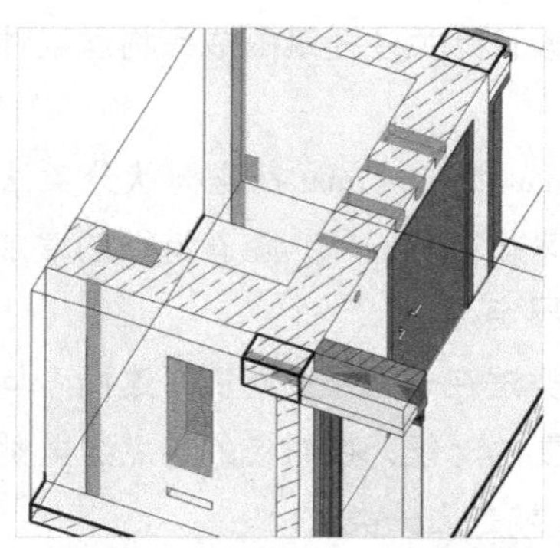

同样的位置3D模型中的预留口

为了增加这项重复劳动的效率，甲方就组织第三方公司开发了专门的插件，它能把机电工程师提交的 Tricad 洞口数据批量转化成 Revit 族，这些族还必须带着自己的空间坐标信息，才能在导入 Revit 的时候，自动放到该待的地方去。

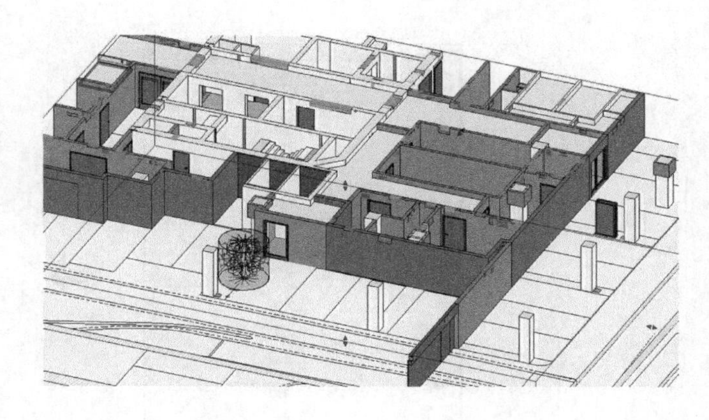

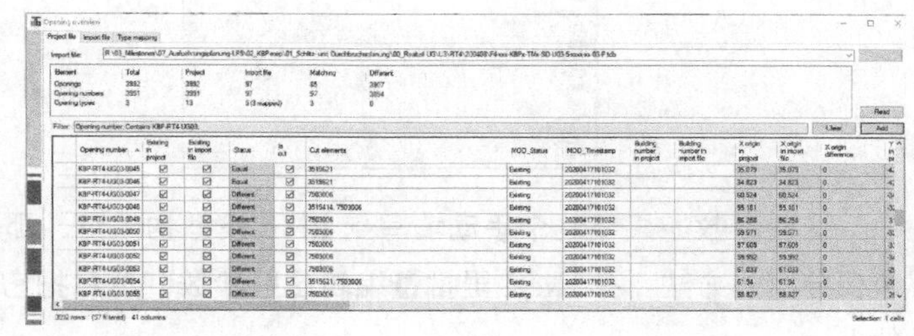

这样的批量导入工作还不够，因为机电工程师设计过程中可能会犯错，每次开完会，一部分洞口的位置也需要重新调整，如果每次导入都需要逐个洞口检查位置，那工作量还是太大了。

所以这个插件还开发了一个功能，就是利用一串编码来跟踪每一个洞口。如洞口在 Tricad 里编号为 3519621，到了 Revit 里也必须编号为 3519621，每一次移动了这个洞口的位置，它的编号还必须保持不变。

这样，每次导入的时候，它们就只需要追踪那些编号一致、空间坐标发生变化的洞口，也就是下图中紫色的部分，看看是工程师弄错了，还是洞口的位置发生变化了。

下面是重点了：Revit 每个构件都有一个独立的 ID，那能不能用这个 ID 号作为洞口的编码呢？毕竟，这样就不需要专门为它设计一个编码了。

答案是：不行。

因为 Revit 和 Tricad 用的不是一套计算机编码体系，它们之间的构件 ID 是不一样的。所以一个洞口必须有一个软件自带编码之外的参数，我们还要在插件上设计一个规则，让这个参数能从 Tricad 里出去，再完好无损地进入到 Revit 里面去。

这就是第一个案例代表的一种情况：当我们在不同软件里传递一个信息的时候，光靠软件自带的构件 ID 编码是不够的，必须在它们之间创造一把“钥匙”。

案例二

金戈也谈到了他在项目服务中使用编码的原因。

他所在公司的服务对象是业主方，对方要的东西很明确，不是设计模型，也不是施工模型，而是竣工模型。

甲方要求，在竣工模型的构件里，要加入他们运维需要的属性信息，这些属性包括技术信息，比如长度、宽度、高度、风量、水量等；也包括非技术信息，比如设计人员、施工人员、维保人员、工艺工法、控制开关、联系电话等，加起来要写 70 多个参数。

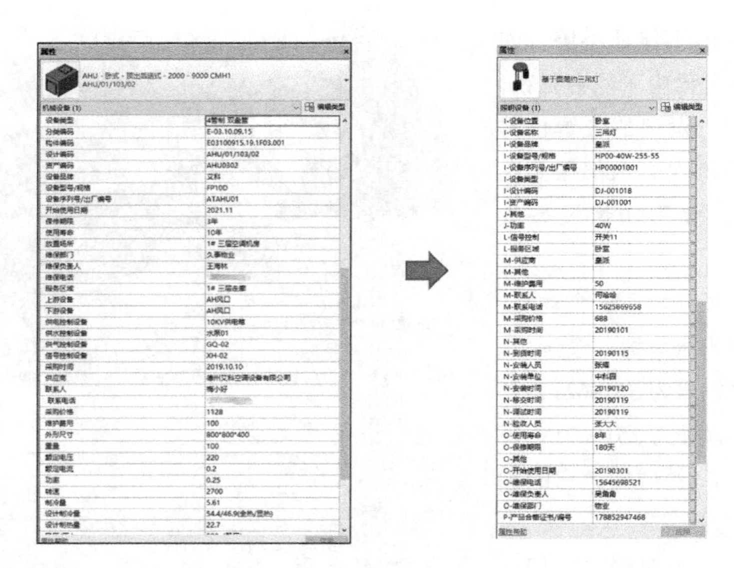

这些参数如果要逐个手动填写到 Revit 模型构件里，那是非常烦琐的。所以金戈的团队选择了数模分离的方法：**在 Excel 里批量编辑这些参数，然后把它们批量导入到 Revit 里，附着到每个构件上。**

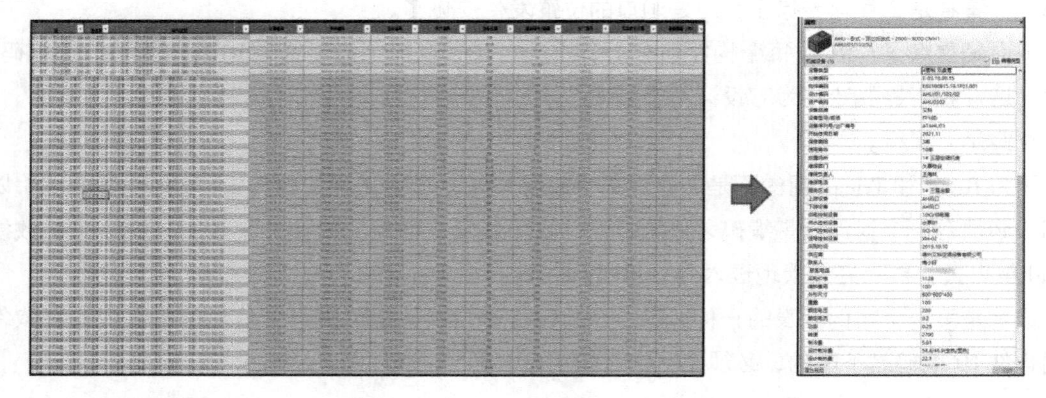

要达到这个目的，在 Excel 和 Revit 之间，就必须有一把钥匙，这和前面说到的 Tricad 和 Revit 之间互传信息是一样的，只不过这次要传输的不仅是空间坐标信息，而是 70 多项参数。

那么，如果我们还是像上个案例那样，给每个构件设计唯一的编号，让它作为 Excel 和 Revit 之间的“钥匙”呢？

答案是：不行。

因为上一个案例要处理的只有一种构件类别，就是洞口，也就不需要分类了，只要每个构件的编码不重复，可以被不同软件识别就行。但在这个案例中，工程项目的交付文件里有成千上万个不同种类的构件，如果每个构件都彼此独立，那 Excel 表格可就要写得无限长了。所以必须要分类。

你可能会说，要分类也很简单，Revit 不是按照墙、梁、柱、板、水、暖、电给分好类了吗？按照这个分类不就行了？

答案还是：不行。

这里的关键在于，不同人关注的构件分类不一样。以水泵这个构件为例，设计师在做设计的时候，会根据专业，把空调水泵、给水排水水泵、暖通水泵区分开，它们的分类是和专业分类一致的；到了施工方那里，算量要按照清单来分类，工序则要按照分部分项来分类；而最终到了业主那里，水泵就是一项资产，不管它在设计的时候属于什么专业，也不管它安装的时候在哪个工序。

同样一个东西，在设计阶段可能归属于某种分类，在施工和运维阶段可能会归属于另外不同的分类。而 Revit 是为设计服务的软件，如果你的成果服务于运维，它自带的编码系统就难以满足需求，而要在这之外重新设计一套符合运维标准的编码规则。

在金戈所在的项目里，最终交付的是业主要的竣工模型，而且参与项目的还不止他们一家，所有服务商最终交付的结果要汇总到业主这里，大家写参数的办法可以各显神通，但最终那把“钥匙”必须是统一的。

最终这个项目，甲方召集各方开会，金戈团队牵头，编写了一个大家都同意的编码规则，各方再把这个规则里的编码作为“钥匙”，写到交付的模型里去。

下面这串代码，就是站在甲方的视角来看待一个离心风机的结果，显然，通过分类、规格、位置和序列号能定义一个构件的唯一性，剩下的就是往里挪参数了。

WR03401606	01	RF01	001
分类编码	规格编码	位置编码	序列号

说到这儿，我们稍微总结一下，大多数时候，建一个模型交出去，或者出几张图、算算量，是完全不需要考虑编码这件事的，软件本身已经进行了编码。但在以下几种情况下，就需要自己定义编码了：

1）需要软件自带功能无法实现的自动批量操作。

2）需要在多个软件之间传递数据。

3）需要在多种数据类型之间传递数据。

3.

说完了大家为什么要用编码，接下来再说说：**当人们争论编码的时候，很可能说的不是一件事。**

在第一个案例里，要实现的是让每个洞口都能被 Revit 识别并且记住，那就需要给它们设置不同的代码。给每个洞口设置唯一的代码这个行为，有人把它称为“编码”，而也有一些人认为这不应该叫编码，而应该只叫“**编号**”，因为它只要有唯一性就可以，而不需要遵循某个特定的规则。

在第二个案例里，不仅要让每个构件唯一，还需要把它们进一步分类，有的人就说，**有分类规则的编码，才叫编码。**第二个案例中的编码规则是有明确边界的，只能给业主服务，甚至只能给一家业主服务，到了其他人那里这套编码规则就得换。所以又有人说，这种编码不能用于从设计到运维的各个环节，不能叫编码。**我们要做一套可以囊括所有信息、用于全生命周期管理的建筑信息编码。**

“编码”就是这么两个字，每个人说出来的时候想的东西很可能不一样，我们可以非官方地把这三种编码分别叫作“构件编号”“分类编码”和“全过程信息编码”。

在这三种讨论里，前两种情况我们说过了，接下来说说第三种情况：**能不能制订一个终极编码规则，让所有项目、所有人都适用？如果能，实现的难点在哪里？**

很多人谈到编码的时候，喜欢用身份证举例，那我们就用身份证来说明这个问题。

每个人的身份证号都是不一样的，它实现了每个人身份的唯一性，这一层不用多解释了。再进一层，身份证号码除了唯一性，还是可以携带一些信息的。

比如目前用得最多的 18 位身份证号码，你可以通过前六位数字定位一个人的籍贯所在地，从第 7 位开始可以知道一个人的出生年月日，进而可以计算出年龄；倒数第二位则可以看出性别来。

如果现在需要设计一个程序，对大量人员进行统计、管控，只需要把他们的身份证号输入进去，再设置一定的过滤条件就行了，比如统计河南省有多少大于 40 岁的男性。

上面说的是事实，下面为了说明问题，我们做一些假设。

假设某个传染病过后，国家有关部门想给每个人加上一个“有没有打过疫苗”的信息，1 代表打过，0代表没打过。那能不能往身份证号后面加一位数字？当然，理论上是可以的。这样每个人的身份证号就变成了19位。我们能用身份证号信息做的事就多了一个维度，可以统计每个省市不同年龄、不同性别的接种情况分布了，很方便对不对？

可是没过几天，教育部门的人又说，那不如把学历也编个号，写到身份证号里去吧。于是身份证号又变成了20位。

接下来的事你想想也知道了，很快，找来的部门越来越多，身份证号越来越长，没过几年，每个人的身份证号都变成2000位的了，这就不合适了吧？

还有另外一个问题，就是有些东西是随时间不断变化的，比如你想把一个人的职业、收入、胖瘦这些东西也让计算机读取，可它们今年和去年的数值是不一样的，总不能每隔几个月就换一个身份证号吧？

所以你看，虽然在理论上我们能把一切信息进行编码，但在真实的世界里，要把所有信息全都存储在一个“大一统”的编码框架里，也许并不是一个好主意。

真实世界里的一个身份证号，能起到的作用主要还是唯一性，具体要查看一个人的职业、健康、社保、学历等信息，是以这串唯一的编号作为“钥匙”，进入到其他表格里才能查到。

我们给建筑构件编码，也必须是这样：**先通过某种比较粗略的分类方法给构件分类，赋予一串唯一不重复的编码，然后把每个阶段需要的数据单独存放到族信息、数据库或者表格里。**

到了这一步，争议还没有结束。

4.

目前的现实情况是，不同构件在设计阶段按专业分类、施工阶段按流水分类、运维阶段按资产分类，每一拨人关注的信息要分别装到不同的篮子里。

甚至对于同一个构件的同一个属性，大家的需求都不一样。比如同样是“材质”这个参数，做装修的人可能关注它的纹理图案，做绿色建筑分析的人可能关注它的保温性能，施工方可能关注它的工艺流程，甲方可能关注它的价格成本。

原本，大家用各自的软件，带着各自的编码，边界清晰，没出现什么问题。可一旦说到“建筑全生命周期管理”这样的词，问题就来了：大家各自使用的模型、数据库、Excel，计算机程序是不能随意互相访问的。

比如某一家企业，把一根柱子编号为**A-01**，它的属性信息单独存放在一张资产运维表，表格被命名为**CE01**。只要到这张表格的第4列就能查到它的材质信息。

这家企业制定这样的规则，可没和全行业的人打招呼，另一家企业用其他软件打开这个文件，A-01是啥不知道，CE01是哪张表也不知道，这就没法查了。

在一次线下交流会上，一位BIMer向广联达的一位技术人员提问：为什么用图形算量服务在施工阶段总是很别扭？对方回答：因为图形算量软件是给招标投标用的，本来就不是面向施工来设计的。而招标算量和施工算量的业务有很多不同。

1）算量依据不一样，招标投标阶段是国家和地方的清单计价量，施工阶段是实物量。

2）构件分类不一样，招标投标阶段构造柱不用细分，施工阶段还要按部位和流水段细分。

3）颗粒度不一样，招标投标阶段只考虑主要工序，施工阶段所有辅助作业也要分解出来。

4）业务关系不一样，招标投标阶段各个工序之间基本没有关系，施工阶段则要严格考虑相互关系等。

其实类似这样的问题很多，而我们真正应该深究的，不是去问为什么用于招标投标的模型不能用于施工算量，而是要反过来问：我们为什么需要招标投标模型能用于施工算量？

因为我们每天都听到全生命周期管理，听到信息的上下游传递，听到一模多用，我们误把愿景当成了现实。

而现实世界是这样的：编码是给软件用的，每个软件一定有自己的编码体系。但软件开发出来是要有人买单的，软件开发的所有目标，就是满足购买者的业务要求。软件的服务边界处可能会有一点点模糊的外扩，比如支持一些中间格式的导入导出，但一定不能无限外扩，否则无限穷举的研发成本会把一个软件商拖垮。

5.

林臻哲说到编码问题的时候，他说：“现阶段务实的企业不应该盲目追求编码，而应该明晰自己业务对象的边界。给谁提供服务，就按需交付。尤其是对于现阶段 BIM 在设计和施工的发展情况来说，首先要解决的根本不是编码的问题，而是标签的规范问题。所谓标签，你可以理解为 Revit 里任何参数的命名。我们要给一堵墙编码，如果在内部光是‘现浇’‘浇筑’‘混凝土浇筑’这些属性标签都无法统一，那任何编码都是没意义的。”

这让我想起在做《中国 BIM 草根报告》调研时候发生的一件事：我们写了一道问题，让大家回答自己常用的 BIM 软件，给的是简答题，拿到问卷让我们很吃惊，光是 Navisworks 一个软件就有 20 多种写法，这怎么统计？

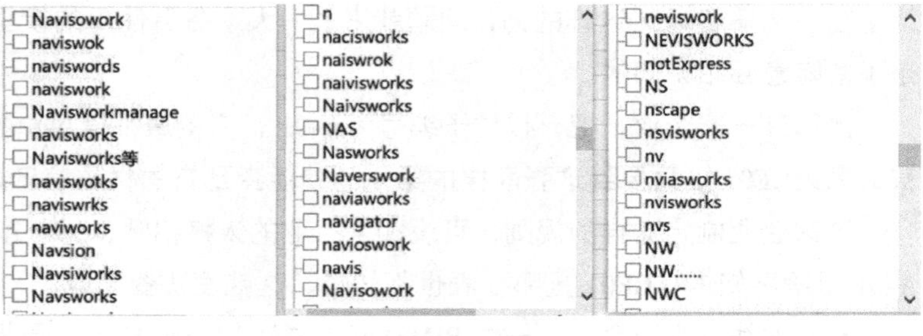

Navisowork
naviswok
naviswords
naviswork
Navisworkmanage
navisworks
Navisworks等
naviswotks
naviswrks
naviworks
Navsion
Navsiworks
Navsworks

n
nacisworks
naiswrok
naivisworks
Naivsworks
NAS
Nasworks
Naverswork
naviaworks
navigator
naviosworkk
navis
Navisowork

neviswork
NEVISWORKS
notExpress
NS
nscape
nsvisworks
nv
nviasworks
nvisworks
nvs
NW
NW……
NWC

我们还处在一个莽荒的时代，未来的建筑信息编码无论怎么发展，一定是被软件集成在后端，使用的人对代码应该是无感的。

这就像早些年大家寄东

西，都要自己写邮编，方便邮局的机器识别代码、实现自动分拣。后来人们发快递不需要查邮编了，用下拉菜单选择就更不容易出错。再到今天，连下拉菜单都不需要，你只要复制粘贴一下，软件就会自动帮你把地址、人名和电话分类填好。

人本就应该处理自然语言，编码本就应该属于计算机。只不过我们这个行业和那个“去邮编”的美好世界之间，还有很长的路要走。

但我们相信，看到困难的愁眉苦脸，总好过假装没有困难的歌舞升平。

在和@小耳朵猫酱一起探讨本节内容时，我开玩笑道：“这个系列写了好几万字，感觉绕了一个大圈，告诉大家这有一个坑。”她这样和我说：

“它不是一个坑，它只是还没填平的路。”

特别答谢在写作本节内容时帮助我们提供案例和思路的：商丽梅、吕振、段晨光、金戈、戴路、王初翀（小耳朵猫酱）、林臻哲。

实践：BIM信息批量搞到Revit里

本节讲一个具体的技术：**怎样利用Revit实现快速编码。**

Revit项目绝大多数信息都是存储在族参数里的，无论是自己编码，还是在甲方的要求下进行编码，都必须把编码信息写到族属性的参数里。

下面分别介绍两个可以规范、快速录入编码信息的方法和插件。

1. Revit实现快速编码

以下内容来自于国药集团重庆医药设计院有限公司VDC中心的分享，我们先从编码说起。

他们在做项目的时候，遇到族和类型命名的问题，就特别的痛苦。一个项目导出了族表格，想用数据软件来处理下，发现族和类型的名称五花八门，必须逐个重新命名。

虽然他们做了项目模板文件，可也挡不住建模人员修改的热情，加上很多外挂插件也会加载自有的族。他们就琢磨怎样利用编码解决这个问题。

Revit自身是有编码功能的，也就是族属性中的“部件代码”。它是一个族类型参数，附带还有一个对应的“部件说明”。只要选择了代码，相应的部件说明会自动填写，而代码如果写错，部件说明就不会出现。

下图中左边是族类别属性，右边是点开的部件代码，可以在这里选择预置的代码参数，也可以在明细表里面填写它。

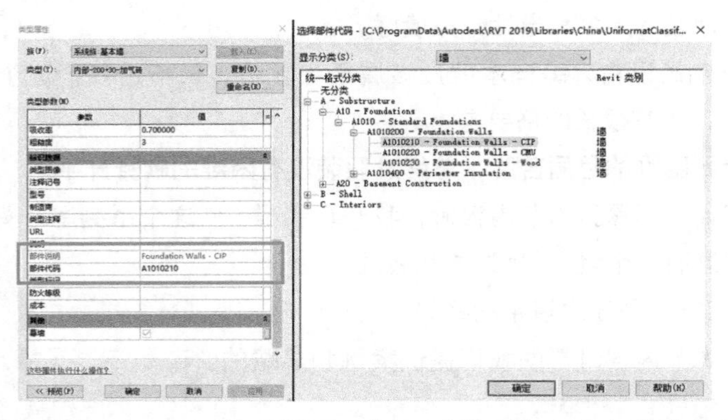

目前这个代码使用的是 Uniformat 编码规则，但可以修改它，让它遵从我们自己的编码规则。

在 Revit“管理菜单-其他设置”里，有这个部件代码的设置，打开后可以看到一个文件地址，默认为一个叫作“UniformatClassifications. txt”的文件。可以找到相应的位置，打开这个文件可以看出，部件代码的所有来源是这个 txt 文件。

按照文件路径找到这个 TXT 文件，打开它可以看到这样的格式：

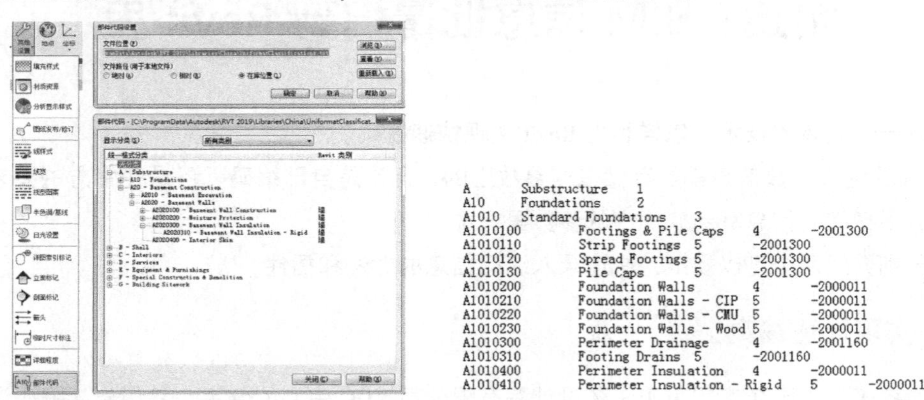

```
A	Substructure	1
A10	Foundations	2
A1010	Standard Foundations	3
A1010100	Footings & Pile Caps	4	-2001300
A1010110	Strip Footings	5	-2001300
A1010120	Spread Footings	5	-2001300
A1010130	Pile Caps	5	-2001300
A1010200	Foundation Walls	4	-2000011
A1010210	Foundation Walls - CIP	5	-2000011
A1010220	Foundation Walls - CMU	5	-2000011
A1010230	Foundation Walls - Wood	5	-2000011
A1010300	Perimeter Drainage	4	-2001160
A1010310	Footing Drains	5	-2001160
A1010400	Perimeter Insulation	4	-2000011
A1010410	Perimeter Insulation - Rigid	5	-2000011
```

这样看起来还是比较乱，也不太好编辑，你可以用 Excel 导入这个文本文档，运行 Excel 直接把它拖进去，就能看到标准的格式了。

	A	B	C	D
1	A	Substructure	1	
2	A10	Foundations	2	
3	A1010	Standard Foundations	3	
4	A1010100	Footings & Pile Caps	4	-2001300
5	A1010110	Strip Footings	5	-2001300
6	A1010120	Spread Footings	5	-2001300
7	A1010130	Pile Caps	5	-2001300
8	A1010200	Foundation Walls	4	-2000011
9	A1010210	Foundation Walls - CIP	5	-2000011
10	A1010220	Foundation Walls - CMU	5	-2000011
11	A1010230	Foundation Walls - Wood	5	-2000011
12	A1010300	Perimeter Drainage	4	-2001160
13	A1010310	Footing Drains	5	-2001160
14	A1010400	Perimeter Insulation	4	-2000011
15	A1010410	Perimeter Insulation - Rigid	5	-2000011

经过分析，这个文件一共有四列，分别是：

第一列表示编码内容，也就是部件代码。

第二列表示编码的类目名称，也就是部件说明。

第三列表示编码所在的目录级数。

第四列是用CODE码的形式来表达族类别，一个CODE代表一个族类别。

知道了部件代码表的原理，接下来就可以把自己想要的编码标准录进去了。

比如有个招标文件，业主在标书里注明构件要按《建筑信息模型分类和编码标准》（GB/T 51269—2017）进行编码，我们就先按这个标准来制作自己的编码文件。

表3.1.2　建筑信息模型信息分类

表代码	分类名称	附录	表代码	分类名称	附录
10	按功能分建筑物	A.0.1	22	专业领域	A.0.9
11	按形态分建筑物	A.0.2	30	建筑产品	A.0.10
12	按功能分建筑空间	A.0.3	31	组织角色	A.0.11
13	按形态分建筑空间	A.0.4	32	工具	A.0.12
14	元素	A.0.5	33	信息	A.0.13
15	工作成果	A.0.6	10	材质	A.0.14
20	工程建设项目阶段	A.0.7	11	属性	A.0.15
21	行为	A.0.8			

设计阶段应该应用14（元素）或者30（建筑产品）来进行编码，由于建筑产品编码实在太多了，所以我们利用表14：（元素编码）来制作这次的Revit部件代码。

当然，在实际项目中，可能用的是自己的编码规则，也可能用的是甲方强制要求的编码规则，在这里只讲通用的方法。

下图是元素编码示例。

表A.0.5　元素

编码	类目中文	类目英文
14-10.00.00	建筑	architecture
14-10.10.00	场地	site
14-10.10.03	道路	roadways
14-10.10.03.03	道路铺面	roadway pavement
14-10.10.03.06	道路路缘与排水沟	roadway curbs and gutters
14-10.10.03.09	道路附件	roadway appurtenances

（续）

编码	类目中文	类目英文
14-10. 10. 03. 12	道路照明	roadway lighting
14-10. 10. 03. 15	车辆收费系统	vehicle fare collection
14-10. 10. 06	停车场	parking lots
14-10. 10. 06. 03	停车场路面	parking lot pavement
14-10. 10. 06. 06	停车场路肩和排水沟	parking lot curbs and gutters
14-10. 10. 06. 09	停车场附件	parking lot appurtenances
14-10. 10. 06. 12	停车场照明	parking lot lighting

14：表代码，对应第 1 级。

14-10. 00. 00：大类代码，对应第 2 级。

14-10. 10. 00：中类代码，对应第 3 级。

14-10. 10. 03：小类代码，对应第 4 级。

14-10. 10. 03. 03：细类代码，对应第 5 级。

新建一个 Excel 表格，按照前面说的 Revit 的代码格式输入编码。

根据元素类编码的结构，编码级数分为 5 级目录，把层级编号分别填写到第三列。第四列是 Revit 中族类别的代码，我们找到了部分对应的代码，其实没有这个代码问题也不大，主要是填写代码的时候便于 Revit 按族类别筛选。

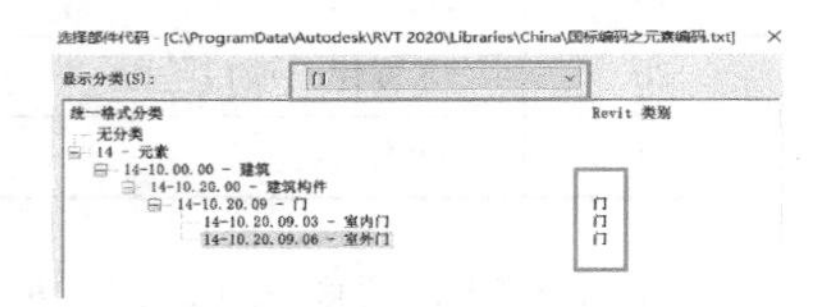

找到的部分族类别对应的 CODE 码：

	A	B
1	**revit类别**	**类目**
2	-2000011	墙
3	-2000014	窗
4	-2000023	门
5	-2000032	楼板
6	-2000035	屋顶
7	-2000038	天花板
8	-2000080	家具
9	-2000100	柱
10	-2000120	楼梯
11	-2000126	栏杆扶手
12	-2000170	幕墙嵌板
13	-2000171	幕墙竖挺
14	-2000180	坡道
15	-2001000	橱柜
16	-2001040	电气设备
17	-2001060	电气装置
18	-2001120	照明设备
19	-2001140	机械设备
20	-2001160	卫浴装置
21	-2001180	停车场
22	-2001220	道路
23	-2001260	场地
24	-2001300	结构基础
25	-2001320	结构框架
26	-2001330	结构柱
27	-2001340	地形
28	-2001350	专业设备
29	-2001360	植物

最终，把 4 列填写好，得到一个自己制作的部件代码表。

	A	B	C	D
1	14	元素	1	
2	14-10. 00. 00	建筑	2	
3	14-10. 10. 00	场地	3	-2001260
4	14-10. 10. 03	道路	4	-2001220
5	14-10. 10. 03. 03	道路铺面	5	-2001220
6	14-10. 10. 03. 06	道路路缘与排水沟	5	-2001220
7	14-10. 10. 03. 09	道路附件	5	-2001220
8	14-10. 10. 03. 12	道路照明	5	-2001220
9	14-10. 10. 03. 15	车辆收费系统	5	
10	14-10. 10. 06	停车场	4	-2001180
11	14-10. 10. 06. 03	停车场路面	5	-2001180
12	14-10. 10. 06. 06	停车场路肩和排水沟	5	-2001180
13	14-10. 10. 06. 09	停车场附件	5	-2001180
14	14-10. 10. 06. 12	停车场照明	5	-2001180
15	14-10. 10. 06. 15	外部停车控制设备	5	-2001180

要让 Revit 正确识别，需要把表格导出为 TXT 文本文件，需要注意的是，另存的时候一定要选择 Unicode 模式。然后在 Revit “部件代码” 中重新载入文件。

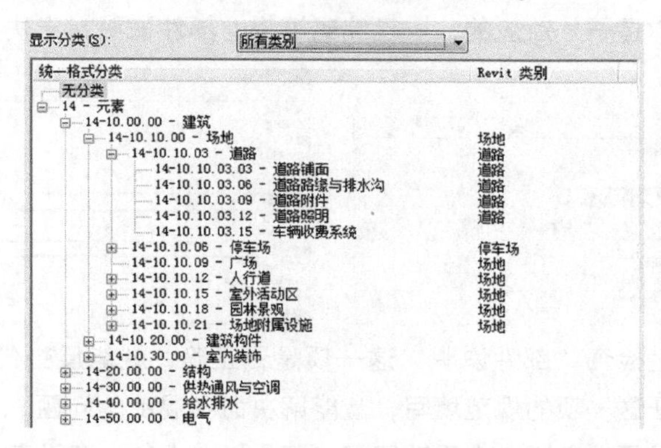

最后一步就是给 Revit 族录入编码，以矩形风管为例。选中图元，编辑类型，找到部件代码，进入菜单录入编码。

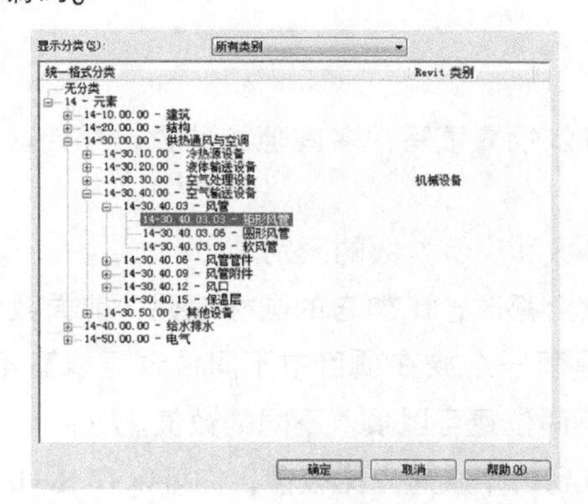

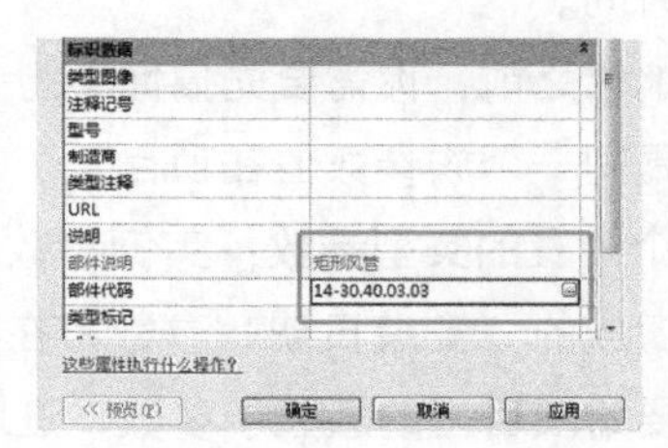

这个部件代码文件里可以容纳不同编码方式，只要管理好代码的级别就行，另外，在族编辑器里也有类似的东西，就是 Revit 自带的 OmniClass 编码，其实原理跟上面的部件代码一样，只不过这个是族参数，项目里面无法编辑，只能在族编辑器中编辑。

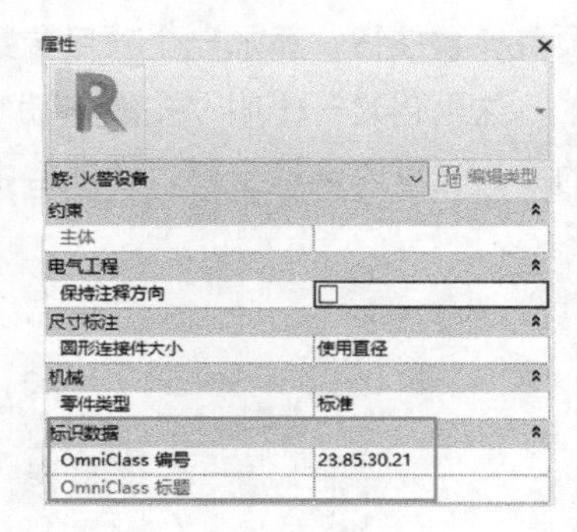

这个编码文件的位置如下：

C：\ Users \ Yourname \ AppData \ Roaming \ Autodesk \ Revit \ AutodeskRevit 20××\ OmniClassTaxonomy. txt

同样利用上面编辑替换文件的方法，可以把 Revit 自带的 OmniClass 编码替换为自定义的编码，不过需要打开每个族来编辑，这个工作量不小。

说到这里小结一下，做这个工作是解决什么问题？

一开始我们说到项目族名称乱的问题，本质上就因为命名方式太自由了。而刚才讲到的这两个东西，编码和部件名称是一一对应的，一旦编码填错，部件说明就无法正常显示。

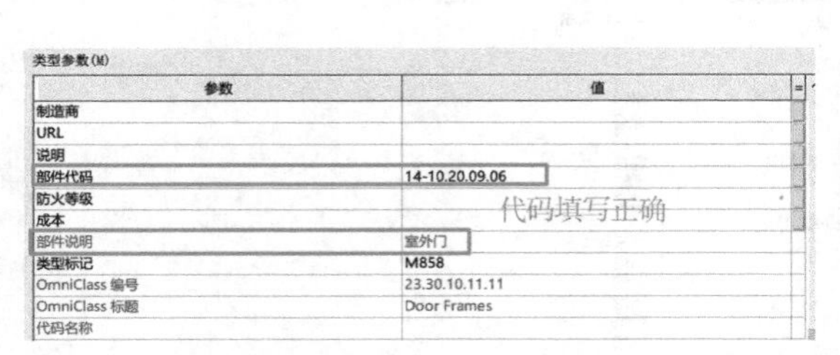

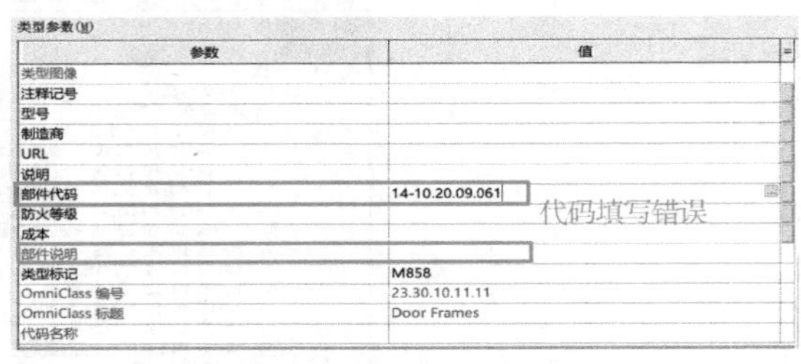

这样，我们只要通过检查“部件说明”这一项是否正确，就能反查代码是否填写正确，而不管族名称是否规范，保证这一项的规范填写，就能解决命名混乱的问题。

不过，在实际项目里要大家逐个去手动填写，还是挺费力的，有没有什么批量处理的方法呢？有的。

2. 批量填写参数

以下讲的方法，不止可以处理编码，也可以批量填写很多其他族参数，学会这个方法可以在很多方面节省时间。

在说批量编辑之前，你需要先搞懂类型参数和实例参数的区别。

类型参数是同一个族参数值在项目里一改全都改，比如它的国标编码，前面我们说的“部件代码”就是一个内置的类型参数；实例参数是同一个族在项目中不同位置可以有不同的参数值，比如同样一个门族的“安装日期”参数，在不同位置可以填入不同的数值。

首先我们要给项目里的族赋予参数，进入到每个族建立比较慢，你可以在 Revit 管理面板找到项目参数按钮，添加一个项目参数。

这里创建一个叫“安装日期”的实例参数，可以通过右侧的过滤器，把这个参数赋给项目中的族，也可以选择全部，让项目中所有族都有这个参数。

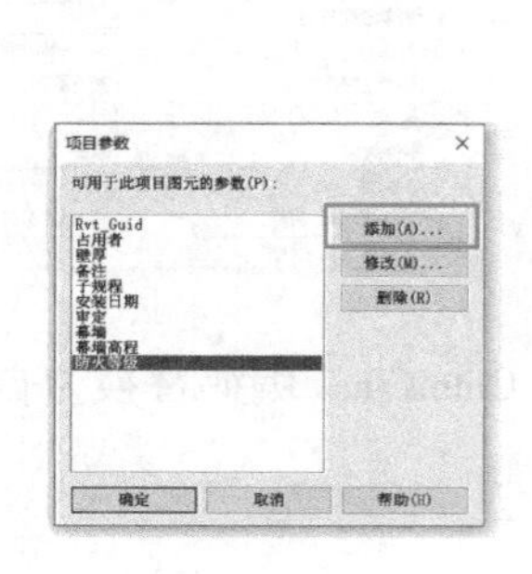

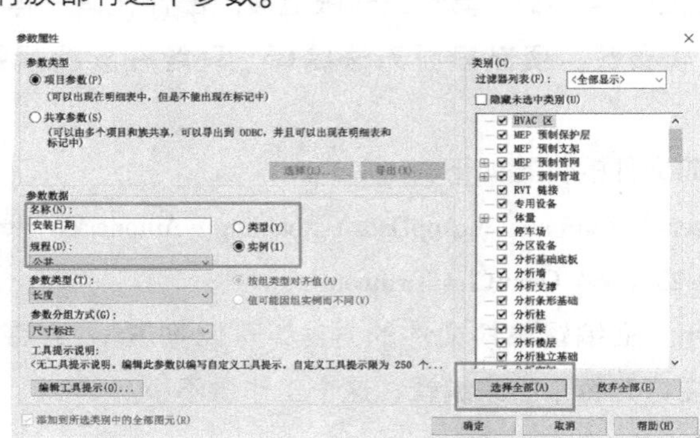

批量编辑的第一步，就是创建明细表。可以选择“多类别”，创建整个项目的总表，也可以按类别创建。

以门表为例，分别放入“族与类型”字段，刚刚建立的“安装日期”实例参数，以及前面讲到的“部件代码”类型参数。

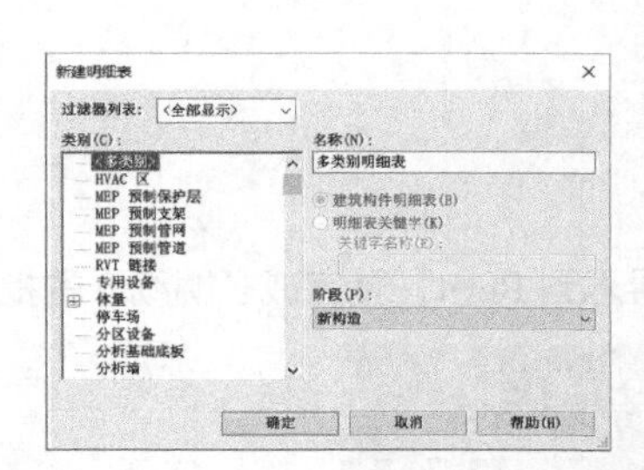

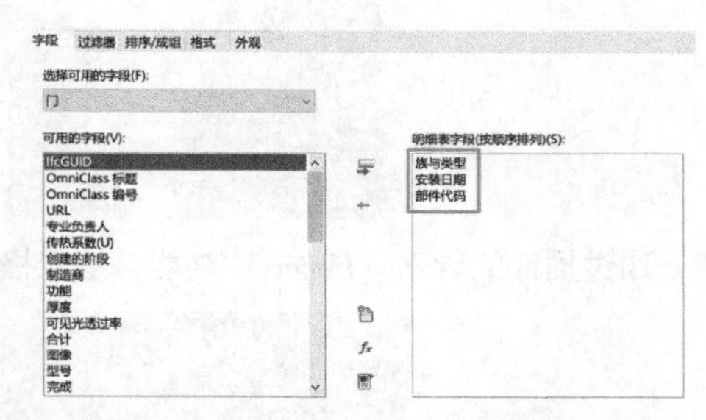

对于实例参数“安装日期”，可以在明细表里随意输入，而对于类型参数“部件代码”，同一个族只要改一个，其余的就会全部被修改。

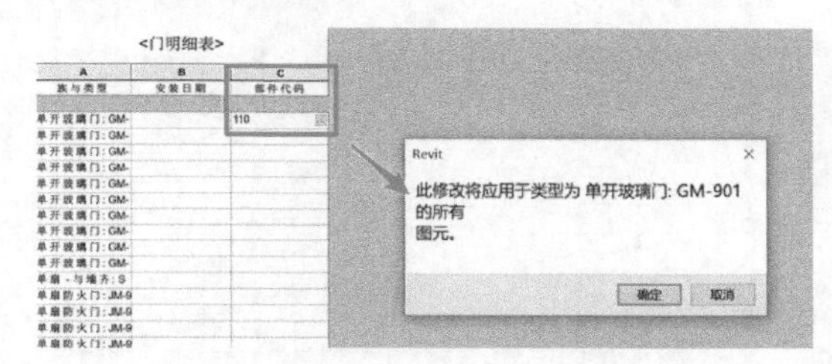

明细表和族参数是双向同步的，不过直接用Revit编辑表格效率还是比较低，可以使用BIM One插件把明细表导出成Excel表格，批量编辑好再导入回来。

界面比较简单，左边选择需要导出的表格，可以选择多张表，导出后会在Excel里分页合并，在Export mode里选择第二个（选中这个才可以编辑完再导入Revit），最后选择Export。

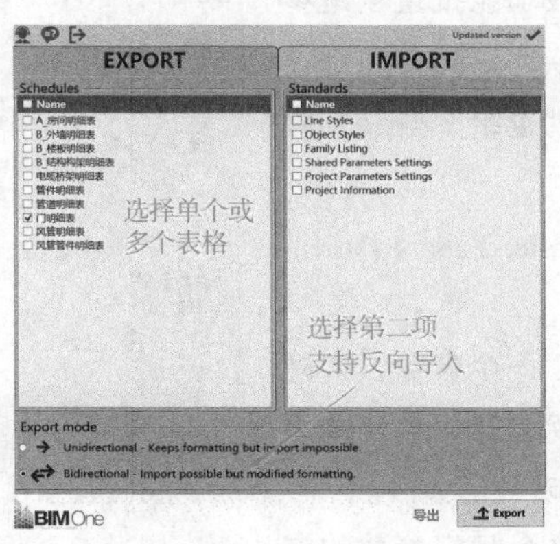

双击打开导出的表格，可以开始编辑数据。注意表格中有蓝色格子的列代表是类型参数，只

能编辑白色格子内容，蓝色格子会自动变化；全白色的列代表是实例参数，可以随意编辑。

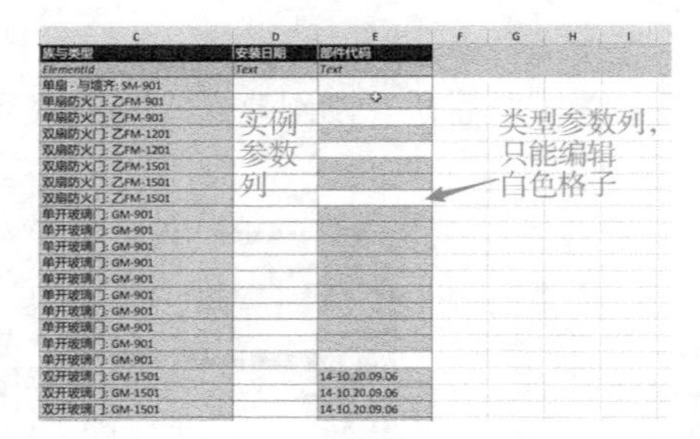

编辑完成，通过插件的导入（Import）功能，把表格导入到 Revit，就完成了明细表的批量编辑。

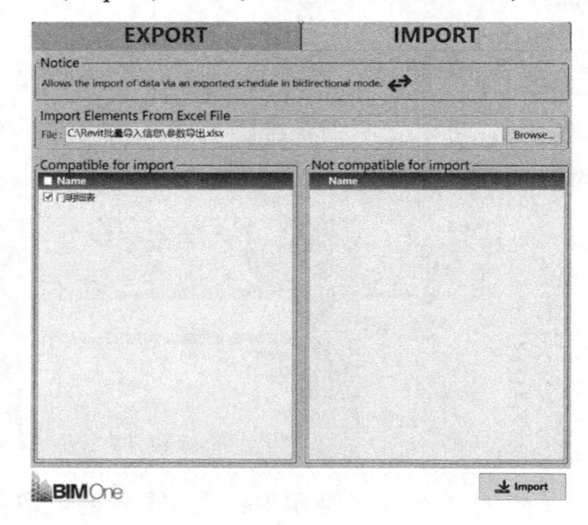

3. 批量创建参数

以上完成了族参数的批量修改，最后再讲一个关于批量创建参数的小知识。

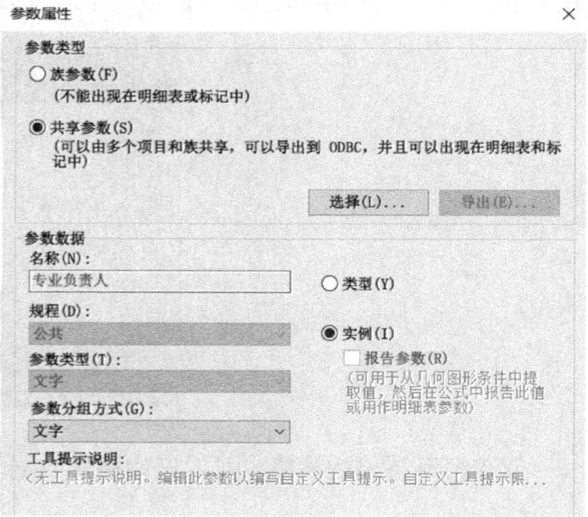

上一个案例是通过项目参数功能批量创建参数的，如果你希望建立自己的族库，把参数都留在族里而不是项目里，能不能批量给一些族创建参数？

这还得用到一个插件：Transfer Family Parameters。

首先，需要在一个族里建立一个参数，如建立一个叫“专业负责人”的实例参数，为了能用 Excel 批量编辑，需要把它设置成共享参数。

参数属性
参数类型
族参数(F)
(不能出现在明细表或标记中)
共享参数(S)
(可以由多个项目和族共享，可以导出到 ODBC，并且可以出现在明细表和标记中)
选择(L)...
导出(E)...
参数数据
名称(N)：
专业负责人
类型(Y)
规程(D)：
公共
实例(I)
报告参数(R)
(可用于从几何图形条件中提取值，然后在公式中报告此值或用作明细表参数)
参数类型(T)：
文字
参数分组方式(G)：
文字
工具提示说明：
<无工具提示说明。编辑此参数以编写自定义工具提示。自定义工具提示限...

使用这个插件，只需要把这个写好参数的族载入到项目里，在插件面板左侧选中这个族，并

选中需要传递的参数（可以单选也可以多选），然后在右侧选择接收这个参数的族，就能把参数批量传递给这些族。

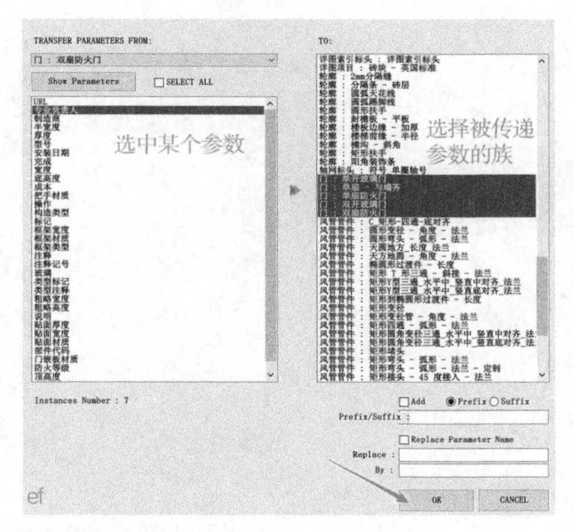

这样，被传递的族里也都有了选中的参数。

不过，这个插件有两个问题，第一是带有公式的参数不能传递，第二是所有共享参数在传递给其他族的时候会变成族参数。

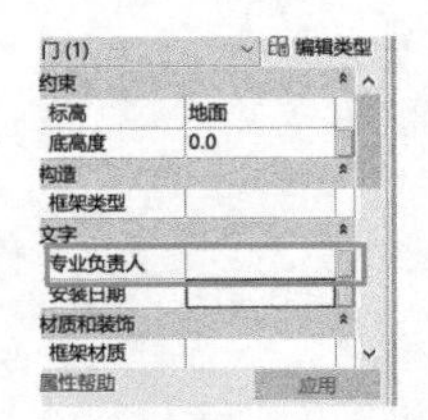

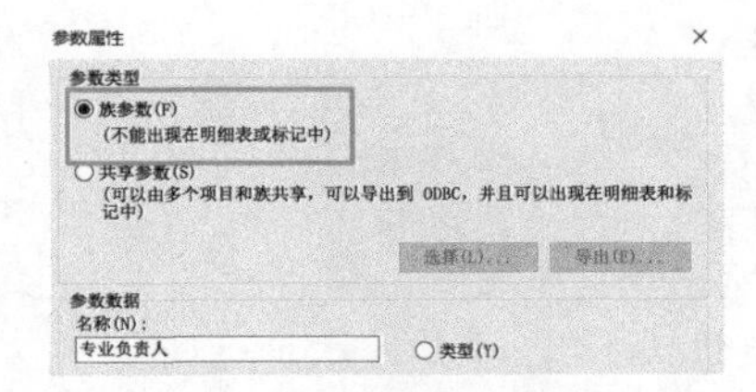

第二个问题比较麻烦，因为传递后的参数不再是共享参数，就没办法进入到明细表里，也就没办法用上一个插件实现批量编辑参数了。

于是，以上讲到的两个插件，一种批量填写族参数（可以创建项目参数），另一种批量创建族参数，是没法形成流程闭环的，只能根据需求二选一。

当然，如果你会 Dynamo，那实现 Revit 和 Excel 表的双向同步就比较容易了。

本节讲到了不少东西，希望能在编码和数据批量处理方面帮你打开一扇大门，再次感谢国药集团重庆医药设计院有限公司 VDC 中心的分享。

第6章

连接：从宏观政策到新技术

在我们的《BIM大爆炸》一书中，有一个扩展知识的章节，讲了VR、AR、MR技术，装配式技术和倾斜摄影技术。我们希望本书保持这样的传统，专门拿出一章来讲那些和BIM弱关联的技术和故事。这些技术的兴起，背后都指向国家的宏观政策：数字中国。

本章先讲政策的发展走向，再讲几项和建筑业相关的技术。

我们认为，所有使用BIM技术的人，都是对新技术比较感兴趣，至少是不排斥技术更新的人，希望本章内容能帮你打开眼界。

政策怎样读，才能读出门道来？

这些年关于BIM的政策出台了不少，大部分你都有所耳闻，也很容易搜到，如果只是把这些政策一股脑地罗列给你，那就没啥意思了。

本节我们想教给你一个很有用的技能：怎么看政策，才能看出门道来。

这里我们分享给你一套人人可以实践的方法，目的不是为了增加谈资，而是让你真正抓住政策脉络里的未来。

1. 方法论：政策文件该怎么看？

政策文件读多了，你会感觉它们写得都很像，文法结构和语言风格都非常相似，你在这篇政策里读到的东西，似乎在其他政策里也读到过不止一遍。

这正是我国政策的一个特点：所有的政策都是一脉相承、有先兆的，越是重大的政策，越不可能突然冒出来。只有这样，政策本身的正确性和稳定性才能得到保障。

经济学家何帆把这叫作“政策连续性定理”。

比如有一个政策，在先后颁布的ABCD四份文件里都出现了，刚在A文件出现的时候，大家都不太敢行动；等到B文件出现的时候，有些人看出了这种重复性，觉得可以行动了；C文件又出现的时候，不少创业者和企业高管已经行动了，最早一批行动的人都积累了一定成果了；等D文件出来的时候，大方向已经天下皆知，还是会有很多人表示看不懂。

其实如果把ABCD四份文件放在一起对比就能发现，很多人所说的“趋势”，早就不是趋势，而是事实了。

这就是本节要讲的第一个知识点：

方法1：把多份相关的文件放到一起看，找到那条跨越时间的秘密线索。

只看不变的东西还不够，我国一直是“稳定中求发展”，你找到了“稳定”，还要找“发展”，发展就是不同政策文件里细微的区别。

如去年的政策，写着“推广某某技术”，今年的文件里变成了“大力推广某某技术”，如果你注意到了这个细微区别，就找到了一个正在上升的行业；反过来，如果去年“大力推广”，今年变成了“努力探索”，那这项技术可能是遇到什么困难了。

再如同一个机构颁布的政策，往往段落格式是基本一致的，如先说指导思想，再说现状，然后说说总体目标，再谈具体任务。在同样的段落里，你会发现有一些东西去年没有提，今年新增了，或者去年强调了，今年拿掉了，这种区别也能体现出变化的趋势。

这就是本节要讲的第二个知识点：

方法 2：找到类似的文件，在细微差别里寻找发展的趋势。

在我国，任何的地方政府、行业机构、企事业单位颁布相关政策，都会去执行落实更高级别的政策指示。大多数政策文件，都能找到上一级别的相关政策，它出现的位置比较固定，一般就在整个文件的第一段，标题大多数是“指导思想”，写着类似“为贯彻落实某某政策，制定此文件”这样的话。

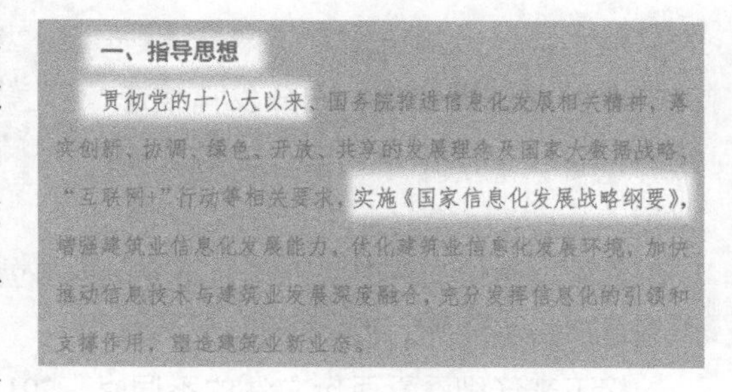

一、指导思想

贯彻党的十八大以来、国务院推进信息化发展相关精神，落实创新、协调、绿色、开放、共享的发展理念及国家大数据战略、“互联网+”行动等相关要求，实施《国家信息化发展战略纲要》，增强建筑业信息化发展能力，优化建筑业信息化发展环境，加快推动信息技术与建筑业发展深度融合，充分发挥信息化的引领和支撑作用，塑造建筑业新业态。

那个为贯彻落实的“某某政策”是你应该去看的，为什么呢？因为越是到上一级的政策，我们前面说的“稳定发展”的特点越明显，你越能发现大的趋势。而一个政策到了地方，往往调子已经定下，成为了事实。

所以，请你以后读政策的时候，记住第三个知识点：

方法 3：按图索骥，找到背后更高级别的政策。

还有最后一个知识点：

方法 4：一份文件里会提到很多内容，没必要全看，快速找到你关注的领域是个好的方法。

知识点讲完了，下面开始做题。

2. 例题：两份历史文件看市场发展

下面我们拿两份出台很久的文件出来练习一下，之所以先找两份老文件，是因为比较容易从后来市场的反应来验证这几个知识点。

这两份文件就是住建部在 2011 年发布的《2011—2015 年建筑业信息化发展纲要》，和在 2016 年发布的《2016—2020 年建筑业信息化发展纲要》。

一、指导思想

深入贯彻落实科学发展观，坚持自主创新、重点跨越、支撑发展、引领未来的方针，高度重视信息化对建筑业发展的推动作用，通过统筹规划、政策导向，进一步加强建筑企业信息化建设，不断提高信息技术应用水平，促进建筑业技术进步和管理水平提升。

2011

增强建筑业信息化发展能力，优化建筑业信息化发展环境，加快推动信息技术与建筑业发展深度融合，充分发挥信息化的引领和支撑作用，塑造建筑业新业态。

2016

我们先挑几处对比明显的地方，来分析一下相同和不同之处。

2011 年发展纲要开篇的指导思想

中写道："高度重视信息化对建筑业发展的推动作用，……进一步加强建筑企业信息化建设，不断提高信息技术应用水平……" 2016 年发展纲要指导思想中写道："增强建筑业信息化发展能力，……加快推动信息技术与建筑业发展深度融合，充分发挥信息化的引领和支撑作用，塑造建筑业新业态。"

一、指导思想

深入贯彻落实科学发展观，坚持自主创新、重点跨越、支撑发展、引领未来的方针，高度重视信息化对建筑业发展的推动作用，通过统筹规划、政策导向，进一步加强建筑企业信息化建设，不断提高信息技术应用水平，促进建筑业技术进步和管理水平提升。

2011

增强建筑业信息化发展能力，优化建筑业信息化发展环境，加快推动信息技术与建筑业发展深度融合，充分发挥信息化的引领和支撑作用，塑造建筑业新业态。

2016

你看，两份文件时隔五年，不变的内核就是把信息化深度融合到建筑企业的发展中去。这条主线是保持不变的。

接下来仔细看看两份文件的不同点：2011 年说是"高度重视信息化对建筑业发展的推动作用"，到了 2016 年变成了"加快推动信息技术与建筑业发展深度融合"，从高度重视的"看"，变成了加快推动的"干"，看出点区别了没？

实际从 BIM 出现的次数也能看出这种变化来，2011 年的发展纲要，BIM 出现了 9 次，首次出现的时候翻译成了"建筑信息模型"，而 2016 年，BIM 在发展纲要里出现了 28 次，且没有翻译。换句白话就是："该懂的你早就懂了，快点干。"

有这么含蓄吗？还真就这么含蓄。

另外，两份纲要还有一个明显的区别。

2011 年提出的 BIM 和信息化，主要围绕着企业单点应用，比如设计协同、参数化设计、可视化、4D 项目管理等。两个字概括：工具。

到了 2016 年，上述 BIM 的应用全都重复了一遍，并且新增了"与大数据、智能化、移动通讯、云计算、物联网等技术深度融合，实现 BIM 与企业管理信息系统的一体化应用，建立基于 BIM、物联网等技术的云服务平台。"两个字概括：平台。

加快推广 BIM、协同设计、移动通讯、无线射频、虚拟现实、4D 项目管理等技术在勘察设计、施工和工程项目管理中的应用，改进传统的生产与管理模式，提升企业的生产效率和管理水平。

2011

进一步完善并集成企业运营管理信息系统、生产经营管理信息系统，实现企业管理信息系统的升级换代。深度融合 BIM、大数据、智能化、移动通讯、云计算等信息技术，实现 BIM 与企业管理信息系统的一体化应用，促进企业设计水平和管理水平的提高。

建立基于 BIM、物联网等技术的云服务平台，实现产业链各参与方之间在各阶段、各环节的协同工作。

2016

从工具到平台的变化，要突破的核心是什么？看一下 2016 年发展纲要的原文："加快相关信息化标准的编制，重点编制和完善建筑行业及企业信息化相关的编码、数据交换、文档及图档交付等基础数据和通用标准。"

这个变化在《BIM大爆炸》一书中，小耳朵猫酱在她的文章《从20年政策，窥探BIM未来》里有详细的讲述，这里就不重复了。

（四）信息化标准。

强化建筑行业信息化标准顶层设计，继续完善建筑业行业与企业信息化标准体系，结合BIM等新技术应用，重点完善建筑工程勘察设计、施工、运维全生命期的信息化标准体系，为信息资源共享和深度挖掘奠定基础。

加快相关信息化标准的编制，重点编制和完善建筑行业及企业信息化相关的编码、数据交换、文档及图档交付等基础数据和通用标准。继续推进BIM技术应用标准的编制工作，结合物联网、云计算、大数据等新技术在建筑行业的应用，研究制定相关标准。

那么我们事后回顾一下，行业里大面积的出现工具级应用是在2013年到2014年，而基于BIM的云平台则是在2018年左右出现，2019年大面积占领市场。和相关政策的发布时间差不多就是2到3年的研发和推广周期。

这两批人，都看到了两个大政策里面的风向，而且看到就马上行动了。

再来看一个值得玩味的地方，在“总体目标”这一章节，2011年发展纲要中写道：“形成一批信息技术应用达到国际先进水平的建筑企业。”而2016年的发展纲要中是这样写的：“形成一批具有较强信息技术创新能力和信息化应用达到国际先进水平的建筑企业及具有关键自主知识产权的建筑业信息技术企业。”

（一）总体目标

2011

“十二五”期间，基本实现建筑企业信息系统的普及应用，加快建筑信息模型（BIM）、基于网络的协同工作等新技术在工程中的应用，推动信息化标准建设，促进具有自主知识产权软件的产业化，形成一批信息技术应用达到国际先进水平的建筑企业。

2016

初步建成一体化行业监管和服务平台，数据资源利用水平和信息服务能力明显提升，形成一批具有较强信息技术创新能力和信息化应用达到国际先进水平的建筑企业及具有关键自主知识产权的建筑业信息技术企业。

相同之处很明显，就是要通过政策扶持，带出一批应用信息技术的建筑企业；不同之处也很明显，2016年多了两个关键词：自主创新、自主知识产权。

这个明显的不同之处从哪来的？

2016年发展纲要的开篇就写道：“为贯彻落实……《国家信息化发展战略纲要》，……我部组织编制了《2016—2020年建筑业信息化发展纲要》。”

住房城乡建设部关于印发2016－2020年建筑业信息化发展纲要的通知

各省、自治区住房城乡建设厅，直辖市建委（规委），新疆生产建设兵团建设局：

为贯彻落实《中共中央 国务院关于进一步加强城市规划建设管理工作的若干意见》及《国家信息化发展战略纲要》，进一步提升建筑业信息化水平，我部组织编制了《2016-2020年建筑业信息化发展纲要》，现印发给你们，请结合实际贯彻执行。

附件：2016-2020年建筑业信息化发展纲要

中华人民共和国住房和城乡建设部
2016年8月23日

那么在《国家信息化发展战略纲要》的原文中，你会发现这样一句话：“我国信息化发展也存在比较突出的问题，主要是：核心技术和设备受制于人，信息资源开发利用不够，……加大对科技型创新企业研发支持力度，落实企业研发费用加计扣除政策，适当扩大政策适用范围。”

你看，2018 年民间才开始讨论信息技术的自主知识产权，甚至大多数人 2020 年才意识到这个问题，而它早在 2016 年就被写进了国家发展战略里，实际上也确实有一批“早起的鸟”享受到了这一波红利。

建设全局中引领作用日益凸显。同时，我国信息化发展也存在比较突出的问题，主要是：核心技术和设备受制于人，信息资源开发利用不够，信息基础设施普及程度不高，区域和城乡差距比较明显，网络安全面临严峻挑战，网络空间法治建设亟待加强，信息化在促进经济社会发展、服务国家整体战略布局中的潜能还没有充分释放。

5. 支持中小微企业创新。加大对科技型创新企业研发支持力度，落实企业研发费用加计扣除政策，适当扩大政策适用范围。完善技术交易和企业孵化机制，构建普惠性创新支持政策体系。完善公共服务平台，提高科技型中小微企业自主创新和可持续发展能力。

我们还可以继续往上追溯，2016 年的《国家信息化发展战略纲要》和《2016—2020 年建筑业信息化发展纲要》中都提到了一个重要的词：十八大。

一、指导思想

贯彻党的十八大以来、国务院推进信息化发展相关精神，落实创新、协调、绿色、开放、共享的发展理念及国家大数据战略、“互联网+”行动等相关要求，实施《国家信息化发展战略纲要》，增强建筑业信息化发展能力，优化建筑业信息化发展环境，加快推动信息技术与建筑业发展深度融合，充分发挥信息化的引领和支撑作用，塑造建筑业新业态。

党的十八大是 2012 年召开的。这次会上对信息化提到了多高的要求呢？明确把“信息化水平大幅提升”纳入“全面建设小康社会”的目标之一。

2012 年国家层面就把信息化提到这个高度，你站在这样的视角，再回看近 10 年大大小小的政策，是不是找到点“一以贯之”的感觉了？

3. 练习：BIM 审图政策的洞见

关于 BIM 审图政策，这段时间一直在舆论的风口浪尖。为了避免各种情绪化影响理性分析，在继续讨论之前我们先画一条红线：

下面的讨论全部围绕摆在明面的、所有人都能看到的政策原文来展开分析，目的是探讨政策的读法，至于文字以外的各种“小道消息”，不在本书的讨论范围之内。

下面开始做这道练习题。

2020 年 5 月 7 日，湖南省住建厅发布了《关于开展全省房屋建筑工程施工图 BIM 审查工作的通知》，通知要求：“全省新建房屋建筑工程（不含装饰装修）施工图自 2020 年 6 月 1 日起分阶段实施 BIM 审查，申报施工

一、实施时间及范围

全省新建房屋建筑工程（不含装饰装修）施工图自2020年6月1日起分阶段实施BIM审查，申报施工图审查时应提交BIM模型。具体安排如下：

（一）2020年6月1日起，建筑面积在1万m^2及以上的单体公共建筑、建筑总面积在30万m^2及以上的住宅小区、采用装配式的房屋建筑、采用设计施工总承包模式的房屋建筑施工图实行BIM审查；

（二）2021年1月1日起，全省新建房屋建筑（不含装饰装修）施工图全部实行BIM审查。

图审查时应提交 BIM 模型。”

这个政策刚刚发布的时候，很多人表示不明白为什么突然就搞 BIM 审图了？按照本节所讲的方法论，首先应该想到，任何一个政策都不可能是突然出现的。省级住建厅发布的政策，一定可以追根溯源，往前找历史政策，往上找更高级别的政策。

各有关单位：

为贯彻落实《住房城乡建设部关于推进建筑信息模型应用的指导意见》（建质函〔2015〕159号）、《关于开展建筑信息模型应用工作的指导意见》（湘政办发〔2016〕7号）相关要求，进一步普及我省BIM技术应用，切实提高勘察设计质量，推动勘察设计行业转型升级，我厅起草了《湖南省住房和城乡建设厅关于开展全省房屋建筑工程施工图BIM审查工作的通知（试行）（征求意见稿）》。现面向社会征求意见，请各有关单位于2020年5月14日前将相关意见、建议（加盖单位公章），书面反馈我厅勘察设计处邮箱bimshencha@163.com。

直接看第一段：“为贯彻落实《住房城乡建设部关于推进建筑信息模型应用的指导意见》……《关于开展建筑信息模型应用工作的指导意见》……”

我们找到了两份文件，一份是国家住建部的，另一份是湖南省人民政府办公厅的。

先看看第二份，湖南省人民政府办公厅《关于开展建筑信息模型应用工作的指导意见》中，第二大项工作重点里有这么两句话：“加快编制符合湖南省实际情况的 BIM 技术应用、数据交换、模型交付、验收归档等有关技术标准和应用指南。……逐步对现有二维的工程档案和数据库转化成 BIM 档案，实现各部门的数据集成和共享。”

还有一句话更重要：“转变政府监管方式，建立基于 BIM 技术的项目立项、规划设计、招投标、工程验收、审计和档案等环节的审批和监管模式，实行模型化并联审批。”

二、工作重点

（一）加快编制BIM技术应用发展规划。市州人民政府应当组织住房城乡建设、发改、财政、国土资源、经信、交通运输、水利、消防、人防、质监、教育、安监等部门，编制BIM技术应用发展规划，明确"十三五"目标任务，制定BIM技术应用配套激励政策和措施，落实相关责任。

（二）建立BIM技术标准体系。加快编制符合湖南省实际情况的BIM技术应用、数据交换、模型交付、验收归档等有关技术标准和应用指南，制定满足BIM技术应用的招标和合同示范文本，出台BIM技术应用服务的定额。城乡建设的公共资源数据中心和服务平台应当统一接口标准，形成基于BIM技术的基础数据库。加强对现有数据整理和挖掘，逐步对现有二维的工程档案和数据库转化成BIM档案，实现各部门的数据集成和共享。转变政府监管方式，建立基于BIM技术的项目立项、规划设计、招投标、工程验收、审计和档案等环节的审批和监管模式，实行模型化并联审批。

这份报告的发布日期是 2016 年 1 月 14 日。

一年之后，2017 年 1 月 18 日，湖南省住建厅发布了《湖南省城乡建设领域 BIM 技术应用“十三五”发展规划》。文件里可以找到下面两句话：“加快基于 BIM 的数字化审图建设。……探索基于 BIM 的数字化审图方法，建立基于 BIM 的数字化审图平台。……研究基于 BIM 模型的数字化审图方法，推动 BIM 应用成果的审查和交付，为湖南省城乡建设领域大数据的收集工作打下基础。”

注意对比，2017 年比 2016 年还多了“加快”两个字。

你看，2020 年的消息一点也不突然吧？早就写到政策里了，而且一直在催，只是有人当真，有人没当回事。

> 2、**加快基于 BIM 的数字化审图建设。**以数字化审图系统为基础，利用 BIM 技术快速、全面、准确、协同的优势，**探索基于 BIM 的数字化审图方法，建立基于 BIM 的数字化审图平台。**
>
> 3、借助湖南省施工图管理信息系统的建设工作，**研究基于 BIM 模型的数字化审图方法，推动 BIM 应用成果的审查和交付，为湖南省城乡建设领域大数据的收集工作打下基础。**

省级的文件看完，再向上一级追溯国家级的相关政策，《关于开展全省房屋建筑工程施工图 BIM 审查工作的通知》的开头提到了另一份文件，国家住建部的《关于推进建筑信息模型应用的指导意见》，发布时间更早，是 2015 年 6 月，里面是这样说的：“研究适合 BIM 应用的质量监管和档案管理模式……加强工程质量安全监管、施工图审查、工程监理、造价咨询以及工程档案管理等工作中的 BIM 应用研究，逐步将 BIM 融入相关政府部门和企业的日常管理工作中。”

> 四、工作重点
>
> 各级住房城乡建设主管部门要结合实际，制定 BIM 应用配套激励政策和措施，扶持和推进相关单位开展 BIM 的研发和集成应用，**研究适合 BIM 应用的质量监管和档案管理模式。**
>
> **（五）加强工程质量安全监管、施工图审查、工程监理、造价咨询以及工程档案管理等工作中的 BIM 应用研究，逐步将 BIM 融入到相关政府部门和企业的日常管理工作中。**

我们的追溯还没结束，这份住建部的指导意见开头，又提了两个“为了贯彻执行”的文件。

一份是《住房城乡建设部关于推进建筑业发展和改革的若干意见》，发布时间为 2014 年 7 月，里面有这样一句话：“推进建筑信息模型（BIM）等信息技术在工程设计、施工和运行维护全过程的应用，……探索开展白图替代蓝图、数字化审图等工作。”

> （二十）提升建筑业技术能力。完善以工法和专有技术成果、试点示范工程为抓手的技术转移与推广机制，依法保护知识产权。积极推动以节能环保为特征的绿色建造技术的应用。**推进建筑信息模型（BIM）等信息技术在工程设计、施工和运行维护全过程的应用**，提高综合效益。推广建筑工程减隔震技术。**探索开展白图替代蓝图、数字化审图等工作。**建立技术研究应用与标准制定有效衔接的机制，促进建筑业科技成果转化，加快先进适用技术的推广应用。加大复合型、创新型人才培养力度。推动建筑领域国际技术交流合作。

另一份是我们一开始着重介绍的《2011—2015 年建筑业信息化发展纲要》。这份纲要中并没有提到有关审图的内容，不过在下一份《2016—2020 年建筑业信息化发展纲要》却有这么一句：“建立设计成果数字化交付、审查及存档系统，推进基于二维图的、探索基于 BIM 的数字化成果交付、审查和存档管理。”

> 2. 工程建设监管。
>
> （1）建立完善数字化成果交付体系。
>
> **建立设计成果数字化交付、审查及存档系统，推进基于二维图的、探索基于 BIM 的数字化成果交付、审查和存档管理。**开展白图代蓝图和数字化审图试点、示范工作。完善工程竣工备案管理信息系统，探索基于 BIM 的工程竣工备案模式。

到此为止，我们找到了三份国家级的文件和两份省级的文件，可以拼凑出 BIM 审图的脉络来了：

2014年，住建部在文件中鼓励地方探索开展数字化审图工作。

2015年，住建部发文鼓励地方进行施工图审查的BIM研究。

2016年，“探索基于BIM的数字化成果交付、审查”被写进住建部建筑信息化发展纲要。

2016年到2017年，湖南省人民政府办公厅和住建厅正式发文，建立BIM审图模式，探索BIM审图方法，转变政府监管方式。

2020年，正式实施BIM审图。

通过这条线索，以及各个文件中的用词，我们能得出两个结论：

第一，这件事的发生一点都不突然，再次印证了我们强调的那句话：中国没有突然出现的政策。

第二，国家层面，目前对BIM审图是“鼓励探索和研究”，不是“大力推广”，也就是小范围试点，允许犯错。而湖南省收到这个鼓励的政策，率先行动，敢为人先。

在整个时间段里，所有行动指南都被公开写在明处，没有秘密。而从之后的事情来看，确实有不少人嗅觉灵敏，在几年前就开始了行动布局，有软件商，也有设计院，同时也有不少人没注意政策的走向，等通知出来的时候大感意外。

值得一提的是，直到现在，湖南省在BIM审图的探索行动方面仍然是走在全国前列的，很多BIM的宣传机构有意无意地把这件事和北京、深圳等城市推行的人工智能审图混为一谈，实际AI审图和BIM没关系，审的是CAD图。

如果你感兴趣，可以用这个方法找找人工智能审图背后的政策线索，那是和本节内容无关的另一条线，也很有意思。

4. 扩展认知：政策和普通人有什么关系？

国家和地方政府推出一项政策，当然是想推进一件事，但无论是奖励还是惩罚，都不可能普及到所有人。那政府如何靠一条政策让一大群人按照它期待的方向去行动呢？

请你记住一个博弈论中的重要思想，聚焦点。我们说这个思想很高级，是因为它的提出者是著名经济学家、诺贝尔奖得主托马斯·谢林。

冷战时期，谢林为遏制美苏大战做出的重大贡献，用的就是他在博弈论中提出的“聚焦点”，也叫“谢林点”。

什么叫聚焦点呢？举个例子你就明白了。

你和几位朋友去一座岛上，快到岸的时候船沉了，你奋力游泳，被大浪拍上岛，和所有朋友走散了。你的手机坏了，饥肠辘辘在岛上走了两天，你猜你的朋友们也能幸存下来，但岛太大了，你不知道什么时间、什么地点和朋友们汇合。通过在岛上的两天时间，你发现每天日落的时候，岛上有一座灯塔会准时亮起来。请问第三天，你会选择怎样和朋友汇合？

答案当然很简单，就是在日落的那一刻，到灯塔处和朋友汇合。

但背后的道理可不简单。你想，岛上有无数个地点，你们并没有事先约定汇合的方式，也就是说，你不仅要猜对方会去哪里，还要猜对方猜你会去哪里，还要猜对方猜你猜他会去哪里，在博弈论里，这种互相的猜是没有尽头的。

灯塔没有承诺你任何好处，但它让让这种无限的互相猜测停止在一个具体的点，这个点就是聚焦点。

在股市里，你想买会涨的股票，同时是别人也看涨的股票，别人反过来也一样。你猜我猜你猜我，在这个所有人都希望其他人的选择跟自己相同的游戏中，如果聚焦点现身，市场会瞬间形成合力。股市里的聚焦点，很多时候就是国家政策。

这就是我们讨论的问题，中国市场为什么政策的效应非常显著？并不是因为它许诺给所有人明确的回报，而是市场本身有无数种资源配置的可能，但是市场知道政府的政策是最强势的存在，所以当政府出台一个政策的时候，教育、企业、协会、投资、人才都会互相猜，其他人一定会跑到那个“灯塔”处集合，市场会瞬间收敛到政策这一个维度。

这也正是我们说，为什么猜测政策背后的内幕，是一件没有行动指导意义的事。因为所有人看到的“灯塔”是写在明处的政策原文，这是所有人互相猜测对方行为的唯一参考。

而如果一个人关注的不是那座显而易见的灯塔，而是想：“我是一个知道更秘密消息的人，我要去森林里的小溪。”他当然有去的自由，但大概率会失去和朋友会合的机会。

5. 课后习题：近期的几份重磅文件

好了，我们方法、例题和思考都讲了，最后给你留个思考题。近期有两份很重要的政策，分别是：

国家住建部、发展改革委、科技部等十三个部委联合发布的《关于推动智能建造与建筑工业化协同发展的指导意见》。

国家住建部、教育部、科技部等九个部委联合发布的《关于加快新型建筑工业化发展的若干意见》。

这么多部委联合发布文件，其实在行业里是不多见的，里面的内容可以深挖的也不少。你可以用本节讲的方法来练练手：

◆这两份文件有什么内在关联？和它们一脉相承的政策有哪些？

◆这一系列相通的政策里，你找到了什么关键线索？

◆两份文件对于一些技术，描述有什么不同？

◆哪些领域是“大力发展”“快速推进”，哪些领域是“试点”和“探索”？

◆哪些地方政策和行业政策在贯彻执行这两份文件？

如果你还有余力，建议你再读一下十九届五中全会发布的《中共中央关于制定国民经济和社会发展第十四个五年规划和二〇三五年远景目标的建议》，这份文件比较宏观，需要你跳出技术、专业甚至是行业的视角去解读。

希望你今后再读政策文件的时候，能够对远方某个尚未谋面的小伙伴默默地说：

“懂了，咱们灯塔见。”

夸大还是现实？谈谈建筑业人工智能

对于建筑业的未来，我们经常能听到这样的畅想：

一位设计师把头盔戴到几位业主的头上，业主眼前出现了几十种初步设计方案。他们选择了最喜欢的那个方案，紧跟着一系列的分析报表和经济指标出现在眼前。几位业主一商量，很快就确定了其中的一个方案。于是人工智能后台开始根据这个方案，自动进行结构设计、机电设计，紧接着数据从后台传到工厂，自动加工构件，由机器人自动装车送到现场。工地上只有几个工程师指挥着机器人，把预制构件搭建到一起，其余部分用 3D 打印技术自动完成，一幢高楼就这样拔地而起。

不知道你听了这个故事有什么感想，如果 BIMBOX 也只是和你畅想一下未来，顺便给你一点失业的危机意识，就有点太肤浅了。

本节我们尝试讲几点更贴合实际的内容：

◆人们对人工智能存在哪些误解？

◆人工智能可以做哪些事？哪些事是人工智能做不了的？

◆人工智能可以给建筑业带来哪些机会和危机？

1. 人类的思考方式

人工智能，英文名 Artificial intelligence，一般缩写为 AI。

超过 90% 的人对它存在着非常深的误解，认为所谓人工智能，就是很聪明、会像人一样思考的机器，尤其在 2016 年 AlphaGo 战胜了李世石，很多人都觉得人工智能全面替代人类工作的时代已经到来了。

“让机器像人一样思考”，不仅是普通人对人工智能的直观感受，也是一开始科学家希望实现的，可惜这条路在 20 世纪就已经宣告失败，今天的人工智能，走的是一条完全不同的路线。

我们先通过一个例子说说最早的人工智能所模仿的人类的思考方式。

今天，一个小学生都能告诉你，太阳系所有行星绕着太阳做椭圆周运动，但在古代，人们并没有能飞上天的各种设备来直接观测，他们只能通过观察其他星球的运动轨迹来猜测太阳系的样子。

通过规则的日升日落，人们很容易能想到，太阳应该是绕着地球转的，这最符合人们的直觉。而其他星球就没这么简单了，比如金星，从地球上看它的运动轨迹就是下图这个样子。

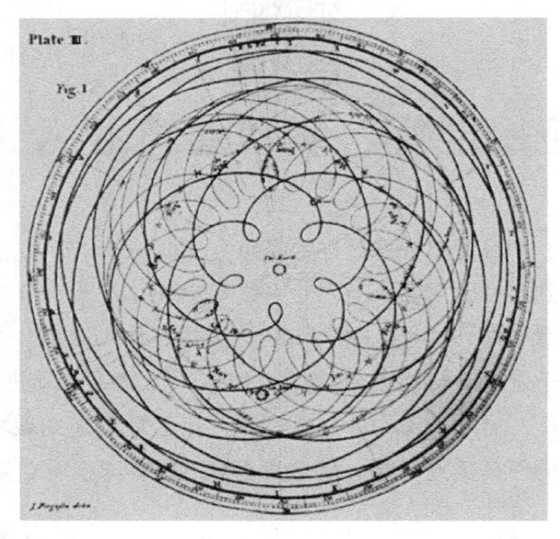

上图是人们通过长年累月观测金星的位置，把大量的点连成曲线得到的。这个过程就是获取数据。

下面，人们需要对数据进行分析，然后建立一个理论模型来解释它。

公元 1 世纪，托勒密提出了“地心说”，用来解释金星的运动轨迹。很多人认为当时的人相信地心说，很愚昧，其实不然。这个模型很好地吻合了数百年人们的观测数据，而且能很精确地预测行星的位置。

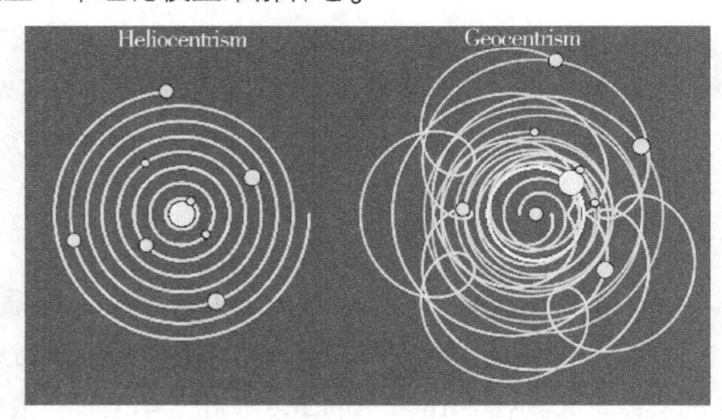

不过，托勒密的理论模型最大的缺点就是太过复杂，它需要用 40 多个圆形嵌套在一起才能够描述行星的位置，计算起来特别费劲。你可以通过下图来理解不同理论解释行星运动的区别。

后来哥白尼提出“日心说”，并能够取代地心说，也并不是因为它更接近真相，而是它可以用更简单的计算方法达到同样的预测效果。不过由于哥白尼和托勒密一样，都是使用正圆形来描述行星的运行，所以他的理论也还是不够简洁，只是把需要嵌套的圆的数量从40个减少到10个。

再后来，开普勒发现，如果换做椭圆而不用正圆，那就不必嵌套多个圆了，只需要一个椭圆就能完美地解释和预测行星轨迹。于是，日心说又前进了一大步。

这时候人们还是不知道为什么行星会沿着椭圆运动，所有理论都是根据数据凑出来的。直到牛顿提出了万有引力定律，才解释了天体的椭圆形运动规律。再到后来，爱因斯坦的相对论又进一步消除了水星轨道的误差。

从地心说到日心说，再到牛顿和爱因斯坦的理论模型，这个过程代表了人类解释世界的思考模式：通过观察获取数据，然后猜出一个模型，缝缝补补凑合着用现有的模型，直到有更精确、更简洁的模型出现。

人们把这种思维模式称为机械思维。这种思维方式相信世界一定有一个确定的理论来解释一切，终极目标就是找到这个理论，然后一劳永逸地用它来预测未来。

2. 人工智能的思考方式

关于人工智能，一开始计算机学家的想法和现在的人工智能门外汉是一样的，也就是“机器要像人一样思考才能获得智能”。

不过，这种尝试只持续了十几年，人们在几个不同的领域尝试实现人工智能，都遇到了各自的瓶颈，其中包括语言翻译、语音识别、图像识别，也包括下围棋。

以下用语言翻译这个领域来举例。

人类的思考模式是：学会单词，然后学会语法，再根据语法把单词拼成句子。学单词就相当于“获取数据”，语法就相当于“理论模型”。比如，你学会了“Good”和“Morning”两个单词，有人告诉你，把“Morning”放在“Good”后面，就是“早上好”的意思。

你似乎把语法搞明白了，但如果你又知道“You”这个单词是“你”的意思，那你一定会想当然地认为英文的“你好”应该是“Good you”。这种蹩脚的翻译结果正是早期的人工智能经常拿出来的。

于是人们就想，继续告诉计算机更多的语法规则，直到它像一个人一样彻底理解了一门语言的各种语法。不过这也不行。

比如中文“我想起来了”。你既可以把它理解为“我想起某件事来了”，也可以理解为“我想从床上爬起来了”，到底该怎么翻译，答案不在句子内，而是在句子外的上下文。但你根本没办法把可能出现的所有上下文提前输入到计算机里。

计算机的计算速度确实会越来越快，但语言翻译的规则模型太过复杂，不可能提前把这些规则一条一条告诉计算机。真正限制人工智能发展的，不是它本身的计算速度，而是人类对规则的输入速度。

这时候，有人开始思考，能不能换一种方式：不事先告诉计算机具体的语法规则，而是直接硬碰硬地进行整句的翻译呢？他们的思路是这样的：人工智能可以不去理解“Good”“Morning”这两个单词，也不去理解背后的语法规则，而只是把“Good Morning”直接翻译成“早上好”。世界上有多少个整句中文，就把这些句子对应的整句英文统统记录。

你可能会说，这不就是穷举法嘛，这办法也太笨了吧！一开始人们也非常反对这种笨办法，不过没用多长时间，人们就得到了答案。2005 年 2 月，全世界的机器翻译专家在美国齐聚一堂，交流各自的研究进展，一家从来没从事过机器翻译研究的搜索引擎公司 Google，也参加了这次会议。

本来人们没怎么关注 Google，评测结果一出来，所有人都大吃一惊，Google 翻译的评分排名第一。

大家请来 Google 翻译的负责人，问他秘密是什么。秘密说出来一点都不神秘，Google 使用的就是几年前被大家瞧不起的笨办法：让计算机自己在海量的中英文对照中，直接学习整句的翻译。

只不过，长年开展搜索业务的 Google 有一个先天性优势：它拥有大量的中英文对照数据，数量是其他研究组织的上万倍。2005 年被人们称为“大数据元年”，人们第一次见到了数据的魔力。

3. 从智能思维到数据思维

有一个叫“中文屋子”的故事：一个人坐在一间屋子里，手里有一本非常厚的参考手册。有人通过门缝递进来一张纸条，上面写着一行中文字，屋子里的人根本不认识中文，他需要做的只是翻开手册，找到那句看起来和纸条上的文字一样的话，然后把对应的中文答案照着样子抄下来，再递出门去。外面的人看到里面的人做出回答，以为他肯定是懂中文的，而实际上，屋子里的人从头到尾既不知道自己看到的是什么内容，也不知道自己回答了什么。

这个故事说明了新一代人工智能的思维方式：放弃明确的因果理论，而只关注事件之间的相关性，从大量的数据中直接得到答案，即使不知道背后的原因。

实际上找到“数据背后的理论模型”效率是很低的，还得看运气。人类花了几千年才等到了牛顿定律和相对论，而下一个突破性的基础理论又不知道要等到什么时候。

目前，“数据驱动论”已经在各个领域全面碾压了“模型驱动论”，成为了人工智能研究的主流方法。比如，AlphaGo 并不理解围棋的套路和技巧，不了解对方下某一步棋的目的。在每一次对方落子后，AlphaGo 都会把当前黑白子的布局看作一种“状态”，根据过去下过的上百万盘棋局，找到胜率最高的下一步状态，然后走出这步棋。

当然，围棋非常复杂，所以不可能在下棋的过程中去暴力搜索，而是需要在平时不停训练和学习。

这个“机器学习”的过程原理讲起来比较复杂，我们换个领域举个例子你就明白了。

在图片识别领域，传统的智能思维是这样的：给计算机描述一只狗的全部特征，比如 1 米左右长、毛茸茸、伸舌头等。等它掌握了这个方法之后，再去识别图片中的狗。这条路显然是走不通的，因为有的狗毛很短，有的狗没有伸舌头。

而数据思维的方法是，完全不告诉计算机“狗”是个什么东西，而是给它海量的图片，让它判断图片上的是不是狗，再通过事先的答案或人为干预来告诉它结果是否正确。一开始它的判断基本上和瞎猜没区别，但随着不断迭代，得到的答案越来越多，它的识别度也就越来越高。

注意，即便这个程序已经可以精确地识别出狗来，它还是不知道真正的狗是啥样的。它得出答案的理由很可能是“图片左边 39% 的区域有黄色像素点，中间有两个区域的深棕色像素点，这样的图在历史数据中，有 97% 的概率应该输出答案为狗”。

从这个例子，你应该能理解人工智能注重“相关性”而不是“因果关系”的原理了。利用相关性，最大的好处是随着学习和迭代的次数增加，人工智能可以做到的事就越来越精准。

所以，只有提供给学习程序足够多的数据，才可能实现人工智能。这也是为什么早期的人工智能发展会那么缓慢，因为那时候还没有互联网的爆发，没有一家公司手里有海量的数据供机器学习。

4. 数据之争

人工智能和大数据是硬币的正反面。想要做人工智能，手里必须有大数据才行。大数据除了要“大”，还有两个必须具备的特点。

（1）多维度。

比如我们经常会说，天气闷，要下雨。“天气闷”和“下雨”是相关性很高的两件事，但如果只有这一个维度的话，还是会经常错判。但如果把气压信息、云图信息等其他维度的信息都加入到判断体系里来，那判断出下雨的准确性就很高了。

（2）被动关联。

所谓被动关联，就是人们在自主行动的同时，下意识而不是故意地留下数据的痕迹。

比如 2013 年，百度公司发布了《全国十大吃货省市排行榜》，利用的就是人们的搜索数据。福建人最关心的是什么虫子可以吃，而宁夏人居然最关心螃蟹能不能吃。百度获取的数据是人们在搜索过程中，不自觉地贡献出来的。如果一家公司去大街上发调查问卷，人们很可能不愿意填写关于虫子和螃蟹的真实想法，得到的数据也就不真实了。

有个故事能说明大数据的好处：美国一家大型连锁百货店塔吉特，用大数据分析用户的行为，利用多维度和关联性数据猜测他们的身份并给每个人推荐货物。一天，一位中年人闯进了塔吉特经理办公室，责备他们公司给自己上高中的女儿寄来了母婴用品的优惠券，这不是鼓励女儿怀孕么？经理赶忙道歉，说我们并不认识每一位顾客，只是用大数据来分析，怀孕的女性会在不同时期表现出不同的购买行为。不料过了几天，那位父亲又找上门来，给经理道歉，说他和女儿谈了，她真的怀孕了。塔吉特对用户的了解，比她的父亲还要多。

如今的互联网之争，在某种程度上也就是数据之争。

所以你会看到，当今很多的人工智能产品都出自于 Google 或者百度公司。许多互联网公司即便做不了搜索引擎，也要做免费的浏览器，收集用户的搜索数据。

2015 年，小米公司在融资时被国际知名风险投资机构估值为 450 亿美元，之所以有如此高的估值，就在于它能从智能设备中获取大量的用户数据。

5. 建筑业的危机与机会

我们再回到建筑业，回看一开始人们对未来的设想。如果按照传统的人工智能研究方法，我们当然可以胡乱畅想：自动设计，自动生产，自动施工——因为机器会越来越聪明嘛。但看完前面的内容你就知道，这种更符合直觉的思路是已经被人工智能专家们放弃的路线。

当前，确实有很多的技术可以在设计、生产和施工环节中帮助到我们，比如自动翻模、焊接机器人等，但它们本质上是通过编程来缩短某项工作的时间，提升效率，并不是人工智能。人工智能不是遥远未来的事物，它确实正在深刻改变着我们的世界，也带来一些失业的危机。比如，已经有人工智能律师、人工智能记者，甚至是人工智能医生被研发出来。

不过这些行业有一个共性，那就是行业里有大型公司或机构掌握着大数据。如何判断一家公司做的是不是真的人工智能，最重要的标准就是它是否有海量的数据，并且这些数据是多维度的、有关联性的。

反观建筑业，在 BIM 普及之前，收集足够喂养人工智能的海量数据几乎是不可能的。以前建筑业所有的数据都存在于图纸和文档里，基本不能用来分析和机器学习。而 BIM 作为收集建筑业数据的绝佳入口，到今天也只是在一部分项目中使用，数据的广度和维度还远远不够。

尽管有很多公司会说自己拥有建筑业大数据，但数据这东西可真不是说说就有的。目前不太可能有一家企业在没有数据喂养的情况下，做出一款“全自动设计管线综合”的软件来，除非建筑业能突破 IT 行业对人工智能的探索。所以你并不需要太担心，一些看上去比较枯燥的设计工作，并不会在短期内被人工智能替代。

另一方面，大数据的缺失也正是建筑业所面临的前所未有的巨大机会。BIMBOX 猜想，有几个方向将会成为建筑业人工智能领域的“风口”。

（1）创造大数据入口。

人工智能的核心是拥抱不确定性，目前建筑业即便是和数据最贴近的 BIM 技术，也还是遵循确定性思维。我们建立确定的模型，输入确定的信息，输出确定的图纸。

人工智能需要的大数据，比建筑物本身的数据要复杂得多。比如“设计师在挪动一根水管的时候更多的是往左偏还是往右偏”“地铁中方一些的风管还是扁一些的风管使用的数量更多”这样的数据，就是可以用来喂养人工智能的好数据——它不需要知道为什么，只需要知道怎么做成功的概率更大。

而如果有一个平台能让使用者无意识地贡献这些数据，并把它们收集起来，将会是一个强大的数据入口。

（2）用数据喂养智能“巨兽”。

尽管我们说建筑业人工智能暂时不会到来，但它迟早会到来。

智能未到，数据先行。真正懂得借助深度学习算法，用数据喂养和训练人工智能产品的企业，无疑将会抓住时代的脉搏。这样的企业并不一定崛起于行业之内，像阿里巴巴、腾讯这样的数据大鳄，也非常有可能扮演这样的角色。

（3）用数据关联性进行企业级服务。

人工智能或大数据技术的应用不一定是一个“To C”端的产品，企业级的分析和咨询服务也是一个很大的应用市场。前面讲到的美国百货商场塔吉特，就是传统企业应用大数据的典型。未来的建筑业，会有大量的企业需要数据分析和智能服务。

需要再次强调的是，智能时代的咨询和分析服务，不再是传统的“大胆假设，小心求证”的确定性方式，而是跳过逻辑，直接用数据之间的关联性说话。

比如“根据这个月贵公司员工的Navisworks软件打开率，分析得出近期项目的造价预算可能出了问题”，没人知道背后的原因，但结果是准确的。这只有是掌握大量数据的公司才能提供的服务。

火神山医院“中国速度”背后的门道

多年后回顾2020年，也许人们能回忆起很多事情，而如果把时间的坐标锁定在2020年2月2日，那么武汉火神山医院的建成交付无疑是最值得纪念的事。

中建三局、中信建筑设计研究总院等四家建设公司牵头，3.4万平方米的建筑，从开始设计到建成完工历时10天。

建设现场场景被网络云直播后，数千万网民在屏幕前当起了“云监工”。2月2日火神山医院交付，无论是官方媒体还是自媒体，都发出“中国速度”“10天奇迹”的赞叹之声，对春节期间参与设计建设的人们也表达了感激和钦佩。

本节我们在赞美之外，再讲讲火神山背后那些经过思考和推敲的“门道”。

毕竟，拼搏努力当然是造就奇迹的必要条件，但理性思考的光辉也是不可或缺的。

1. 和普通建筑有什么区别

武汉市以东北风为主导风向，火神山医院的选址西南向水，处于城市的下风带，这样的选址对城市污染的可能性最低。

既然时间紧、任务重，能不能盖一个超大单体建筑，或者直接征用体育馆呢？答案当然是不行。

隔离治疗的医院里主要有三种人：医护人员、疑似病人和确诊病人。医院要保证确诊病人得到治疗的同时，最大限度地保护医护人员和疑似病人不被传染。体育馆有对外隔离的作用，但无法实现对内隔离，医生、疑似病人和确认病人同时在一个开敞空间里，搞不好病还没治好，所有人都被感染了。

那征用现成的酒店呢？每个房间都是隔开的那种？答案也是不行。

下图是一张酒店的平面图，大多数酒店都是这样的“单廊”布置。医生在灰色的走廊区域直接进入棕色的病房，二者之间没有缓冲区，还是无法起到医患分离的作用。

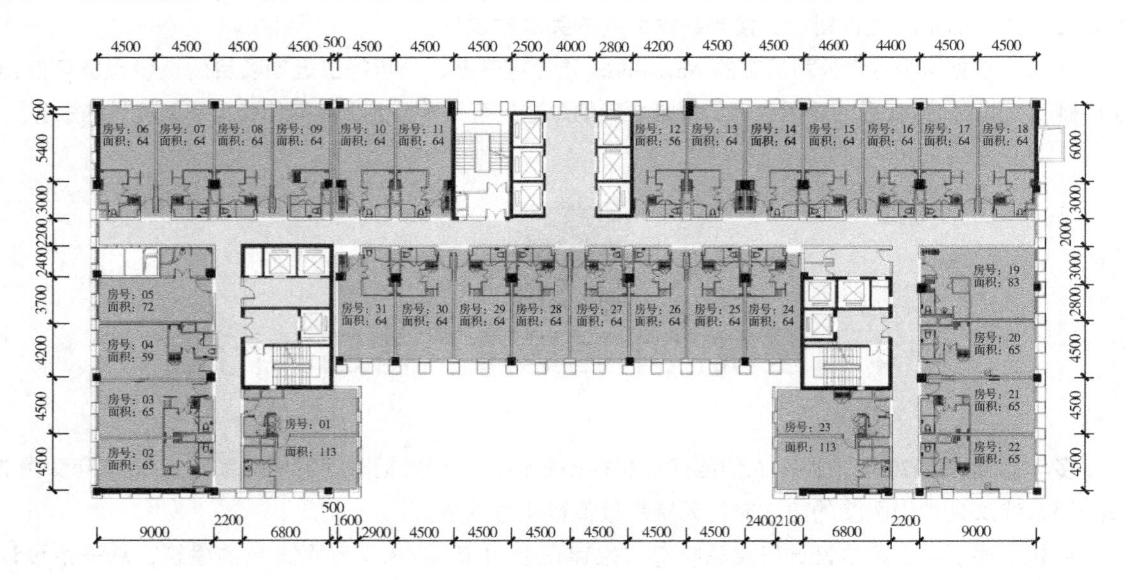

2. 设计的门道

下图是火神山医院的分区图。黄色的两栋楼分别是一号和二号病房楼，中间红色的是 ICU，蓝色的医技部独立于建筑之外。仔细看黄色的病房楼，像一根鱼骨头，中间是一条主建筑，向外伸出一根根彼此分开的小建筑，这就是关键之处了。

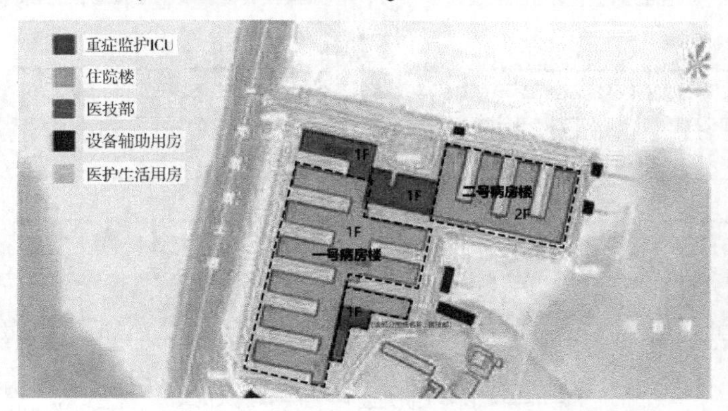

图片来源：中信设计院公开图纸

拿出一号病房楼的一部分来看，下图中中间灰色的部分是医护用房和走廊，伸出去的绿色部分是病房。不仅医生和病人的活动区域是分开的，每一个伸出去的病房区域也是分开的。

医院以 50 个床位为一个护理单元，也就是上图中一个绿色的单元。每 4 个护理单元形成一个 H 形的治疗区域，医院在这个区域配备特定数量的医护人员和医疗器械，为 200 个病床的病人服务。

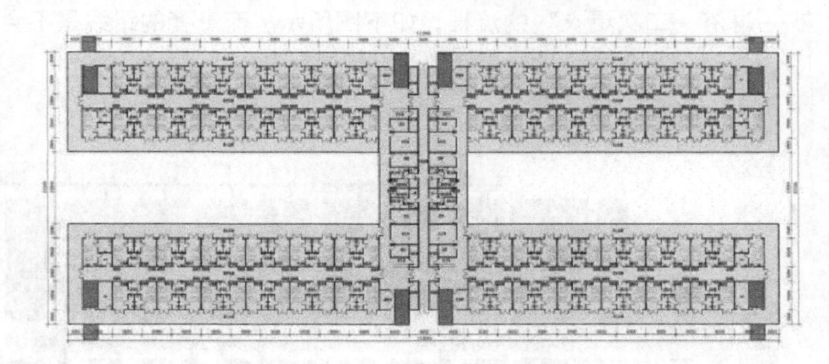

图片来源：中信设计院公开图纸

每个治疗区域之间的连接体就是公共区域，化验、检查等工作在公共区域展开。

理论上，这样的 H 形模块可以像鱼骨头一样不断延长增加，扩展容纳更多的病人，而不影响已有的模块。

病房之间的间距也是有要求的，理想间距是 20 米，2003 年为应对“非典”建造的北京小汤山医院设计的病房间距是 12 米，火神山医院为满足更多床位的需求考虑，设计的病房间距是 15 米。

再进一步仔细看，传染病医院平面布局的要求是“三区两通道”，三区是指清洁区、半污染区和污染区，清洁区与污染区之间要有过渡区域。下图中正中央竖直的通道是清洁医护通道。两侧横向的通道是一般医护通道。内部红色的箭头是医护人员的流线，外部紫色的箭头是病人的流线，二者没有交叉。

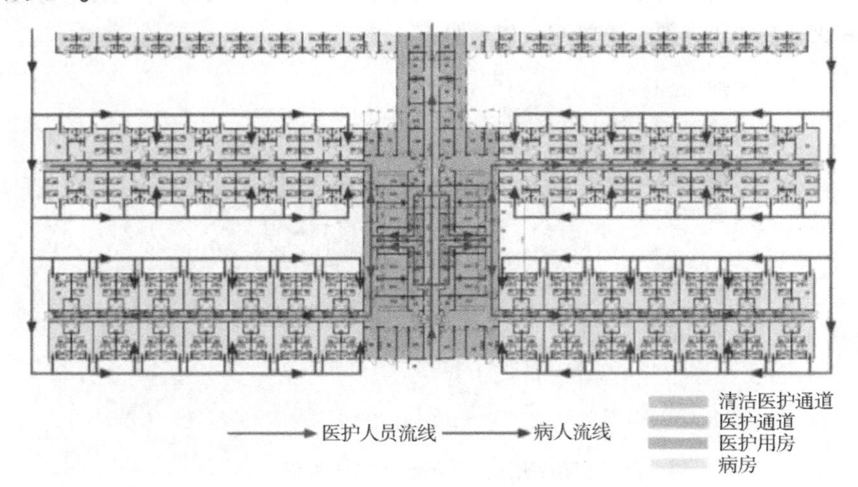

医护人员的生活办公区位于洁净区，通过“更衣—卫生通过—二次更衣”后，进入到半污染区的走廊，随后进入污染区病房对住院病人进行医治护理。返回洁净区的时候，需要走一个“更衣—淋浴—二次更衣”的流程，如下图所示。而患者的路线是不会进入到清洁区的。

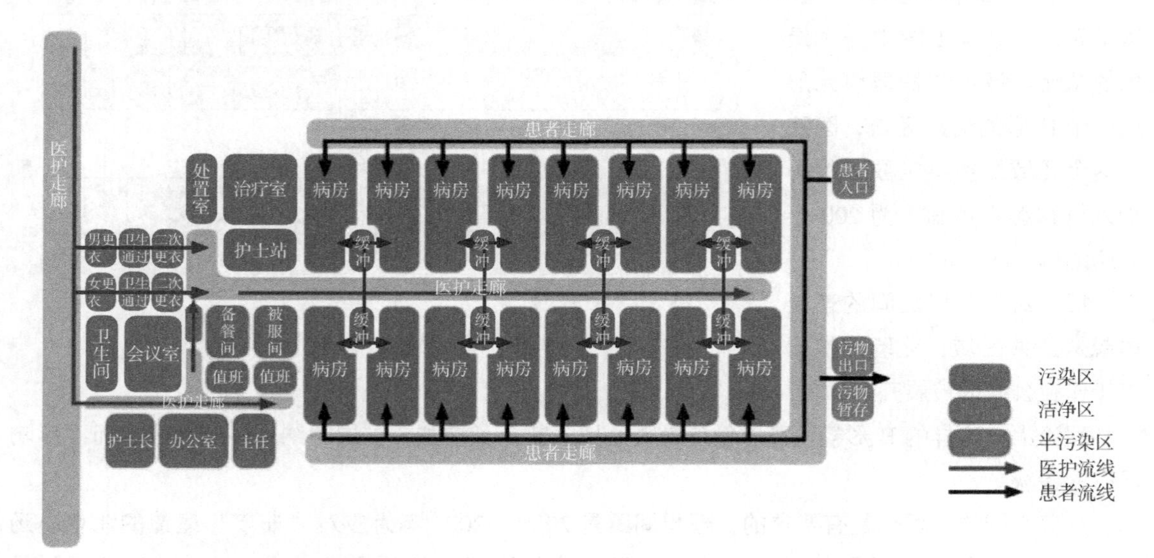

通过医患分通道的分流设计，就能有效保障医护人员卫生安全，同时有效开展医疗救治的工作。

3. 怎样加快建造速度

火神山医院的设计和建造都围绕着一个雷打不动的核心：快。时间就是生命，设计师和建造者都是在和死神赛跑。在这样的要求下，使用传统的混凝土浇筑方式来盖房子当然是不行的。火神山医院使用的方式，是集装箱式箱体活动板房进行模块化拼接。

这种方式在国外被称为场外施工，在国内被称为装配式建筑或工业化建筑。说得差不多是一个意思，就是不在现场浇筑混凝土，而是把墙、板、柱等构件在施工场地之外的工厂里批量生产好，然后在场地内组装。

火神山医院采用的集装箱式活动板房，简单来说，就是以一个房间为基本单元，每个集装箱单元彼此分开，如下图所示。

貌似只是在工厂生产个小房子嘛，这里面有什么门道呢？

首先，为了解决运输的问题，不能真的在工厂生产出所有“集装箱”来，很多房间是生产出梁、板、柱等构件，在现场拼接组装。这么紧的工期，不可能每个构件都用起重机，那么首先要做到的就是构件让工人能搬得动。实际上现场很多构件确实是人工搬运的。你可以想象这是成品家具和宜家自组装家具的区别。

单元里四根柱子承担所有梁板的重量，新增的房间需要有单独的柱子，而不是传统方式里一群柱子共同承担建筑的所有重量，如下图所示。

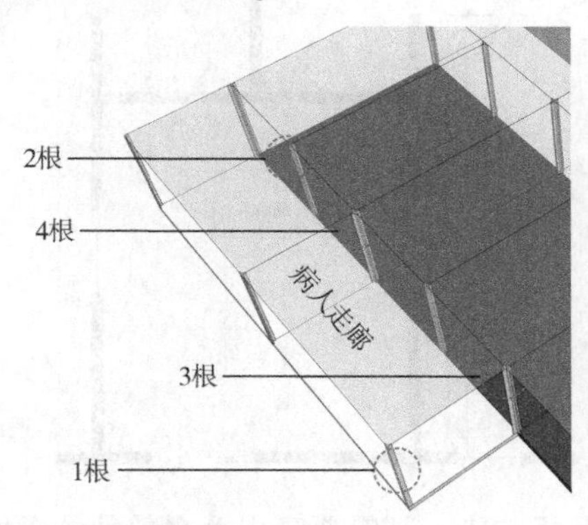

图片来源：@不务正业的建筑喵

这样的设计，才能满足大面积同时作业，而不用等所有柱子都装好再铺楼板。

其次，为了解决工厂生产标准化的问题，要在设计的时候规定“模数”。

现场浇筑的建筑可以是任何尺寸，但要想在工厂实现大批量生产，就要按一定尺寸把建筑拆成非常相似的小单元，每个单元的尺寸就是模数。火神山医院病房区采用的是3米×3米的模数，走廊的最小单元是 3 米×3 米，病房的最小单元是 3 米×6 米，如下图所示。

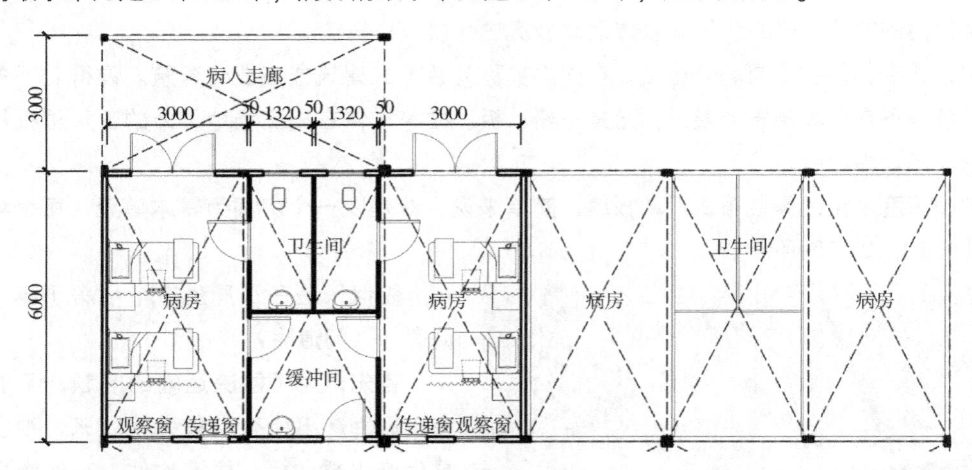

在单元格内，再根据不同的需求隔离出不同的小房间。比如确诊病房，两个病房之间只需要一个缓冲间，如下图所示。

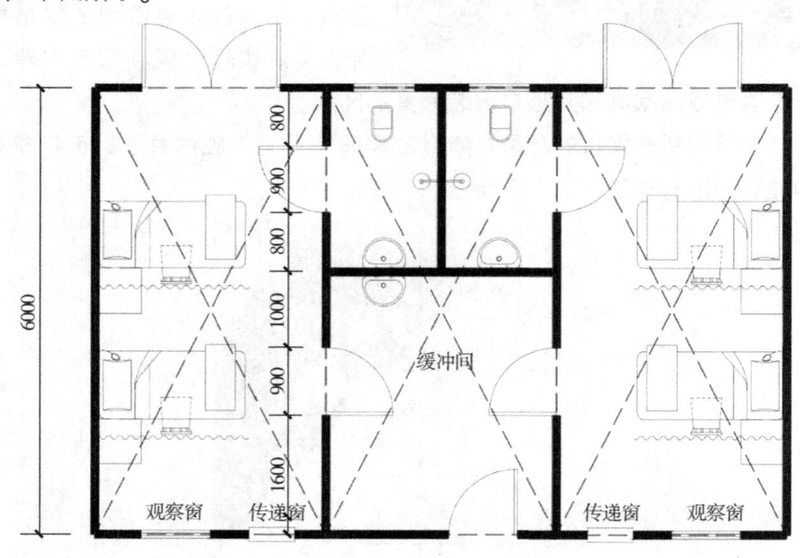

而对于疑似病房，为避免互相传染，则需要隔出两个单独的缓冲间，如下图所示。

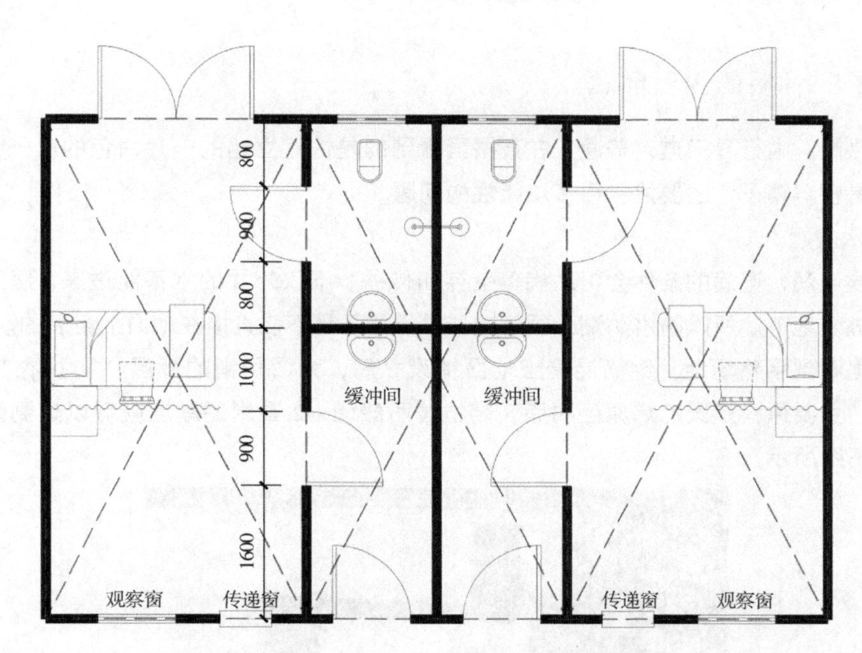

到了医技区，由于功能更加复杂，对空间灵活变化的要求更高，就不再使用 3 米的模数，而是改用更小的 1.8 米为基本模数。

虽说是模块化，但很多构件，尤其是带有门窗的构件，还是完全不一样的，比如下图里椭圆圈中的三堵墙。

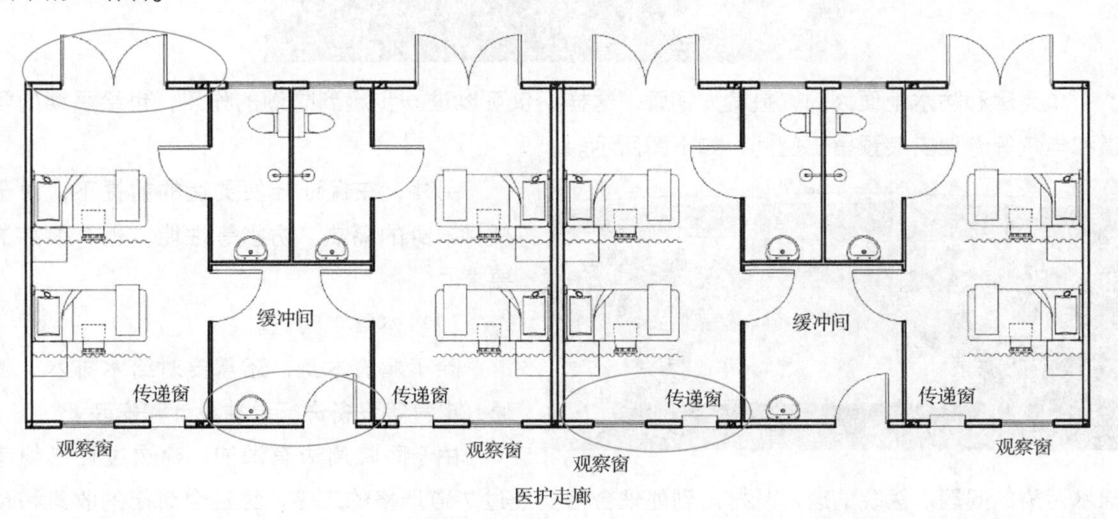

装配式的设计之道，就是最大化地增强构件的重复程度，减少特殊构件的数量，最大限度实现批量生产。

4. “白房子”背后的内行问题

外行看热闹，内行看门道，普通人在直播里看到的是快速立起的一片白色的房子，实际上装配式建筑不是塑料箱子，还要解决很多功能性的问题。

（1）防水问题。

武汉气候湿润，湿润的条件会帮助病毒生存和传播。不仅外面的水不能进来，医院里面的水也一滴不能进入地下。所以防水防潮必须解决，单元格子是不能直接在地面上组装的。

在直播里看到平整场地、钢筋混凝土地面铺设之后，大面积铺的那层“防护衣”，叫 HDPE 防渗土工膜，主要原料是聚乙烯原生树脂，高抗拉耐酸碱，2 毫米的厚度就可以达到防潮防渗水的要求，如下图所示。

单元房和防水地面之间，垫着方钢管，这样不仅可以进一步起到防潮的作用，也给后续的管道和电气等专业安装预留出空间，如下图所示。

另外，在保证轻便灵活的前提下，对于板材本身的隔热、防水等性能，也有很高的要求。

（2）水暖电问题。

除了建筑本身，还需要对给水排水、暖通、电气等设备进行单独设计和安装。

由于医院周边有湖泊，建造过程必须考虑水污染的问题。医院的废水从排出到处理合格要经过 7 道严格的工序，经过全封闭的收集和预消毒处理，再提升到污水处理站进行生化处理，最终经系统检测合格后，才会排入市政管网。

除了前边说的 HDPE 防渗土工膜，还需要建设配套的雨水调蓄池、化粪池、接触消毒池等污水处理设施和管道，最终要达到每小时80吨污水处理能力，保证医院污水没有一滴进入地下和湖泊。

暖通专业的特殊之处，在于实现各个区域不同的空气压力梯度，清洁区压力最大，半污染区次之，污染区压力最小，在这样的气压环境下，才能让室内的空气永远保持从清洁区向污染区流动，减少感染。这也是前面说的为什么不能征用体育馆和酒店的原因之一。

现场管道安装

室外通风管道

在这么短的工期里，没办法建立起一套集中供暖系统，火神山医院采用的是分体空调取暖，因为建筑进风量很大，所以在进风段还设置了加热装置，室内的通风管道也要包裹保温层，避免热量流失，如下图所示。

室内通风管道，包裹橡塑绝热保温层

电力施工的难点在于抢时间，传统建筑都是在主体结构完成后再通电，火神山医院的电力建设甚至走在了图纸之前。

武汉当地的供电公司在尚未获取平面设计图的情况下，利用现有条件，2 个小时拆除了主供线路，连夜完成 2 条 10 千伏线路迁移。到 2020 年 1 月 31 日晚上，4 台环网柜和 24 台箱式变压器的送电工作已经正式开始。为节省安装时间，房间内的电线在吊装前就已经接入，建筑和吊顶装修同时进行。

BIM 也在里面出了一份力。看到网上有人发起“抗疫贡献建模讨论群”，湖南交通职业技术学院建筑工程学院院长刘孟良自愿带着他的工作室团队，在 72 小时里参与了火神山部分病房的土建和水电模型创建，把设计结果无偿贡献给火神山医院。

5. 看不见的科技

超过 5000 万人同时看直播做“云监工”，只是火神山医院通信网络建设冰山一角的副产品。在看不见的地方，完善的通信网络对大规模的建设工作和建成后的运维工作都十分必要。

三家电信运营商分别在火神山医院开通 4G 和 5G 基站，搭建了高速通信网络。中国铁塔完成两座移动通信基础设施建设。湖北移动、湖北联通、华为公司和设计院等单位一起组织网络规划，协调 5G 基站、SPN 传输设备和建设物资。华为还成立了一支由服务、研发、供应链等组成的特别保障组。

使用云视频会议可以进行远程实时沟通，能提高应急指挥调度效率，最大限度减少工作人员聚集。移动、联通、腾讯、华为等公司分别在疫情期间提供了最多 300 人同时在线的会议服务。

云计算提供的算力也是“看不见”的重要资源之一，像 HIS（医院信息系统）、PACS（影像归档和通信系统）等核心系统部署都需要大量的计算与存储能力，完备的算力也是医院运营之后进行远程会诊、远程监护、数据采集等工作的重要保障。移动、电信、联通三大运营商和华为都在云资源方面出了力。

千兆光纤网络远程会诊应用系统

以上是我们整理的火神山医院设计和建造中一部分思路和技术。

这些思路和技术在其他领域已经比较成熟，在火神山医院项目里并不是很激进的做法，相反，为了和时间赛跑，保证不出差错，设计和建造过程中舍弃了很多“黑科技”，对技术的应用也相对保守，比如 3D 打印、机器人等技术都没有进入工地。

那么火神山医院的“中国奇迹”到底奇迹在哪里呢？在科技发达的今天，技术不是最难的，最难的在于资源调度和管理。

5小时出方案，24小时出施工图，边建设边修改方案；在7万平方米的施工现场，近千名管理人员、4000多名工人和几百台机械设备，24小时轮班作业；各类分包单位有上百家，更有几百家不同地区、不同行业的厂家参与到建设当中。

火神山医院首个“远程会诊平台”系统调通

在这么短的时间里，顶着全国瞩目的重大压力，还是在春节假期缺工人、人员密集风险高的大环境下，要调配大量的人员和物资，部门之间要默契配合，共同完成了一项零失误、零感染的任务，我们要为这种中国特有的集体力量起立鼓掌。

阿里巴巴的智慧城市棋局

2019年9月，建筑圈平地一声雷：阿里巴巴集团4022万元中标雄安BIM管理平台，60天工期，综合得分91.12，甩开第二名三分之一。

中标的技术细节少有人关注，大家口口相传，说得最多是一句“跨界打劫”。

一切好像来得太突然，关于数字城市，建筑圈还没做好准备，怎么被电商圈把生意给抢了？人们只看到暴雨落下时的电闪雷鸣，却从不问什么时候开始阴天的。

今天，我们想带你来一场时间穿越，回到历史的重要节点，看看这场雷雨从何而起，要到哪去。

1. 跨界？NO！

我们先把时钟回拨到2017年11月8日，就在双十一激战的前三天，阿里巴巴集团与雄安新区签署战略合作协议。双方将共同打造未来智能城市，以云计算为基础设施、物联网为城市神经网络、城市大脑为人工智能中枢。

马云出席了签约会，他在会上说：“雄安是千年大计，它标志着21世纪以后城市应该是什么样，阿里巴巴对雄安非常重视，但是我们的出发点不是到雄安来做生意，我们觉得参与这个伟大的时代、伟大城市的建设，比什么都重要。”

此时的阿里巴巴已经宣布，在雄安注册了三家子公司，分别是阿里巴巴雄安技术有限公司、蚂蚁金服雄安数字技术有限公司和菜鸟雄安网络科技有限公司。

但雄安远远不是阿里巴巴的第一站，我们把倒转的时钟调快，倒着往回看。

◆2017 年 11 月，阿里巴巴城市大脑落地雄安。

◆2017 年 10 月，杭州城市大脑 1.0 正式发布。

◆2017 年 8 月，城市大脑落地澳门。

◆2017 年 4 月，城市大脑落地苏州。

◆2016 年 10 月，阿里巴巴云栖大会上，城市大脑首次亮相。

◆2016 年 4 月，阿里巴巴开创“城市大脑”概念，以杭州为试点开始实践。

我们一路回溯，追到了 2016 年，那是阿里巴巴“城市大数据平台”的元年。

那年 10 月，在杭州试运行了 6 个月的城市大脑平台在云栖大会上首次亮相，一身程序员打扮的王坚在台上讲道：“城市需要有一次巨大的提升，需要有一个真正意义上的数据大脑，要让数据，而不是人，来解决问题。杭州是一个探索的城市，它在为全国城市甚至全世界的城市做探索。”

这一届云栖大会的主题是“飞天·进化”，原因在于，支撑杭州城市数据平台的操作系统，名字就叫飞天。

王坚是谁？飞天又是什么？

我们的旅程还没结束，这次，我们要把时钟倒转调得更快一些。

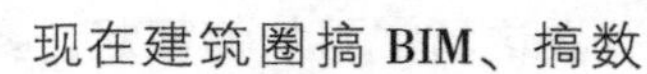

现在建筑圈搞 BIM、搞数据的人，总会披着一层悲壮的外衣，在传统专业的人眼中，他们“净搞些不创造产值的东西”，是寄生在建筑企业中的“骗子”。但比起王坚曾经的天真和荒唐、比起他“行骗”的金额、比起他在阿里巴巴的不受待见，现在的这些评价简直可以算是温柔的情话了。

2008 年，王坚加入阿里巴巴，职位是首席架构师。

这一年，马云正为一件事头疼不已：中国网购注册用户暴增 185%，已达 1.2 亿人，淘宝网上承载了 9800 万名注册会员，但公司的计算力就要爆表了。那时的 BAT 和大型国企所使用的 IT 架构，几乎全是“IOE”标配：也就是 IBM 服务器、Oracle 数据库，以及 EMC 集中式存储。

这三者全部来自美国，它们的组合在当时的大洋彼岸还从来没有服务亿级用户的经历，在阿里巴巴，这套组合已经很难用了，服务器的使用率经常飙升到98%。眼看着存储着人们消费和转账记录的中央大脑就要死机，阿里巴巴的危机刻不容缓。王坚给马云算了笔账：如果按照淘宝的用户增量来计算服务器扩容，硬件和软件费用加起来，用不了几年，阿里巴巴就要倒闭。

紧接着，王坚提出了一个疯狂的计划：我要给阿里巴巴写一个新操作系统，每一行代码都要自己写。马云不懂代码，但他给了王坚充足的信任，放手一搏吧。

2009年，阿里云挂牌成立，云计算需要的新操作系统，就命名为“飞天”。

“飞天”的诞生一点都不波澜壮阔，甚至可以说是人见人厌的猪队友。

内部会议上，几十位负责Oracle数据库的工程师听说淘宝要“去IOE”，转投自主研发的架构，非常愤怒；成立不久的阿里金融，被马云强制要求使用阿里云系统，结果系统BUG层出不穷，飞天团队白天赔笑脸，晚上改代码，贷款服务几次差点被整垮。

2010深圳IT领袖大会，谈到阿里巴巴正在搞的云计算，李彦宏说这是“新瓶装旧酒”，马化腾则评价道：“一千年以后再说”。你不能说他们的判断太天真——正如今天我们鄙视那些不靠谱的想法，他们的观点在当时再正常不过。

2010年到2012年，被阿里云称作“最寒冷的冬天”。想支撑起阿里巴巴的底层计算，基础的指标是能同时调度5000台服务器，这个指标被称作“5K”。

到了2012年，“飞天”的指标还只有可怜的同时调度1500台服务器。持续烧钱，持续不盈利，持续拿补贴，持续零成绩，“飞天”成了阿里巴巴集团里的“吸血鬼”。公司里越来越多地流传：“王坚是个彻头彻尾的骗子，而马云就要把他忽悠了将近五年的项目撤掉了。”

阿里云的同事们每天低着头上班，王坚开始收到大量的辞职信和转岗申请，阿里云的办公室越来越冷清。马云回忆说：“部门之间因为阿里云整天互相吵架，跟要分家似的，我也听不懂他们在吵什么。”

2012年的阿里云年会上，王坚站在台上，泣不成声：“这两年我挨的骂甚至比我一辈子挨的骂还多。今天来了很多原来阿里云的同学，但他们今天不在阿里云了”。

风雨飘摇的阿里云，等来了马云的一句话：“我每年给阿里云投10亿元，投10年，做不出来再说。”

至暗时刻，一语定军心。

那一年，阿里云团队的目标只有两个字：5K。没日没夜地改代码，调BUG。

王坚没有辜负马云。

2013年3月，阿里云迎来最后期限，计算能力将达到峰值，相关业务因无法存储和计算，将在3个月内被迫停止。

阿里云战车不停。

5月，阿里巴巴最后一台IBM小型机下线。

6月底，飞天通过了最终的5K稳定性测试：强制断电，数据毫发无损。

7月，淘宝网最后一个Oracle数据库下线。

几个月后，“5K”支持能力翻倍为“10K”，阿里巴巴开始把数据和计算全面迁入飞天。

也正是这一年，阿里云助力天猫，拿下双十一百亿神话。

2015年春运高峰期间，阿里云承担了12306系统75%的流量，卡顿现象大为改善。

一年后，王坚瞄准了杭州，利用飞天系统给这座城市装上了大脑。故事接上了前文云栖大会的发布。

时钟回转，2019年阿里云拿下“雄安平台第一标”，此时的杭州城市大脑已经进化到3.0，由交通领域延伸至产业发展、旅游服务、生态环保等领域。这一年，阿里云已经和苏州、上海、澳门、海南等23座城市合作了城市大脑项目，单次合同最高中标金额2.99亿元。

截止到2019年一季度，阿里云国内拥有47.3%的市场份额，甩开第二名三倍，稳居第一。

阿里云已经领跑了十年，它不是忽然跨界而来——迟到的是我们，它才是舞台上的主演。

2. 打劫？NO！

我们不是来给阿里巴巴唱赞歌的，因为我们的故事刚讲了一半。

2019年9月17日的中标消息，几乎所有人都只看到了三个关键词：雄安、阿里巴巴、4022万元，没有仔细看中标内容、招标要求，匆匆得出一个结论：互联网公司把生意给抢了。

更重要的，是人们很少谈到另一个中标候选人：中国城市规划设计研究院联合体。

要说这个联合体在里面是做什么的，得从雄安的平台说起。

在王坚和马云的计划里，城市大脑是支撑未来城市发展的基础设施，像是自来水厂。

目前合作的20多个城市里，城市大脑覆盖了交通、城管、文旅、卫健等11个领域，具体场景包括：利用监控数据实时操纵红绿灯；管控航班起降、上下客、行李搬运、餐配保洁等环节；酒店自助入住和退房、数字公园卡免排队，先看病后付费。

这些案例中，城市的交通数据、监控数据、出行数据都摆在那里，需要靠算力、靠AI来支撑。

这件事很难，但阿里巴巴已经做到了。而在雄安，阿里云并不能继往开来、一路碾压。因为雄安要记录城市的生长，把建设数据也放进来。这些数据不是现成的，而是要所有人一起造出来，这就不仅仅是靠算力能解决的了。

就好比建了自来水厂，还要解决水库的问题。这正是雄安数字城市平台之难。雄安和其他地方不一样，这里的建设刚刚开始，像是一张白纸，这让我们有机会把建设数据放进来，也必须思考怎么放进来。

我们在前文中的《BIM，市场与系统》中谈到，新的 BIM 市场里，两个隐藏的“玩家”也加入了游戏，第一是需要数据的公司，第二是政府。目前和可见的未来，在数据和建筑之间搭建桥梁，BIM 不是最好的选择，而是唯一的选择。

住建部在 2018 年 11 月 12 日发布了《“多规合一”业务协同平台技术标准》公开征求意见稿。其中 4.5.2 条条文说明提到：“实现基于一张蓝图的建设工程项目信息、城市现状二维数据、城市三维地面数据的计算与分析。工程 BIM 模型主要包括建筑物工程规划 BIM 模型和市政工程规划 BIM 模型。”

具体到雄安，在这次的平台招标文件中要求，管理平台建设内容包括一个平台、一套标准。

平台要解决数据的展示、查询、交互、审批、决策，实现对雄安新区生长过程的记录、管控与管理。这是软件和硬件的问题，是造水厂。

标准要解决从规划、市政到园林、建筑的数据统一交付，需要把不同专业、不同流程的数据打通，传到平台里去。这是规范和协调的问题，是造水库。

水厂难造，好在阿里巴巴造过了；水库难造，我们还没完整地实践过。

规划、园林、市政、管廊、交通、建筑，横跨数十家设计机构和建造单位，专业不同，标准不同，使用的软件不同，交付的格式不同。把所有数据一股脑扔到一个平台里，自动去识别和计算，这当然不现实。

雄安的做法是：六个渐进环节，一步一步来：

1）现状空间（BIM0）。

2）总体规划（BIM1）。

3）详细规划（BIM2）。

4）设计方案（BIM3）。

5）工程施工（BIM4）。

6）工程竣工（BIM5）。

每个环节分别对应的是工程建设的不同阶段，对数据的录入方式和使用者加以区分。每个阶段的数据流到下一个阶段，都要编制入库标准，对结果进行统一编码。进入平台的所有成果数据，都要遵循一个统一的数据转化标准：XDB。这一标准也正在不断完善。

目前，跨专业标准数据的转换，已经进行到从设计方案（BIM3）向工程施工（BIM4）阶段的推进，最终的目标是把这个进程推进到 BIM5，并最终满足 XDB 的要求，和总体平台完成对接。从结果上看，是一个平台、一套标准，但过程中需要开发的转换和审查软件，需要整合的专业标准，不计其数。

建筑人对平台有一个习惯认识：它应该是给自己带来便利的，而雄安的项目发展到今天，我们看到了公共服务项目中平台的新范式：设计师和施工人员不是平台的服务对象，他们是给平台提供数据服务的人。

整合多专业、多格式、多标准到一个平台，正有很多人没日没夜地做着。从业务到平台的统一目标，也远非阿里巴巴一家能完成。

说阿里巴巴并非“打劫”，而是“合作”，这话真的一点都不虚。

3. 终局？NO！

商业不是过家家，无论在哪一个战场，无声的硝烟都在合作与博弈中弥漫开来。

向外看互联网公司争抢的市场，巨头纷纷入局。

阿里巴巴是“城市大脑”的领跑者，但领先者不可能永远是通吃者。与阿里巴巴中标雄安的新闻几乎同时，东莞传来战报：《东莞市“数字政府”建设项目（2019—2021 年）》采购内容信息系统集成实施服务，华为中标，金额 27.42 亿元。

华为的首个城市大脑项目于去年年底落地佛山；百度于 2018 年 10 月与北京市西北旺镇人民政府签署合作协议，共建“智慧西北旺”；腾讯在广东试水后，2019 年 6 月以 5.2 亿元拿下长沙城市大脑项目。

2018 年开始，腾讯、百度、京东、华为等巨头纷纷加入战局，仿佛只在转瞬，已是烽烟四起。

IDC 预测，2023 年，中国智慧城市的市场规模将达到 389.2 亿美元，如果再算上 5G、物联网、AI 的入场，这个盘子不止千亿美元。中国的 600 多座城市，正在被厂商们逐一插上小旗。

向内看建筑业领域，专业软件厂商纷纷寻求合作破局。

2018 年 6 月中国建设行业年度峰会，广联达、微软和华为联合发布了面向建筑行业的混合云解决方案。

2019年9月，广联达受邀参加华为全联接大会，会议上双方签署平台组建合作伙伴协议，在智慧园区、智慧工地、BIM技术等方向达成深度合作。

与此同时，在各大城市与这些平台商合作的国有设计和施工单位，也都摩拳擦掌，希望把自己贡献的力量和经验，固化成标准、规范甚至是通用产品。

《雄安新区工程建设项目招标投标管理办法》中四次明确提及BIM，30多项审查规则、几百项建模标准已成定局，今天它是标杆城市的入场券，下一场争夺战中，就很可能是老兵手中的冲锋枪。

历史的画卷就这样摊开在所有人面前：无论是准备好的，还是没准备好的。

4. BIMBOX观点

领英创始人雷德·霍夫曼在接受哈弗商业评论采访时说："信息时代做点事，就好比你从悬崖上跳下去，然后在下落的过程中组装一架飞机。"

如果你问我："前面说的这些'数字城市'项目和产品，都靠谱吗?"我会说："从宣传上来看，一个比一个靠谱。而深入了解会发现，其实都不同程度地不靠谱。"

只不过，没有时间等你验证是否靠谱。

农业时代，人们有上百年的时间验证一项技术是否靠谱；工业时代，验证的时间至少有几年；而今天的信息时代，这个时间窗口被残酷地压缩到几个月。

2008年，林晨曦跟着王坚离开微软，转投阿里巴巴。他的第一个任务就是走进淘宝网技术团队的办公室，对他们说："以后，你们淘宝网的大数据系统用我们的阿里云架构吧。"

"代码已经写了多少?"对方问。

"几行吧。"

林晨曦没撒谎，当时的飞天系统，确实刚刚在北京汇众大厦203室写出了几行代码。

那时候，没有人能保证阿里云到底能做成什么样，也没人能猜到，十年后这几行代码被印在了阿里云产品的纪念文化衫上。

大多数人最终会选择平凡的生活，这本身就是每个人的权利，更没有什么对错。更何况，并非每个放手一搏的人都能成为少数的幸运者，即便是阿里云，也有超过 70% 的员工调头离开。

但知道事实后自愿选择平凡，和稀里糊涂地被迫平凡，是两个概念。

BIMBOX 希望做的，是把这个时代正在发生的事告诉给人们。

从旧时代的温床里成长，我们习惯性地觉得，路都是铺好的，职位就那么多，选个专业，选个公司，慢慢发展，像是爬香山，总会登顶。而在剧变的时代，我们更像是在爬珠峰，没有人能保证登顶，大多数人会中途放弃，或是冻死在攀爬路上。

BIM 的下一个阶段，一定是异常艰苦的，全专业数据集成的路上有太多的困难等着人们去克服。或许我们这个时代的转型者，即将面临的是和阿里巴巴当年一样的阵痛：做，累死，不做，等死。

每个人都有权选择安全，但至少我们应该对愿意尝试的人报以敬意。

我忽然想到了当年阿里云程序员的抱怨：“人家的是云计算，我们的是人肉云计算。”于是回复他：“是，只不过不知道要累倒多少英雄汉。”

他回信说：“愿舍命之人有所偿，愿孤胆英雄不言悔。”

当我们谈“X + 区块链”的时候，到底搞懂区块链了吗？

最近两年区块链的热度越来越高，也有越来越多的宣传，各种行业都要“ + 区块链”，连建筑行业的 BIM 也有很高的呼声。

很多人可能听到区块链这个名词觉得很炫酷，但其实并不了解它到底是个什么东西，只知道好像和比特币有关系，大概是个去中心化的东西，但再往深处说，比特币和区块链有什么区别？为什么能做到去中心化？就说不出所以然了。

很多文章讲区块链，喜欢略过技术细节，用一些浅显的例子打比方，来说明去中心化和分布式记账是怎么回事，这么讲的好处是谁都能听懂，但也有个坏处，那就是听了的人只能大概了解区块链的优点，然后就“比方套着比方”，直接把区块链技术给套用到其他技术上去了。这也是为什么很多场合区块链被过度宣扬，似乎成了无所不能的神器。

如果连基础原理都搞不清楚就去谈未来，就好像在谈论怎么能用电冰箱解决移民火星的问题一样。

所以，我们打算跳过所有的比喻，用硬核的方法讲清楚区块链的工作原理、底层逻辑到底是什么，让你知道它能做什么、不能做什么，有哪些缺陷，以及它到底会对各个行业的发展产生什么样的影响。

1. 比特币：从支付说起

说区块链之前，咱们得先说下比特币。

可能你觉得，我不想炒比特币，那玩意我不感兴趣，就想听听区块链在其他行业是怎样应用的。但是，如果你想把区块链搞清楚，那比特币是绕不过去的，一切区块链设计想法都来自比特币。

比特币是一种电子支付的方式，我们用的手机支付也是电子支付，但比特币和手机支付不一样。手机支付背后肯定有一家机构，或者是腾讯、阿里巴巴，或者是某家银行。

而比特币的设计初衷是希望在支付中摆脱中央银行的管制。比如说支付和收款双方匿名，交易不能伪造，所有这些功能都由程序自动保障。既然没有某个机构维护，就必须通过算法的设计了。

任何一项技术都不可能脱离其他技术单独存在，比特币也是一样，它就是建立在一套完整的现代加密算法上的。比特币中的密码学理解起来并不难，可是一层层套起来解决问题的思路却闪耀着理性的光辉。

2. SHA256：我的信息怎样不被篡改？

作为一种虚拟货币，比特币首先要解决的就是怎样把一条信息加密，让别人无法修改。这里用到的就是第一个技术：SHA256 加密。SHA256 的全称是“安全哈希算法”，它是 Hash（哈希）函数的一种。

哈希函数的特点是，不论原始数据有多少位，经过运算后，得到的结果长度都是固定的。比特币中用到的是 SHA256，就代表运算结果是一个 256 位的二进制数字。

最终这个 256 位的字符串能用在加密上，需要满足两个条件：

1）不论原始信息多长多短，都能且只能计算出唯一结果。

2）算法必须是单向的，不能通过结果，反算出原始信息来。

这两个目标要达成，就要用到数学里的一种特殊运算方法，就是模运算。

模运算不难理解，就是先规定一个模数，凡是超过这个模数的结果，就回到起点重新计算。比如钟表上面的表盘只有 12 个数字，它的模数就是 12。假如我要把某个数字在表盘上加密，比如加密方式是“把原始数字加上 5”，那假设我的原始数字是 9，那么“9 + 5”等于多少呢？在这个模数为 12 的运算里，结果不是 14，因为已经超过模数了，结果应该是 $9+5-12=2$。

如果反过来运算，单凭结果 2，你是无法反推出初始的数字 9 的，因为你不知道在这个模运算里，数字绕着表盘转了几圈。原始的数字既可能是 9，也可能是 21，或者任意一个 9 加 12 整数倍的数字。

而 SHA256 函数的运算结果，是一个模数为 2^{256} 的值，所以这个值一定是可以写成 256 位的。

把一个信息转换为一个特定数字，最早是为了验证两个文件是否一致。比如你在一些论坛下载软件的时候，经常会随着软件附带一个校验码，有时候是 SHA256，有时候是 MD5，它就是把整个软件的全部数据，经过算法生成这么一串字符，你下载好软件，在本地也可以使用校验工具把它算出一个结果，和论坛上的字符串做对比，如果一致，就代表这个软件没有被篡改过。

一行文字哪怕只是标点上有些微小变化，对应的 SHA256 值也会产生很大变化。这个函数非常重要，会贯穿我们讲述整个区块链的过程中。

首先，就是它可以用来解决支付信息加密的问题。比如我要付给开开 200 元钱，就在网络上写下一条信息："老孙需要支付 200 元给开开"，这就是支付信息。但这条信息是有风险的，万一有人把 200 改成 800，那我可就要哭了。

而刚刚的 SHA256 算法，就避免了信息被篡改的问题。这条支付信息的哈希值是确定的，（哈希值就是 SHA256 算出来的数值）。在发出信息的同时给出计算出来的哈希值，和刚才说的在论坛上下载软件的例子一样，之后任何的改动都会被发现，只要被改动就视为无效。

但只保证了支付信息没有被改动过还不够。因为如果有人发出很多条"老孙需要支付 200 元给开开"，然后录入支付系统，那我也要亏死了。

所以，光是加密信息还不行，还需要数字签名。它的作用是用来保证"老孙需要支付 200 元给开开"是老孙本人亲手发出的，而不是其他人发出的。

3. 非对称钥匙：怎样确保信息源？

我们现实生活里使用手写签名，是因为笔迹很难造假。但电子信息中，谁都可以敲出"老孙同意"这几个字，怎么用电子签名来确认一条支付信息是我本人确认的呢？

这就得靠"非对称钥匙"了。

任何信息都可以通过计算变成一段数字，比如我要给熊仔发一串数字“666”，我要加密这段数字之后发给熊仔，我们可以事先约定一种加密方式，比如给每个数字都加上 3，熊仔那里收到的结果是 999，按我们之前约定过的，每个数字都减去 3，就得到了结果 666。在这个过程中，数字“3”就叫作钥匙，又因为加密和解密都用的是它，所以叫“对称钥匙”。

在开放的互联网上，对称钥匙有着致命的缺点，因为钥匙至少需要单独传递一次，无论是打电话还是发邮件，我得事先和熊仔约定钥匙是“3”。而传递钥匙这条信息本身是没有加密的。如果这个钥匙被人知道了，那谁都可以给熊仔发任何信息，熊仔也不知道哪条是我本人发的。

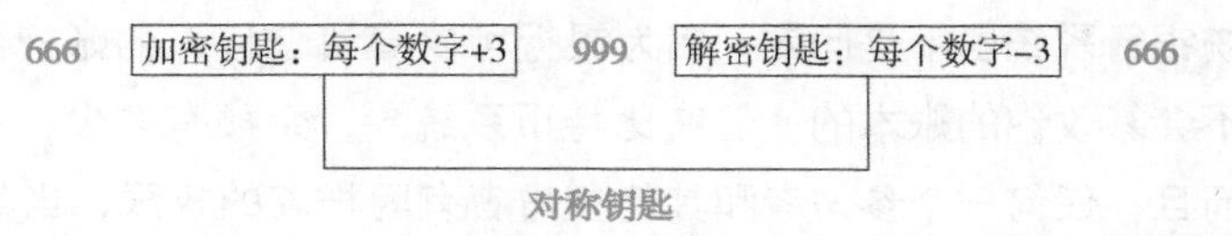

对称钥匙

这时候“非对称钥匙”就要登场了。你可以这样理解它：加密和解密用的不是同一把钥匙，我选择其中一把加密的话，另一把钥匙就可以解密。

两把钥匙，我把其中的一把保留在自己手里谁也不告诉，叫作“私钥”，另一把钥匙则是公开给大家，谁都可以看见，叫作“公钥”。公钥和私钥是通过一种不可逆的数学计算关联成对的。是的，不可逆的运算还是基于刚才说的模运算。

数字签名的问题就是这么解决的。当我发出一条交易信息时，我先用自己的私钥给信息加密，再把加密后的内容连同公钥一起发布出去。别人如果用公钥解开了，就说明当初这条信息是用这把公钥对应的私钥加的密，那就是我本人了。

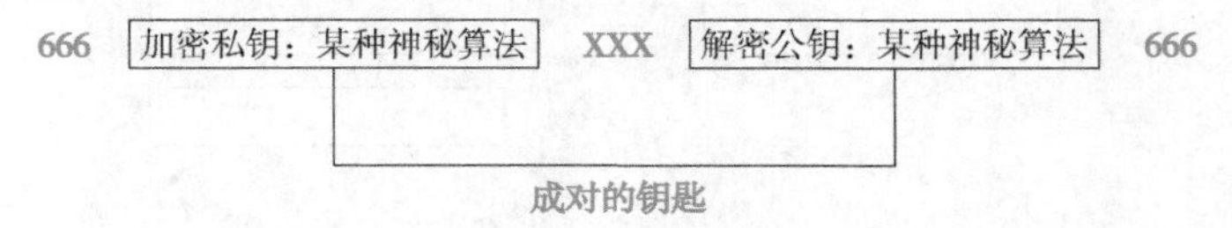

成对的钥匙

这两个知识点你理解了，我们就可以还原一次比特币交易的过程了。

比如我要给开开发 200 比特币，我的比特币客户端软件会做这么几件事：

1）把“老孙给开开 200 比特币”当作原始信息，对它做一次 SHA256 运算，得到一个原始哈希值。

2）用私钥给原始哈希值加密，得到加密的哈希值。

3）把原始信息、公钥、加密的哈希值，这三个内容同时发布到全网去，给别人验证。哈希值用来保证信息没有被篡改，加

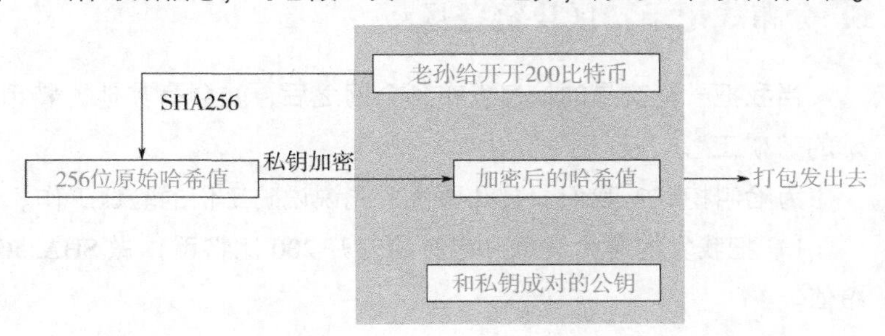

密和解密保证信息出自我本人。

到此为止，我们解决了信息源可靠且不可更改的难题，其实这两个问题现在任何一家银行都能解决，并不是区块链的特权。可是别忘了，区块链可是要“去中心化”，那如果没有了银行这个中心机构，会面临什么麻烦呢？

4. 去中心：谁来帮我记录余额？

没有中心机构，首先的问题就是每个人的账户余额由谁来记录。比如，老孙支付开开 200 元钱，可是老孙账户里的余额够吗？

这个疑问在传统银行系统里不是问题，因为银行可以查看任何人的账户余额。在银行的系统里，你是相信银行不会篡改你的账本的。但在比特币系统中，余额有多少，不能自己说了算，自己说了也没人信。而且，任何一个参与者和其他参与者有同样高的权限，当然也没有一个“说了算”的人来统一监管每个人的余额，所以还是只能通过程序和算法的设计。

这一步的程序解决方法是——每笔交易都必须以上一次交易作为基础。

比如“老孙支付 200 元给开开”，这笔交易可以进行的前提是，之前有人给老孙付过钱。假设之前熊仔已经给过老孙 200 元钱了。那么老孙给开开付钱时，发送的标准信息是这样的：“熊仔支付 200 元给老孙，老孙支付 200 元给开开”，再加上老孙的数字签名和公钥，一起发出去。

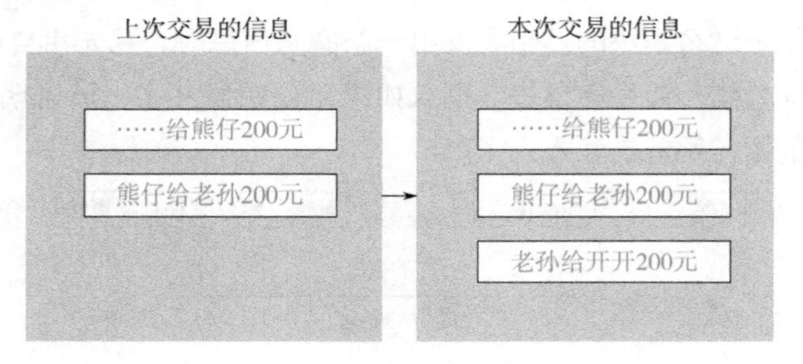

你看，到这儿是不是有点“链条”的意思了？不过，我们的旅程还没有结束，光是把信息发出去还不够，我们还得把它记录下来。这就要涉及区块链的本质了。

5. 分布式记录：区块链登场

当我把一笔交易的信息发布到全网之后，就会有其他比特币参与者帮我验证。这些人就是挖矿的“矿工”。

为啥叫挖矿？我们一会儿再说，先说说旷工们的验证工作。

1）把我发的原始信息（老孙给开开 200 比特币）做 SHA256 的运算，得到一个原始信息的哈希值。

2）用我提供的公钥，把加密的哈希值解密，得到一个新的哈希值。

3）把两个哈希值做对比，如果一致，就代表这条信息确实来自我本人，且没有被篡改过。

这个过程和前面讲的发送这条信息过程正好是反过来的。

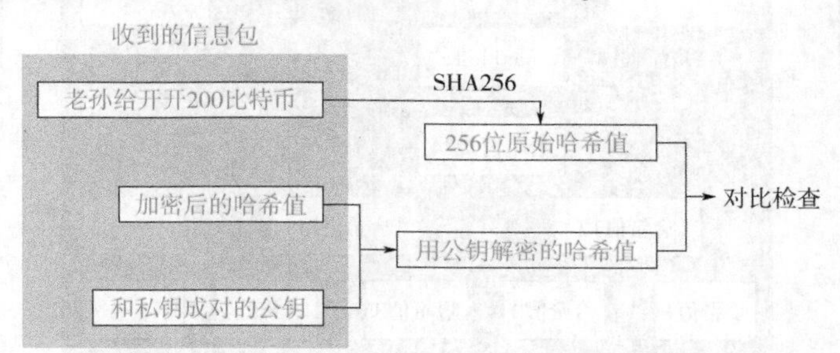

如果以上验证通过，就进行下一步的记录操作。当然，这些工作都是比特币软件自动完成的。

那么矿工是不是把这条记录存在自己的计算机里，就万事大吉了？还不行。

我们说比特币的特点是分布式记账，那就得保证所有交易记录在每一台计算机上都必须存着一模一样的副本。但要实现这一点还真的很难。没有任何一个中央机构来 24 小时不间断地记账，所有记账的人都是分布在全球各地的，他们有的在交易发生的下一秒参与了验证，有的当时不在线，隔一天才收到需要验证的记录，有的可能几个月都没开计算机。那么交易记录的同步就成了问题。

这时候，区块链终于登场了。我们先说“区块”，再说“链”。

在区块链中，每一个区块里都包含着上千条交易记录。矿工收到一个区块，检查通过之后，他的保存方式是把新的区块添加到自己计算机里的链条最末尾，同时也会把这个新区块发给其他矿工，他们也会做同样的工作。

前面讲了，每一条交易都必须是基于以前的交易，所以矿工的保存不单是一个储存的动作，还有一个“加链”的动作，这个动作还是通过计算来解决。

通过一定的算法，新区块的生成要得到一个字符串，它由以下三部分组成：

1）新区块的基本信息，比如版本号、区块产生的时间（也叫时间戳）。

2）这个新区块本身包含的上千条交易记录，累积用 SHA256 算出一个哈希值，叫作 Merkle 根。

3）前一个区块用 SHA256 计算的哈希值。

区块链之所以被叫作链，最关键的就是第三部分：前一个区块的 SHA256 函数值，它就是区块与区块间首尾衔接的“链”。

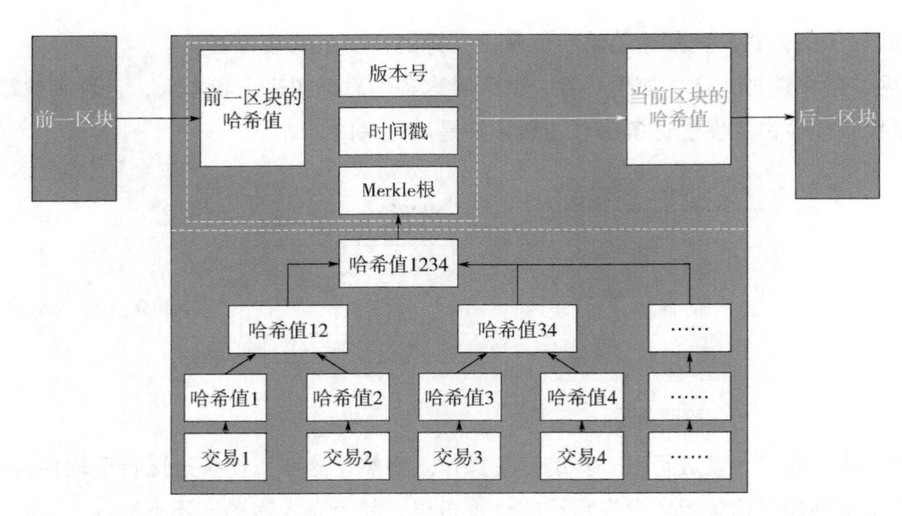

以上的每个部分，都使用 SHA256 计算得到唯一的字符串，最终合到一起，再计算出一个总的哈希值，也就是当前区块的哈希值，作为下一个区块引用的字符串。

这样，全网所有的计算机并不是分散着记录一笔一笔的交易，而是把所有的历史交易全部串成一个链条，所有人储存的都是历史上的全部交易的总和，只不过它们是用 SHA256 函数计算出来的。我们前面讲这个函数的时候说过，它不能通过结果反算出原始信息来。所以也不必担心具体的交易信息被泄露。

问题结束了吗？还没有。别忘了，任何一个网络中，都有贪婪的坏人。

6. 挖矿：对付坏人的大数计算

因为没有中央机构，就没法保证全网在同一时刻只存在一条链，区块链在记录的过程中有可能会“分叉”，有时是因为操作失误，但更多时候是来自恶意操作。

举个例子：老孙从别人那收到了 200 比特币，把它支付给了开开，紧跟着又操作一遍，把这 200 比特币支付给了熊仔。这样 200 比特币就能当 400 比特币花了。

注意，这两条信息都是真实的，也都按照规则，基于前面一个交易，也就是“老孙收入了 200 比特币”作为上一个区块。结果，全球各地安装了比特币软件的人，因为网速的原因，有人会先收到第一笔支付信息，有人会先收到第二笔支付信息，哪个才是有效的？如果这两条交易都被记录下来，那可就乱套了。

你可能会想：不对吧，老孙把钱支付给了开开，那他的余额应该是 0 了，不能再支付给熊仔了。如果你这么想，就还是没离开传统的记账方式，别忘了，在比特币世界里，没有中央机构负责记录每个人的账户余额。

区块链网络的解决办法是：限制单位时间里产生新区块的数量，比如十几分钟之内只允许产生一个新区块。可是既然没有中央机构来监督，这个限制动作本身又是怎样完成的？

答案是：让全网的计算机同时算一道难题，所有计算机的算力加起来，平均十几分钟才能算完这道题。

这么难的题怎么出？刚才我们说，生成一个区块要算出一个字符串来，这个字符还不能作为最终结果加到整个链条上，而是要再加一步操作：由软件生成一个随机数，和刚刚的字符串一起组成一个新的字符串，接下来，要把这个组合成的字符串再用 SHA256 算一次，会得到一个新的256位数。

运算的结果必须是前72位全部都是0，才算正确答案，也只有前72位全都是0的结果，才能作为这个区块的哈希值，被下一个区块引用。如果算一次结果不正确，那就再给个随机数，再计算，直到算出来为止。

所以，我们要在上图中加点东西，下图才是一个区块的完整版：

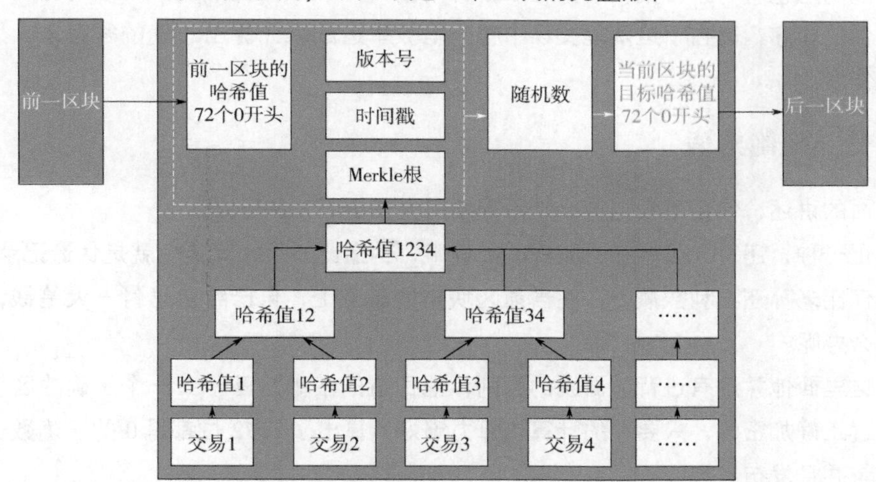

那么，既然软件给的是一个随机数，哪能那么巧，算出来前72位全都是0？没错，这就是关键。

区块链网络设置这道题，就是要让算出来这个结果的概率很低，低到什么程度？每一位的结果都可能是0或者1。第一位是0的概率是1/2，第二位还是0的概率是1/4，第三位还是0的概率是1/8……这样延续下去，整个网络里大概平均要进行2^{72}次运算，才会有一台机器，幸运地算出正确答案。

按照目前全网的算力估算，得到一个正确答案的时间，差不多就是10分钟。区块链就是通过这种方法来控制新区块出现的频率。

如果以后的计算机算力越来越强，算出答案的平均时间越来越小怎么办？很简单，只要修改一下规则，把72位全是0改成73位、74位，每增加一位，难度就翻一翻。

这个运算量很大，而且它的目的只是为了“拖延时间”，其实是一个没有意义的运算。那大家凭什么愿意拿出计算机来算这个数，帮别人记账?

比特币的规则规定，最先算出来的人，奖励一定数量的比特币，这也就是为什么参与比特币的人叫矿工了，他们挖的矿，就是系统奖励的比特币。当然，这个奖励不是一成不变的，否则钱越来越多，就会通货膨胀。一开始是奖励50比特币，往后每推进21万个块，奖励就会减半，这样一直减下去，总数加起来大概就是2100万个比特币封顶，这也就是为什么比特币越来越值钱的原因。

其他矿工看到有人挖到了矿，只能干着急，因为软件是一个个生成随机数，算出正确答案，就更新到自己链的末尾，同时发布给全网。谁先给出来符合要求的结果，谁就说了算，谁就能得到奖励。

而刚才的问题也就有了答案：老孙在1秒钟内给开开和熊仔先后转账，最终哪一笔算数，不在于老孙操作的顺序，而在于这两笔交易中哪一笔被幸运的人先算出正确的答案来，另外一笔由于失效会被作废。

7. 长链优先：拒绝造假

看完上面的讲述，你会不会觉得比特币网络完全安全了？并不是。

坏人不止一种，还有人可以在不犯规的前提下，伪造比特币，其实也就是伪造记录。

比如熊仔比老孙还要利欲熏心，在当前区块链的基础上，自己给自己付一大笔钱，然后提交到全网，怎么办呢?

注意，这里面他并没有违背前面说的原则，他伪造的基础是基于上一个正确的区块，发布的信息也是经过正确加密的，只要他的计算机算力够好，算出了前72位都是0的正确数值，这条交易就会被记录并且发布出去。

这样的问题怎么解决呢？这就得说到区块链的另一条规则：全网只认最长的那一条链。

熊仔可以凭运气做出一个区块，相当于做了一条分叉，但是在这条分叉上的下一个区块还得他一个人做，下下个区块还得他自己做。而在另一条没有造假的链条上，是全网所有人在做区块，一台计算机的算力无论如何是比不上全网的，很快他的链条长度就被甩在后面，无人问津了。

实际上，因为全网的客户端都是自动选择最长的链条去做区块，更大的可能是熊仔的计算机还没来得及算出来72个0的结果，全网中正确的链条就已经往前推进十几个区块了，熊仔做出来的假区块根本就不会被人家搭理。

看了这些你可能会想，动用了这么多的技术，把计算搞这么麻烦，到底是为什么？其实这背后全都是为了去中心化所付出的代价。那为什么一定要去中心化？这就不是技术问题，而是理念问题了。

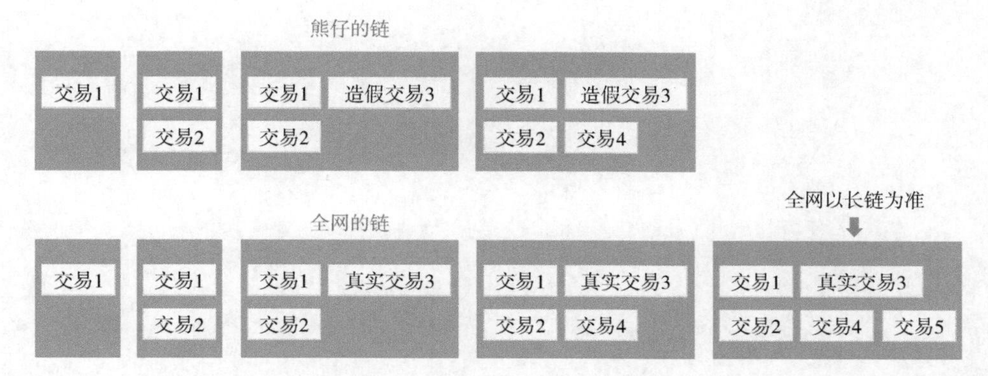

比特币和区块链是由一群极客发明的，他们的原始愿望，就是打造一个人人平等、没有任何机构管控的互联网世界。至于区块链后来被其他人，甚至其他机构用起来，那就是另外一个故事了。

如果你能看完本节，相信对区块链的原理有了比较深刻的认识了，下次别人再和你说起区块链在某个行业的应用，相信你也能自己找到思路。

第 7 章

总结：几份报告看行业变迁

在建筑行业里，BIMBOX比起布道者，更像一个观察者。本书中我们讲述了很多人的见解和实践，希望在最后一章，站在一个更宏观的视角，做一个总结和梳理。

本章内容包括两份调研报告，和两场演讲的内容收录。调研报告是从数据的维度来展现一些事实，演讲实录则是从观察的维度来呈现我们的观点。

你可以跳出个人经验去看看一群人的想法，也可以和我们一起梳理思考。未来无法100%预测，但看得多了，我们也许能离真相更近一些。

中国 BIM 草根报告 2020

2019 年底到 2020 年初，我们发起了一个“每个人告诉每个人真相”的活动，设计了一份调查问卷，呼吁大家花几分钟的时间，把自己对 BIM 的看法、所在企业的现状等信息写下来。

之所以做这样的事，是因为这几年我们越来越发现，在中国这么大的市场纵深下，对于同样的问题，大家的看法真的是千差万别，群里也经常因为观点不同针锋相对而吵起来。其实观点不分对错，很多时候是环境决定想法，但对于很多围观者来说，还是想知道，大多数人到底是怎么想的?

现在很多企业都还是少数人做 BIM，甚至就只有一个小部门在闷头做事，同一个行业的人天南地北，平时没有机会接触太多其他人的想法，偶尔难得参加一个线下活动，也主要是听台上一个人说，很少真正有机会和同行交流。

我们已经连续四年翻译了英国 NBS 报告，每一年的内容也做了深度的解读，篇幅原因在此不展开讲，如果你感兴趣，可以在公众号 BIM 清流 BIMBOX 中搜索“NBS”来找到它们。

通过翻译报告，我们积累了一些经验，加上平时和各路高人交流，对大家普遍关心的问题有了一个基本的认识，综合起来设计了 40 个问题，经过几个月的收集调研，最终完成了这份调研报告。

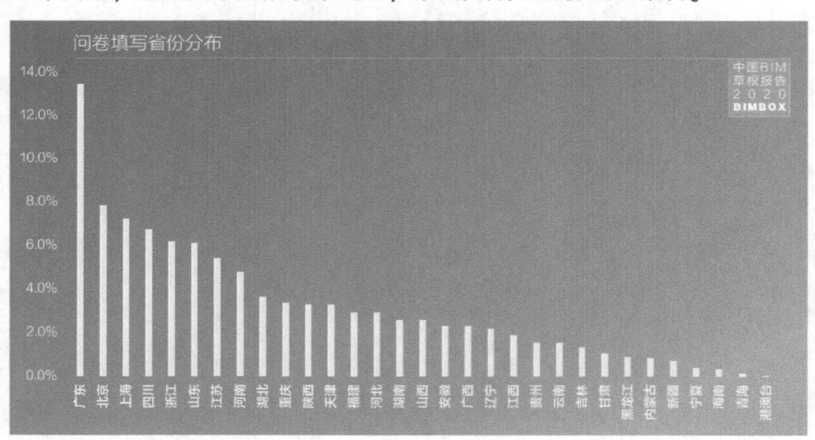

报告的发起者来自草根，回答者也是来自五湖四海的个人，所以我们就给这份报告起名叫《中国 BIM 草根报告 2020》。

先看看基础数据，这次报告一共收集了 2471 份调查结果，省份分布方面，北京、上海、广东、四川、浙江、山东、江苏、河南几个省市的填写者最多，其中广东省明显多于其他省。

公司所在行业方面，施工单位最多，将近 4 成，设计和咨询各占四分之一，其他少数分别是业主方、教育培训、研发机构和在校生。

个人职位分布，设计师、工程师、一线人员占比最高，为64%，其次是将近四分之一的主任、管理层，技术管理岗占比6.7%，在校生和实习生占比4%，高校老师和培训讲师占比1.9%，剩余不到1%来自软件开发者。

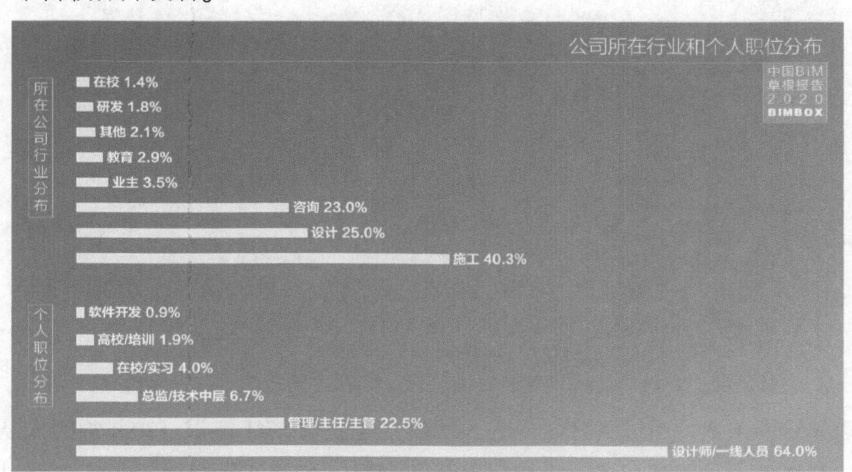

下面是报告的主要数据结果。

1. 个人情况调研

首先是大家最关心的个人收入，4000元、6000元、8000元这三个档位占比最多，都在20%左右，1万~1.5万元占12.6%，2万元以上的不到2%。对比前面的个人职位分布来看，企业的中高层领导也许并没有太多人拿出时间填写这份问卷，所以结果也可以理解。

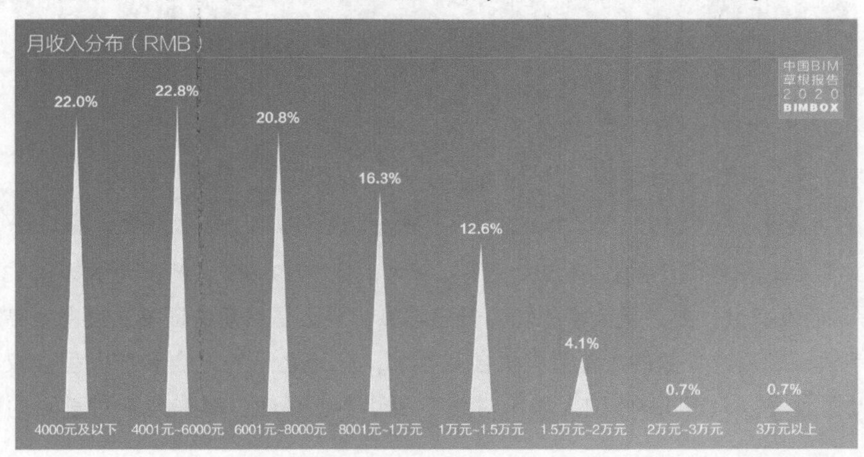

对于个人BIM的水平，42.6%的人表示很有信心，43.4%的人觉得还可以，只有13.2%的人

对自己的水平不太有信心。

超过半数的人觉得 BIM 提高了自己的工作效率，也有四分之一的人觉得并没有什么改善，13.7%的人认为效率比以前更低了，这一条还是挺超出我们预期的。

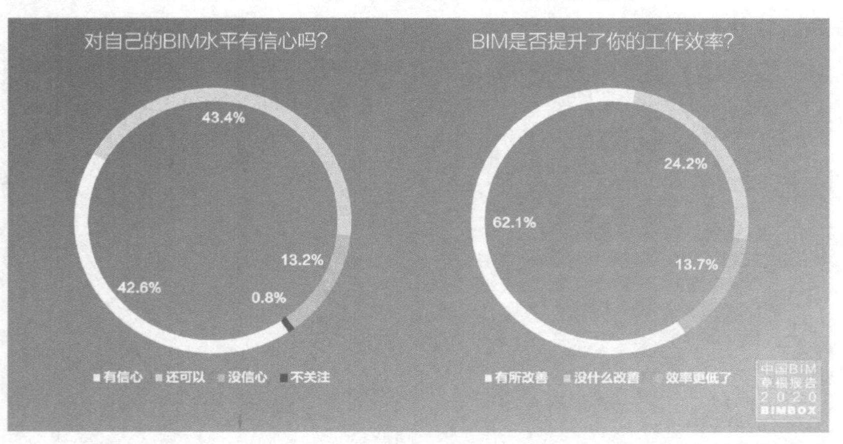

关于获取知识的渠道，超过三分之一的人从公众号获取 BIM 知识，30.5%的人从网站学习知识，十分之一左右的人从同事和培训机构那里获取知识，和前些年相比，人们在移动端学习的诉求越来越高，我们也看到第三方顾问能够给大家直接提供知识的服务还有待提升。

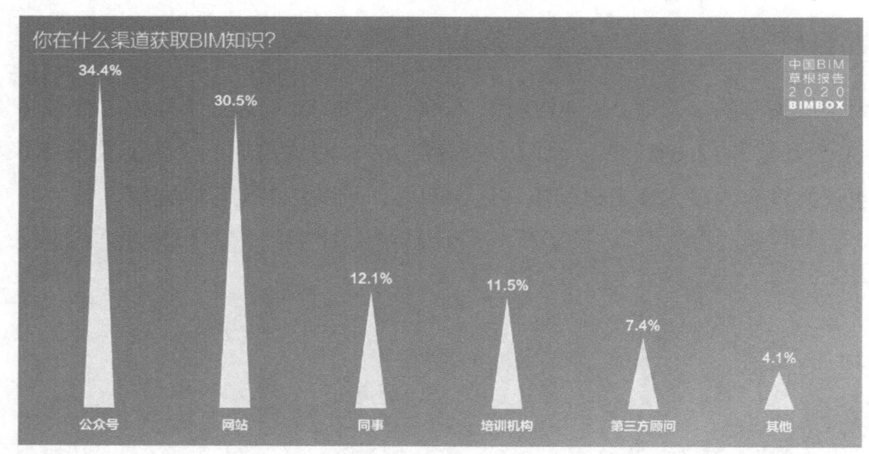

关于 BIM 证书，已经拿下的占61.9%，不打算考的人占19.6%，打算考的人占13.8%。只有4.7%的人考了但没有过，要么是大家的能力普遍够高，要么是目前的证书通过率太高了。

关于线下活动，超过半数的人希望有机会能参加，三分之一的人会参加大型会议，十分之一的人参加过小型沙龙。只有5.4%的人表示对线下活动不感兴趣，看来大家对学习沟通的诉求还是挺强烈的。

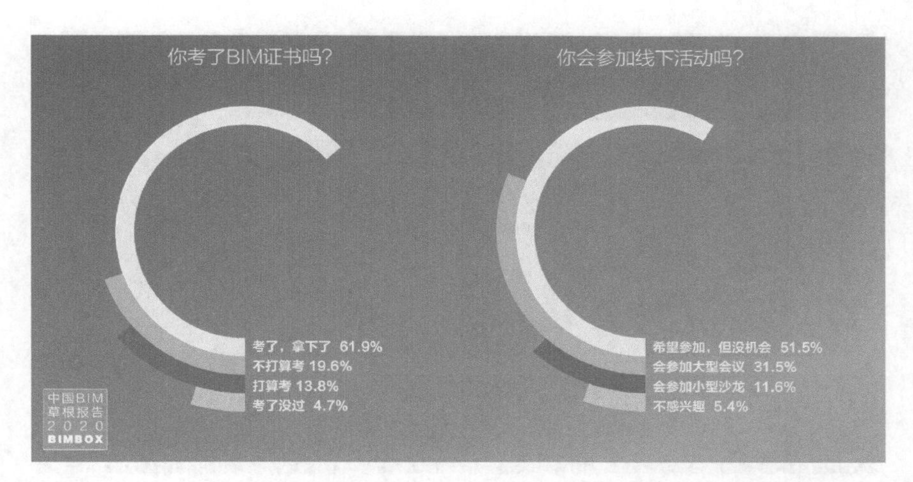

关于BIM的价值，43.4%的人表示所在公司和客户都觉得有价值；将近三分之一的人抱怨说，自己觉得有价值，领导不觉得有价值；23%的人抱怨客户不认同BIM的价值，只有3.5%的人自己也觉得BIM没价值。

超过80%的人并不后悔走了和BIM相关的这条路，也有12.3%的人觉得干啥都是无所谓。7.3%的人为自己的选择感到后悔。

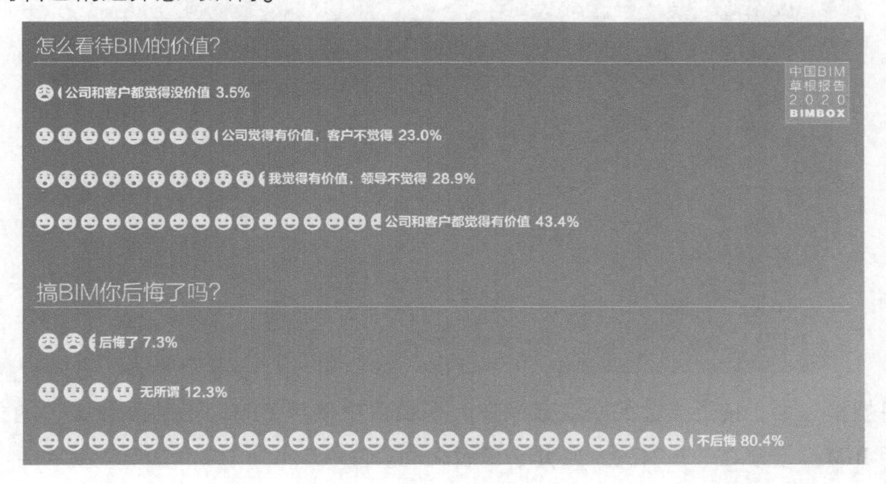

2. 企业情况调研

于企业实施和使用BIM的计划，75.3%的企业已经使用了BIM，一年内计划使用的占6.5%，三年和五年计划使用的加起来不到10%，也有8%表示不打算用BIM。

关于对BIM的了解，受访者中76.7%的企业对BIM很了解，且已经在使用，和上一个问题基本持平，14.2%的企业只是在了解阶段，不到十分之一的企业还不了解BIM。

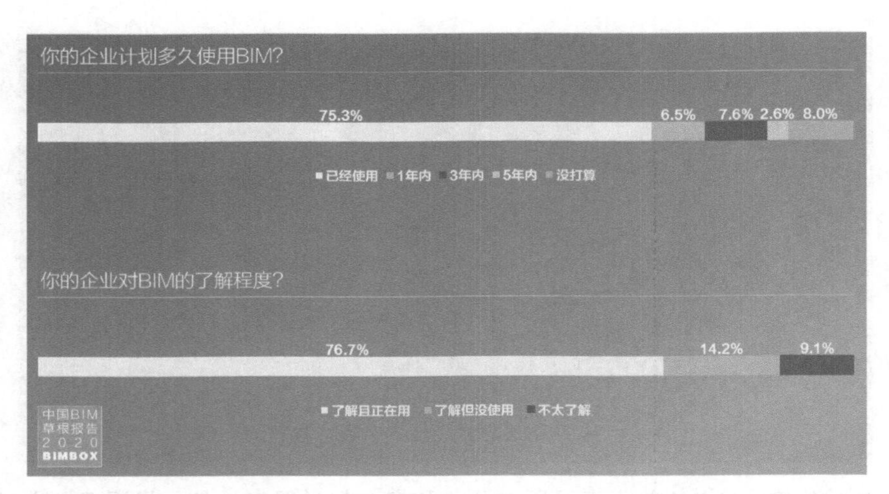

关于企业内部的使用人数，1～10 人使用 BIM 的企业明显最多，有 43.1%，30 人以上使用 BIM 的企业都已经降低到 10% 以下，我们看到大多数企业还是小范围使用，或者是 BIM 中心的模式。

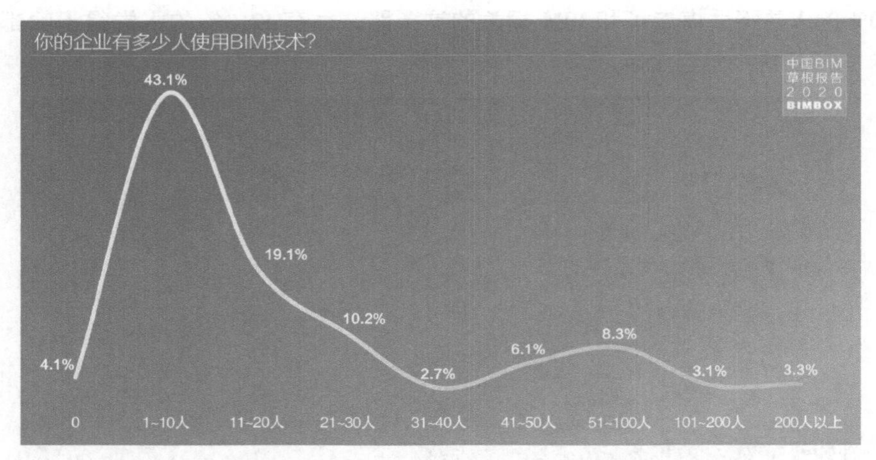

在项目规模上面，接近半数的企业选择在大型项目中使用 BIM，不到五分之一的企业会在小项目里使用 BIM，三分之一左右的企业介于二者之间。

注意，这是一道多选题，所以最终数据中也包含一些企业在各种规模的项目中都使用的情况。以下所有多选题，都会出现因为有人选择了多个选项从而“稀释数据”的情况，以此题为例，实际数据并不代表真实情况的企业占比，往往是统计结果比实际占比数字要低，以下多选题的情况不再特别说明。

在项目应用比例方面，41.3% 的企业只在少数项目使用 BIM，在全部项目都使用 BIM 的企业刚过三分之一，因为这是一道单选题，所以选择从来不使用 BIM 的人明显增多，有将近 10%。

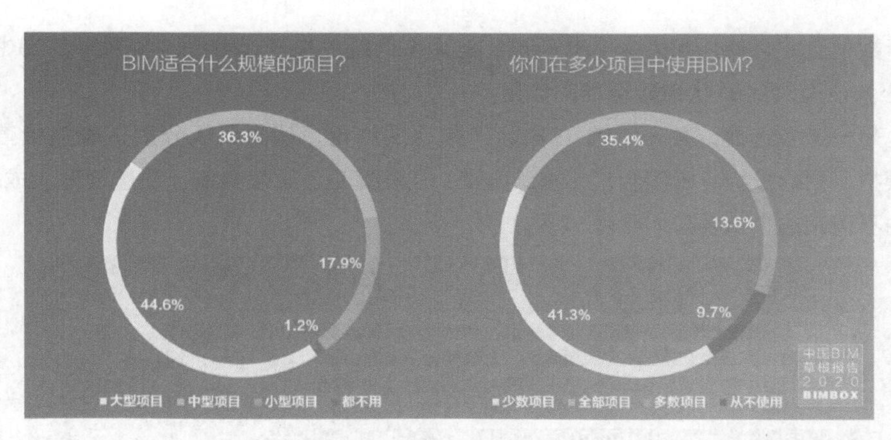

下面同样是多选题，在成本投入方面，计算机硬件占了将近三分之一，建模软件的投入超过五分之一，插件、云平台、智慧工地等项目的投入都在10%～20%之间，只有1.2%的情况是企业什么都不投入的。

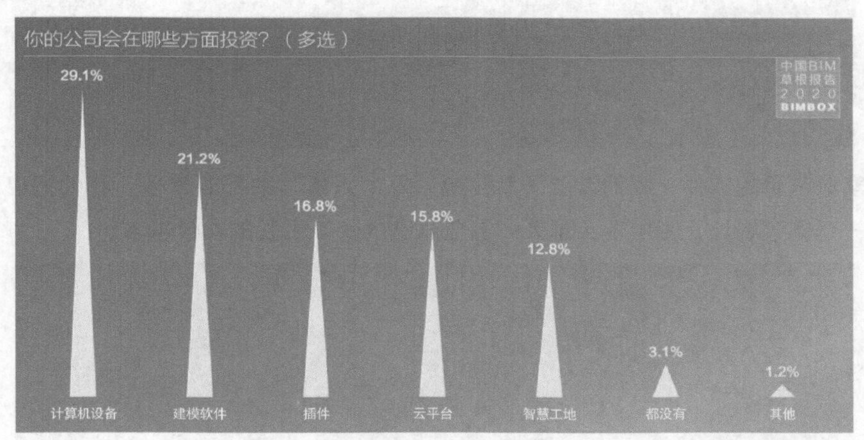

在受访企业中，72%建立了BIM中心，这印证了我们在前面的猜想，多数企业目前是这样的模式，也有8.9%的企业计划建立BIM中心。

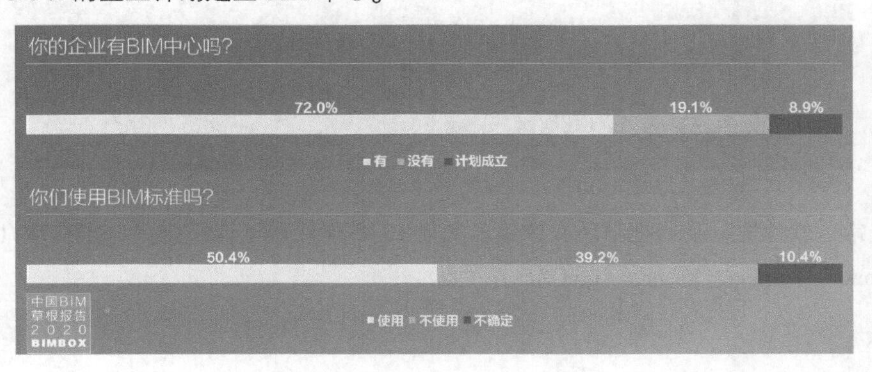

只有半数的企业会使用相关的 BIM 标准，这两个问题放在一起对比，会看到有 20% 左右的企业 BIM 中心并没有起到确立 BIM 标准的作用。

下面也是一道多选题，关于 BIM 在实际工作中的作用，从高到低分别是碰撞检查、机电深化、施工模拟、招标投标、出图会审、施工方案、工程算量、进度控制、质量管理、成本控制等，对应用方向不清楚的小伙伴可以参考一下。

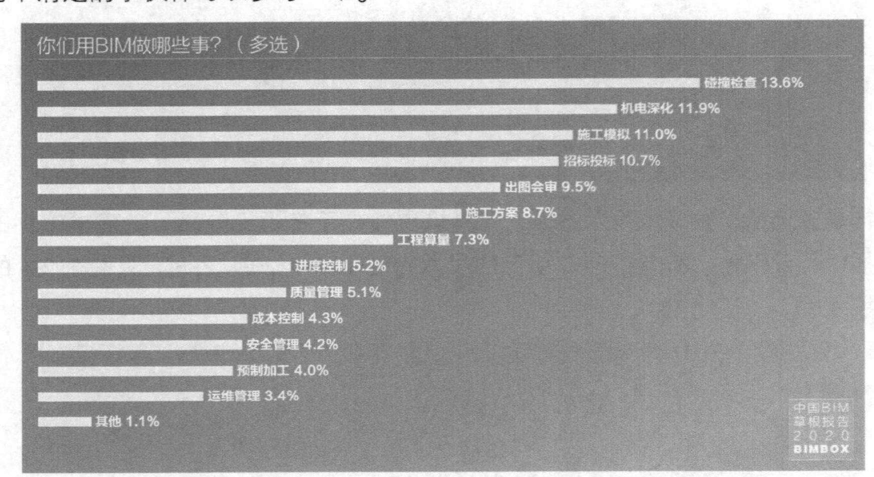

关于大家最常用的软件，我们设置了简答题，每个人填写的都非常多，我们把出现次数最多的软件做了一个词频统计，图中个头越大、颜色越亮的代表出现的次数越多。

在这些常用软件里，我们把出现次数最多的前 15 名软件做了详细排名，排在前几位的是 Revit、Navisworks、Lumion、Fuzor、AutoCAD。

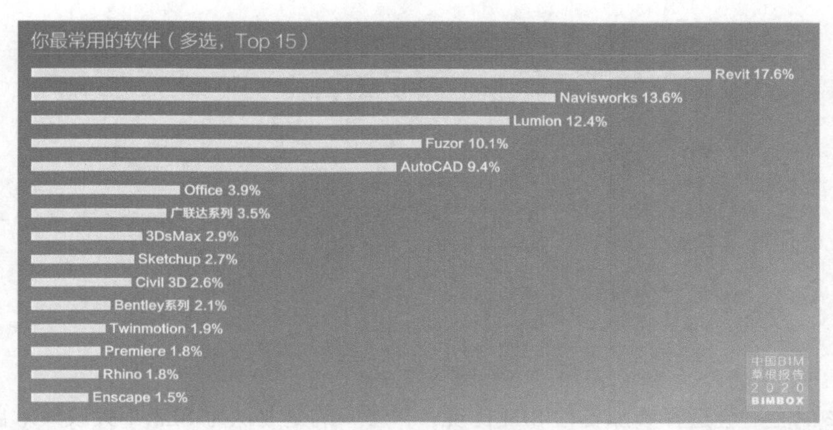

我们又接着追问，在这些常用软件里，你觉得哪些最有用、最能在工作中创造价值？这一次填写 Revit 的明显增多，占到 61.3%。

这两道题是简答题，统计结果类似多选题，因为填写常用软件的人，每个人都填写了很多软件，所以平均下来每一款软件的数据都被“稀释”了，而这一题填写最有用的软件，会有一些常用软件没有写在里面。

从一个侧面来看，如果这一题和上一题对比，某个软件的数据明显下降，则说明使用它的人是“被迫营业”。比如我们看到 12.4% 的人使用 Lumion，却只有 0.5% 的人认为它有价值，这应该不是软件的问题，而是很多人认为做动画渲染是一件不创造价值的事。

下面是两个稍微硬核一点的问题。

关于信息编码，将近半数的企业不关注它，44.7% 的企业还在研究的路上，只有不到十分之一的企业使用了编码。

对于 IFC，这两年的争议也很多，从结果上来看，不到 30% 的企业会使用它作为中间格式，46.6% 明确表示不使用，23.8% 的企业对它还不了解。

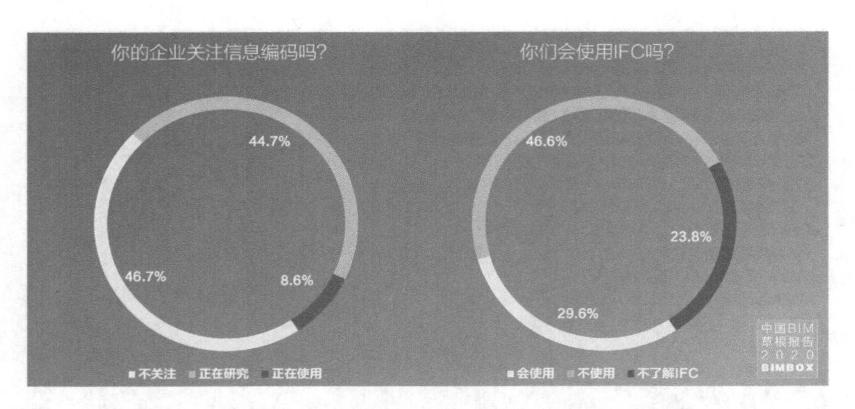

有 74.4% 的企业会选择参加各种 BIM 比赛，74.5% 的企业认为 BIM 相关政策对自己有很大的影响，看来外部的政策和奖励作用还是比较大的。

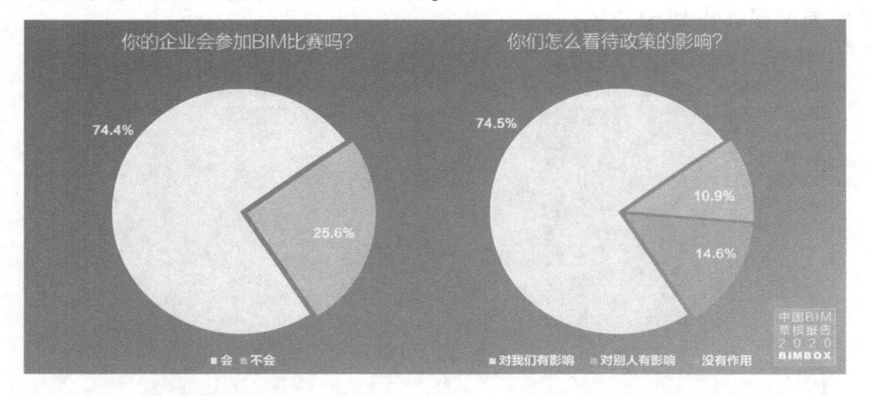

下面是两个关于构件库和模型的问题。

对于构件库的获取，员工自己在网上找族和自己建族的比例加起来超过了 70%，只有 14% 的企业有自己的常备构件库，13.2% 会付费请人建或者直接购买。

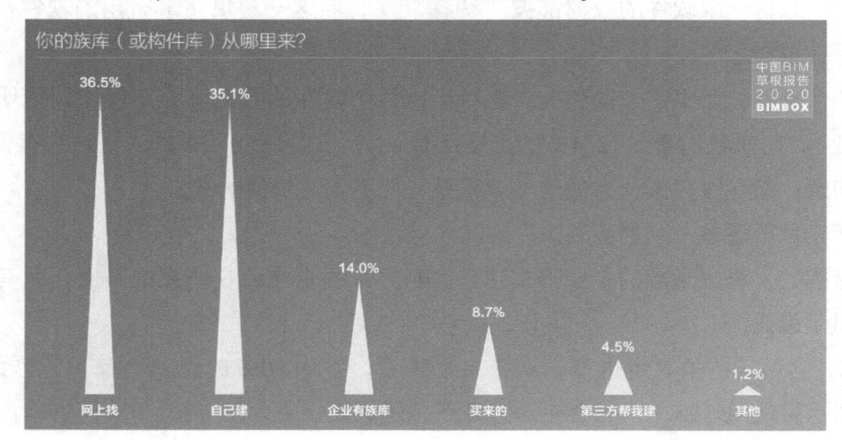

66.8%的公司会自己建立模型，将近五分之一的企业有专门的部门负责建模，6.8%的企业会选择外包，结合我们前面说受访企业有40%是施工单位，而这里从上游获取模型的企业只占3.6%，模型从设计直接到施工的无缝使用还基本没有实现。

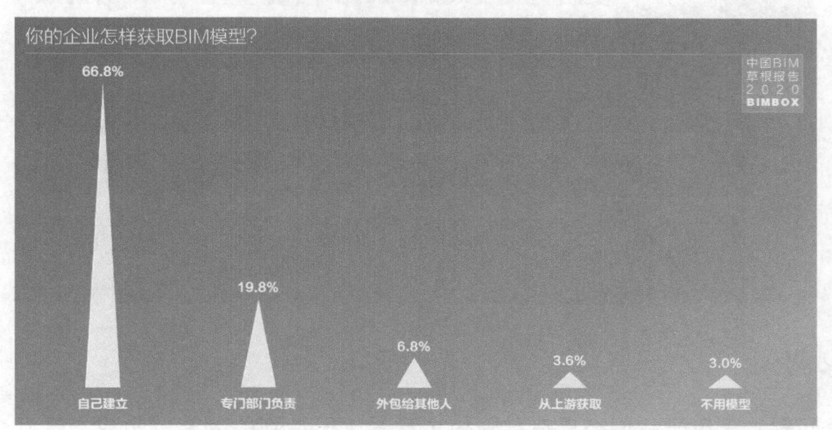

这几年云平台发展迅猛，我们也专门设置了一个问题。正在使用的企业有三分之一，只有7%的人觉得它没有价值，58.3%的企业承认云平台有价值，但因各种原因没有采购。请正在开发产品的小伙伴注意，看来云平台还是一个值得挖掘的市场。

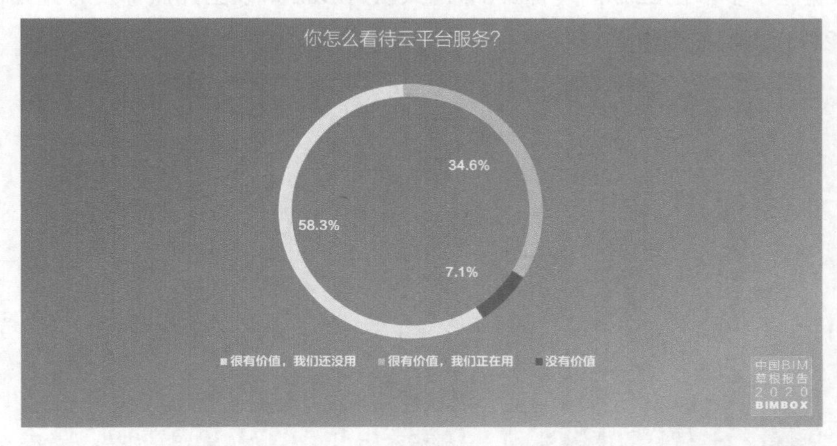

下面是五个问题的连问，三分之一的人认为BIM需要企业改变工作流程，四分之一的人觉得BIM是找工作的加分项，五分之一的人表示客户正在倒逼自己使用BIM，令人遗憾的是，只有13.8%的人觉得BIM能帮公司赚钱，只有6.3%的人觉得BIM能提升交付速度。

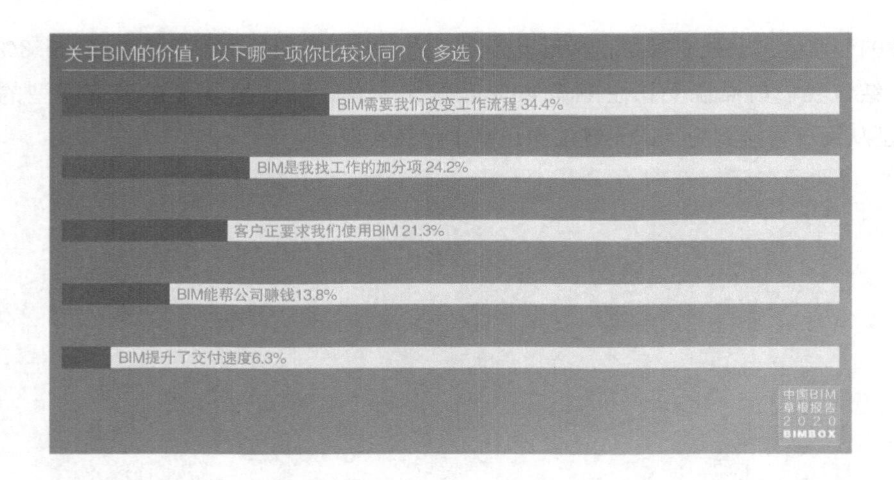

3. 常见争议调查

下面几个问题，来自于我们经常在群聊和文章评论里看到的大家的争议，这几个问题设计出来，也是让大家为自己的观点投一个票。

超过四分之一的答案支持 BIM 能带来更好的协作，关于 BIM 对施工、设计、成本管理的提升作用，答案数据差不多都在 22%，只有 2.8% 的人认为 BIM 对以上几点都没有好处，只有 3% 的人认为 BIM 能替代人们的工作。

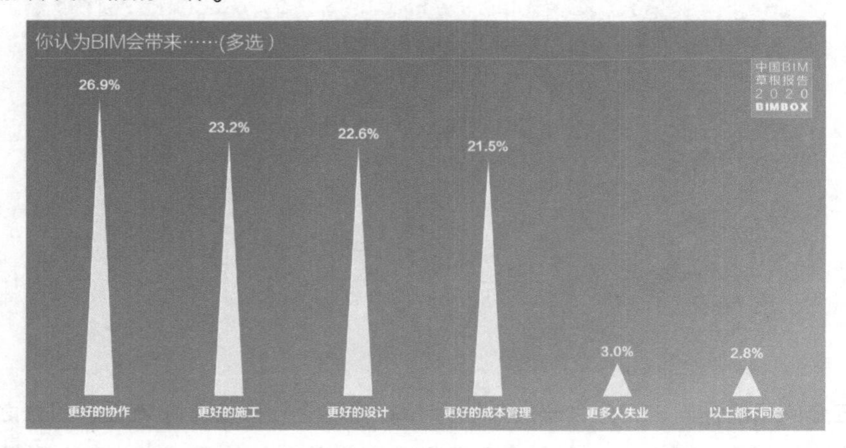

将近 60% 的人认为，BIM 能给企业带来效益，但不可量化；刚过四分之一的人认为它能带来可见的实际效益；只有 13.9% 的人认为 BIM 不能给企业带来好处。

绝大多数人认为 BIM 的费用该由甲方来出，14.3% 的人认为应该各做各的事，各出各的费用。

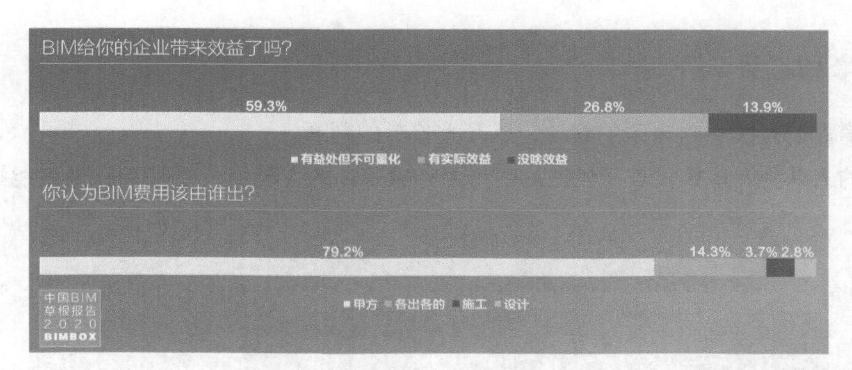

关于企业实施 BIM 的阻碍，也是一道多选题，大家的意见从高到低分别是管理模式、缺乏标准、缺少人才、缺乏培训、成本太高、客户没有需求、软件不好用、没时间、项目太小。

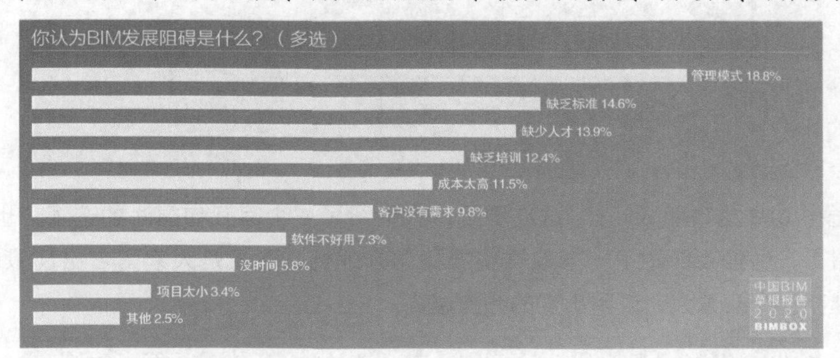

下面两个也是争议很大的问题。

关于正向设计，半数人认为它是正确的方向，不过只有 14.4% 的人已经在做了，三分之一的人觉得它有难度，意外的是只有 2.1% 的人觉得正向设计不靠谱。

与之相对的，关于第三方咨询服务，40.5% 的人认为它存在的价值就是外包建模，也有三分之一的人需要咨询公司的帮助，五分之一的人表示不需要甚至反感咨询公司。

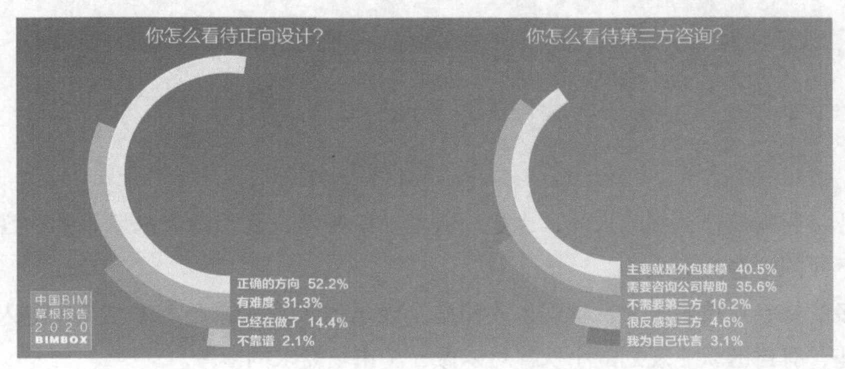

4. 关于未来和趋势

下面几道题都是关于对未来的看法，以及大趋势的判断。

70.7% 的人认为，BIM 代表了先进的生产力，64.2% 的人表示，相信 BIM 最终能搞成。

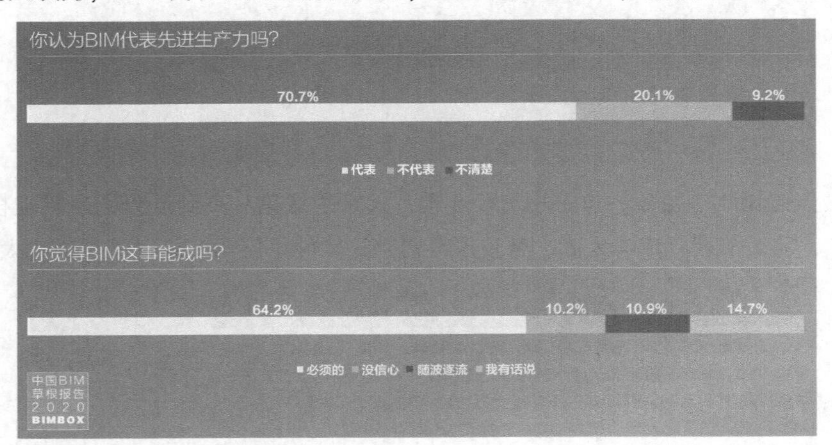

在“你觉得 BIM 这事能成吗?”这道题里，我们留了一个写几句想法的选项，也收到了大家非常踊跃的留言，这里我们做了一下数据整理和词频分析，下图是大家留言出现最多的关键词，同样是颜色越亮、个头越大，说明出现的频次越高。

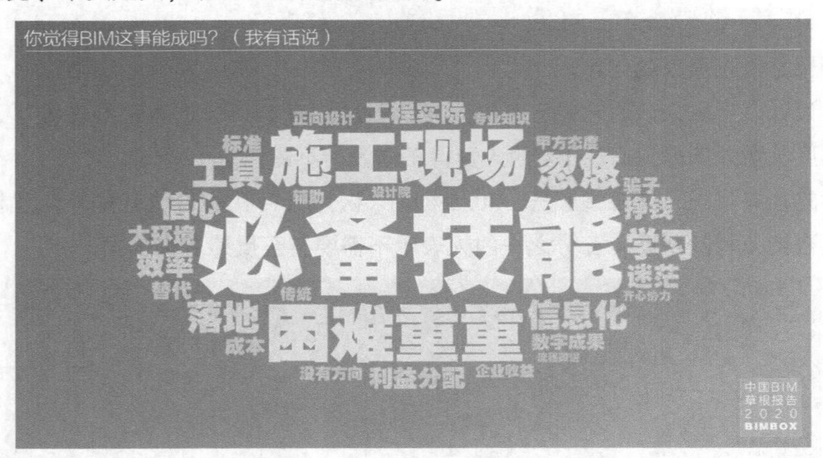

关于企业发展需要什么样的人才，也是一道主观简答题，我们把大家填写的内容做了一下归类，主要有下面的一些类型人才。

需求最多的是专业技术人才、管理人才和施工现场的人才，综合人才、开发型人才和设计人才稍微少一些，有自己职业规划的小伙伴可以做一个市场需求的参考。

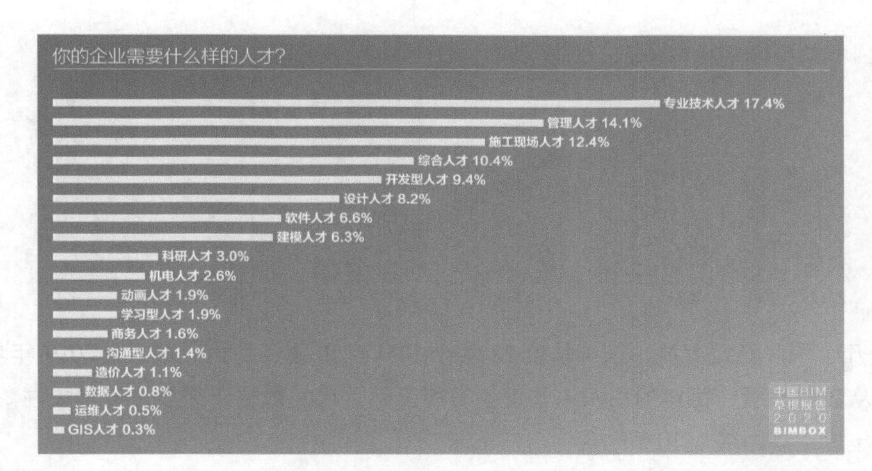

最后一道题是关于对未来发展趋势的判断，同样是简答题，同样做了分类提取。

对 BIM 在装配式方面发展看好的人最多，其次是与 GIS 结合的智慧城市方向、与互联网结合的云协作方向。智能化、物联网、大数据方向的预测基本持平，而相信 BIM 会继续待在专业内，为设计和施工服务的预测都在 5% 左右。

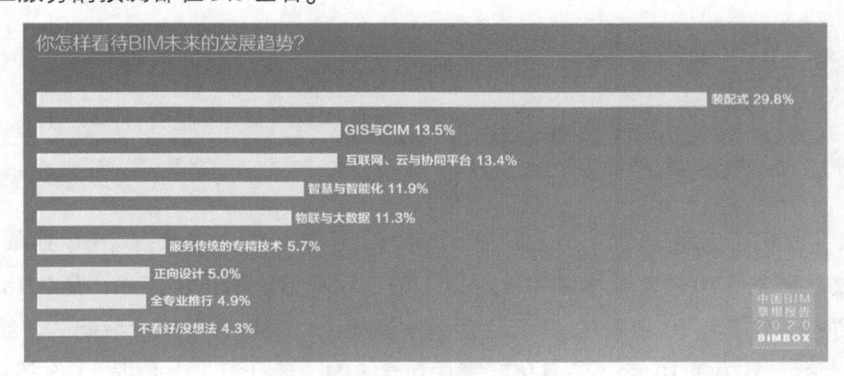

BIM 行业数据分析报告

2020 年初，我们在 B 站第一次做了 3 个小时的直播，对 BIM 行业的公开数据做了一次深度调研和解读。本节做一次直播内容的复盘。

根据住建部发布的消息，从 2017 年第 2 季度到 2019 年第 2 季度，全国应用 BIM 的项目数量如下：

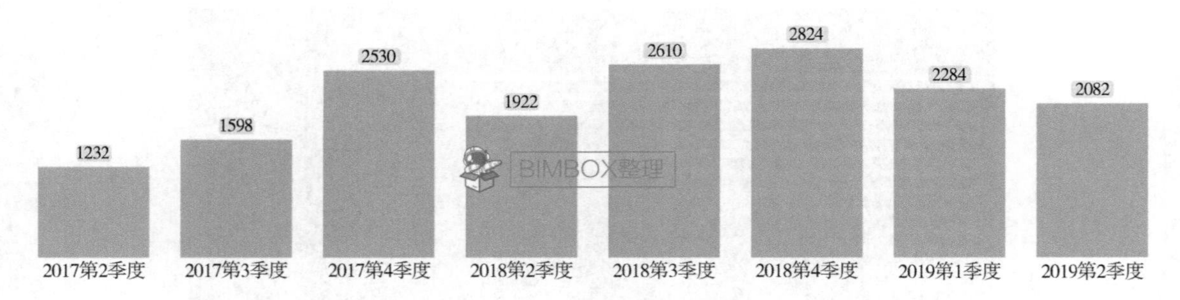

2018 年几个季度稳定上涨，第 4 季度 2824 个 BIM 应用项目到达最高点，2019 年前两个季度有所走低，从数据来看，每年的后两个季度会有所上涨，最终数据还需要进一步关注。

过去几年里，国内应用 BIM 的项目分布如下：

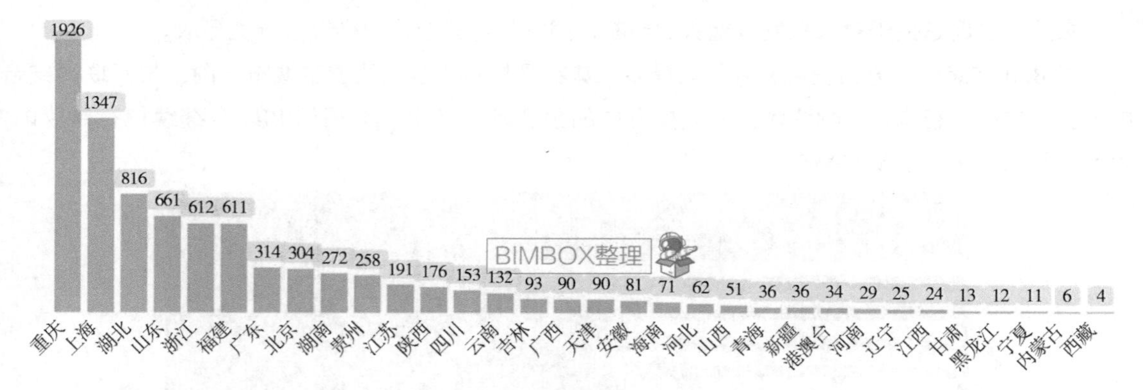

其中重庆（1926）、上海（1347）、湖北（816）最多，宁夏（11）、内蒙古（6）、西藏（4）最少。

另一个数据是应用 10 项新技术其中 6 项以上的工程项目。所谓新技术，是 2018 年住建部工作要点中提到的“建筑业 10 项新技术”，包括钢筋混凝土、模板脚手架、装配式、绿色施工、信息化等 10 个大类，其中第 10 类“信息化”里面包含 BIM、云计算、大数据、GIS 等技术。

从时间上来看，2017 年第 2 季度到 2019 年第 2 季度 6 项以上新技术的全国应用情况如下：

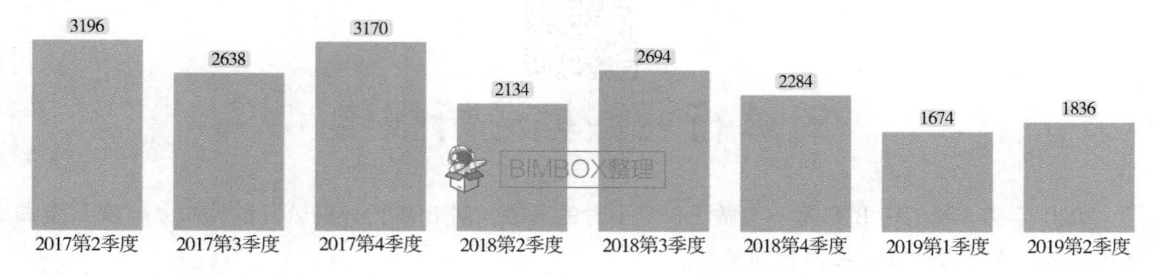

相比 BIM 专项技术的应用，6 项以上新技术应用的项目在 2017 年有所增加，而 2018 年和 2019 年的数据都有所下降。其中 2019 年第 2 季度，6 项以上新技术的应用有 1836 个。

国内应用6项以上新技术的项目数量如下：

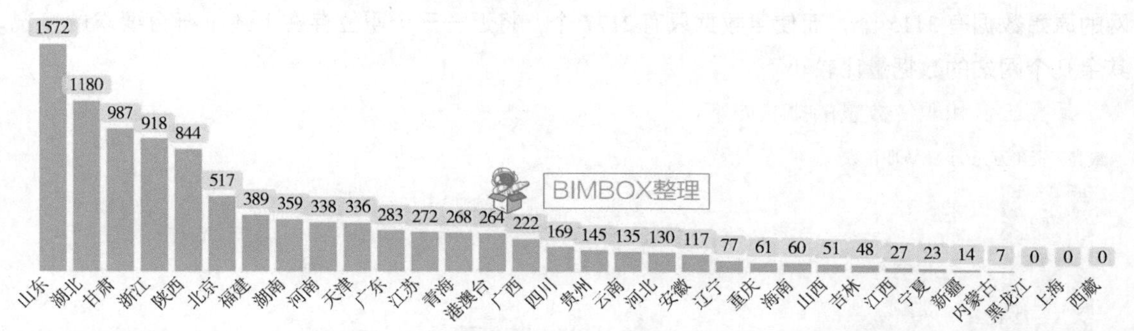

应用最多的省份为山东（1572）、湖北（1180）和甘肃（987），黑龙江、上海和西藏没有应用，排在最后。

接下来是和个人相关性比较强的数据。

我们把智联招聘、BOSS直聘、51Job、建工英才网、看准网、拉勾网、猎聘网、中华英才网等主流招聘网站上所有关于BIM的招聘数据做了深度的数据整理，按照地域、经验、学历、职位方向、专业方向等维度做了一个剖析。

原始数据量为12366条，去掉了“工资面议”等数据，去掉了短期兼职职位，去掉了公司信息保密的职位（如某世界500强公司），去掉了一些数据异常的职位（比如实习生月薪10万元），去掉疑似钓鱼信息，去掉了同一家企业在不同网站的重复职位，最终使用的数据量为9872条。

招聘网站上的工资一般有一个区间，比如每月5000～7000元，最终统计时以每月7000元作为“最高工资”参与统计，“平均工资”则按每月6000元计算。

当然，找工作的时候，实际谈到的薪酬待遇并不一定等于企业发布招聘信息时的数据，这种偏差在单条数据下会比较明显，但在数据样本比较多的情况下，能够得出某种趋势性的判断，对地域、职位方向等有一个参考。

各网站收集的原始数据和最终使用数据量如下：

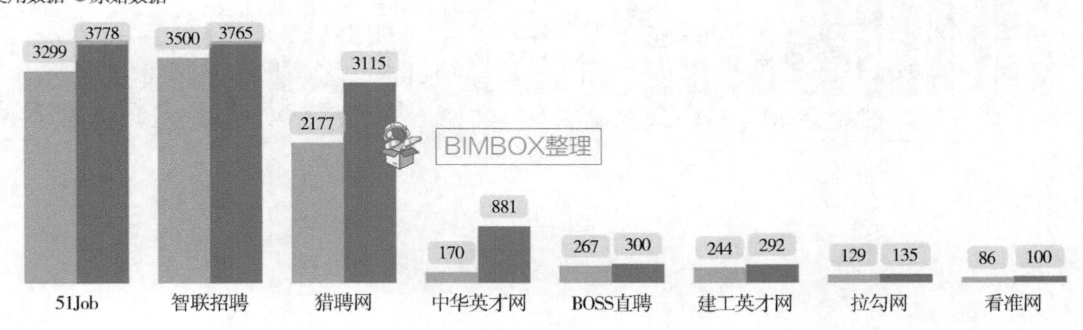

其中，51Job、智联招聘的原始数据和使用数据比较多，是 BIMer 搜索职位的推荐去处，猎聘网的原始数据有 3115 个，而使用数据只有 2177 个，将近一千个职位存在上述不符合要求的情况。其余几个网站的数据量比较小。

最高工资和职位数量的排名如下：

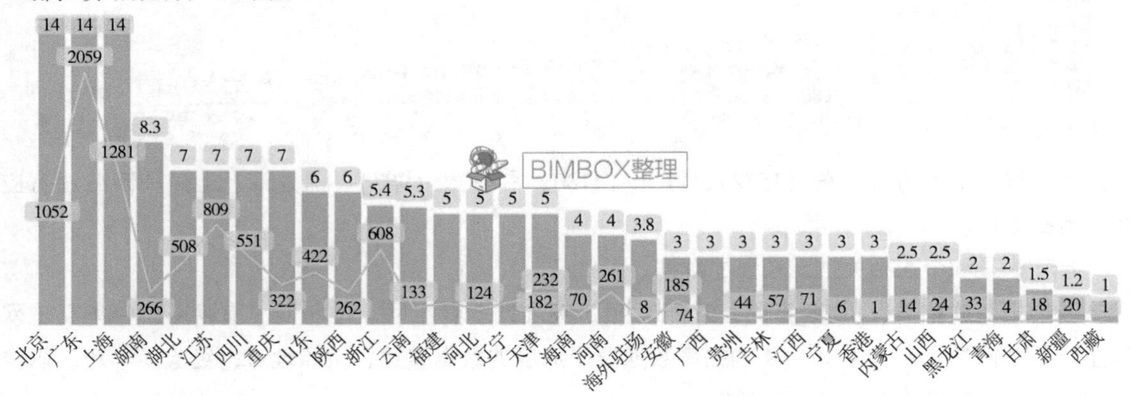

北京、上海、广东的最高工资排名最高（14 万元/月），后边是湖南、湖北、江苏、四川、重庆（7～8.3 万元/月），黑龙江、青海、甘肃、新疆、西藏排名较为靠后。

下图中浅色的折线代表职位的数量，以广东省职位数最多（2059 个），集中分布在广州、深圳、佛山、珠海等城市。

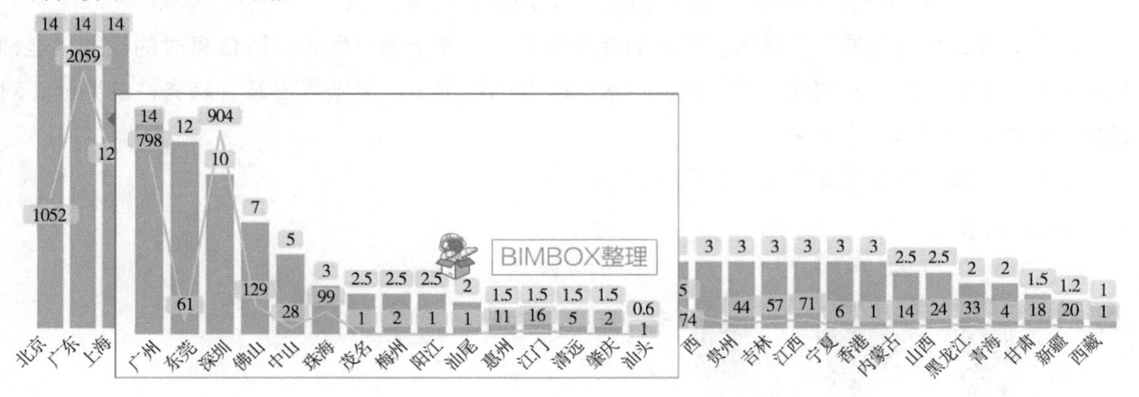

平均工资排名如下：

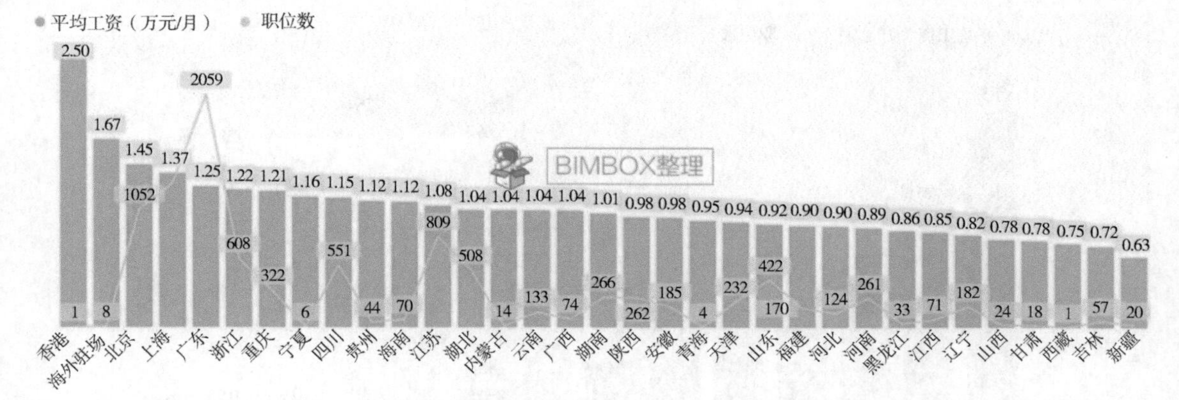

其中香港（2.5万元/月）和海外驻场（1.67万元/月）的平均工资最高，但职位数量样本很少，只有1个和8个，不能作为重点参考。北京、上海、广东，无论是职位数量还是平均工资都仍然排在前列，西藏、吉林和新疆排位靠后。

学历对于薪酬和职位的影响：

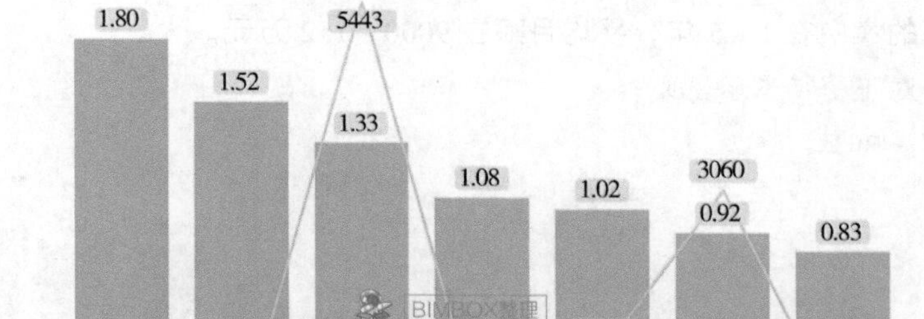

博士的平均工资最高，但职位数最少，主要职位集中在本科（5443个职位、平均月薪1.33万元），其次是大专（3060个职位、平均月薪0.92万元）。硕士的薪酬并没有比本科高出太多，但职位数少了很多。

工作经验对收入的影响：

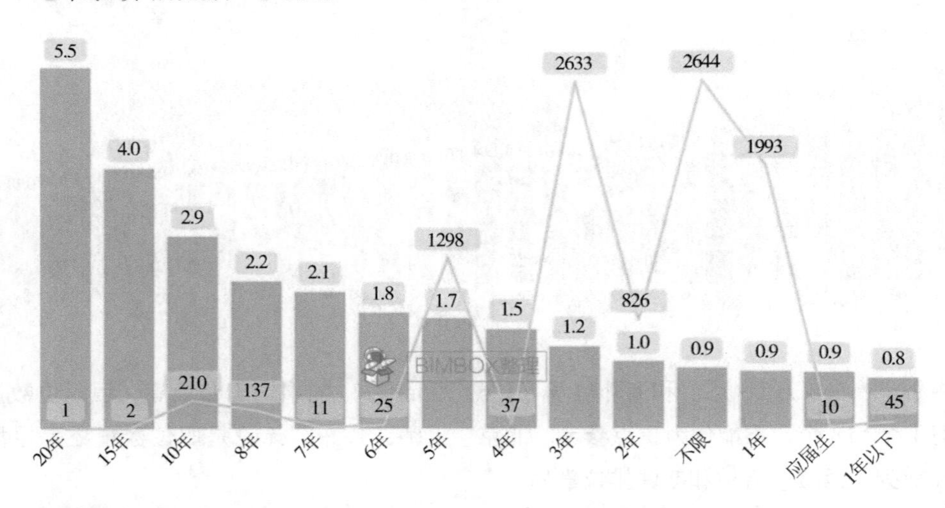

基本上薪酬随着工作年限稳定上涨，每多一年工作经验，平均工资上涨 2000 ~ 3000 元，15 年、20 年工作经验虽然薪酬很高，但只有一两个职位，因为 BIM 还是一个很新的行业。

职位数量最多的集中在 1 ~5 年，平均月薪在 9000 ~ 1. 2 万元。

职业发展方向对工资待遇的影响：

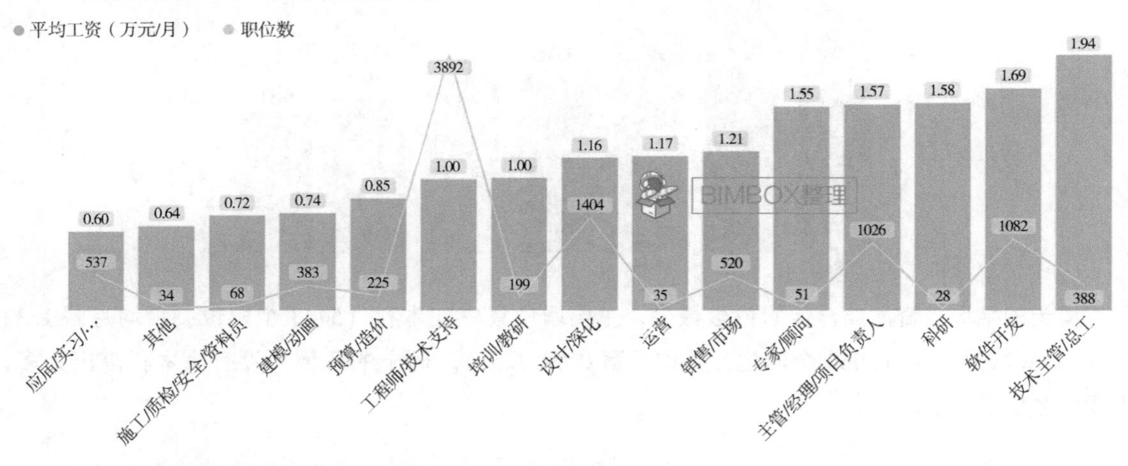

与 BIM 相关的职业发展方向中，需求量最高的是工程师/技术支持，平均月薪为 1 万元，其次是设计/深化方向，职位 1404 个，平均月薪 1. 16 万元。收入最高的方向分别是技术主管/总工方向、软件开发方向、科研方向、主管/经理/项目负责人方向和专家/顾问方向，月薪都超过了 1. 5 万元。

专业知识对待遇的影响：

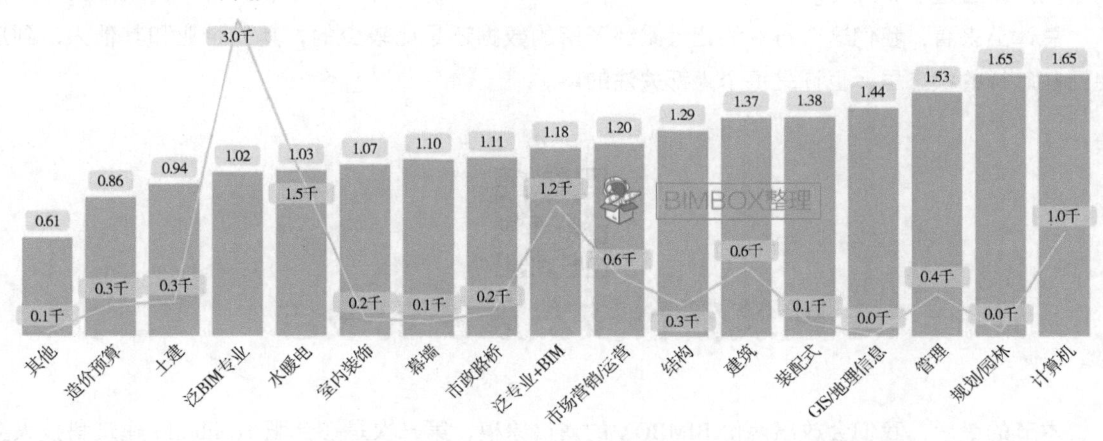

表格中的“泛 BIM 专业”指的是职位中只要求 BIM 专业，没有要求其他专业知识，比如“BIM 工程师”；而“泛专业 + BIM”则是在职位名称中没有提到 BIM，而在职位说明中要求掌握 BIM 知识，比如“技术支持”。前者的职位数量较多（2987 个），而后者的平均月薪较高（1.18 万元）。

和设计施工相关的专业，比如土建、水暖电、室内装饰、幕墙、结构、建筑等月薪都集中在 1 ~ 1.3 万元。

GIS/地理信息、管理、规划/园林、计算机等几个方向，平均工资都超过了 1.4 万元。

针对平均待遇最高的计算机专业，做了进一步数据分析，得出开发方向对薪酬的影响：

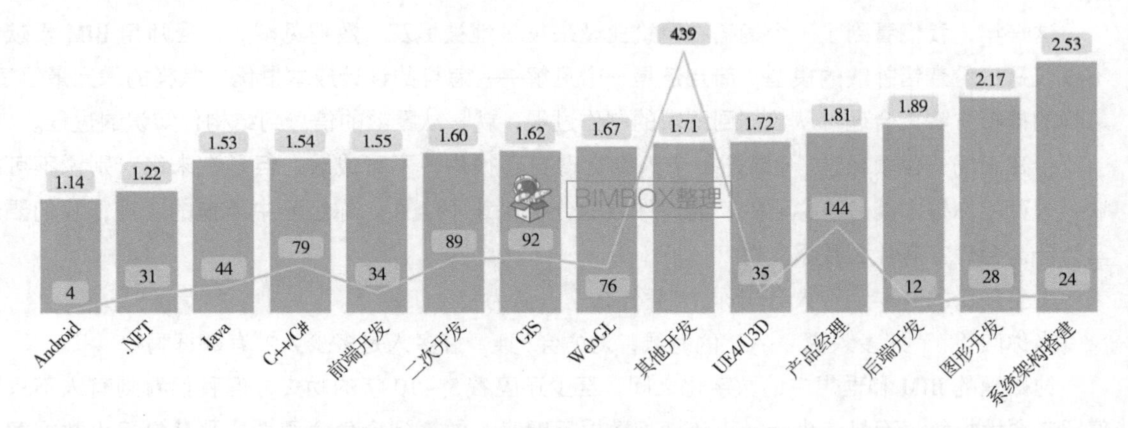

语言方面，C + +/C#和 Java 基本持平，高于 . NET 开发。开发方向上，二次开发、GIS 相关

开发、WebGL 开发、UE4/U3D 开发的职位数和平均待遇分布比较平均，图形开发和系统架构搭建的平均月薪超过了 2 万元。

总体上来看，我们这个行业能让大家都了解的数据还是比较少的，其他企业和其他人，到底生活在怎样的状态里，也许是每个人都关注的事。

建筑新科技发展主观报告

本节的最后，我们会放出两份 BIMBOX 的演讲原稿，第一次是在合肥 Techbuild 建筑科技大会上的演讲展示，谈谈我们的见闻，总结一下我们看到和思考的事情。

之所以叫“主观报告”，是因为一些结论完全来自我们看到的这 24 件事，而真实行业发生的事不止千万件，有些事我们看不到，也有些事在我们的认知范围之外，甚至有些事和你的所见相矛盾。我们觉得世界的复杂正是它有趣的地方，尽管有时候它的难以理解让我们有些不知所措。哪怕这 24 个观察能让你在面对这个复杂世界的时候有所参考，那也会让 BIMBOX 深感荣幸。

但请记住，它们只是发生了，不代表任何普遍正确性。

下面是演讲的原文，你可以扫描上面的二维码，查看演讲的视频和 PPT 源文件。

2019 年 3 月，我们通过 John Snow 绘制伦敦死亡地图的故事，讲述了数据可视化在决策上的意义。

这一年，我们看到了一个词语在建筑业越来越多地被提及：数据见解。工程师用 BIM 贡献的不仅仅是一份查错补缺的模型，而且还是一个见解——怎样的设计成本最优？怎样的采光最舒适？怎样的排布方案更合理？从数据到图表的制作过程，就是从零散的信息到结构化知识的过程。

中建三局一位领导说：“原先每个人都觉得自己很牛，不可或缺。但是在未来，别说不可或缺，很可能你根本就是不称职的，因为你做的分析决策不全面。你经验中所谓的合理，我们要逼问为什么合理？有什么数据支撑？”

发生争论的时候，别人会问你：“凭什么这么认为？”

当你回答：“好多人说……”的时候，对方会问：“好多人是多少人？有数据吗？”

纯翻模的 BIM 和理想中的数字化之间，至少还隔着 5 ~ 10 年的功夫，但我们看到有人不只是停留在原地抱怨，而是一小步一小步地把数据用起来，做不到全生命周期，那就先用小数据解决小问题。

数据应用直接反映在一个应用点上，就是 BI（Business Intelligence）的崛起。

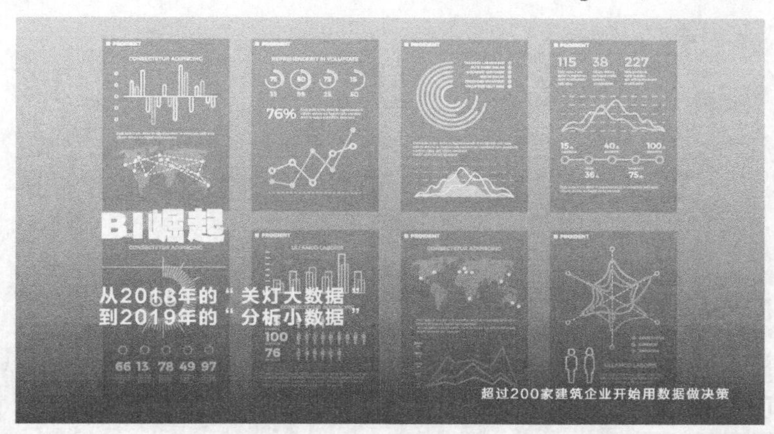

2018 年，我们看到很多应用大数据的“智能建筑”，仅仅是领导来了开灯、领导走了关灯的鸡肋中控室；而到了 2020 年，我们看到人们把 BI 的成果用到了商业决策和成果汇报中。越来越多的人会在他们的 PPT 里用到 BI，从成本人力分析到子公司业绩一览，通过 BI，他们不仅会提出问题所在，也会分析问题的原因。

大多数人使用的不是大数据而是小数据，但“使用”比“大”更重要。

我们在早期的文章谈到了 IFC、MVD，谈到了信息编码的原理，那个时候大家反应平平。

如今，我们看到了普通人开始讨论 IFC 的优点和缺点，讨论企业的编码该怎么制定，讨论编码体系的来历。人们的 PPT 里，“数据”应用还有点虚，但至少在很多工程师的工作里，已经开始正视它、讨论它了，多年后回看，这在“土木工程”这个延续了上千年的传统行业中，也许真的是破天荒的头一次。

这两年是 BIM 轻量化平台井喷的时期，叫得上名字的至少有上百家，这得益于 WebGL 技术的

普及。我们做了一个暴力对比测试，列了 100 多项指标来拆解这些平台的功能。

在评测和走访的过程中，我们也看到不同开发厂商对于 BIM 平台的不同理解，他们有些看重速度、有些看重稳定、有些看重业务应用。而在评测结果出来之后，我们也收到了很多回复，对于用户——尤其是施工用户来说，一个平台能不能在他们的业务流程里使用起来，比平台本身的性能更重要。

当“平台”这个词越来越热的时候，几乎每一家企业都要拥有自己的数据平台，在华为 27 亿元中标东莞数字政府建设项目平台的前三天，我们收到了一位用户的来信，问他们企业想开发一个 BIM 平台，27 万元的预算够不够?

我们问他需求是什么? 他回答说：“嗯，就是那种能看结果的大屏幕。”

这件事让我们看到了行业内外对平台认知的巨大冲突，对我们来说，平台是一场表演，对行业外很多人来说，平台是一条命脉。

27 万元和 27 亿元的区别，不只在每一行代码里，更在人们思维的巨大差异里。

华为中标不久，阿里云中标雄安 BIM 平台的消息在建筑业炸开了花。

跨界打劫，成了那一个星期的热词。事件发生的时候，这样的评价既代表“与我等没关系”的自嘲，也代表“我们真的落后”的无奈。

我们走访了很多人，得出了“既非跨界，也没打劫”的结论，写成了一篇长文。文章里谈到了阿里巴巴十年磨剑，谈到了 IT 与建筑业的合作，谈到了建筑市场数据平台的新战场和新格局。

文章下一条留言依然让我们感受到思维方式的巨大差异：

人家就是想多铺几条线，多卖点货而已，为啥到了你们嘴里就和模型扯上了呢? 肤浅!

这一年，小米出了自己的手表，很多人在讨论为啥它投资的华米公司已经做了款式差不多的手表，总公司还要做一款。而懂得数据的人发现，把华米换成小米手表之后，需要在 APP 里重新输入个人信息，运动和健康数据也会清零重新存储。小米要的不是新手表的销售业绩，而是要用户的数据。

建筑业谈数据并不晚，但一直在把数据当成辅助赚钱的小工具。2019年，开始有企业把数据本身称作“资产”，有人开始知道，数据值钱了。数据有多值钱呢？截止到2019年，我们拿到的消息是：人脸数据，100元钱一个。

我们写了一篇文章，《信息麦田里的数据农民》，里面讲到河南郏县的一些小企业，专门从北京、上海、广州等互联网和大数据公司接“外包”，到城乡结合的地方，用58元一桶的食用油换取农民一小时的人脸采集时间。

而这一年，越来越多的数据通过BIM在建筑行业产生，有小库这样的AI设计公司对建筑设计的数据求之若渴，也有更多的公司任凭这些数据躺在工程师的硬盘里。

数据的应用永远不是给个人的，而是给企业的。正如一张人脸的信息放在郏县大叔手里一文不值。过去对于大多数普通工程师来说，BIM能不能提高出图效率才是最关心的。遗憾的是，并不能。

数据对企业的巨大价值，和贡献数据带来的额外工作，从目前的软件市场来看，是一对暂不可解的矛盾。这也是BIMer之痛，企业越是觉醒，BIMer越痛苦。企业对管理的新要求更多，但并非所有企业都愿意付出额外的成本，尤其是那些不能计算直接收益的成本。在现实面前，“数字化为所有人提高效率”越来越像个童话。

在一次演讲汇报里，我们提到了“用数据折叠时间”的概念，告诉在场的每一位建设者，这里对BIM的高标准严要求带来的可不是美妙高效的工作，而你们是用自己的“不便”来换其他人的“方便”。

数字世界会给所有人带来便利，这本身就是个误解，当我们用滴滴叫到一辆车的时候，脑子里不会想到背后有多少工程师彻夜加班改代码的。

本书中收录了我们的一篇文章，叫《BIM，市场与系统》，它来自于我们在知乎一个争议很大的问题“如何看待BIM骗子”下面的回答。

当我们看透“数据并不是让所有人效率提高”这件事的时候，并不是在讲坏话，而是陈述一个事实。我们尊重每一个传统行业工程师对新工作方式的抱怨，更尊重他们认为“设计出图才是工程师的本分”这样的观点。我们讲述的是传统工作之外的新工作，它们在其他行业早已出现多年，只不过我们还不习惯。这样的工作，要么被强加在设计师身上，要么有本来无缘进入建筑业的人抢着接盘。

我们说到“世界有它自己的发展逻辑，既不为取悦你，也不为恶心你”，也说到这样一句话：“你的任何观点，都压抑不了系统里其他人养家糊口的欲望。”

这几年，BIM从设计起步，从施工爆开所有的利益和缺陷，最终在业主的手里回归正途。

当万达使用 BIM 的时候，它并没有宣扬 BIM 的五大特性；当万达建设平台的时候，它也没有宣扬平台的数据价值。业主把行业下游捧在掌心的宝贝玩意都内化到它更宏大的计划里。

顶层设计者不会把技术堆砌到一起拿出去炫耀，技术只是他们需要的时候拿来用的工具。这是我们参加新加坡 YII（纵览基础设施）大会的感受。

Ayesha Khanna 在演讲中说："我们建设平台，不应是买一台起重机，零件都是黑盒子，然后开着它去挖土，而是应该建设一个菜市场，不同的开发者和使用者通过这个市场来解决各自的诉求。"

在 Bentley 纵览基础设施大会上，我们也看到了低调凶猛研发投资的 Bentley 这几年的进化，以及它和自己用户的羁绊关系。

尽管有很多人在科普，BIM 不等于 Revit，但无论是软件成本还是学习成本都在那摆着，人们很难迈过那条软件的鸿沟。

这也是我们在本书里用几节内容让大家了解 Bentley 的原因，并不是所有人都需要买它，但至少人们应该知道，非要用 Revit 去建一套桥梁道路的模型，麻烦真的是自找的。

比起一家软件公司，我们更关注的是一个行业圈子的发展。新加坡大会的几天，我们认识了很多基础设施行业的工程师，不夸张地说，他们和工民建行业的 BIMer 完全活在不同的生态里。工民建行业的很多问题对他们来说并不是问题。这并不是说他们活得更好，只是他们已经越过了一些克服困难的过程，而这些过程是非常值得其他行业参考的。

2015～2017 年，实景建模像 VR 一样进入建筑业，然后迅速成了可有可无的漂亮玩具。今天，我们看到了实景建模在项目中越来越实际的应用，倾斜摄影不再仅仅是助攻位，很多大型基建项目和改造项目不可能手工建模，高精度的扫描数据进入了 BIM 领域，甚至在一些场景拿下核心位置。

我们走访了雄安，一位老领导和我们讲了它的特殊性：这是一座从零建起的数字城市，每一座建筑都在出生前被赋予了数字化的可能性。当我们问到雄安模式能否推广时，他说："推广的工作肯定有人去做，但绝大多数的城市既不可能拆了重建，也没人去给每一个房子建模。"

我们既需要天上飞的无人机，也需要地下跑的扫描仪。

"第三方翻模必死"，这句话从 2017 年争到了 2020 年，我们既看到了有些地方预言的应验，也看到有些企业依然经营得不错。

决定要做 10 年 BIM 的王起航和我们说："今年我的业绩做得不错，下半年想做点公益事业。"对他们来说，建模还是一门不错的生意，只不过甲方的需求更明确、标准更严格，但只要按照这些需求把模型建好，业务还是很好的。

"不是老早就有人说，设计和施工普及了 BIM，就没第三方的事了吗？"当被问及这个问题的时候，他说："对呀，可你看普及了吗？这不天天还掐架呢嘛。"

无论对行业怎么观察，我们的眼睛最终都会落到人身上。

我们看到了迷茫的人、焦虑的人、奋斗的人、吵架的人、骗人的人、被骗的人、满怀希望的人和眼神黯淡的人。

我们的行业继续走在“去人化”的道路上，只不过这条道路需要由人来修葺。

我们写下的文章中争议最大的就是《小米加步枪》。中国的 BIM 还远没有可以解决一切问题的终极答案，我们这一次观察的是行业里的那些年轻人。

我问起他们为什么要请假熬夜做这件事，他们的回答是：“我在工作中很迷茫，我需要寻找意义。”当人们以一副过来人的口吻来教训这些年轻人，什么是对的什么是错的、什么该坚持什么该放弃时，他们不辩解也不理会，因为批评者从来没有解决他们的问题：“我的意义是什么。”而最终让我们写下这个故事的，是每个参与者找寻意义的过程，他们不选择坐在键盘前抱怨，这点值得尊敬。

这一年年底的时候，我们写下了《BIM 的中年危机背后，是一个个活生生的人》。

我们谈到，管理者和执行者之间最大的鸿沟，在于他们焦虑的根本不是同一件事。结婚生子的上一辈关心的是“别出错”，孑然一身的新一代关心的是“有价值”。

2020 年我们做了一个 Power BI 可视化数据分析教程，大家很喜欢，这个课的微信群也是所有课程群里讨论最热烈的。有一位小伙伴花了一个星期的时间，琢磨各种软件配合，最终目的就是用 Power BI 实现手机端数据采集，后台数据看板自动更新。

我们和他说：“不用费劲琢磨，微软官方提供这个服务，你们公司想实现买企业版就可以了，每月 10 美元不贵。”

他说：“不行，领导不会给批的。”

我们在 2020 年写下了一篇文章，就叫《穷困者联盟》，封面图上，一群盖世英雄身穿大花袄，一心想要拯救世界。这像极了超过半数的企业基层的技术探索者。

在《BIM 的中年危机》这篇文章的最后——也是这一场演讲的最后——我们转了个身，不再向粉丝说话，而是站在他们的身边，向企业说话。

希望更多努力推动数字化的企业，在技术和资本之外，看到一个个鲜活的人。

在他们眼里尚有光芒的时候，看到他们的存在。

新的画卷即将展开，无论我们是否喜欢它。

《百年孤独》开篇中有一句话：那时，世界太新，很多东西都没有名字，要提到时得用手指来指指点点。

这个世界太新，我们还在指指点点，有时候，还要靠别人的手来指指点点。希望我们都能放下傲慢，在这个很多东西都没有名字的时代保留谦卑。

下个十年的数字建筑江湖

2020 年底，BIMBOX 受到湖南省建筑设计研究院几位老朋友的邀请，参加了他们举办的“有未·2020 青年设计师论坛”，做了一场半个小时的演讲，题目是《板块挤压处的震区：下一个十年的数字建筑江湖》，把我们这一年在 BIM 行业里看到的事，以及自己的思考做了一个总结。

下面是演讲的原文，你可以扫描上面的二维码，查看演讲的视频和 PPT 源文件。

几年前，我跟携程吵了一架。啥事呢？出去玩的时候，携程把我的名字给弄错了，导致我上不了飞机，结果我灰溜溜地从机场回来了。给携程打了电话，让他们把费用退回来。对方不同意，我当然要投诉，还把这件事发到了微博上。后来百度的人联系了我，正好那时候百度和携程在旅游方面有竞争。对方让我提供证据，他们出一个律师，不需要我出面，帮我把这些钱要回来。后来这些钱还真给要回来了，和父母说起这件事，父母的反应特别有意思，他们问了我一个问题：“百度不就是一个搜索框吗？为什么百度还有人给你雇律师？”

你说，是我的父母老了吗？还真不是。他们什么淘宝、抖音、拼多多，都用得很熟练。

我觉得是这个时代变化得太快了。我们看一个数字，2019 年的数据，5125 万人，全国的就业人数也就是七亿到八亿，占了这么大比例，干什么的？他们是围绕着电商这个行业兴起的各种新职业，什么媒体运营、网店模特、带货主播、市场 BD（市场商务拓展）、网络推广，这些专业前几年可没有，也没有人去培训他们，几年的时间就占了这么大的就业比例。

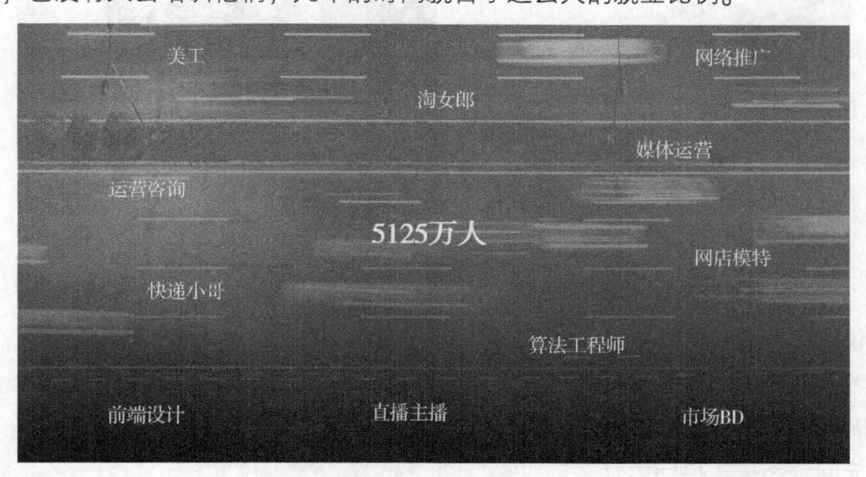

再看一个数字，电竞行业，也是2019年的数据，947亿元营收，用户量是4.4亿人。年纪稍微大一点的人都会觉得，不就是打游戏吗？小孩玩儿的东西。几年时间就成长为这么大的一个市场。

再说说与建筑行业相关的事，2019年，人力资源和社会保障部、国家市场监督管理总局、国家统计局联合发布了13种新职业，有物联网、大数据、云计算、机器人、人工智能的人员等，这其中就有一个新职业是建筑信息模型技术员。这些职业倒退几年也是不存在的。

你说，我是一个传统的人，走传统路线。你走的路线有那么传统吗？

建筑设计师，这个职业有多传统？你可能猜怎么也有上千年了吧？不对，“国立第四中山大学”1927年设立的这么一个专业，那之后才有这么一个叫法。

再看周末双休制度，1995年5月1日写进劳动法，到今天刚刚25年的历史。你眼中的传统，其实没那么传统。上面这些事，是一夜之间发生的吗？

不是的，社会一定是缓慢发展过来的，法律法规只是社会发展到一个公认的情况后，给出的强制规定。虽然它很慢，但发展的过程是不会停下来的。

其实我们没有任何一天活在真正的“传统”里面，每一天我们都在发生一点点变化。

你回忆一下从哪天开始用智能手机的？你可能想不起来，但是如果现在让你再去用非智能的手机，一定无法适应。我们着装的方式、开会的方式、和别人交流的方式，每天都在发生一点点的变化，你隔个十年，再回头看就会发现有天翻地覆的变化。

这就像大陆板块一样，每天都漂移几厘米，但是它漂移的这个动作，谁都制止不了。

在这个趋势下，我想说两个话题，一个是大陆的漂移，一个是大陆板块挤压处的震荡。

我们先说漂移。

这几年我们在行业里做 BIM 知识的普及，经常会有人说：“人家 CAD 一夜之间就全民普及了，你们折腾 BIM 都 10 年了，还没普及，赶紧卷铺盖走人吧。”

我们得先问是不是，再问为什么。CAD 真的是一夜之间普及的吗？

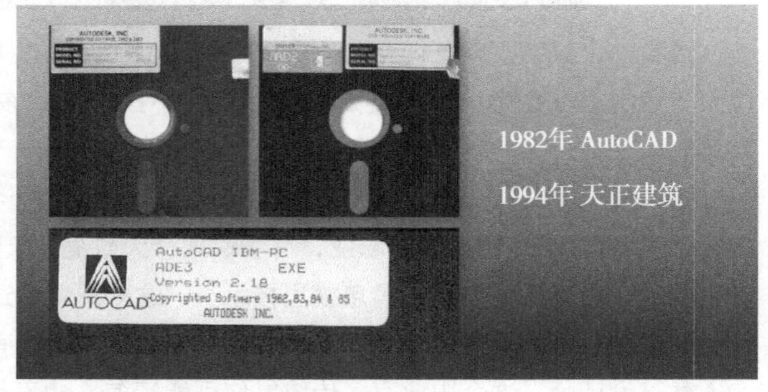

你看右图中这三张软盘，AutoCAD 2. 18 版本，什么时候开发出来的呢？答案是 1982 年，距离今天 38 年了。可能你说，我们普及 CAD 是通过天正软件来实现的，那我再告诉你，天正软件发布是 1994 年，距离今天 26 年。

你看，没有那么快吧。有一位老领导和我说，当年他刚进单位的时候，和今天刚做 BIM 的年轻人面临的情况是一样的，没人用 CAD，他自己也迷茫，感觉用 CAD 画图比手工画图更麻烦，值得普及吗？

那为什么我们觉得 CAD 的普及快呢？因为那个时候信息不发达，没有知乎也没有论坛可以让大家去交流，CAD 到你这里了你用就完了，没到你这里的时候你也没听说过。但你要是说 BIM 的普及比 CAD 要快，那也是抬杠。CAD 普及确实不快，但 BIM 普及更慢。那它慢在哪呢？我觉得，下一代技术替换的不是我们这个庞大的建筑机器上的一个零件，它改变的是整个系统的运转方式。

举个例子，前两天我和湖南省院 BIM 设计研究中心主任李星亮聊天，他给我讲了自己推进 BIM 的一个心得。

一个民用建筑项目里的场地设计，为了简化，他们就一共分了三个专业：总图、机电图、景观图。总图给机电图提资，机电图给景观图提资，看似没有问题，可是景观图是有滞后的，所以景观图就没办法给机电图反提资，同样机电图也就没办法再给总图反提资了。之后当然就会导致现场出一系列的安装问题。

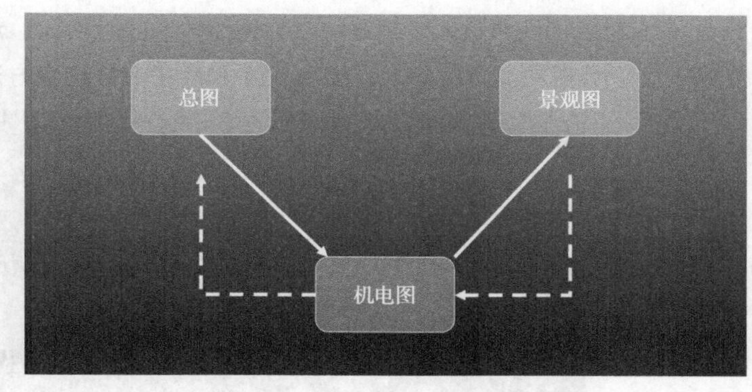

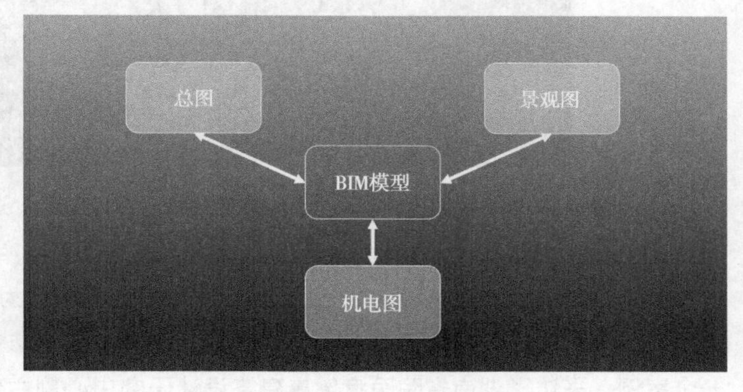

那这件事怎么解决？纯技术角度来说，在这三个专业之间加一个 BIM 模型，大家都往 BIM 模型提资就好了，这就解决了时效性的问题。

可是如果你仔细想想，这在技术上没问题，但它在实际的操作中会面临多少的问题？

这是硬生生地加进来一个团队、一个部门、一群人，我们要付出多大的努力才能把这个事情捋顺？上面得有领导的支持，下面还得有执行者的配合。我们再深一步讨论湖南省院 BIM 中心的做法。国内大多数设计院都是在下图所示最左边的状态，设计验证模式。

设计团队是一个圈，BIM 团队是另外一个圈，没有交集，其实就是翻模。大家的未来在哪里？很多专家告诉我们，未来的设计团队叫信息化设计团队，全员、全专业用 BIM 实现数字化设计。但现实是，这种美好的设想目前做不到，但我们还必须要生存，那我们就得一边生存，一边找一条从这里到那里的路。

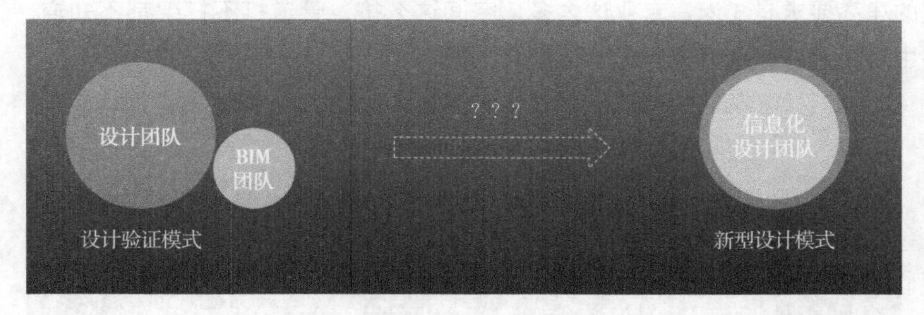

有人说，直接上正向设计吧，你看下图上面画虚线的那条路，它是说把整个 BIM 团队和技术嵌入到自己的团队里面去，所有的图都用 BIM 来出。这条路我们不说它好或者坏，只说它太难。难在标准跟不上、各方面人员配合不上。

那我们再看湖南省院 BIM 中心是怎么做的。下图中的这条路线，BIM 团队不在外面待着，也不全进去，留一部分交叉的区域，其实 BIM 团队在这里就像一个陪伴式的咨询，不是说这个专业设计完了 BIM 团队再进入，而是说在方案阶段、设计阶段、深化阶段，设计到哪 BIM 团队就配合到哪，帮设计解决实际的问题。湖南省院 BIM 中心把这套方法论总结为：BIM 专业化模式。

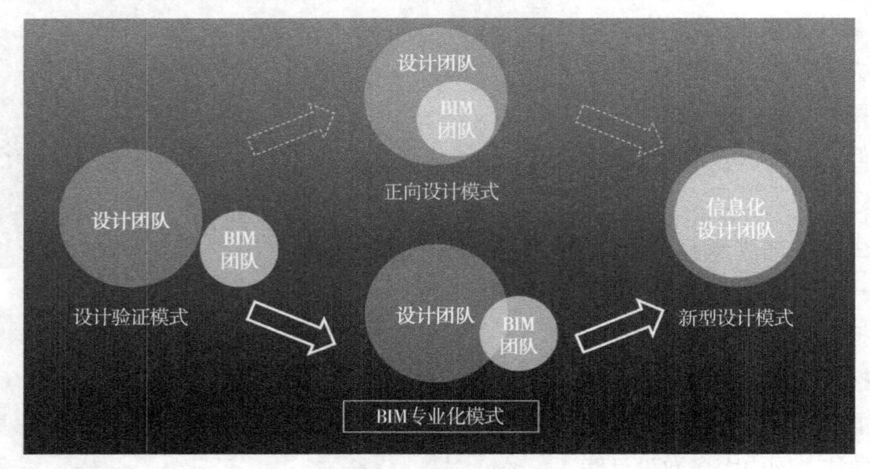

在一个过渡的阶段，他们做了不少的项目，试下来至少这条路是通的。

我们在《BIM 的“死亡地图”》里面说到了几个案例，当时给这些案例起了个名字叫“半吊子 BIM”。这里我不但没有贬义，甚至是起立鼓掌，我们认为在过渡的阶段，这种务实的态度是非常重要的，它决定了一个 BIM 部门能不能生存下来，进而去探索更多的可能性。这篇文章的最后一个案例，采访了湖南省院医疗健康建筑设计研究中心副主任、数字化设计所所长孙昱，当时他给了我一张湘雅五医院地下夹层垃圾车路由的图，如下图所示，图里面这些红圈是垃圾车道的节点，洋红色的部分是垃圾车道的路由。

地下室的净高要求是 3 米，专业这么多，空间这么挤，管道打不打架都不知道，谁能知道这个垃圾车路由对不对，怎么修改？这件事谁能拍板？

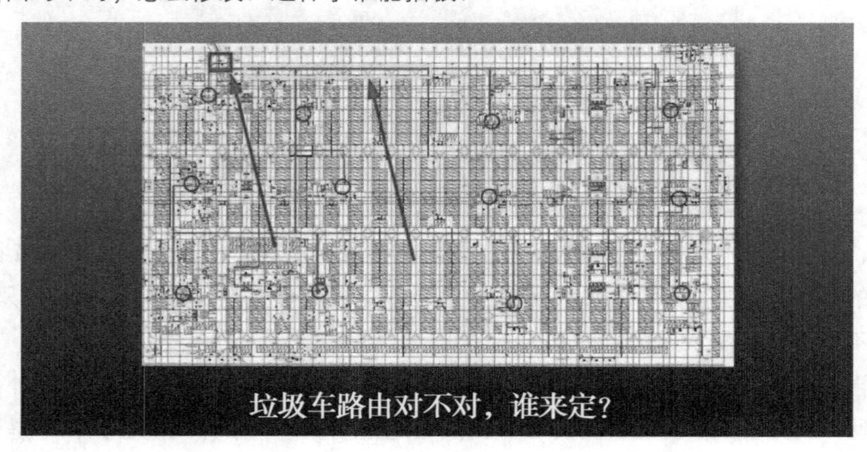

当时孙昱的团队做了一件事。他们用的不是什么高大上的技术，软件也是最基础的Revit，他们用参数化的方式，给不同净高的管道赋予不同颜色，生成了下面这张图。其中洋红色代表净高2.6米，绿色代表净高3米，黄色代表净高3.2米，青色代表净高3.6米。

这个结果摊在桌子上，答案就简单多了，只有洋红色的区域不满足净高要求，那就躲开洋红色的部分，做一个“连连看”，决策成本就低多了。

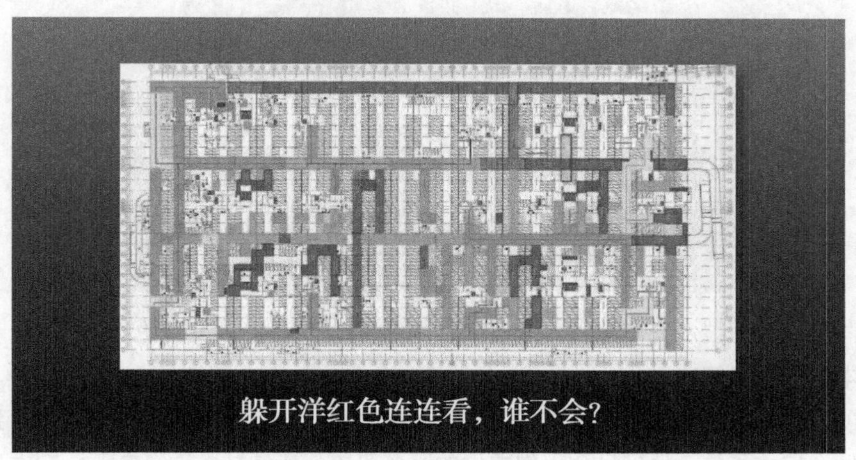

这个案例还有一个故事，医院外的一角有座山体，会凸入建筑部分。拿到美方的景观设计成果，他们发现方案的犀牛模型和Revit场地模型有很大冲突，对不上位置，如下图所示。

要是国内两个团队，大家一起去现场看一下就行，但是这个项目比较特殊，方案设计方在美国，沟通成本高，怎么办?

他们有无人机技术，可以用倾斜摄影把场地的模型建立出来。现场的山坡上有一堵支护挡墙，是设计之前就已经存在的，通过这个参照物，把实景模型放到了正确的高度，再经过对比就发现，景观犀牛模型的正负零标高取值偏小了 5.3 米，问题解决，如下图所示。

虽说是向实景模型技术要答案，但提出问题的是人。设计师去发现这个项目有什么问题，找到技术低成本地把这事解决了。

我们在项目里其实没必要把一大堆很牛的技术全都堆上去，搞出多少个技术应用点，客户不会为了你用什么技术买单，他们只会为你提供的服务买单。所谓技术这个东西，它本身不是产品，你能交付给客户的东西才是产品。

这几年我们看到越来越多的人，他们不再说“我到了”——探索结束了，而是说“我在路上”——有一些困难，但我还要日拱一卒往前走。

我们也看到大家不再单纯地谈 BIM 技术，而是说设计用 BIM 去解决设计的问题，施工用 BIM 去解决施工的问题，开发者去解决 BIM 本身的功能问题。

当然，如果所有人都这样，那我今天的演讲就结束了，可是这个江湖好玩就好玩在，它没那么简单。今天的主题是板块挤压处的震区，“漂移”这件事说完了，结论是：技术向前进，就像大陆板块漂移一样，速度缓慢但不会停下。

接下来我们说说第二个话题，大陆板块在漂移，它总有挤压的部分吧？挤压的地方就是有震荡的地方。

板块挤压的地方在哪呢？

我们最近发现，一些企业开始不那么“乖”了，他们开始玩跨界了，有企业去跨界，就有企业感受到危险，跨界处生存的人就会感觉到震荡。

下面举几个例子。

我曾参加过华东院主办的第二届数字工程高峰论坛。下图中的这位是他们的 IT 总监王金锋先生，他的演讲中提到，他们用了 7 年的时间，产值增加了 10 倍左右，重点在于，目前这家设计院传统设计业务占比仅有20%。他们做的EPC总承包项目是一方面，还有一方面就是数字化产品输出，企业招了几百位研发人员，很多产品不仅用于数字化项目的交付，甚至还公开向行业里销售。你看，这是不是传统设计院向软件商跨界？

说到跨界，我们写过一篇文章，关于阿里巴巴在雄安的布局，这件事在当时阿里巴巴中标雄安BIM管理平台的时候，被讨论得很热烈。

阿里云的负责人王坚在杭州的云栖大会上说了这么一句话：没有城市大脑做基础，智慧城市就是空谈。

阿里云搞十几年了，技术也比较成熟了，它要进入城市治理、进入建筑行业是自然而然的事，你能说我拦着你、不让你进吗？百度、腾讯、华为都想进来。当然客观地说，我觉得他们确实离专业的核心还有点远，但不展开说了。

最近有个新闻，阿里巴巴又出了智慧工地，又跨界动了一家企业的地盘，就是广联达。广联达也召开了自己的数字建筑峰会，袁正刚博士在会上讲了这么一句话：数字化技术其实不难寻觅，难的是运用、实践和落地。我们能从这句话品味出什么意思来？

广联达原本是一家做单机工具软件的企业。而下一个十年广联达对自己使命的定义是：建筑业数字化和信息化。跟这事没关的东西不干，只要是相关的东西都要干。

所以当广联达说“运用、实践和落地”，这已经不仅仅是一家软件企业要做的事，而是深入到施工的实施领域去了。那施工单位的人又在思考什么呢？前段时间我们在成都参加了一场线下活动，四川省工业设备安装集团BIM中心的负责人任睿，他说希望施工项目的落地应用和EPC的项目，要把基础工作嵌入到设计流程里面去。注意，施工单位的BIM中心，希望把工作嵌入到设计院的流程里去。

他现在经常带着团队往设计院跑，大家一起搞项目，他们不要钱，设计院想建模他们可以帮忙，设计院需要沟通他们可以帮忙，但是有一条，他们希望设计院能把设计的流程教给他们一些，他要带领团队向设计学习。为啥这么干呢？他说，年轻人毕业就服务于施工现场的话，他们每天接触到的就是行业标准的下限，要去和设计院接触，和甲方接触，那些人更讲流程和规范。他希望自己带的年轻人能够成为称职的、为甲方提供优质服务的人。这部分我们说了这么多“跨界”，不管你的产品、你的服务到哪里去，最终你的钱是在甲方那里来。

这两年你有没有发现，数字化领域，甲方的要求越来越高了。他们看见过真的 BIM，就瞧不上假 BIM 了，看过有成本信息的 BIM，就看不上只有空壳的 BIM 了。

我曾经和@ VCTCN93 探讨过一个事，为啥建筑行业的软件不搞开源呢？初步的结论是因为建筑行业是一个市场相对封闭的行业。我把软件、资源、技术开源给你，明天项目就是你的了。互联网行业开源，我可以去开辟新的市场，但是我们这个行业，只有少部分人能去做开辟市场的事，大多数人还是在切蛋糕的。你的大一点，我的就小一点。

蛋糕就这么大，玩儿跨界的又这么多，于是挤压处的震区就出现了。尤其是在新兴的领域，活在震区的人每天过得都很难受，日子过得不稳当。

那么活在震区的人，该怎样生活？提到地震区，你可能首先想起的就是日本。这个国家真的是多灾多难，但他们也正是在这种磨难中，锻炼出很多东西。比如日本的抗震设计就很有意思，简单来说，他们的抗震技术发展经历了三个阶段。

第一种抗震方式叫“耐震”，就是采用更坚固的材料，以强制刚。它的缺点是房屋晃动非常大，家具容易倾倒。第二种方式叫“制震”，它是以刚吸刚，通过设计，把地震的能量集中在一个地方造成损害，丢卒保车，震后换上新的零件。修复成本低，不过房屋晃动还是比较大。最先进的技术叫“免震”，它是在建筑物和地基之间加入橡胶弹性垫或摩擦滑动承重座，是以柔克刚，建筑几乎没有损害，房间内也几乎没有晃动。

日本索尼总部大楼的抗震设计，用的就是第三种方式。这给了我们什么启示？在变化剧烈的震区，以柔克刚也许是个更好的办法。

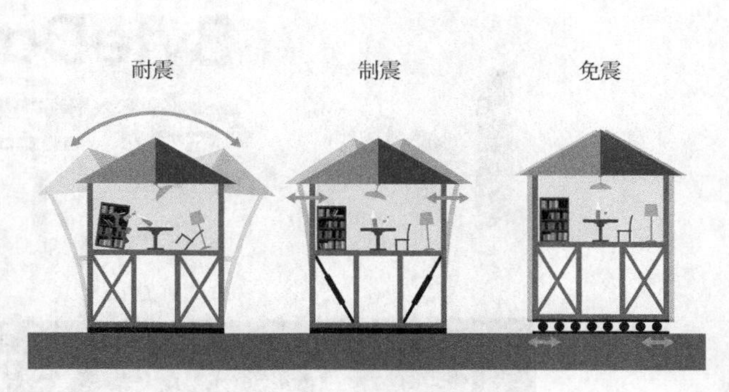

群里面经常有小伙伴调侃我们喜欢造新词，今天我就再造一个词：柔性中台。在震区的每个企业和个人，都应该培育自己的柔性中台。

我们先说说啥叫中台？我们还是不讲专业术语，拿一个大家都知道的产品来举例，你就明白了。

吴伯凡写了一篇文章，里面把抖音比作哪吒。他的意思是，这个抖音在我们看到它之前，不是孕育了十个月，而是已经孕育了三年了。

是谁孕育的呢？它背后的公司是字节跳动。

字节跳动在抖音之前还有一个产品，叫今日头条。现在大家觉得按兴趣精准推送内容稀松平常，但今日头条刚出来的时候，这个算法绝对是一个创举。你的每一次点击和收藏、每一次阅读进度和退出时间，都积累成数据，当这些数据足够大的时候，它就能精准地描述你是一个什么样的人，对什么感兴趣，甚至能猜测出你的收入、社会地位等信息，然后根据这些信息把内容和广告推送给你。海量的用户画像，以及这套算法，还有一系列的模块，比如订阅模块、数据收集模块等，就是字节跳动的数据中台。

这是“中台”的第一层含义：中台是各种模块，是未变现的准产品。

中台还有另一层含义。当市场发生变化了，有人发现新的用户场景了，短视频开始流行了，那么字节跳动公司不需要重新设计和开发产品，它只要把这些模块和准产品重新组合，就能很快形成一个新的产品，所以说外人看抖音开发了几个月，实际上它孕育了三年。

这是中台的第二层含义：有一个新场景出现，中台就能支撑起一个新的方案。

现在你理解了中台是什么，我们可以说说“柔性中台”的意思了。所谓后台，就是你的三观和操作系统，你想成为什么样的人、什么样的企业。后台要简单而坚实，但如果只有后台，你会成为一个好高骛远的人，嘴里天天喊着坚持，却什么事也不做。

所谓前台，就是你的机遇和正在做的事，具体到一个项目、一次面试的机会。前台要锐利而果敢，但如果只有前台，你会成为一个唯利是图的人，不见兔子不撒鹰，短期内没有好处的事坚决不干。

而所谓中台，就是一套“未变现”的半成品模块，它们可能是一些基础的数据，也可能是一

些问题的解决方法，它们不能马上让你赚钱，可一旦机会来临的时候，它们会跳出来支持你。中台要丰满而柔软，要不断积累和刷新，因为在这个充满变化的时代，你不知道五年之后什么能赚钱。

拥有坚定的后台、锋利的前台、柔软的中台，你就会成为一个三观正、行动力强，并且能适应变化的人。

我看到那些优秀的人都有这样的特质，他们能够在热闹的场所中察觉寒凉和危险，可以在人群的激情中冷静下来，弯下腰去做一些实事；同时，他们也能在冷酷的现实里感受温度和能量，不会轻言放弃，让那颗种子熬过冬天，成为一棵树。

后记：生于泥土，直视太阳

BIMBOX 创建 4 年，我们写下了将近 100 万字的文章。如果你全都读过，相当于看了三本厚厚的书。

我们收到了 18122 条留言，一共 39 万字的评论回复，其中超过 100 字的回复有 722 条，最高回复字数有 595 字，接近一篇作文的长度。

这几年，有超过 5000 名小伙伴在我们的知识店铺里学习各种知识，十几位朋友通过了 BIMBOX 严苛的审稿，把他们的思想写成文字发布在这里，有十多位小伙伴已经或即将在我们的知识店铺里分享他们最棒的一线经验。

这几年，我们和全国各地的小伙伴组建了二十多个讨论群，上百位小伙伴通过群聊中的积极发言，成了很多人认识的小网红。我们把群里的精华讨论整理成了十几期月报，有关于行业的，也有关于技巧分享的，每期字数都不少于 2 万字。

行业里经常有人说，BIMBOX 最大的不一样，在于它的粉丝都是爱思考、不盲从、想上进的人。连接人和人、人和观点、人和知识，让每个人发光，点亮别人的同时，也让每个人成为有价值的 IP，这就是 BIMBOX 接下来想做的事。

在本书的最后，作为 BIMBOX 的主编，我想写一点心里话给你。

1.

2020 年很魔幻，几乎对所有人来说都是这样。当我们满怀希望迎来新的一年，发现前一年简直就像天堂。

无论那些宏观经济学家如何告诉我们形势大好，也无论那些勤奋的前辈怎样重复努力就有回报，我们每一个人的感受都是真实的：过去这一年真难，未来的一年，可能更难。

春节前某个晚上，我和几位多年不见的老友聚会，一直聊到地铁停运，从北城赶回南城，只好叫了个滴滴快车。师傅是个年轻的小伙儿，上车闲聊几句，不是专职当司机的，年底了，晚上接点私活儿贴补家用。再一深聊，原来是干设计的，还参与过北京地铁的设计。我问他知道 BIM 吗？他说知道，院里在搞，但具体不了解，我也就乖乖住了口，把话题拉回到司机身上。院里今年回款不好，年终奖泡汤了。老婆怀了二胎出不了门，年底亲戚和小孩的红包一点也不能少，压力摆在那儿，就出来跑活儿。

“一天能挣多少?”我问他。他说：“好的时候一天七八百，差了有个四五百，挣这一个月，过年够了。”两个人的对话很愉快，没太多抱怨，下车的时候结了账，126 元钱，我们互道新年快乐，从此两别。没有凄惨悲壮，也没有奋发向上，在大多数的时间里，一个人想办法迈过一个坎，这就是生活真实的样子。

世界从来没有自来水一样的公平，这就是它全部的真相。当你面对真实的生活时，并不会有全局的视角去深谋远虑，只会想怎么办，我能做些什么。也正是在这时候，你发现其实原来从没想过的事，也会去做。所谓计划，是有了成绩之后才做的事后总结。

2.

2019 年底，我读了何帆的《变量：推演中国经济基本盘》，里面有一个概念戳了心：苟且红利。

什么是苟且红利？何帆这样说：“为什么中国会有那么多的苟且者？因为很多人一开始就想着干一票就走；很多人只想抄袭现成的东西，没有创新的冲动；很多企业琢磨的是如何把消费者当成‘流量’，当成‘韭菜’，没有用心去体察消费者的真实需求。”

这种普遍的苟且很多人去批判，却很少有人把它当成机会。

在中国，假如你努力，总能做到 60 分；如果你态度端正，那就能做到 80 分；假如你还有天分，那可以继续做到 100 分。虽然不是所有人都能拿到 100 分，但从 60 分提高到 80 分，是人人都能做到的。中国最大的红利不是人口红利，也不是后发优势，而是苟且红利。

苟且红利就是：当大多数人觉得“这样就差不多了”，只要你认真一点点，就有机会。这种较真儿，我们能在很多人身上看到。虽然在这个不公平的世界上，它不一定能带来某种肯定的答案，但它是一束从漆黑森林的角落射来的光亮。

3.

八年前的一个下午，我正用 CAD 画着一个地铁站的机电深化图，一位小我几岁的同事兴冲冲地跑来和我说：“孙哥，我听说一个新玩意，你看看。”我按照他说的，打开百度，敲入了“BIM”这三个字母，那一刻，我的命运被改写了。

多少人在这条路上的起点，都和我那个下午的经历何其相似——听说了一个从不在传统中存在的单词，燃起兴趣，开始学习。到了 2020 年，他们成了 BIM 中心主任、信息化负责人、BIM 工程师、咨询公司老板。而就在短短几年前，这些职位还根本不存在。

三个字母，十年，在职业上升通道如此稳定的建筑业里，硬生生造出了一个新圈子，一个新行业。世界的变化真的很快。

我自己很感谢这个时代，它变得足够深，能让那些有想法的人总能在新的赛道上找到谋生的路；它也变得足够快，让这些人在焦虑的同时也能保持好奇心，愿意交谈。

BIM 这个圈子的人，特别不讲论资排辈，哪怕你是个入行不久的年轻人，只要有一个点搞得突出，就会得到尊重，这在传统行业几乎是不可能的。

和几位老友的一次聚会上我发了一句感慨："太阳不是年轻人想直视就能直视的，传统的行业规则有那么多条条框框，很多机会本来与我们这群人没缘分，BIM 给了那些本来没有权利的、生于泥土的年轻人直视太阳的权利。"

4.

但是，话不能说得太鸡汤。BIM 只是给了一个权利、一种可能，而不是某种必然。

我们不能说，只要学了 BIM，某个人就能怎么样；只要用了 BIM，某个企业就能怎么样。那些优秀的个人和企业能通过 BIM 迸发出某种力量，一定是因为有一些其他的内驱力。

打个比方，就像想减肥的人，买个跑步机回来坚持练，当然有助于减肥成功，但并不是每个买了跑步机的人都能瘦下来。不能把有些人的成功全都归功于跑步机，他们减肥成功的背后，一定有更强大的内驱力。

这些年我见到的人各有所长。有的开发能力极强，有的特别会讲故事，有的现场经验丰富，有的很会管理领导。我和这些人接触的时候，不禁去想：抛开表象的成就，这些人有什么底层的共性呢？

后来我找到了结论。这些人有一个共同的特点：都会去思考那些超出职位要求的问题。

一位设计师给我讲了他特别厉害的领导。听了那位领导的故事，我问了一个问题："好领导的思想都很深刻，那你说他是先有深刻的思想，还是先当上领导的呢？"

那位设计师朋友回答我说："先有思想。他能当上领导的原因一定是来自于某些和常人不一样的行动，而这些行动一定来自某些和常人不一样的思想。"

成都的"BIM 老友会"线下活动里，一位小伙伴说，看人家机电 BIM 搞得风生水起，我们搞土建 BIM 的不知道能做出什么价值，很苦恼。

来参会的牛智祥说了这么一段话："做 BIM，你从一开始就不应该限定自己是做土建的还是做机电的，不要人为地给自己设一个天花板。我做 BIM，什么专业的图纸我都看。传统设计里有一个事儿叫提资，做 BIM 哪有提资啊，都是你的事，该去现场一定要去现场，一根梁一根梁地去测量。你希望别人能重视你，那你首先要成为信息的节点，让别人遇到麻烦都愿意来找你。"

如果你把自己限定于搞技术的，学来现成的东西解决现成的问题，那你就要面对纯技术的天花板，而天花板之上还有一片天，这和职务无关，而是跳出舒适区去做一些事，让自己成为一个更立体的人。

5.

什么是思考的深度呢？其实也没那么复杂，就是不满足于那些几乎已经是常识的答案，继续追问。

我在杭州见了一位地产公司的领导，很年轻，他就是这么刨根问底的一个人。人们经常说，我们国情特殊，外国人一个项目干两年，我们只干三个月，所以很多事外国人能干，我们干不了。如果你把这个答案当作一个最底层的常识来接受，那确实什么都干不了，国情特殊。但这位老兄接着问："为什么？为什么有这个国情？外国人就不想让工程早点投入运营回收资金吗?"

他带着这个问题出国转了一圈，回来后把自己经手的一个项目给拆解了。确实有国内外不一样的地方，那这些地方不动，但有些传统，可以改变。项目做不到两年那么长，但可不可以稍微延长一点？最后，他的项目延长了 80 多天。

和我聊的时候，他很详细地算了一笔账，这 80 多天里，他们和设计院、施工方精细设计，这里省了 40 多万元的材料费，那里省了 80 多万元的拆改费，那里又规避了 100 多万元的风险，最后一算总账，比起 80 多天的延误，节省的费用大于延误的损失，那这么做就是对的。

他对我说："以前我们赶工，是因为设计和施工带来的变更已经浪费了很多钱，我们要加速是为了把这部分成本给收回来，以前是没有好技术，没办法。而现在有技术了，我们要敢于对传统问一个为什么。"

项目改进的答案，就在这一句"为什么"里。他说："建筑业一定可以改变，这对有的人来说很痛苦，但对有的人来说是弯道超车的机会。"

这个人并不是因为年纪轻轻在甲方做了高层，才有这样的想法，而是他先敢想、敢尝试，才走到今天。

阿里巴巴之前，已有很多电商。为什么做不起来？答案也不复杂，因为在线交易都是陌生人，信用问题没法解决。是的，如果所有人都认了这一点，它就是个无解的题。但阿里巴巴不认，而是追问一句：那怎么解决信任问题？于是支付宝诞生，庞大的淘宝拔地而起。

6.

也许是某种幸存者偏差，我有幸见证了这个行业、这个时代里最优秀的那一小部分人，最强烈的感觉就是，大家在线上经常抱怨诉苦，但真到了线下坐在一起，聊起每个人做的事，我能在他们眼里看到光芒。

于是我们迫不及待地想把他们做的事、他们的思考讲述给你，结合我们自己的探索和追寻，才有了捧在你手里的这本书。

写到这里，我回想起 BIMBOX 一路走来收到的很多评论、留言和来信，"迷茫"在里面占了很大的比重。也许此刻你心里还有迷茫，我和你远隔千里，具体的烦恼我可能帮不上忙，但希望把这些见闻分享给你，能让你一个人思考的时候，不那么孤独。

如今且醉江湖酒，来岁城南尺五天。